2016—2020南通市生态环境质量报告

江苏省南通环境监测中心 / 编

中国环境出版集团 · 北京

图书在版编目 (CIP) 数据

2016—2020 南通市生态环境质量报告 / 江苏省南通环境监测中心编 . —北京：中国环境出版集团，2022.6
ISBN 978-7-5111-5161-2

Ⅰ. ① 2… Ⅱ. ①江… Ⅲ. ①区域生态环境—环境质量评价—研究报告—南通—2016-2020 Ⅳ. ① X321.253.3

中国版本图书馆 CIP 数据核字（2022）第 083560 号

出 版 人 武德凯
责任编辑 殷玉婷
责任校对 薄军霞
封面设计 宋 瑞

出版发行 中国环境出版集团
（100062 北京市东城区广渠门内大街 16 号）
网 址：http: //www.cesp.com.cn
电子邮箱：bjg1@cesp.com.cn
联系电话：010-67112765（编辑管理部）
010-67112736（第五分社）
发行热线：010-67125803，010-67113405（传真）
印　　刷 北京中献拓方科技发展有限公司
经　　销 各地新华书店
版　　次 2022 年 6 月第 1 版
印　　次 2022 年 6 月第 1 次印刷
开　　本 787 × 1092 1/16
印　　张 30
字　　数 560 千字
定　　价 108.00 元

编委会

主　　任： 程　炜

副 主 任： 申卫民　张再峰

主　　编： 张再峰

副 主 编： 李　丽　徐爱兰　朱正宏

编写人员：

第一篇　朱正宏　徐爱兰　沈志群　刘媛媛　姚　颖　杨小元
蔡月红　仇晓琴　朱蔚沫　张万翔

第二篇　曹　馨　唐宝清　季佳琪　赵　爽　秦　星　徐顾丹
张万翔　杨新雨　杭子清

第三篇　耿建生　徐爱兰　曾　建　张　琪　李　莉　武攀峰
信　誉　杨　杰　李敏娜　王敏敏　王靖宜

第四篇　朱正宏　徐爱兰

专　栏　徐爱兰　陈嘉伟　陶潘虹　徐思敏　高　磊　武攀峰

专　题　朱正宏　徐爱兰　杨　杰　武攀峰　王　平　信　誉
王敏敏　何甜甜　葛　斌　李　婷　曹　馨

制　图　陈　功

统　稿　徐爱兰　朱正宏　卫启春

复　核　张再峰　吴建兰　李　丽　钱　震　耿建生　何　军
戴威威　江新华　杨　斌

主 编 单 位：江苏省南通环境监测中心

参加编写单位：南通市生态环境综合行政执法局
南通市环境保护宣传教育中心
南通市生态环境监控中心
南通市生态环境监测站

资料提供单位：南通市发展和改革委员会
南通市公安局
南通市自然资源和规划局
南通市住房和城乡建设局
南通市市政和园林局
南通市城市管理局
南通市交通运输局
南通市水利局
南通市农业农村局
南通市商务局
南通市卫生健康委员会
南通市统计局
南通市气象局

前言

“十三五”期间，南通市坚持以习近平生态文明思想为引领，认真贯彻落实中央、江苏省、南通市各项决策部署，坚持以改善环境质量为核心，全力打好打赢污染防治攻坚战。生态环境质量明显改善，实现有监测记录以来最好水平，人民群众获得感和满意度持续提升，建成“国家生态园林城市”“国家森林城市”“全国水生态文明城市”。长江大保护成效明显，五山及滨江地区成为全国生态修复保护典范。2020 年 11 月 12 日，习近平总书记视察江苏首站莅临南通，用“沧桑巨变、流连忘返”对南通沿江生态环境保护修复工作表示肯定。

根据《环境质量报告书编写技术规范》（HJ 641—2012）及其他相关规定，南通环境监测中心组织编制了《2016—2020 南通市生态环境质量报告》。全书共分四篇，对“十三五”期间南通市空气、降水、地表水、饮用水、地下水、近岸海域、声、生物生态、土壤、辐射、农村环境等环境要素和污染源排放情况进行了全面总结，以翔实的监测数据为基础，结合南通市自然资源状况、经济社会发展、环境管理措施等多方面因素，深入剖析了全市“十三五”期间的生态环境质量状况和变化趋势，探寻存在的主要环境问题，分析“十四五”生态环境保护形势、存在的机遇和面临的挑战，提出针对性对策与建议。在此基础上，引入评估模型和预测方法，对南通市生态环境质量变化特征开展全面分析和评估，对“十四五”环境质量形势及减排目标进行了定量预测。本报告单独设置“专题篇”，并在相关章节设置“专栏”，以突出五年中生态环境保护与监测科研专项特色工作。

本报告中，所有分项加和与占比数据由于单位取舍不同或修约而产生的误差均未做机械调整。

本报告编写过程中得到了江苏省环境监测中心、南通市有关部门的大力支持和协助，他们提供了翔实可靠的数据资料和文献依据，在此表示衷心的感谢！

受编写水平的限制，不妥之处敬请指正。

编写组

2021 年 6 月

目录

第一篇 概 况

第二篇　污染源及排放

第三篇　生态环境质量

第四篇　总结及对策建议

专题篇

第一篇

概　况

第一章　自然环境

第一节　地理位置

南通，位于中国东部海岸线与长江交汇处、长江入海口北翼，集“黄金水道”“黄金海岸”于一身，素有“江海门户”之称。与上海市隔江相望，是江苏唯一同时拥有沿江、沿海深水岸线的城市。南通南临长江，经苏通大桥、沪苏通大桥、崇启大桥 3 条跨江通道分别与苏州市、上海市跨江相连，东濒黄海，西北与盐城市接壤，西与泰州市为邻。南通地理坐标为北纬 31°41′～32°42′，东经 120°11′～121°54′。

全市陆域面积 8 001 km^2，属长江三角洲冲积平原，处亚热带季风气候区。南通是山水旅游城市，是以“中国近代第一城”著称的历史文化名城，是全国 14 个进一步对外开放沿海城市之一，是全国有影响力的“纺织之乡”“建筑之乡”“教育之乡”“体育之乡”“文博之乡”“长寿之乡”“平安之乡”，先后获全国文明城市、国家环保模范城市、国家卫生城市、国家园林城市、国家生态市、全国社会治安综合治理优秀城市、全国科技进步先进市、中国服务外包风采城市等称号。

第二节　地质地貌

南通位于江海交汇处，全境为不同时期形成的河相、海相沉积平原，可分为狼山残丘区、海安里下河低洼湖沉积平原区、北岸古沙嘴区、通吕水脊海河沉积平原区、南通古河汊水网平原区、南部平原和洲地、三余海积平原区、沿海新垦区等。南通全境地域轮廓东西向长于南北向，三面环水，一面靠陆，呈不规则菱形。南通地势低平，地表起伏较微，高程一般在 2～6.5 m，自西北向东南略有倾斜。平原辽阔、水网密布是其显著特征。

南通最早成陆的地方是位于扬泰古沙嘴最东端的海安、如皋一带。20 世纪 70 年代，海安青墩新石器遗址的发现及随后的研究证实，距今 5 000 多年前，今南通西北部已经成陆并有人类活动。距今 4 000 年前，江淮的沿海地区被淹没。汉代，今南通地区的西北部重新涨出。从公元 5 世纪到 20 世纪初，通过 4 次大规模的沙洲连陆，扶海洲（今如东县一带）、胡逗洲（今南通市区一带）、东布洲（今海门、启东中北部）等古沙洲先后与大陆连接。在陆地不断接连的同时，由于水势的影响，部分区域地块在不断消长。明清之际，长江侵蚀通州陆地，古海门县坍没，之后又从长江口陆续涨出二三十个沙洲。清光绪二十九年（1903年），今启东南部（原称崇明外沙）与海门陆地相连。至此，今南通境域基本形成。直至今日，不断淤涨的江海滩涂仍然为南通经济发展提供宝贵的土地后备资源。

第三节　水文、气象

一、水文

南通境内地势平坦，河沟成网。水系大致以通扬运河、如泰运河为界，北部为淮河流域，面积2 200余km^2；南部属长江流域，面积5 700余km^2。一级河道主要有焦港河、如海运河、九圩港河、如泰运河、通扬运河、新通扬运河、通吕运河、通启运河、新江海河、北凌河、栟茶运河、遥望港等，二级河道105条，另有众多三级、四级河道。各级河道交织成网，相互沟通，经长期建设与整治，形成能引、能蓄、能控制、能调度、能通航利用的河网水系。境内长江岸线166 km，江面呈喇叭形向东南方向伸展，主流水深-10 m，年径流量为98 00亿m^3，年际变化不大。

（一）长江

长江是南通境内最主要的河流，是滋润了江海大地的“母亲河”，境内长166 km。上起如皋市四号港闸，下讫启东市圆陀角的长江南通段，流经南通市如皋市、通州区、崇川区、开发区、海门区、启东市，具有行洪、供水、航运、渔业、生态、景观等综合功能。江面宽阔，水量丰沛，水体自净能力强。

长江南通河段为感潮河段，潮流呈往复流性质。水流受长江径流下泄影响，有枯、丰季节之别，受海洋潮水上溯影响，有大小潮汛之分。水位受潮汐和长江径流的双向影响，潮汐为不规则的半日周期潮，最高水位为4.42 m（国家85高程，下同），最低水位为-1.54 m。平均高潮位为3.67 m，平均低潮位为1.91 m。最高潮位达7.08 m，最低潮位为0.42 m，平均潮差1.96 m。平均涨潮历时4小时9分，平均落潮历时8小时16分。

近年来，长江大通站年径流量约9 240亿m^3，年输沙量约1亿t，较前十年有所减少。

（二）内河

南通市域内河网纵横，有一级河12条，总长742 km，二级河105条，总长

1 760 km，三级河 1 066 条，总长 4 934 km，干河均通过水闸与长江相通，枯水期引江水入河，丰水期排洪入江，定期的引、排水在保证水位的同时，有效地增加了区域河道生态流量，改善了内河水质。

2020 年南通市沿江各闸引水总量为 24.4 亿 m^3，比 2019 年的 25.7 亿 m^3 偏少约 5%，其中九圩港泵站提水 15.0 亿 m^3，焦港泵站提水 6.9 亿 m^3；排水总量为 21.1 亿 m^3。

（三）地下水

南通市地势低平，沃野坦荡，河渠交织成网。地下水主要为岩类孔隙水，含水层自上而下划分为 5 个含水层组：①孔隙潜水含水层组；②第一承压含水层组；③第二承压含水层组；④第三承压含水层组；⑤第四承压含水层组。这 5 个含水层组分属 Q4、Q3、Q2、Q1、N2 地层年代。

南通市地处长江三角洲边缘，海水对地下水影响强烈，地下水水质非常复杂。潜水含水层主要由全新世海相沉积层组成，海水盐分含量很高，潜水多为高矿化水。第一、第二承压层地下水在形成过程中，受海侵影响较大，水质矿化度较高，多为咸水或微咸水。潜层水和第一、第二承压层水都属于不能利用的水资源，因此开发较少，仅适用于冷却水和一些对水质要求不高的工艺环节。第三、第四承压层水为深层淡水，埋藏于咸水层以下。区内第三承压含水层组分布广泛，富水性良好，水质优异，是南通市境内主要集中开采的淡水含水层组。

南通市地下水总体流向为自西向东，水源补给主要依靠扬州口岸镇附近的上游来水，另外，还来自大气降水和地表水的渗入。

二、气象

南通地处中纬度地带，属北亚热带湿润气候区。气候温和，四季分明，雨水充沛，光照较足。“十三五”期间，南通市区年平均气温在 16.5～16.9℃，起伏不大。年降水量 2016 年创历史极值（1 972.2 mm），随后呈现下降趋势，2019 年年降水量仅为 960.4 mm；2020 年强降水频繁，全市共出现 4 次区域性暴雨过程，南通站年降水量明显上升，达 1 523.9 mm，居历史第四位。年日照时数先增多后减少，2019 年年日照时数最少，仅为 1 612.9 h。年平均湿度为 80% 左右，年平均风速约为 3 m/s，总体较为平稳。年雾、霾天气日数 2016 年以后明显减少，年雾日数 2019 年最少，仅 24 天；年霾日数 2017 年最少，仅 15 天。“十三五”期间，南通市气象情况见表 1-1-1、图 1-1-1、图 1-1-2。

表 1-1-1　2016—2020 年南通市气象情况

年份	平均气温 / ℃	降水量 / mm	日照时数 / h	平均相对湿度 /%	平均风速 / （m/s）	雾日数 / d	霾日数 / d
2016	16.6	1 972.2	1 804.6	80	2.9	77	54
2017	16.8	1 156.0	1 983.4	79	2.8	39	15
2018	16.8	1 206.4	1 933.0	83	3.1	43	27
2019	16.5	960.4	1 612.9	78	2.8	24	34
2020	16.9	1 523.9	1 660.0	78	2.8	39	24

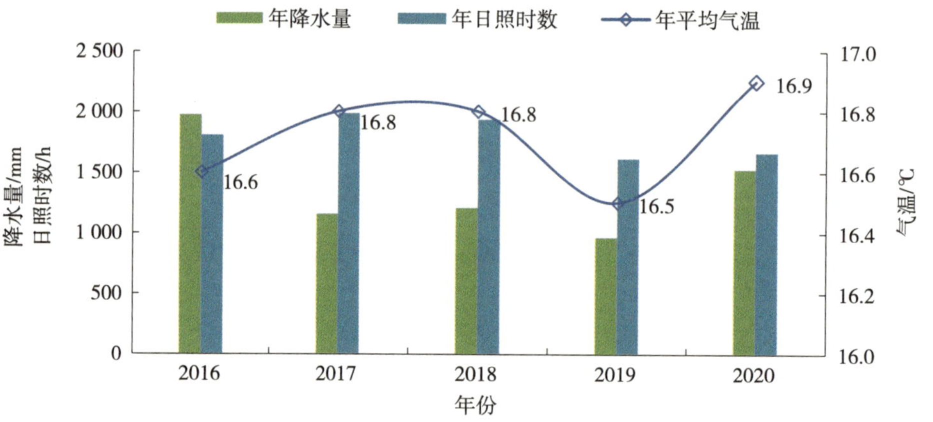

图 1-1-1　2016—2020 年南通市年降水量、年日照时数、年平均气温

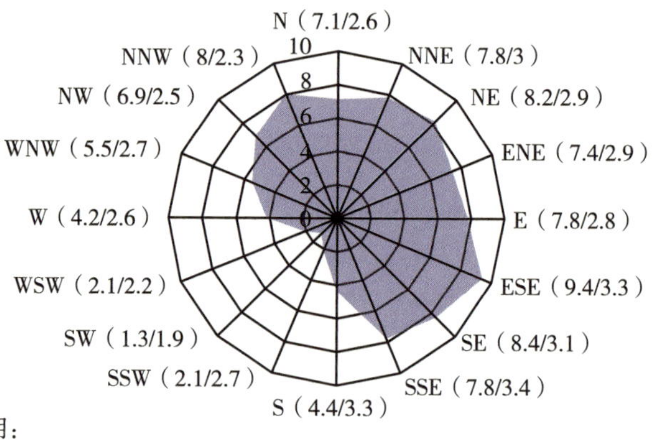

说明：

1. 风向以 16 方位划分；
2. 方位边括号内数据表示：风向频率（%）/平均风速（m/s）；
3. 静风频率为 1.5%。

图 1-1-2　2020 年南通市风向频率玫瑰图

第四节　自然资源

南通成陆较晚，土层厚、土质好，光、热、水资源充足，优越的自然资源为南通市国民经济持续健康发展提供了基础条件。

一、土地资源

南通市土壤分为四大类，9个亚类，21个土属，61个土种。四大土类为潮土、水稻土、盐土和棕色石灰土。潮土占耕地总面积的86.86%，分布于江北岸古沙洲平原，成土年龄远的约5 000年，近的只有一两百年。水稻土占耕地总面积的9.43%，主要分布在海安里下河低洼潟湖沉积平原区和南通古河汊水网平原区。盐土占耕地总面积的3.71%，主要分布在海安、如东、通州、海门、启东等县（市、区）堤岸内侧带状区域。棕色石灰土分布在市区南郊五山地带。另有达到围垦标准的土地后备资源约2 300 km^2，主要分布在通州湾及其以北区域。

二、水资源

南通境内地势平坦，河沟成网。老通扬运河接如泰运河到沿海出口以南为长江流域，面积达5 700多km^2；以北为淮河流域，面积达2 200多km^2。各级河道交织成网，相互沟通，经长期的建设与整治，形成一个能引、能蓄、能控制、能调度、能通航利用的河网水系。长江干流南通段堤内岸线全长166 km，江面宽6～18 km，多年平均大通流量2.87万m^3/s，水资源丰富。长江干流河段水质良好，中泓水质符合Ⅱ类水质标准，是南通市的主要供水水源，也是南通市对外水上运输的重要通道。

南通辖区内河网纵横，河网密度高达每平方千米18.5条，水域面积为1 114 km^2。2020年，南通市年用水总量为39.74亿m^3，其中农业用水量为23.34亿m^3，工业用水量为11.14亿m^3，城镇公共及生活用水量为4.87亿m^3。“十三五”期间，南通市水资源利用情况见表1-1-2。

表1-1-2　2016—2020年南通市水资源利用情况　　单位：亿m^3

年份	农业用水量	工业用水量	城镇公共及生活用水量	总用水量
2016	22.50	22.48	3.57	49.32
2017	22.80	13.78	3.41	40.95
2018	21.43	10.86	3.99	37.39
2019	19.89	10.95	3.81	35.83
2020	23.34	11.14	4.87	39.74

三、海洋资源

南通市附近海域处于黄海南部，主体是大陆架，海岸带宽缓平坦，管辖海域面积为 8 701 km^2。从海安市与东台市交接的老坝港到启东市圆陀角，岸线长 206 km，有全国吕四渔港和蛎岈山奇观等自然人文景观。南通位于黄海、东海、长江三水交汇处，形成了我国三大河口—海洋生态体系之一，孕育了丰富的水生生物资源，南通市有近海鱼类 130 多种，长江水域鱼类 93 种，其中有中华鲟等国家一级保护动物 11 种、东亚江豚等国家二级保护动物 40 多种，是我国文蛤以及入海洄游的日本鳗鲡、中华绒螯蟹、暗纹东方鲀等天然苗种的主产地。吕四渔场是全国四大渔场、世界九大渔场之一。南通市海岸线上拥有洋口港、通州湾、海门港和吕四港组建的“大通州湾”。

四、水产资源

南通市有近海、远洋捕捞、养殖、水产品精深加工等较为完整的海洋产业体系，海水养殖范围由沿岸连陆滩涂发展到堤内外池塘、近岸高涂蓄水养殖、辐射沙洲等。受禁养禁捕等因素影响，全市水产品产量有所下降。2020 年，全市水产品总产量 78.4 万 t，比 2015 年下降 12.9%。其中，海洋捕捞产量 22.2 万 t，比 2015 年下降 24.3%；远洋渔业产量 1.0 万 t，比 2015 年下降 72.1%；海水养殖产量 34.9 万 t，比 2015 年增长 6.1%；淡水捕捞产量 2.4 万 t，比 2015 年下降 30.8%；淡水养殖产量 17.9 万 t，比 2015 年下降 13.5%。

全市大力发展多种养殖方式，截至 2020 年年底，水产养殖面积达 155 万亩，其中海水养殖面积 119 万亩，淡水养殖面积 36 万亩。渔业工厂化设施养殖快速发展，全市现有工厂化设施 68.9 m^3，2019—2020 年新增约 5 万 m^3。名特优水产品放养面积累计达到 127.6 万亩，占水产养殖总面积的 82.1%。池塘工业化生态养殖发展迅速，全市累计建设池塘工业化养殖系统 21 套、水槽 159 条，池塘面积 1 606.2 亩、水槽面积 29 303 m^2。发展稻虾、稻鱼、稻蟹 3 种主要养殖模式，稻田综合种养面积累计达到 17 150 亩。

“十三五”期间南通市渔业生产情况见表 1-1-3。

五、港口资源

南通地处黄海南部，长江入海口北岸，滨江临海，岸线资源丰富。海岸线北起老坝港，南至圆陀角，全长 206 km，占江苏省海岸线的 21.3%。南通港已建成 5 条沿海深水航道，建成沿江沿海万吨级以上生产性泊位 68 个，形成货物通过能力 1.5 亿 t，建成内河码头泊位数 537 个。2020 年南通港吞吐量 3.1 亿 t，集装箱吞吐量 191 万标准箱，同比增长 24%，创历史新高。

表 1-1-3　2016—2020 年南通市渔业生产情况　单位：t

年份	海洋产品产量			内陆产品产量			合计	渔业养殖面积 / 万亩	
	捕捞量	远洋渔业产量	海水养殖产量	捕捞产量	养殖产量	小计		海水	淡水
2016	293 658	37 764	324 257	28 921	205 685	234 606	890 285	128.72	64.56
2017	288 582	24 436	330 388	29 043	193 174	222 217	865 623	127.82	57.17
2018	253 080	17 660	336 196	28 993	193 030	222 023	828 959	127.82	56.71
2019	234 353	11 837	332 055	23 320	160 263	222 023	762 238	118.85	36.47
2020	222 000	10 000	349 000	24 000	179 000	419 000	784 000	119	36

六、林业与湿地资源

截至 2020 年年底，南通市森林覆盖面积达 2 068 42 hm^2，其中，有林地面积 1 224 86 hm^2，国家特别规定灌木林地面积 331 75 hm^2，四旁树折算面积 511 81 hm^2。森林覆盖率为 14.8%，林木覆盖率为 24.0%。

南通市湿地保有量为 46.4 万 hm^2，湿地保护率为 46.2%，自然湿地保护率为 51%。其中，近海湿地 36 万 hm^2，其余为河流和人工湿地。有省级湿地自然保护区 1 个、省级湿地公园 2 个和自然湿地保护小区 17 个。

七、旅游资源

南通市主城区主要有濠河、狼山国家森林公园两大风景区，景点有城市绿谷、南通野生动物园、洲际绿博园等。位于县（市、区）的景区有海安市江淮文化园，如东县小洋口风景区，如皋市水绘园、如城内外城河风光带、花木盆景景观带，海门市江海风情园，启东市圆陀角风景区，通州区余西古镇、石港渔湾等；景点有海安市青墩遗址、苏中七战七捷纪念馆、韩国钧故居、广福禅寺，如皋市东方大寿星园，海门市蛎岈山、民俗博物馆、张謇纪念馆等。

濠河风景名胜区。濠河原为古护城河，距今有 1 000 余年历史，是国内仅存的 4 条古护城河之一。后周显德五年（958 年）筑城即有河。濠河环绕南通老城区，形如葫芦。现全长 10 km，水面为 4.62 hm^2，水面最宽处为 215 m，最窄处近 10 m。景区内分布文物古迹和近代文教工商遗迹、革命遗址等 30 余处。代表性景点有北濠河的光孝塔、天宁寺、北极阁、中国珠算博物馆等，西南濠河的濠西书苑、盆景园、沈寿艺术馆、中国体育博物馆南通馆等，东南濠河的文峰塔、纺织博物馆、南通博物苑、文峰公园、濠东绿苑及蓝印花布博物馆等。2012 年，濠河风景名胜区获评国家 5A 级旅游景区；2017 年 11 月，被江苏省水利厅、江苏省文化厅、江苏省旅游局联合评定为最美水地标——水景观。

狼山国家森林公园位于南通老城区南 6 km 的长江岸边，由狼山、军山、剑山、马鞍山、黄泥山 5 座山及啬园等周边地区组成。狼山海拔 104.8 m，山形南缓北陡，因“白狼”传说而得名，又名“紫琅”山。狼山原在长江之中，北宋时与陆地涨接。自宋至清陆续兴建庙宇殿塔，总名广教寺。狼山为佛教中大势至菩萨道场，列全国“佛教八小名山”之首。狼山国家森林公园占地面积达 1 080 hm^2，其中林地面积 521.61 hm^2，陆域森林覆盖率在 90% 以上，有各类植物 300 余种。公园独具“近水可看长江，江上可览五山”的开放式滨江带状公园特色，兼具四季景观特色和农耕田园风光。公园包括狼山中心片区、军山森林片区、植物园片区、啬园玉兰谷片区、狼山古镇片区、生态配套片区，主要景点有狼山紫琅禅院、支云塔、骆宾王墓、林溪精舍及军山气象台、剑山卧佛、马鞍山梅林春晓与沈寿墓、黄泥山龙爪岩与鉴真纪念塔、滨江公园、南通植物园、啬园等。2000 年 12 月，狼山风景名胜区获评国家 4A 级旅游景区，2017 年获评最美中国生态自然旅游景区。2018 年 8 月，五山地区获批国家级森林公园。

第二章　社会经济概况

第一节　行政区划与人口

2020 年 7 月 3 日，根据江苏省人民政府发布的《关于调整南通市部分行政区划的通知》（苏政发〔2020〕60 号）精神，南通市进行了新的区划调整，调整后下辖如东 1 个县，海安、如皋、启东 3 个市，崇川、通州、海门 3 个区及富民港办事处（南通经济技术开发区），见图 1-2-1、表 1-2-1。

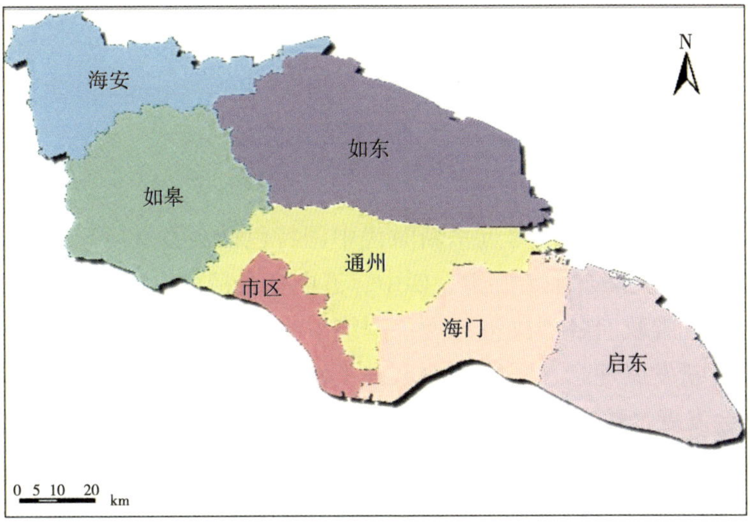

图 1-2-1　南通市行政区划

表 1-2-1　南通市行政区划

项目	市区（崇川区、开发区）	通州区	海安市	如皋市	如东县	海门区	启东市
总面积 /km^2	355	1 166	1 108	1 492	1 733	939	1 208
乡、镇、街道数 / 个	21	16	13	14	15	12	12

据南通市统计局统计结果，2020 年年末南通市人口总数为 772.663 5 万人，位列江苏省第四，其中，城镇人口 544.29 万人，城镇化率为 70.44%。常住人口首次

超过户籍人口，人口净流入 16.61 万人。

与“十二五”末相比，全市城镇化率提高了 7.64 个百分点，人口由负增长转为正增长，跨入人口净流入城市之列。“十三五”期间，南通人口变化情况见表 1-2-2。

表 1-2-2　2015—2020 年南通市常住人口变化情况　　单位：万人

年份	人口			城镇化率 /%
	总人口	农村人口	城镇人口	
2015	730.00	271.85	458.15	62.8
2016	730.20	260.17	470.03	64.4
2017	730.50	248.15	482.35	66.0
2018	731.00	240.50	490.50	67.1
2019	731.80	233.44	498.36	68.1
2020	772.66	228.37	544.29	70.4

第二节　社会经济发展

2020 年，南通市坚持以习近平新时代中国特色社会主义思想为指导，深入贯彻党的十九大和十九届二中、三中、四中、五中全会精神，全面落实党中央、国务院和江苏省委、省政府各项决策部署，围绕争当龙头先锋、打造全省发展新增长极，自觉践行新发展理念，坚持稳中求进工作总基调，统筹推进新冠肺炎疫情防控和经济社会发展，扎实做好“六稳”工作，认真落实“六保”任务，全方位融入苏南、全方位对接上海、全方位推进高质量发展，经济运行逐季改善、恢复常态，“强富美高”新南通建设取得显著成效。

全市工业领域战略性新兴产业拓展覆盖至 27 个行业大类，战略性新兴产业工业总产值比上年增长 9.8%，高于规模以上工业平均水平 3 个百分点；战略性新兴产业工业总产值占规模以上工业总产值比重的 35.6%，其中，装备制造业、高技术制造业产值分别增长 16.7%、13.7%，高于全部规模以上工业 10.9 个百分点和 7.9 个百分点。限额以上批发和零售业通过网络实现零售额 58.1 亿元，比上年增长 61.7%，占零售额的比重为 5.6%，比上年提升 2.1 个百分点。规模以上租赁和商务服务业、信息传输软件和信息技术服务业营业收入比上年分别增长 17.1% 和 26.8%。

市区居民消费价格总指数为 102.4，物价总水平比上年上涨 2.4%，其中，服务项目价格下降 0.5%，消费品价格上涨 4.2%。2015—2020 年南通市经济发展状况见表 1-2-3。

表 1-2-3 2015—2020 年南通市经济发展状况

年份	GDP/ 亿元	第一产业		第二产业		第三产业		人均地区生产总值 / 元
		GDP/ 亿元	比重 / %	GDP/ 亿元	比重 / %	GDP/ 亿元	比重 / %	
2015	6 498	355	5.5	3 307	50.9	2 836	43.6	89 030
2016	7 152	367	5.1	3 537	49.5	3 248	45.4	97 955
2017	8 034	383	4.8	3 980	49.5	3 672	45.7	110 003
2018	8 753	408	4.7	4 308	49.2	4 037	46.1	119 784
2019	9 383	429	4.6	4 602	49.0	4 353	46.4	128 294
2020	10 036	459	4.6	4 766	47.5	4 812	47.9	129 888

第三节 资源能源消耗

2020 年，南通市规模以上工业综合能源消费量为 1 296.6 万 t 标准煤，较 2015 年下降 13.7%，年均下降 2.9%，2015—2020 年单位工业增加值能耗累计下降 38.2%，能效利用水平不断提升。

在煤改气工作的推动下，2020 年南通市规模以上工业企业天然气消费大幅提升，2020 年消费 10.4 亿 m^3，较 2015 年增长 4.2 倍，液化天然气消费 5.2 万 t，较 2015 年增长 3 倍。

2020 年南通市规模以上工业煤炭消费 1 733.7 万 t，较 2015 年减少 434.2 万 t，下降 20%，其中非电行业用煤较 2016 年减少 315.7 万 t，超额完成江苏省定目标 17.4%。

生物质燃料消费持续增长。2020 年南通市规模以上工业生物质燃料消费 59.6 万 t 标准煤，较 2015 年增长 14.5%，年均增长 2.7%，其中用于发电供热的生物质燃料投入消费量达到 29.7 万 t 标准煤，生物质发电量达到 6.3 亿 kW · h，较 2015 年增长 1.5 倍。

垃圾焚烧应用持续扩大。“十三五”期间新建“启东天楹环保能源”项目，至 2020 年年底垃圾焚烧发电企业共有 4 家。2020 年南通规模以上企业城市生活垃圾（用于燃料）利用量达到 214.5 万 t，发电量为 6.7 亿 kW · h，较 2015 年增长 78.3%。

“十三五”以来，南通加快推进非化石能源利用，有序发展风电、光伏等可再生能源，加大风电和光电的补贴扶持力度，截至2020年年底，全市新能源发电装机容量484万kW，占全市装机总量的40.36%。其中，风电装机容量316.4万kW，占全市装机总量的26.38%，较2016年增长73.1%；光伏发电装机容量145.5万kW，占全市装机总量的12.13%，较2016年增长175.3%。2020年南通风力发电和太阳能发电装机容量分别为3 164 MW和1 454.7 MW，年均分别增长11.6%和22.5%。

“十三五”以来，南通市加强火电企业超低排放、节能技改的调控管理力度，规模以上工业能源加工转换效率有了较大的提升。2020年规模以上工业火力发电煤耗为280.9 g标准煤/（kW·h），较2015年减少11.1 g标准煤/（kW·h）；供热效率达到84.8%，较2015年提升1.3个百分点；热电联产加工转换总效率达到54.6%，较2015年提升5.9个百分点。

2020年，南通市规模以上企业取水总量为60 840万 m^3，其中地表水用水量为44 478万 m^3，地下水用水量为3 040万 m^3，重复用水量为84 304万 m^3。与2016年相比，取水总量减少134 444万 m^3，地表水用水量减少75.5%，自来水用量增加24.4%，重复用水量增加93.0%。2015—2020年南通市资源消耗情况见表1-2-4。

表1-2-4　2015—2020年南通市资源消耗情况

年份	综合能源消费量/万t标准煤	用水量/万 m^3						
		农业用水量	工业用水量	城镇公共用水	居民生活用水	生态环境用水	总用水量	其中地下水水量
2015	1 502.61	227 227	139 285	6 006	24 246	1 462	398 225	—
2016	1 563.55	225 000	224 800	6 300	26 710	7 700	493 200	—
2017	1 480.30	228 000	137 800	6 700	27 400	9 700	409 500	2 320
2018	1 360.40	214 300	108 600	9 400	30 500	1 100	373 900	2 000
2019	1 350.55	198 900	109 500	9 100	29 000	1 180	358 300	1 750
2020	1 296.60	233 366	183 336	13 238	35 500	3 900	469 340	1 342

第四节　城市建设

“十三五”期间，南通市统筹协调，着力优化城乡发展格局，城乡融合迈出新步伐，城市建设推进顺利。以南通城市新中心为定位，规划建设南通创新区，紫琅科技城正式开园，金融商务、企业总部中心开工。濠河风景区整治提升成效明显。滨江片区建设顺利推进，任港湾、五龙汇、平潮西站等片区加快规划建设。市区完成22个老旧小区改造，启动3个破旧片区城市更新。建立地价房价“双控”机制，房地产市场平稳健康发展。轨道交通1号线盾构区间全线贯通、2号线有序推进。江海大道东延工程顺利开工。交通建设有序展开。《南通港总体规划（2018—2035年）》通过交通运输部、江苏省联合审查。通州湾新出海口主体港区一期通道、吕四作业区“2+2”码头等工程开工建设。宁通高速扩容、绕城高速、洋通高速二期开工建设，平海公路完成快速化改造。

一、供排水

“十三五”期间，南通市政府持续强化饮用水水源保护，深化饮用水水源地达标建设。按照“水量保证、水质达标、应急保障”的要求，加强饮用水水源地及应急水源达标建设。推进农村饮用水安全工程，加强农村饮用水水源保护，保障农村饮水安全。市县基本实现“双源供水”和自来水厂深度处理两个“全覆盖”。区域供水人口普及率超99%，乡镇覆盖率达到100%。全市居民普遍饮用长江水，应急保供体系基本形成，饮水水质安全更有保障。

截至2020年年末，南通市日供水能力达250万t，覆盖人口约740万人。现有5座集中式饮用水水厂，分别为崇海水厂（日供水80万t）、狼山水厂（日供水60万t）、洪港水厂（东北片区域供水厂，日供水60万t）、南通鹏鹞水务有限公司（西北片区域供水厂，日供水40万t）、海门长江水厂（日供水10万t），水源均为长江水，其中崇海水厂和狼山水厂共用长江狼山水源地。

截至2020年年末，全市共建成污水处理厂85个，污水处理能力为177.67万t/d。“十三五”期间，全市新建城镇污水处理厂15座，新增污水处理能力为24.87万t/d，实施乡镇污水处理厂一级A提标改造39座。

二、园林绿化

“十三五”期间，南通累计新增造林面积35.7万亩，修复湿地面积2.2万亩，城市人均公园绿地面积超18 m^2，市民出行“300 m见绿、500 m见园”，百余个城市公园绿地、小游园等均免费开放。2017年，南通市被国务院通报表扬为“环境治理工程项目推进快、环境质量明显改善市”。

一是优化城区生态核心。完善《南通市城市绿地系统规划》等专项规划，着力推进五山国家森林公园、西部滨江片区、中央森林公园、“两河两岸生态圈”“503020”等一批重点生态工程项目，累计建设综合公园、带状公园、社区公园、专类公园、街旁绿地等 368 处，满足“市民 500 m 有休闲绿地”条件。城区乡土树种使用占比达 85.1%；乔木种植比例为 64.57%；街道树冠覆盖率达 30.03%，有山有水有森林的滨江临海城市特色更加显现。

二是完善农村生态景观。坚持国土绿化与珍贵化、彩色化、效益化相结合，打造田园风光，助力乡村振兴。3 年来，全市累计栽植彩色化和珍贵化树种面积达 10 万亩，建成省级“三化”先进县 1 个、先进片 8 个、先进村 30 个、先进单位 242 个；建成市级森林城镇 49 个，省级绿化示范村、市级森林村庄等 201 个，村庄绿化率达到 30% 以上；新建、更新及完善农田林网控制面积达 79.6 万亩；实施森林抚育面积 52.9 万亩。

三是构筑大型生态廊道。新建、完善、更新沿江沿海生态廊道，宽度在 100 m 以上，累计造林约 5 万亩。长 142 km、单侧林带宽 100 m 的中心城高速一环和宁启铁路生态廊道全面建成。15 条、单侧林带宽 50 m 的骨干河道生态廊道基本建成。城区“两河两岸生态圈”单侧宽度在 50 m 以上；快速路单侧林带宽 50 m。全市水岸绿化率达 86%，道路绿化率达 81%，重要水源地森林覆盖率达 76.62%。

第五节　交通运输

2020 年，南通机场开飞首个洲际国际全货机航班，民航航线有 47 条（客货），开通周航班量 330 班；全年民航货邮吞吐量（不含行李）为 5.4 万 t，增长 27.8%；旅客运输量达 251.5 万人次，下降 27.8%。沪苏通铁路、沪苏通长江公铁大桥建成通车营运，江苏第三、南通唯一的动车所同步投入使用；盐通铁路提前 16 个月开通运营。2020 年年末，铁路总里程达 427.7 km。南通站开行列车 50.5 对，南通西站开行列车 28.5 对；南通铁路完成客运 572.95 万人次，货运 176.68 万 t。南通市 2020 年交通路网见图 1-2-2。

全市公路里程为 17 409 km，其中高速公路 487.5 km。2020 年公路货运量为 10 974.0 万 t，增长 6.7%；公路客运量 4 636.0 万人次，下降 28.1%。全年南通港货物吞吐量为 31 002.6 万 t，下降 7.8%；集装箱吞吐量为 191.1 万标准箱，增长 24.0%。

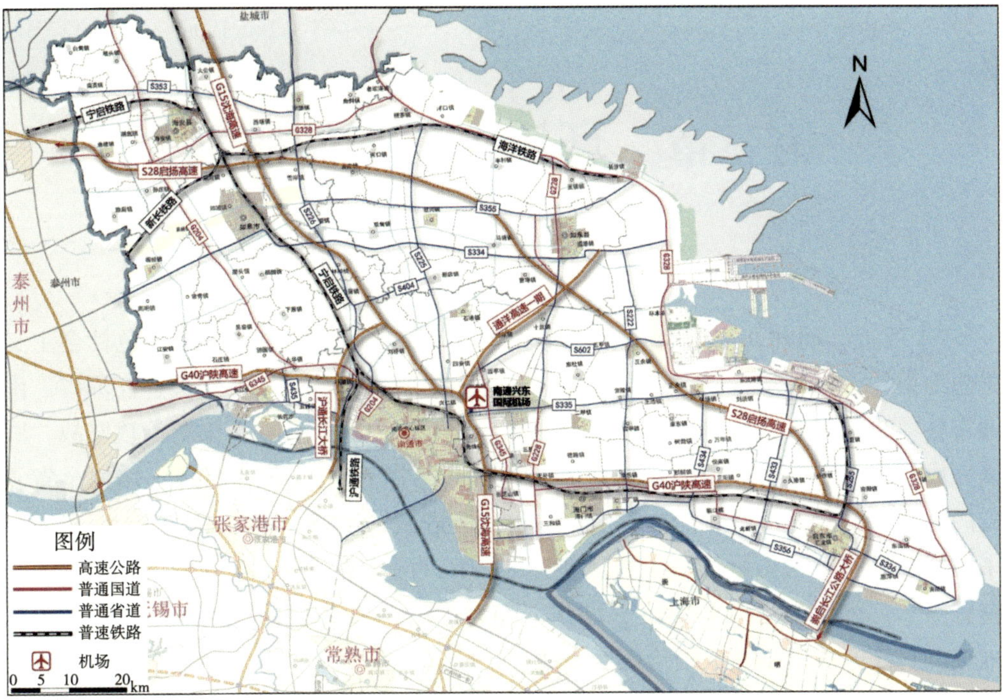

图 1-2-2 南通市 2020 年交通路网

“十三五”期间，南通市机动车拥有量逐年上升，到 2020 年，南通市在用机动车总量达 216.4 万辆，其中，客车 182.0 万辆，货车 10.8 万辆，摩托车 20.5 万辆，与“十二五”末相比，全市在用机动车总量增加 13.0%，其中客车、货车分别增加 67.7%、54.3%，摩托车减少 73.6%。2015—2020 年南通市全社会车辆拥有量统计见表 1-2-5。

表 1-2-5 2015—2020 年南通市全社会车辆拥有量统计 单位：万辆

年份	客车	货车	摩托车	总量	其中：个人车辆
2015	108.5	7.0	77.7	191.5	102.8
2016	126.6	7.6	42.1	177.7	120.4
2017	144.5	8.1	41.3	196.2	132.9
2018	156.9	9.6	27.5	195.7	149.3
2019	169.5	10.5	25.8	207.6	187.2
2020	182.0	10.8	20.5	216.4	173.8

第三章　环境管理工作概况

“十三五”期间，南通市生态环境系统坚持以习近平新时代中国特色社会主义思想为指导，深入学习贯彻落实习近平生态文明思想，认真落实中央、江苏省、南通市各项决策部署，拼搏奋斗、实干创新，凝心聚力打好打赢污染防治攻坚战，圆满完成“十三五”各项重点工作任务。2020年，在GDP突破万亿元、增幅全省领先的情况下，南通污染防治攻坚工作取得积极进展，生态环境质量创“十三五”以来最好成绩：空气质量优良天数比例达87.7%，同比上升6.9个百分点，连续3年全省第一；$PM_{2.5}$浓度34 μg/m^3，同比下降8.1%，为江苏省内首批达到国家二级标准城市。江苏省攻坚办专门给南通市委、市政府发来贺信，称赞南通市为全省环境空气质量改善和蓝天保卫战圆满“收官”作出突出贡献。省考以上断面水质优Ⅲ比例达93.5%，同比增加19.3个百分点，达“十三五”最好水平，改善幅度全省第一；主要入江入海河流全面消除劣Ⅴ类水质。土壤环境质量总体保持稳定，受污染耕地和污染地块安全利用率达到90%。南通环保督察交办问题整改、环境基础设施建设、生态环境质量改善及生态建设成效明显，2020年受到江苏省政府通报表彰。

一、坚持高位统筹谋划，推动生态环保大格局有效建立

南通市委、市政府高度重视生态环保工作，切实加强组织领导，构建了党委领导、政府主导、部门齐抓共管、责任传导、社会广泛参与的共建共享环保大格局。一是党委、政府强化组织领导。成立市污染防治攻坚战指挥部，市委、市政府主要领导担任指挥长，切实强化组织推进。市人大开展水污染防治法执法检查、“人大代表长江行”等活动，督查推进突出环境问题。市政协牵头每月组织“三代表一委员”常态化检查。建立污染防治攻坚“月督察、季考核、年述职”工作推进机制，对县、镇、村污染防治攻坚分级考核，考核结果向社会公开、接受公众监督和评判，压紧压实基层环保责任。二是全面落实部门工作责任。印发《南通市生态环境保护工作责任规定》，明确53个市级相关部门的环境保护责任，有效建立“管发展必须管环保、管生产必须管环保、管行业必须管环保”的生态环保责任体系。每年，市中级人民法院、检察院和相关部门就生态环境保护工作进行书面述职。南通

市委主要领导牵头开展环保专项巡察及“回头看”，有效强化部门治污合力。三是引导发动全社会积极参与。建成以环境教育馆为龙头、42 家环保科普基地为单元的宣传教育阵地，常态化开展“公众看生态”活动，5 万余人次走进教育基地接受环境教育。健全新闻发言人制度，实行例行新闻发布制度。充分发挥报刊、论坛、电台、微信公众号等传统媒体与新媒体作用，积极宣传生态环保理念与正能量。依托微信群，建立投诉举报快速处置综合机制，及时回应群众关切。

二、坚持生态优先理念，推动长江大保护持续深入

坚决贯彻落实习近平总书记关于长江大保护的重要指示批示精神，坚持把修复和保护长江生态摆在压倒性位置。一是突出规划引领。印发《南通市长江经济带生态环境保护实施规划》《南通市长江保护修复攻坚战行动计划实施方案》等重要文件，努力建设和谐长江、健康长江、清洁长江、优美长江、安全长江。制定《长江生态环境保护修复南通驻点跟踪研究实施方案》《南通市长江入河排污口排查整治工作方案》，着力提升长江修复整治水平。二是强化源头控制。制定《南通市“三线一单”生态环境分区管控方案》，从空间布局约束、污染物排放管控、环境风险防控、资源开发效率等方面提出调控策略及环境治理要求。严格执行环境准入机制，长江干支流 1 km 范围内一律停止审批新扩建化工项目，否决天元锰业、理文造纸等百亿级项目。扎实推进固定污染源排污许可证发放，累计核发排污许可证 2 759 张，登记管理企业 2.3 万多家。三是加强生态保护。完成多轮国家生态红线和省级生态空间管控区优化调整，开展生态红线区域调查评估、生物多样性本底调查试点，实施“绿盾 2020”自然保护地强化监督。扎实开展生态区示范创建，通州区、海门区获省级生态文明建设示范区命名；29 个镇村获评省级生态文明建设示范镇村，数量全省领先。海安建成 10 个尾水生态湿地工程，全市域生态缓冲区建设入选省级示范工程。军山自然生态保留地保护纳入《狼山国家森林公园管理条例》。

三、坚持系统治污思维，推动水、气、土污染治理取得成效

聚焦大气、水、土壤三大战场，深入系统推进污染防治攻坚，推动环境质量持续提升。一是坚决打赢蓝天保卫战。印发实施《南通市打赢蓝天保卫战三年行动计划实施方案（2018—2020 年）》，坚持“治企、管车、控煤、降尘、禁烧、联防”12 字方针推进大气污染治理，推进 $PM_{2.5}$ 和臭氧浓度“双控双减”。累计淘汰燃煤小锅炉 3 000 余台，火电企业燃煤机组、热电企业机组全部完成超低排放改

造，推进燃气锅炉低氮改造。编制印发重点行业挥发性有机物综合治理方案，开展夏季 VOCs 治理攻坚行动。深入开展扬尘整治“654”专项行动，建立施工工地“红黑榜”制度，综合运用扬尘管控办法、专项行动和征税规程等手段，对扬尘污染严重的施工单位从信用上严控、从法律上严惩、从税收上严征。推进柴油货车“410”行动，围绕重型柴油货车、主要物流通道、重点用车企业、车用油品尿素 4 个领域，实施十项攻坚任务。建立空气质量异常预警和应急管控机制，落实强有力污染物减排举措，有效减少内源排放，实现污染“削峰”。开展重点区域精准帮扶，对 4 个国控站点实施“一图一清单”分类治理，落实专人进驻重点区域，24 h 不间断强化管控。切实发挥五级秸秆禁烧网络作用，加大巡查与宣传力度，对“第一把火”严肃问责。明确 18 位党政负责同志担任“点位长”，压实属地管理、分级负责体系。二是全面打好碧水保卫战。党政代表团专程到浙江学习“五水共治”经验，制定出台《南通市打好碧水保卫战实施方案》，立足城镇与农村两大战场，突出农业、工业、服务业和生活四大领域发力攻坚。深化落实河长制，市委、市政府主要领导联合签署《关于弘扬新时代南通治水精神　加快建设生态美丽幸福河的动员令》，河长制工作被江苏省河长办确定为全省 2 个治理工作典型之一。持续开展不达标断面专项整治行动，对重点区域开展现场督导帮扶，对重点污染源实行“盯人防守”，常态化落实强制减排措施。积极构建长效化、精细化、规范化的管理机制，建立黑臭水体整治公众举报平台，市区建成区基本消除黑臭水体。深化农业面源污染治理，优化调整畜禽养殖禁养区，出台《南通市畜禽养殖污染防治条例》。科学实施活水畅流工程，通过引江调水，保持水体生态流量。开展饮用水水源地整治“回头看”，确保问题不反弹。深入推进湾（滩）长制，加快推进入海排污口分类整治，持续巩固如泰运河、北凌河、栟茶运河、掘苴河等主要入海河流消劣成果。深入推进排污口规范化建设，完成入江排口溯源监测 2 264 个，入海排口溯源监测 423 个。开展工业园区整治、沿海工业园区水平衡专项检查，省级以上工业园区实现污水管网全覆盖。三是扎实推进净土保卫战。深入开展重点行业企业用地土壤污染状况调查，完成 1 884 个地块信息采集、风险筛查和空间信息整合。建立污染地块名录和开发利用负面清单，更新全市土壤污染重点监管单位名录并向社会公开，确定重点监管单位 403 家。对重点行业关闭搬迁遗留地块进行全面排查摸底，建立重点监管地块清单，因地制宜地推进土壤污染治理修复，加快盘活主城区老工业用地，完成原南通精华制药原料药分厂地块、原南通万达锅炉（任港路北侧）地块、原江山农化地块、南通柴油机厂地块、南通第一印染厂地块、南通第二印染厂地块、南通第三印染厂地块土壤污染治理修复。强化固体废物污染防治，组织开展“清废”行动，严把进口固体废物审核关，保持全市固体废物“零进口”。

四、坚持结构调整导向，推动绿色发展水平持续提升

以空间结构、产业结构、能源结构、运输结构调整为重点，加快推进绿色发展转型升级。一是优化调整空间结构。组织编制国土空间总体规划，开展资源环境承载能力、国土空间适宜性“双评价”。以调高调绿调优为导向，绘制沿江共抓大保护“一张图”，优化长江岸线“三生”空间，还岸线于民、还绿色于民。下大决心解决“重化围江”问题，印发《南通市化工产业安全环保整治提升实施方案》，召开全市化工产业安全环保整治提升工作推进会，对全市化工企业开展全面体检，分类施策推进，完成江苏省下达的目标任务。二是优化调整产业结构。持续优化产业结构，积极培育“3+3+N”产业，推进绿色制造体系建设。加快构建市场化、法治化、常态化的落后产能退出机制，全力化解船舶、钢铁、水泥等重点行业过剩产能。在 15 个省定引导退出低端低效行业的基础上，结合南通实际纳入船舶行业，形成全市重点行业产能清单，为后续去产能工作提供数据支撑。开展两轮“散乱污”企业专项治理，清理整治“散乱污”企业 4 300 余家。三是优化调整能源结构。加强形势分析与研究，形成“十三五”能源消费总量控制目标完成情况报告与“十四五”控制形势预测报告。严控能源和煤炭消费总量，完成江苏省下达的煤炭削减任务。促进海上风电规模化发展，有序发展光伏发电，全市可再生能源发电装机累计规模达到 484 万 kW，非化石能源占一次能源消费比重达 12% 以上。四是优化调整运输结构。优化调整货物运输方式，着力改善货物运输结构，提高铁路运输比例。煤炭集港、矿石疏港以及全市具备水路货运条件的火电企业实现 100% 水路运输。印发《南通市城市绿色货运配送示范工程创建工作方案》，扎实开展城乡绿色配送行动。

五、坚持群众满意标准，推动突出环境问题有效解决

坚持生态惠民、生态利民、生态为民，对重要问题、敏感问题紧盯不放、强化跟进，推动解决一批群众反映强烈的突出环境问题。一是推进突出问题化解。南通市委、市政府成立环保督察整改工作领导小组，对中央环保督察、江苏省环保督察等上级交办问题，一体化推进整改。创设主体申请、地方初审、地方申请、市级核查、市级会审、报省审核、配合复审、动态管理等“八步法”，建立定期调度、按月督查、逐季考评机制，采取压茬式督办、专题督查、联合检查、“三代表一委员”督察等多重形式，加快推进问题整改工作，一大批长期存在的“老大难”问题得到有效化解。中央、江苏省环保督察等提出的八大类共 1 367 个突出环境问题，整

改完成率超过99%。2018—2020年国家、江苏省长江经济带警示片问题实现清零。省级以上信访在2019年同比下降40%的基础上，2020年再下降55%，市生态环境局被生态环境部评为全国环境信访先进集体。二是提升环境执法效能。保持环境执法定力，坚持突击检查、交叉检查、专项行动、联合执法“四个常态化”执法。印发《南通市依法严厉查处环境违法大案要案实施方案》，选拔执法骨干力量，查处一批环境违法大案要案。完善司法联动机制，强化环保行政执法与刑事司法、行政拘留的有序衔接。进一步完善行政处罚自由裁量，推进案件办理承办人负责制，落实执法公示、全过程记录、法制审查3项制度。强化执法监督，制定“生态环境执法十项禁令”，使之成为执法准绳。推进环境执法标准化体系建设，被确定为江苏省战略性新兴产业和服务业标准化试点项目。推行普法式执法，探索开展VOCs提醒执法，帮助企业提升环保法制水平。充分运用信息化监管手段，推进非接触式现场执法，做到无事不扰。三是加强环境风险防控。牢牢守住安全生产底线，对国务院、江苏省安全生产督导组，以及江苏省委危险化学品安全生产专项巡视反馈的问题，深挖思想根源，深刻剖析原因，全面落实整改要求，圆满完成整改任务。强化风险管控，823家重点环境风险企业登记入库，动态管理。印发《南通市突发环境事件应急预案》《南通市集中式饮用水水源地突发环境事件应急预案》等重要文件，进一步规范企业事业单位、省级以上工业园区突发环境事件应急预案备案管理，大力提升应急预案规范性、有效性和可操作性。开展突发环境事件应急演练暨辐射事故应急演练，强化全社会环境风险防范意识，全面提升突发事件应急处置能力。市级环境应急物资储备库储备环境应急物资62种，总价值约1 000万元，实现全市范围内1 h紧急调拨。

六、坚持监管服务并重，推动服务发展水平显著提升

自觉把生态环境保护放到经济社会发展大局中考量，精准服务基层所急、高效服务企业所需。一是优化重大项目服务。印发实施《关于进一步加强重大项目服务的实施方案》，建立“一个项目、一名领导、一套班子、一盯到底”的服务机制。优化要素配置，江苏省内率先开展排污权评估，增补认定排污权，为重大项目落户创造条件。与重点园区签订合作协议，提前介入、靠前服务。持续深化环评领域“放管服”改革，对行政许可事项实行扎口管理，同时开展排污权预申请审核，优化审批流程、提升行政效率。建立厅市工作会商机制，并得到江苏省生态环境厅的大力支持，如皋经济技术开发区、启东开发区、如皋高新技术产业开发区等规划环评以及中天钢铁、金光、桐昆、海上风电等一批重特大项目环评顺利获批。二是强化正向激励举措。确定首批553家监督执法正面清单企业和150家环保示范企业、

80 家环保信任企业，评定 107 家绿色企业，对符合条件的企业用足激励政策，落实环保“领跑者”机制，推动发挥正向示范、带动激励作用。与市工商联签订《关于加强沟通联系　共同服务保障民营企业绿色发展的合作协议》，办好民营企业环保服务站，推动行业自律和同业交流，在加强普法宣传、优化执法环境、搭建服务平台、建立监督机制等方面发挥作用。对重点排污单位 1 100 余名法人、环保总监进行环保政策和业务培训，分行业编印赠阅环保法律法规手册，提升企业环保法制水平。常态化开展“企业接待日”活动，推动电极箔行业废酸处置等行业性难题妥善化解，为行业每年节约成本 6 000 万元。办好环境治理供需洽谈会，搭建环保服务供需桥梁。三是助推企业复工复产。全市生态环境系统选派 310 名党员干部深入一线驻点帮扶，走访企业 609 家，帮助查堵漏洞 165 个，做到预防在先、堵漏在前。梳理《应急医院建设环保指南》，保障新冠肺炎疫情防控应急项目快速落地，获《中国环境报》头版报道。印发《南通市生态环境局服务企业复工复产若干措施》，对国家和地方党委、政府认定新冠肺炎抗疫急需的医疗卫生、物资生产、研究试验 3 类建设项目，实施环评手续豁免；实施环评审批正面清单制度，对民生、社会事业与服务业等 10 类行业项目，豁免环评手续；对环境影响总体可控、就业密集型等 22 类行业项目，实施环评告知承诺制审批改革。

七、坚持创新机制体制，推动制度改革走在前列

用最严格制度、最严密法治保护生态环境，加快制度创新，强化制度执行，让制度成为刚性约束和“高压线”。一是构建现代生态环境治理体系。制定《关于推进生态环境治理体系和治理能力现代化的实施方案》，着力构建政府主导、企业主体、全社会共同参与的现代化生态环境治理体系。二是推进生态环境损害赔偿。江苏省内率先开展“生态环境损害赔偿实践引领区”建设，并入选“第二届江苏生态环境十大先进典型”，被生态环境部确定为生态环境损害赔偿制度基层联系点，工作经验在全国推广。先后签订赔偿（修复）协议 170 份、缴纳赔偿（修复保证）金 1.38 亿元，案例实践数、赔偿金额居全国前列。三是健全生态环境信用体系。扩大参评企业范围，建立企业环境信用通知与降级制度，联动实施绿色信贷、差别水价、差别电价政策，强化联合惩戒和激励，被生态环境部列为生态环境政策法制基层联系点。四是深化环保总监制度。出台《南通市重点排污单位环保总监管理办法（试行）》，全市 727 家重点排污单位环保总监配置到位。制定落实环保总监权力清单、责任清单，督促依法尽职履责，推动企业环境管理制度再造。五是强化环境失信行为公众监督。出台《南通市环境违法失信行为公众监督管理办法（试行）》，明确 8 类应当公开致歉的行为。在《南通日报》设立重点环境问题《曝光台》《回音

壁》《致歉栏》等栏目，定期曝光问题、推动整改，倒逼企业改善环境行为。

八、坚持夯实能力基础，推动环保能力建设有力强化

以监测监控能力、环境基础设施、综合执法改革为重点，加快补齐生态环保能力建设短板，为科学治污、精准施策提供强有力的支撑保障。一是夯实监测监控能力。制定实施《南通市生态环境监测监控系统三年建设规划（2019—2021 年）》，先后建成各类空气自动监测站 124 个、水质自动站 119 个、噪声自动监测站 8 个。高度关注污染源精准化管控，对 377 家重点排污单位、633 家排污许可证重点单位实施自动监控，完成 1 300 多家企业用电监控、83 家重点企业视频监控、6 家企业工况监控、11 个固定式机动车尾气遥感监控。化工园区、省级以上工业园区基本建成自动监控平台。加快建设南通市生态环境监测站、市生态环境监控中心，为环境管理提供有效技术支撑。二是完善环境基础设施。制订实施《南通市环境基础设施三年建设计划（2018—2020 年）》。成立南通市水务公司，实施水务一体化改革，推进污水处理厂、污水管网“建、管、用”一体化管理，开展城镇污水处理提质增效精准攻坚“333”行动，加快推进村庄小型污水处理和分散农户污水治理示范建设。编制《南通市固体废物处置能力建设专项规划（2019—2030 年）》，全市危险废物处置能力累计达 30.1 万 t/a，是“十二五”末的 16.4 倍，实现产废、处废平衡。三是推进综合执法改革。全省率先开展综合行政执法体制改革，积极整合应对气候变化、地下水污染防治、排污口设置、农业面源污染等有关部门职责，挂牌设立生态环境综合行政执法局，明确县（市、区）生态环境综合行政执法局与驻县（市、区）生态环境局实行“局队合一”，实现生态环境领域“一支队伍管执法”。全市共设置 35 个区域性生态环境综合行政执法局，执法力量下沉至乡镇（街道）。

第四章　环境监测工作

“十三五”期间，南通市顺应机构垂直管理改革带来的新形势、新变化，创新环境监测管理体制机制，在生态监测监控资源有效整合、机构升格、人员增编等方面取得较大进展。以《江苏省生态环境监测条例》实施为契机，强化生态环境监测能力建设和监督管理，努力推动生态环境监测能力和监测体系现代化。全市生态环境监测网络与预警监控体系不断完善，建成覆盖全市的大气污染立体监测网络，实现重污染天气监测预报预警；水环境监测网络覆盖境内主要河流、入江支流、集中式饮用水水源地及入海河流等水体，地表水环境自动监测网络与预警体系建设不断完善；有序推进土壤环境质量监测工作，开展全市土壤监测点位优化布设；积极拓展卫星遥感、无人机航拍技术在生态环境监测方面的应用，努力构建“空天地一体化”监测网络；噪声、生物等监测点位逐步调整优化，技术手段不断提升；辐射监测监管体系逐步健全；应急监测体系与能力建设持续加强，有效保障突发环境事件的应急监测；现代化、自动化检测能力不断提升，各级监测部门实验室认证能力项目不断扩充；社会化环境检测机构快速发展，全市环境监测整体实力得到大幅提升。

通过各类环境要素监测点位的合理布设和不断优化、环境监测网络与预警体系的逐步健全、环境监测能力的持续提升，有效保障了“十三五”期间南通市生态环境监测工作的正常、有序开展。在此基础上，全市进一步加强环境监测质量管理和质量控制，确保获取的监测数据准确、有效、可信，能真实反映南通市环境质量状况、变化趋势及存在的问题，为环境管理综合决策提供了有力支撑。

第一节　监测概况

一、机构情况

“十三五”期间，根据《中共江苏省委办公厅、省政府办公厅关于江苏省环保机构监测监察执法垂直管理制度改革实施方案》的要求，南通市环境监测中心站积极落实推进，顺利完成机构上收工作，并于2018年7月12日正式揭牌，原南通市环境监测中心站更名为江苏省南通环境监测中心（以下简称南通中心），行政级别由科级升格为副处级。2019年1月18日，南通市生态环境局正式挂牌后，县（市、区）环保机构垂直改革工作全面启动。3月29日，10个驻县（市、区）生态环境局正式挂牌，各地生态环境执法局和生态环境监测站同时挂牌。

为满足垂直改革后执法监测和自动监控等业务需求，加快推进监测监控能力建设，2019年10月，设立南通市生态环境监测站和南通市生态环境监控中心。南通市生态环境监测站依托原通州区环境监测站进行建设，整合崇川区环境监测站、市海洋环境监测预报中心、市辐射环境监测站等机构，正科级建制，核定事业编制60名。其主要职责是统筹全市生态环境监测网络管理，指导县级生态环境监测站开展业务。南通市生态环境监控中心整合市智慧环保服务中心、市环境科学研究所、市机动车排污监督管理中心等机构，以及市生态环境执法局污染源在线监控等职能，正科级建制，核定事业编制33名。

“十三五”期间，受益于检验检测认证体制的市场化改革提速，全社会对环境检测业务需求的快速增长，南通市辖区内社会化环境检测机构发展迅猛，截至2020年年末，全市通过中国计量认证（CMA）资质认定的社会化环境检测机构22家，检测能力覆盖水和废水、气和废气、土壤、固体废物、海水、生活饮用水、机动车、辐射、化学有害因素、物理有害因素、生态11个大项，800余个小项，从业人员约700人，其中中高级职称监测人才约130人。近年来社会化环境监测机构服务企事业单位2.6万家次，与政府公立环境监测机构形成互补。

二、人力资源情况

“十三五”期间，南通市生态环境系统监测人才队伍逐步发展壮大。一是监测人员有所增长。截至2020年年底，南通市环境监测系统实际在职监测人员总数243人，较“十二五”末增加1.85%，其中监测技术人员233人，占全市监测系统总人数的95.9%。二是中高级技术职称人数稳步增长。截至2020年年底，全市具有高级职称的技术人员达77人，占技术人员总数的33.0%，较“十二五”末增加67.4%；中级技术职称人员84人，占技术人员总数的36.1%；中高级总人数占职工总数的66.3%，较“十二五”末增加13.4%。三是技术人员的学历层次明显提升。截至2020年年底，具有本科及以上学历198人，其中博士1人，硕士34人，本科163人，占职工人员总数的81.5%（表1-4-1）。

表 1-4-1　2020 年南通市环境监测系统人员情况

单位：人

地区	人员编制数	实际在职人数	监测业务人员数	行政人员数	技术职称						文化程度						
					教授级高工	高级工程师	工程师	助理工程师	技术员	其他	博士	硕士	本科	大专	中专	高中	高中以下
南通中心	82	78	72	6	3	32	24	3	0	16	1	18	42	11	0	4	2
海安	25	23	23	0	0	2	8	7	0	6	0	0	23	0	0	0	0
如皋	25	24	24	0	0	7	14	3	0	0	0	5	19	0	0	0	0
如东	28	24	24	0	0	3	6	14	1	1	0	1	17	6	0	0	0
通州	60	43	41	2	0	17	5	9	12	0	0	3	32	8	0	0	0
海门	27	17	16	1	0	1	15	1	0	0	0	4	11	2	0	0	0
启东	27	34	33	1	0	12	12	4	0	6	0	3	19	8	0	4	0
合计	274	243	233	10	3	74	84	41	13	29	1	34	163	35	0	8	2

“十三五”期间，涌现出一批监测学科带头人和先进典型。刘琳娟被评为江苏省先进工作者，武攀峰被评为江苏省“333 高层次人才培养工程”中青年科学技术带头人、南通市“226 高层次人才培养工程”中青年科技领军人才、南通市第四届杰出专业技术人才，荣获南通市第七届青年科技奖、江苏省环境保护科学技术奖三等奖，耿建生、於香湘被江苏省生态环境厅评为忠诚环保卫士，吴建兰获得“南通市三八红旗手”称号，刘媛媛被江苏省生态环境厅评为优秀党务工作者，蒋荣、杭仕荣、钱宇红、汤春艳、杨杰 5 名同志被评为江苏省生态环境系统优秀共产党员，姚颖、张晔霞被评为江苏省生态环境系统优秀青年，朱正宏被评为南通市第十二届政协优秀委员。

据不完全统计，2020 年全市环境监测系统用房总面积约 17 377 m^2（表 1-4-2），其中监测用房面积 9 331 m^2。全年监测经费达 5 001.9 万元，其中业务费 1 131 万元、自动监测信息系统运行费 667.3 万元、仪器设备购置费 2 995.9 万元、仪器设备维护费 180.5 万元、科研经费 27.2 万元。现有全部监测仪器设备总费用 34 490.7 万元。

表 1-4-2　2020 年南通市环境监测系统用房及经费情况

地区	面积 /m^2				经费 / 万元						
	总建筑面积	办公用房	监测用房	辅助用房	业务费总款	人均业务费	自动监测信息系统运行费	仪器设备购置费	仪器设备维护费	科研经费	现有全部监测仪器设备总费用
南通中心	3 784	1 604	1 580	600	446.5	5.7	273.0	684.8	51.0	25.2	23 895.4
海安	1 223	500	711	12	56.4	2.5	8.0	9.8	8.0	0	926.0
如皋	4 000	1 000	2 000	1 000	225.0	9.4	40.0	143.7	20.0	2.0	2 021.0
如东	3 150	1 700	1 450	0	126.0	3.7	12.0	209.7	30.0	0	1 140.0
通州	1 560	350	1 150	60	152.0	5.1	22.0	1 000.0	7.0	0	2 298.8
海门	2 160	720	1 440	0	108.2	6.4	174.0	513.9	9.3	0	2 667.5
启东	1 500	500	1 000	0	16.9	0.6	138.3	434.0	55.2	0	1 542.0
合计	17 377	6 374	9 331	1 672	1 131	4.1	667.3	2 995.9	180.5	27.2	34 490.7

三、环境要素测点布设

“十三五”期间，根据江苏省、南通市环境保护和管理有关要求，南通市已开展监测的环境要素涉及环境空气、地表水、地下水、饮用水水源、土壤、生态与生物、底泥、近岸海域、声环境、农村环境、污染源等方面。2020 年各要素监测点位统计见表 1-4-3。

表 1-4-3　2020 年南通市环境要素监测点位统计　　单位：个

地区	河流	水源地	地下水	海水	底泥	土壤	生物	大气	降尘	降水	区域噪声	功能区噪声	交通噪声
南通中心	15	3	7	39	13	6	15	19	10	10	97	8	47
海安	17	1	14	—	8	—	—	12	3	1	101	7	20
如皋	11	2	4	—	7	—	—	16	4	2	126	7	28
如东	15	0	14	—	8	11	—	15	4	1	111	7	22
通州	11	0	10	—	7	—	—	15	4	1	15	3	6
海门	10	1	10	—	5	8	—	13	5	1	106	7	31
启东	11	1	7	—	6	—	—	17	4	1	128	7	20
合计	90	8	66	39	54	25	15	107	34	17	684	46	174

全市共布设大气监测点位 107 个，降水点位 17 个，降尘点位 34 个。布设 90 个河流监测断面、8 个饮用水水源地及备用水水源地测点、66 个地下水测点、54 个底泥监测点位以及 25 个土壤监测点位。共布设生物监测点位 15 个，开展地表水生物监测、饮用水水源地生物监测、城市环境空气生物监测、生物毒性与生物效应等生物生态监测工作。近岸海域海水水质测点 39 个、海洋垃圾测点 2 个。全市共布设 684 个区域环境噪声测点和 174 个交通噪声测点，各县（市、区）严格按照相关噪声监测规范开展监测工作。

四、监测数据情况

2020 年，南通环境监测中心及各县（市、区）级环境监测站共获得各类监测数据 267.1 万个，其中反映环境质量的数据 257.7 万个，污染源监督监测数据 3.3 万个，污染事故监测数据 146 个，其他监测数据 6 万个。

“十三五”期间，南通环境监测中心及各县（市、区）级环境监测站共获得各类监测数据 1 095.7 万个，其中反映环境质量的数据 1 045 万个，污染源监督监测数据 24.6 万个，污染事故监测数据 2 497 个，其他监测数据 25.8 万个，见表 1-4-4。

表 1-4-4　2016—2020 年南通市环境监测数据量统计　　单位：个

年份	数据总数	环境质量例行监测数据	污染源监督监测数据	污染事故监测数据	其他监测数据
2016	2 050 640	1 916 974	68 483	912	64 271
2017	1 967 690	1 858 842	61 585	477	46 786
2018	2 069 452	1 962 242	45 673	621	60 916
2019	2 198 358	2 134 385	37 542	341	26 090
2020	2 670 714	2 577 349	32 812	146	60 407

第二节　生态环境监测网络与能力建设

生态环境监测监控是加强生态环境保护与管理工作的重要基础，是打赢污染防治攻坚战的重要技术支撑。“十三五”以来，南通市环境监测监控能力不断提升，为全市污染防治和生态文明建设发挥了积极作用。打好污染防治攻坚战迫切需要全面提升生态环境监测监控水平，提高监测监控的广度和深度，说清生态环境质量状况，说清其变化趋势，说清其潜在风险，实现污染防治能力系统化、科学化和精准化，为此南通市印发了《南通市生态环境监测监控系统三年建设规划（2019—2021 年）》，初步形成与南通市生态环境治理体系与治理能力相适应的现代化生态环境监测监控新体系，为环境管理和精准执法提供坚强技术保障。

截至 2020 年年末，南通市基本建成较为完善的生态环境监测网络，实现环境质量、重点污染源、生态环境状况监测全覆盖，各级各类监测数据系统互联共享。大气、水环境质量监测预警预报能力明显提升，实现 $PM_{2.5}$ 精准管控、重污染天气和突发环境污染事件有效应对。

一、空气自动监测网络建设

“十三五”期间，南通市统筹推进空气自动监测网络布局，通过组建乡镇（街道）大气自动监测网络，开展重点港口、码头大气环境自动监测，开展化工园区大气自动监测，实现市、县（市、区）、乡镇（街道）空气质量自动监测全覆盖。截至 2020 年年底，南通市共建成 5 个国控、12 个省控、4 个市控（含 1 个大气多参数站、1 个交通干线路边站）、86 个乡镇（街道）、13 个化工园区上下风向、1 个港口码头空气自动监测（监控）站，形成了市、县、街道（乡镇）、园区多级大气监测网络。环境空气质量自动监测能力和覆盖面较“十二五”期间有了大幅度的提升。5 个国控站点与国家联网通过生态环境部、江苏省生态环境厅、南通市生态环境局网站实时发布空气质量监测数据（图 1-4-1～图 1-4-3）；每天通过南通电视台定时向公众发布各县（市、区）空气质量，确保满足公众的环境知情权、参与权和监督权。

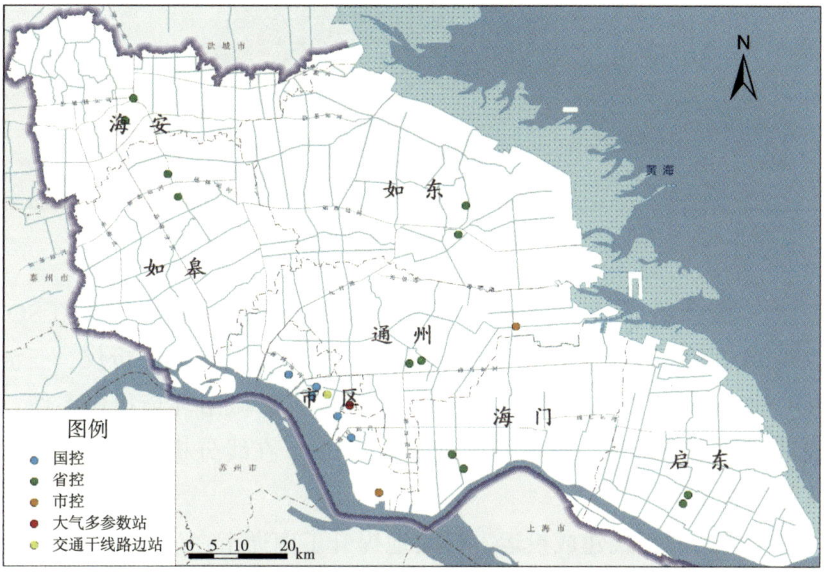

图 1-4-1　南通市国控、省控、市控空气自动监测站点分布

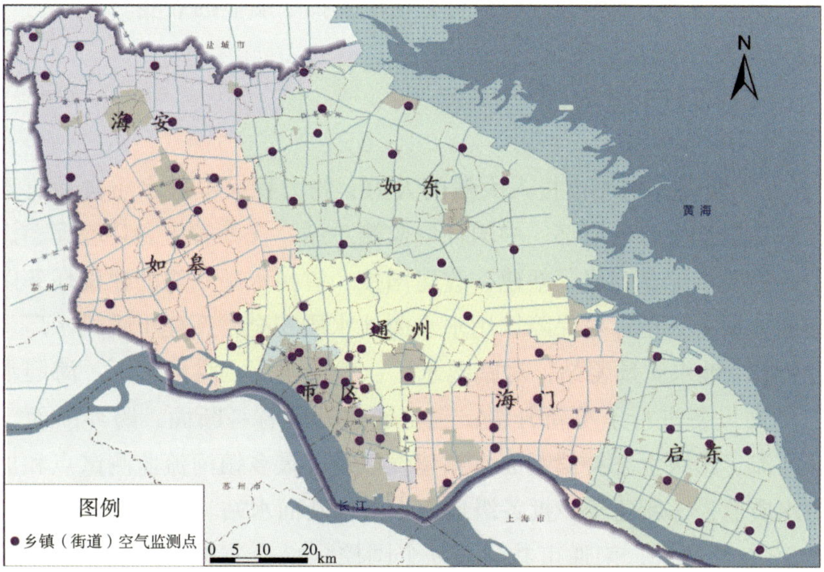

图 1-4-2　南通市乡镇（街道）空气自动监测站点分布

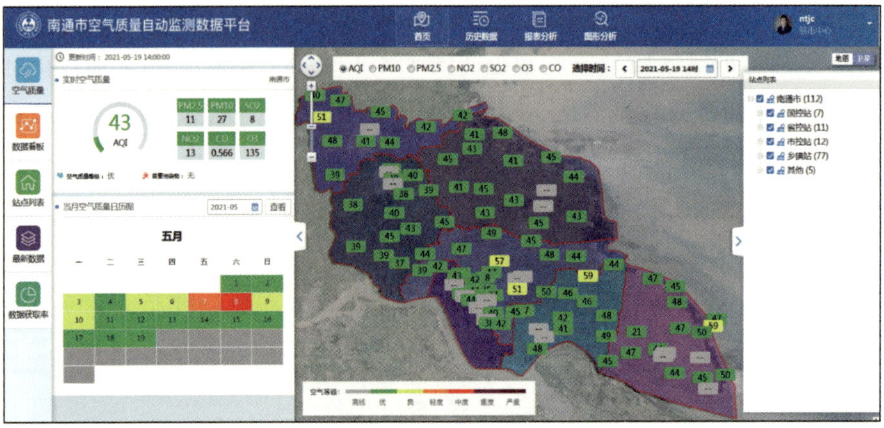

图 1-4-3　南通市空气质量自动监测数据平台

南通大气多参数站位于南通市环境教育馆，现有常规六参数（SO_2、NO_2、PM_{10}、CO、O_3、$PM_{2.5}$）监测仪、NO_x 分析仪、颗粒物粒径谱分析仪、三波长浊度仪、EC/OC 在线分析仪、黑碳仪、太阳辐射强度计、城市环境摄影系统、能见度仪、在线离子色谱分析仪、气溶胶激光雷达、VOC 在线分析仪、无机元素连续监测分析仪等仪器设备。

大气多参数站的正式建成投运，极大地提升了南通市在说清大气复合污染成因和过程、评估大气污染综合防治措施成效、为环境管理和综合决策提供科学支撑等方面的能力。在杭州 G20 峰会、上海进博会、国家公祭日等重大活动保障，重污染天气预报预警以及典型污染过程综合分析中发挥了明显的效能。

二、水环境自动监测网络建设

“十三五”期间，南通市投入大量的人力、物力积极推进水质自动监测站的建设工作，一是根据生态环境部、中国环境监测总站、江苏省生态环境厅、江苏省环境监测中心的要求配合完成了新建、改建国控、省控水站站房的建设任务以及辅助设备的查漏补缺；二是针对保障饮用水水源地水质安全，新建了鹏鹞水厂、芦泾港 2 个饮用水水源地水质预警站，对鹏鹞水厂、狼山水厂、洪港水厂、海门水厂水源地水质自动站设备进行了更新升级；三是通过开展省考断面、跨界断面、入江支流、入海河流、市级生态补偿断面水站建设以及开展乡镇河流监测试点和加强化工园区下游水质监控，新建了一批各级地表水考核断面水站。

截至 2020 年年底，南通市共建成 9 个国控、22 个省控、34 个入江支流、3 个市级补偿断面、2 个非省控长江经济带断面、4 个水源地、2 个水源地预警站、1 个备用水水源地、5 个化工园区下游水站、26 个乡镇水站、7 个入海河流水质自动监测站（图 1-4-4、图 1-4-5）。这些水站的建成投运，对促进各地水质提升，开展预警、污染防控以及精细化环境管理均起到积极的作用。

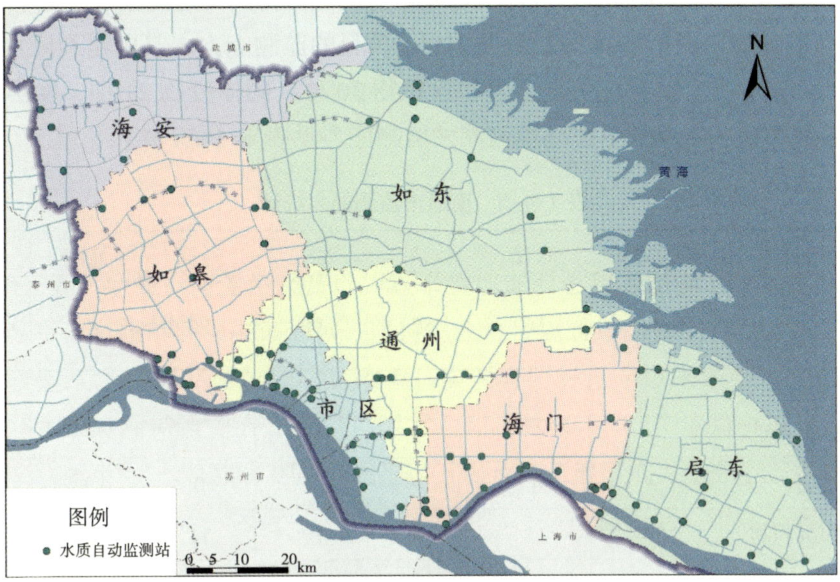

图 1-4-4　南通市水环境自动监测站分布

图 1-4-5　南通市水质在线自动监测平台

三、噪声自动监测网络建设

“十三五”期间，南通市优化调整噪声功能区设置，积极探索噪声自动监测技术的应用，截至 2020 年年末，全市共建成功能区噪声自动监测站 10 个，涵盖了居住区、混合区、工业区以及城市交通干线两侧区域。

四、监测分析能力与拓展

“十三五”期间，南通市各级环境监测站监测能力得到一定的拓展。截至2020年年末，南通环境监测中心具备七大类248个项目的监测能力，其中水和废水99项，空气和废气74项，生物9项，土壤和沉积物30项，固体废物21项，噪声和振动8项，辐射7项。全市各生态环境监测站监测能力见表1-4-5。

表 1-4-5　南通市监测能力统计　　单位：项

类别	南通中心	海安	如皋	如东	通州	海门	启东
水和废水（含大气降水）	99	56	52	90	72	47	50
空气和废气（含室内空气）	74	22	25	53	17	33	21
生物	9	4	0	7	0	3	3
土壤和沉积物	30	12	10	17	11	9	9
固体废物（煤）	21	1	0	6	0	0	0
噪声和振动	8	6	7	6	6	6	5
辐射	7	0	0	0	—	0	0
合计	248	101	94	179	106	98	88

五、生态环境监测网络与能力建设

“十三五”期间，南通市紧扣环境管理需求，全面加强生态、生物、农村环境监测网络与能力建设。依托遥感技术，在江苏省环境监测中心的指导下继续深入开展全市生态环境状况监测与评价、生物多样性调查等重点工作；完善生态保护红线监管体系，开展全市生态红线保护区遥感监测、饮用水水源地遥感监测、黑臭及劣Ⅴ类水体遥感监测、生态状况遥感监测与评价；继续加强无人机、生态遥感等观测能力建设，参与大气治污攻坚，开展重点网格无人机巡查；开展长江入河排污口排查；不断提升生态监测技术水平，加快构建“空天地一体化”生态监测网络。

继续推进生物环境质量监测网络建设，开展全市国控断面及集中式饮用水水源地水生生物监测、微生物监测、生物毒性与生物效应监测等工作，对全市生物环境状况进行综合分析与评价；开展全市各区域生物多样性本底调查试点工作；按照全省生态环境监测方案要求，开展全市18个村庄农村环境质量监测工作。

六、“十三五”期间监测职能业务领域发展

“十三五”以来，南通市生态环境监测业务领域发生变化。一方面，自国务院机构改革以后，海洋监测、农村及农业面源和气候变化监测都并入生态环境部门，地下水及水功能区监测等工作与自然资源和水利部门进行了任务整合。职能转变后，南通市整体谋划，合理部署，将各项任务列入年度工作计划中，对近岸海域、农村污水处理设施、农村灌溉水、农业面源污染等都按计划进行了监测，对地下水和水功能区与原有监测点位进行科学整合，统一推进了南通市土壤和水环境质量监测工作。开展应对气候变化方面的监测探索，研究南通市温室气体排放监测方案。另一方面，随着国家、省（自治区、直辖市）对生态环境监测机构实施“垂管”，监测事权的上收以及监测市场的发展，全市范围内监测业务领域分工发生较大变化。南通环境监测中心主要负责辖区内生态环境质量监测工作，同时做好辖区内污染源监督监测抽查、省级交叉检查、溯源监测以及预报预警等相关工作。国考、省考空气、水质自动监测站由中国环境监测总站、江苏省环境监测中心统一管理，国考地表水断面由中国环境监测总站委托开展“采测分离”。县级环境监测机构主要职能调整为执法监测，支持配合属地环境执法，实现环境监测与环境执法有效联动、快速响应，同时按要求做好生态环境质量监测相关工作，第三方机构快速发展，成为监测能力的有效补充。

南通市生态环境监测领域除了水、气、土、声等常规监测外，还积极拓展其他监测领域。“十三五”期间，南通环境监测中心不断强化监测能力，提升监测水平。一是深入开展大气精细化监测，开展了细颗粒物组分监测、空气中挥发性有机物监测等。二是积极探索水中污染物与人体健康息息相关的监测工作，开展了水中微塑料监测、水中激素类化学品监测等。三是开展农田退水相关监测，农村面源污染一直是全省普遍存在的一个“难题”，南通市生态环境监测人员群策群力，在省内率先开展农田退水监测，同时在实验室内进行模拟试验，基本说清了秸秆还田可能给河道水质带来的变化。四是生态环境监测人员全力服务环境管理和执法，在省部级环保督察中，各级监测部门积极配合调查取证，以精准的监测数据为打击环境违法行为提供技术支撑。五是生态环境监测人员全力服务“打好污染防治攻坚战”，坚持精准研判，助力地方经济发展。

监测条例的发布，促使南通市生态监测数据更加“真、准、全”。一是组织宣贯，强化行业自律。邀请省级专家从《江苏省生态环境监测条例》（以下简称《条例》）出台的背景和意义、业务指导性、法律权威性、对社会监测机构的约束这四大方面，结合实际案例，做了深入讲解。针对《条例》精神，加强对监测行业的数据质量管理，连续 3 年召开南通市环境监测社会化服务机构座谈会。指导成立市

环保产业协会检测机构分会，签订南通市社会化监（检）测机构信用承诺书，提升行业自律，开展检测质量、安全生产等自查和互查。二是贯彻《条例》精神，开展远程执法。南通市认真贯彻落实《江苏省重点排污单位自动监测数据执法应用办法（试行）》相关要求，进一步强化对污染源自动监控、用电监控等监测监控数据的执法应用，借助无人机、走航监测等科技手段，采用“远程分析 + 线上取证 + 现场调查”的模式，对江苏省生态环境监测中心、南通市生态环境监控中心发现的各类超标、异常数据线索开展现场核实，全市通过非现场监管手段查处环境违法案件16起，其中根据用电监控异常线索，办理了省内第一起将用电监控数据作为证据处罚的案件。自该案件办理以来，南通市用电监控数据异常情况明显降低，进一步增强了企业主体意识，对环境违法行为形成威慑效应。三是使用《条例》执法，开展专项行动。自《条例》发布以后，配合江苏省生态环境厅组织了针对环境检测机构的专项检查和执法行动，发现 1 家企业的不规范行为，依据《条例》进行了立案查处，是南通市根据《条例》实施的首次执法处罚，发挥了《条例》规范监测行为的作用，增强了各检测机构的意识，切实做到监测数据“真、准、全”。

七、“十四五”监测监控能力拓展

“十四五”期间，南通市生态环境监测工作将围绕深入打好污染防治攻坚战、提升生态系统质量和稳定性，为“提气、降碳、强生态，增水、固土、防风险”提供全面有力支撑，推进美丽南通建设取得新的更大成效。

一是提升整体性，构建全市“大监测”格局。统筹建设全市生态环境监测网络，推进监测数据信息互联共享。压实排污单位自行监测主体责任，规范推进监测服务社会化，凝聚公众监督力量，弘扬“依法监测、科学监测、诚信监测”的行业文化。建立市级生态环境监测监控系统建设统筹协调机制，明确各单位职责分工和工作要求，厘清市、县环境监测监控事权，形成市、县两级协同配合、全面推进的工作格局。

二是提升系统性，建立“全覆盖”网络。着眼“减污降碳”的目标，统一规划建设环境质量、生态质量、污染源监测全覆盖的生态环境监测“一张网”。目前，“十四五”全市环境空气、地表水、地下水、海洋、土壤等监测网络布点已完成优化调整，正在重点推进生态质量监测网络建设和碳监测试点工作。根据生态环境部《城市大气温室气体及海洋碳汇监测试点技术指南》的要求，南通将作为海洋试点城市，开展海洋温室气体及海洋碳汇监测相关研究。在长江口、沿海滩涂湿地等珍稀物种栖息地，建设一批地面生态观测站、观测样区，逐步构建多层级的生物多样性观测网络。推动周期性、持续性观测和评估，积累和丰富全市生物多样性保护基础大数据。

三是提升协同性，加快“高质量”转型。第一，坚持组网高质量，环境监测点位建设由“规模化扩张”向“高质量发展”转变，力争实现全市“一张网”智慧感知，提升点位布设的科学性、代表性、有效性，强化细颗粒物和臭氧协同控制监测、水资源水环境水生态统筹监测和新污染物试点监测等。第二，坚持数据高质量，持续完善生态环境监测质量监督管理体系、标准规范体系和量值溯源体系，严厉打击监测数据弄虚作假。第三，提升大数据分析应用能力，形成覆盖现状评价、污染溯源、预测预报、成效评估的全链条支撑。南通环境监测中心申请的江苏省环境保护环境激素类物质监测重点实验室拟完成验收；正在开展的微塑料相关研究可为长江微塑料污染的科学监测提供参考数据，使得我国在环境国际公约履约方面将更加具有说服力。环境质量监测向纵深方向发展，监测范围将不断扩展，监测手段不断更新，监测深度也将不断延伸，由现状监测向污染溯源监测和监控预警监测方向发展。

四是提升创新性，夯实“现代化”能力。由传统手工地面监测向人工智能化和天地一体化方向发展。运用“空天地一体化”技术手段，大力提升监测网络感知能力、技术实验能力、质量管理能力和智慧分析应用能力，推进监测产学研用创新体系建设，实施一批重点工程项目，加快推进监测体系与监测能力现代化建设。全市监测领域将在基于深度学习组合模型的空气质量预报系统相关研究的基础上开展5G与AI赋能长江水生态环境智能监测及预警研究、基于网格化水质自动监测的多源融合AI智能预警及溯源相关研究，探索建立智能化一体化平台。

第三节 应急预警监测

一、重污染天气预警

“十三五”期间，南通环境监测中心与南通市气象台签订战略合作协议，充分调动各自的技术力量和仪器设备，在江苏省环境监测中心的指导下开展协同会商，共同做好空气质量预报预警工作。南通市共发布重污染天气预警22次，累计持续121天，其中蓝色5次、黄色6次、橙色10次、红色1次，均集中出现在冬季；持续时间分别为2016年2天、2017年3天、2018年28天、2019年71天、2020年17天。

二、水质异常波动预警

2020年根据江苏省生态环境厅印发的《江苏省水环境质量监测预警方案（试

行）》，南通环境监测中心每日安排专人密切关注南通市全部国控、省控水站的运行情况及手工监测数据，根据《水环境质量监测预警》的要求，共编发 40 期 86 个断面 / 次水质预警快报，主要集中在夏季汛期水质较差的时段，按规定程序报江苏省生态环境厅、南通市生态环境局、第四专员办驻南通监察室等部门。南通市生态环境保护局接到预警报告后第一时间会同南通环境监测中心以及相关地方监测站立即对不达标断面开展溯源监测，排查原因，针对每一份预警快报编制水质异常波动的分析报告进行反馈。

三、突发环境事件应急监测

（一）应急监测能力建设

1. 制度建设

（1）提高认识，强化制度建设。“十三五”期间，南通市生态环境系统深入学习贯彻习近平总书记关于安全生产重要论述和重要指示批示精神，坚决贯彻落实国务院、省、市安全生产督导工作要求，高度重视江苏省委危险化学品安全生产专项巡视反馈意见，不断压紧压实工作责任，以实际行动践行江苏省委、省政府“主动向前一步，共同维护生态环境安全和生产安全”的要求。进一步强化组织领导，对相关制度进行修订完善，通过多层次召开生态环境领域安全生产会议和培训会持续深化安全生产思想认识，通过建立健全安全生产组织体系、制定工作要点、开展危险固体废物监管执法、加强污染防治设施专项整治、持续开展环境安全隐患排查、开展安全生产月系列活动、积极开展督导及巡视反馈问题整改等措施夯实生态环境领域安全生产工作。

（2）不断规范应急预案编制工作。为保证预案的实用性、针对性和可操作性，在原有突发环境事件应急预案编制的基础上，及时对预案进行修编。一是对《南通市突发环境事件应急预案》《南通市集中式饮用水水源地突发环境事件应急预案》两个政府专项应急预案及时进行更新修编；二是制定并下发了《南通市企业事业单位突发环境事件应急预案备案管理制度》《进一步加强环境应急预案备案管理工作的通知》，进一步规范了企业事业单位环境应急预案的备案管理，基本做到应急预案备案无死角。各县（市、区）及工业园区均开展了突发环境事件风险评估，编制了突发环境事件应急预案，实现全市风险源动态管理。

2. 能力建设

“十三五”期间，南通市生态环境系统对照《生态环境应急监测能力建设指南》的要求，结合本地实际情况和区域环境风险状况，大力推进环境预警与应急能力标准化建设，不断完善应急管理机构，补充应急设备、装备。一是南通环境监测中心始终高度重视突发环境事件应急监测能力建设，装备水平发展迅速、保障体系日益完善，对于应急事件处置的支撑作用不断增强。应急监测能力覆盖水、气、土三大要素30余项指标（表1-4-6），有一支20人左右的应急监测核心团队，综合应急监测能力水平在全省处于领先地位。在江苏省环境监测中心的统一指挥下，出色完成了多次省内、南通市重特大突发环境事件应急监测响应工作任务，为应急处置工作提供了坚强的技术支撑，受到各级领导的高度肯定，多次受到江苏省生态环境厅、江苏省环境监测中心的通报表扬。二是南通市生态环境监测系统各级监测站也逐步补充完善了各类应急监测装备，配备了便携式GC-MS、多气体快速测定仪、便携式分光光度计、快速水质和气体检测管等现场应急装备，拓展了应急监测能力。三是完善了市级环境应急管理机构，依托生态环境部门以及重点企业补充完善了环境应急物资库，包含应急救援防护装备、应急监测仪器、应急救援器材、常规处置物质、应急车辆等系列物资。四是组建了64人的市级环境应急专家库，制定并下发了《关于开展突发环境事件应急救援队伍登记工作的通知》，在全市范围内成立了14支社会化运行的环境应急救援队伍。

表1-4-6　南通市环境监测中心突发环境事件应急监测能力

序号	要素	监测因子	检出限	分析方法	仪器名称	仪器型号
1	气	苯乙烯、甲苯、氯化氢等	10^{-6}	光电化学	芯片式气体检测仪	CMS
2	气	二氧化硫、甲醛、氯气等	10^{-6}	光电化学	便携式多气体分析仪	PortaSens Ⅱ
3	气	甲苯、乙苯、氯苯等	10^{-6}	化学比色	德尔格气体检测管	—
4	气	硫化氢、二氧化硫、氯化氢等	10^{-6}	红外光谱	便携式傅里叶红外多气体分析仪	GasmetDX4020
5	气	甲醛	10^{-6}	光电化学	便携式甲醛测定仪	PPM-400ST
6	气	TVOC	10^{-9}	光电化学	手持式TVOC气体检测仪	PhocheckTiger
7	气	TVOC	10^{-9}	光电化学	便携式光电离检测仪	2020ComboPRO
8	气	氯化氢、硫化氢、氨气等	10^{-9}	光电化学	华瑞MultiRAE手持式气体检测仪	PGM6208D
9	气	硫化氢、二氧化硫、氯气	10^{-9}	光电化学	多气体检测仪	ibrid MX6

续表

序号	要素	监测因子	检出限	分析方法	仪器名称	仪器型号
10	水、气、土	挥发性有机物	10^{-9}	色谱 / 质谱	便携式气相色谱 - 质谱联用仪	HAPSITE-ER
11	水	氨氮、化学需氧量、总磷等	mg/L	化学比色	水质快速检测管	共立理化
12	水	氨氮、化学需氧量	mg/L	化学比色	分光光度计	HACH DR3900
13	水	pH	量纲一	光电化学	酸度计	WTW PH3110
14	水	溶解氧	mg/L	光电化学	溶解氧测定仪	WTW Oxi3310
15	水	电导率	mS/m	光电化学	电导率计	WTW Cond3110
16	水	生物毒性	%	费希尔弧菌	生物毒性检测仪	Deltatox
17	水	铅、铬、镍等	mg/L	阳极溶出	重金属快速测定仪	photoLab

通过加大资金投入采购新型应急监测设备，参加上级部门组织的培训，全市环境预警与应急监测能力明显增强，基本具备可同时应对本市两起突发环境事件应急监测的能力。

根据国家、省、市相关要求，新建一批自动监测站，大气自动站覆盖全部街道（乡镇），水质自动站覆盖全市主要河道，与国控、省控自动站形成互补，大幅提升了环境预警与应急监测能力。

（二）应急工作开展情况

“十三五”期间，随着经济社会的高速发展，南通市的各类企业数量、规模和危险化学品用量日益增加，化工企业占比较大，危险固体废物产废量大，重大环境风险企业较多，突发性污染事故时有发生，潜在的突发性环境事故，化学恐怖、核恐怖以及生态破坏的风险仍然较大。生态环境系统通过持续深化安全生产思想认识、夯实生态环境领域安全生产工作、创新开展安全生产部门联动工作等手段，使得全市突发性环境事件数量较“十二五”期间明显下降。

1. 参加培训，强化演练，提升实战水平

“十三五”期间，以南通环境监测中心为主的全市环境监测系统共参加各级部门组织的应急演练活动 12 次，参加人数 200 多人次，组织企事业单位相关人员培训 1 000 多人次（表 1-4-7、图 1-4-6）。

市生态环境局为了全面检验各项应急预案的实效性，磨合市、县（区）两级政府、部门及园区企业突发环境事件应急响应联动机制，进一步强化全社会风险防范意识，全面提升突发事件应急处置能力。以多部门联动，应急队伍、应急资源共享为基础，开展多级联动演练。通过设计可能的假设事件开展突发环境事件应急救援演练。通过演练一方面检验了环境突发事故应急预案及执行程序是否完善，另一方面检验了企业环境突发事件应急预案与市局预案是否协调；同时，对环境监察应急人员、环境监测应急人员、企业应急处置队伍应对环境突发事件的速度和能力的提高也起到了积极的作用。通过演练，实现了企业与园区应急队伍、应急物资共享，企业、园区、县（区）、市四级联动处置突发事件。

表 1-4-7 “十三五”期间南通市预警与应急演练统计

序号	时间	应急演练内容	组织单位
1	2016 年 4 月	南通市化工企业危险化学品泄漏应急演练	南通市人民政府应急办
2	2016 年 8 月	危险化学品运输车道路交通事故应急演练	南通市公安局
3	2016 年 11 月	江苏省道路危险货物运输企业应急救援演练	南通市交通局
4	2016 年 12 月	2016 年南通市突发环境事件应急演练——南通市集中式饮用水水源地突发环境事件应急演练	南通市环境保护局 如皋市人民政府
5	2017 年 6 月	危险化学品泄漏应急救援演练	南通市港闸区人民政府
6	2017 年 9 月	2017 年南通市突发环境事件应急演练——化学品泄漏应急救援演练	南通市环境保护局 南通经济技术开发区管委会
7	2017 年 10 月	突发环境污染事件应急响应拉练	南通市环境保护局
8	2018 年 12 月	2018 年南通市突发环境事件应急演练	南通市环境保护局 南通经济技术开发区管委会
9	2019 年 7 月	南通市 2019 年危险化学品安全事故应急救援综合演练	南通市安全生产委员会
10	2019 年 12 月	2019 年南通市突发环境事件应急演练	南通市生态环境局 如东县人民政府
11	2020 年 6 月	“苏环・2020”江苏省重大突发环境事件应急演练	江苏省生态环境厅 扬州市人民政府
12	2020 年 12 月	2020 年南通市突发环境事件应急演练暨南通市辐射事故应急演练	南通市生态环境局 如皋市人民政府

图 1-4-6　南通市生态环境系统参加江苏省生态环境厅组织的应急演练

2. 积极应对，降低环境风险

“十三五”期间，南通环境监测中心参加突发环境污染事件应急监测处置 9 次，较“十二五”期间下降 50%；其中发生地在南通市的有 6 起，较“十二五”期间下降 57%。详细情况见表 1-4-8、图 1-4-7。

表 1-4-8　“十三五”期间南通市突发性环境污染事件应急监测情况

年份	序号	突发性污染事故	监测情况	备注
2016	1	4 月 22 日靖江市开发区德桥仓储公司储罐爆炸事故	一是密切关注南通市沿江水源地水质变化情况，二是根据江苏省环境监测中心的调度，安排 6 名应急监测人员及 2 部监测车、便携式 GC-MS、气体快速检测管等装备赶往事故现场，按照统一部署开展空气中挥发性有机物、光气等指标的监测	处置及时，消防废水未进入长江，对环境影响总体不明显
2016	2	5 月 31 日经济技术开发区危险化学品仓库泄漏事故	对事故点周边使用手持式气体快速检测仪、快速检测管进行监测，对消防废水及周边河流开展了监测	对环境影响较小
	3	7 月 29 日原港闸区长江路汽车拆解厂槽罐车三氯乙酰氯废液泄漏事故	对事故点及周边空气开展相关监测	疏散周边居民，用黄沙覆盖，对环境影响较小
2017	4	7 月 9 日常州市船舶撞击长江码头事故引起化学品泄漏	对长江南通段以及沿江水厂取水口进行连续 2 天不间断监测，后期开展跟踪监测	投入大量人力开展连续监测，密切跟踪水质变化，为全市饮用水水源构筑了安全屏障

续表

年份	序号	突发性污染事故	监测情况	备注
2017	5	8月19日金海洋水产冷冻有限公司液氨泄漏事故	对事故点及周边空气开展相关监测	对环境影响较小
2018	6	12月7日经济技术开发区东方大道发生苯乙烯槽罐车泄漏事故	对事故点及周边空气开展苯乙烯快速检测，对沿东方大道的雨水井开展苯系物监测，后续开展了跟踪监测	大气中苯乙烯浓度未超标，事故点雨水井中的积水抽出送污水处理厂处理，事故对周边环境影响较小
2019	7	3月21日盐城市响水县天嘉宜化工厂爆炸事件	按江苏省环境监测中心的统一调度，第一时间安排应急监测人员携带快速测定仪和防护装备赶赴现场开展应急监测，共出动24人次，7辆车，为指挥中心监测方案的及时调整提供了科学的技术支撑	国务院事故调查组认定，江苏响水天嘉宜化工有限公司“3·21”特别重大爆炸事故是一起长期违法贮存危险废物导致自燃进而引发爆炸的特别重大生产安全责任事故。事故造成78人死亡、76人重伤，640人住院治疗，造成直接经济损失198 635.07万元
	8	4月6日通常汽渡发生槽罐车泄漏事故	使用便携式GC-MS对事故点以及周边敏感点空气中挥发性有机物开展应急监测，在第二天对事故点附近的长江水进行了跟踪监测	泄漏量较小，对周边空气及长江水影响较小
2020	9	10月13日苏锡通园区江港路（S356）一辆运送液化天然气的槽罐车被追尾，发生天然气泄漏事故	使用气体快速检测仪对事故点以及周边敏感点空气中可燃性气体开展应急监测	处置得当，对环境产生影响较小

图 1-4-7　南通市环境监测中心开展突发环境污染事件应急监测

第四节　质量管理与质量控制

一、质量管理体系不断健全

“十三五”期间，全市环境监测质量管理工作紧紧围绕环境保护重点工作和环境监测任务有序开展。为保证监测数据的真实可靠，南通环境监测中心始终把质量管理和质量控制工作作为管理体系运行的核心工作常抓不懈。以省级、市级环境检测机构各类专项检查、实验室资质认定和实验室认可评审为契机，以月度质量管理检查为重点，建立健全质量考核机制，强化监测工作质量管理。通过规范质量体系文件、加强全过程质量控制、提高监测人员业务素质和质量意识，进一步规范环境监测行为，确保监测数据的代表性、准确性、精密性、可比性和完整性及第三方公正性，使环境监测工作达到“测得准、说得清”的目标。

2016—2020 年，南通环境监测中心分别通过 2 次资质认定复评审及扩项评审、2 次实验室认可复评审，保证质量体系持续有效运行，进一步全面提升环境监测质量管理水平，截至 2020 年年底，南通市环境监测系统通过实验室资质认定 7 家，通过实验室认可 1 家。“十三五”期间，各级监测站根据自身发展的需求及上级部门环境管理工作的要求，不断拓展监测技术能力。各级监测站能力变化情况见表 1-4-9。

表 1-4-9　2016—2020 年南通市各生态环境监测站新增监测项目一览

地区	水和废水（含大气降水）		空气和废气（含室内空气）		土壤、沉积物		固体废物		其他	
	新增	变更	新增	变更	新增	变更	新增	变更	新增	变更
南通中心	76	44	39	17	7	10	25	3	2	2
海安	2	8	0	5	0	3	0	0	0	0
如皋	23	7	7	6	2	4	0	0	0	0
如东	0	6	0	17	0	1	0	0	0	1
通州	39	5	1	2	2	1	0	0	0	0
启东	0	4	0	8	0	1	0	0	0	1
海门	6	4	6	1	2	4	0	0	0	0
合计	146	78	53	56	13	24	25	3	2	4

二、强化日常监测质控检查力度

“十三五”期间，各级环境监测站严格按照相关技术规范的要求，不断加强对现场监测的质量监督管理，采取日常监测与现场抽查相结合的方式，根据监测方法的要求及江苏省生态环境厅下发的有关监测工作的技术管理规定，南通环境监测中心制定了各类环境要素监测质量检查表，对采样前准备、样品采集到实验室内分析、质量保证和质量控制措施的实施、数据资料的管理等各方面进行严格控制，提出了详细的检查要求，并组织检查。每次质量检查后，由质量负责人及时组织分管主任和相关科室负责人召开质量问题技术讨论会，提出本月不符合项及整改意见，并对上月发现问题的整改情况进行点评，形成月度质量问题通报，质量管理部门及时对整改措施的有效性和结果进行跟踪评价，确保整改落实到位。各监测站共获得各类质控数据见表 1-4-10。

表 1-4-10　2020 年南通市各监测站手工监测质控数据一览

地区	质控数据	现场密码平行		实验室平行		实验室加标回收		全程序空白		内部考核样
		样品数	合格率 / %	样品数	合格率 / %	样品数	合格率 / %	样品数	合格率 / %	
南通中心	112 021	30 369	100	46 691	100	23 917	100	11 044	100	543
海安	40 601	9 595	100	11 931	100	9 462	100	9 613	100	39
如皋	44 935	12 666	100	13 976	100	8 942	100	9 351	100	445
如东	37 145	8 803	100	12 598	100	7 948	100	7 796	100	227
通州	98 029	32 195	100	23 747	100	15 738	100	26 349	100	106
海门	24 719	6 239	100	7 643	100	5 934	100	4 903	100	137
启东	23 389	5 207	100	7 533	100	5 816	100	4 833	100	185
合计	380 839	105 074	100	124 119	100	77 757	100	73 889	100	1 682

“十三五”期间，南通市各级监测站参与完成了多项重大专项监测活动。配合生态环境部、国家海洋监测中心、江苏省生态环境厅完成全国及全省“双随机”检查、交叉检查、采测分离检查、突击检查、典型报告检查、各排污单位的自行监测专项检查和监测等工作，共计 136 人次，50 余家企业。抽调人手完成沿江八市环保执法交叉检查和南通市水污染防治强化督查等专项行动，完成了对县（市、区）乡镇污水处理厂的摸底专项检查工作，参与各类夜间、节假日突击环境执法监测等，及时、高效地提供监测服务和监测数据，及时为环境管理部门提供了监测依

据；为打好大气和水污染防治攻坚战，切实解决突出环境问题，以及环境执法和环境管理提供了及时、有力的监测依据。

三、各类质量管理活动

（一）自动监测质量管理

“十三五”期间，国家和江苏省对大气、水国控、省控自动监测站进行了事权上收，目前已建成的相关站点均已完成上收，由中国环境监测总站和江苏省监测中心委托第三方运维公司进行维护管理。截至 2020 年年底，9 座国控断面水质自动站，由北京尚洋科技有限公司负责运维，2 座省控断面水质自动站由江苏省苏力环境科技有限责任公司负责运维。5 个国控空气站由武汉天虹公司运行维护。11 个省控空气站由江苏省苏力环境科技有限责任公司负责运维。南通环境监测中心每天安排专人对自动监测数据进行审核，每月安排专人对各站点进行一次巡查，对站点运行情况、站点周边环境变化情况进行检查，并对运维人员发放相关质控考核样。每月开展一次对国控、省控水站的比对监测工作。

（二）重点污染源监测质控管理

为加强南通市国控重点污染源和重金属监测质控体系的监督检查，提高监测数据的代表性、准确性和可比性，南通环境监测中心组织开展了辖区内重点污染源同步比对工作及监测质量核查工作。顺利完成了与省中心国控源比对的监测工作，并通过了省中心组织的国控重点污染源监督性监测质量管理体系检查，确保了南通市国控源监测数据的质量。

（三）重点行业企业用地土壤污染状况调查工作省级质控

为贯彻落实“土十条”，掌握建设用地土壤环境质量情况，按照国家和江苏省统一部署，南通市于 2018 年全面启动重点行业企业用地土壤污染状况调查工作。在调查实施过程中，根据省环境监测中心的统一安排，南通环境监测中心承担了南通市区域内重点行业企业用地调查信息采集和初步采样阶段的省级质控工作。共组织省级外审质控会议 16 次，共抽审基础信息采集地块 500 个，质控比例为 26.54%，超额完成国家要求的 20% 外审质控比例要求，省级外审质控会均一次性通过。

（四）严格执行上岗证制度

根据《江苏省环境监测人员持证上岗考核程序》，南通环境监测中心及各生态环境监测站及时对新进或换岗人员进行理论考试和操作考核的报名和岗前培训工作，指导新上岗人员规范完成上岗证考核项目的自认定材料，接受上一级部门组织的现场操作考核。

截至2020年年底，南通市生态环境监测系统监测人员持证项目覆盖所有监测能力，现场监测人员都能做到2人以上持证上岗，实验室分析项目确保2～3人持有上岗证，综合技术类人员都持有综合分析上岗证，质量管理人员具有相应的质量管理和内审员证书。

（五）积极参加能力验证和实验室比对

“十三五”期间，南通市各级环境监测站除了完善内部质控措施以外，还积极主动寻求外部质控，参加能力验证和实验室比对工作，南通环境监测中心参加能力验证和比对项目共计75项/类，结果均为满意。2019年、2020年被中国环境监测总站通报表扬（全省仅省中心、南通中心、连云港中心3家位列其中）。2016—2020年，南通环境监测中心参加的能力验证和比对项目覆盖了所获能力中的水质、大气、土壤、固体废物等领域，满足实验室质量管理要求。南通市环境监测系统参加能力验证和比对项目见表1-4-11。

表1-4-11　2016—2020年南通市环境监测系统参加能力验证和比对项目统计　单位：项（或类）

类别	南通中心	海安	如皋	如东	通州	海门	启东
水和废水（含大气降水）	42	11	28	17	38	15	19
空气和废气（含室内空气）	6	3	5	3	5	1	3
生物	3	0	0	0	2	0	0
土壤和沉积物	16	3	3	8	8	7	7
固体废物（煤）	3	0	0	0	4	0	0
噪声和振动	0	0	0	0	0	0	0
辐射	0	0	0	0	0	0	0
其他	5	0	0	0	0	0	0
合计	75	17	36	28	57	23	29

（六）质量管理特色工作

一是开展“质量提升月”活动。南通环境监测中心于2018年在全中心范围内开展了为期3个月的“质量提升月”相关活动。活动涉及全部技术人员，要求每个技术人员用理论联系实际，结合自己的岗位特点，对照标准排查日常监测中存在的问题和管控风险隐患，厘清在监测工作中“应该怎么做，我要做什么”，实现“监测人员全覆盖”；内容涵盖环境质量、预报预警和污染源中的水、气、噪声、土壤、固体废物、辐射监测，实现“监测要素全覆盖”；涵盖业务受理、现场监测、检验分析、数据处理、综合分析等环节，实现“监测过程全覆盖”。各县（市、区）监测站也持续开展质量大排查工作，由具体承担项目的人员根据各自承担的工作自下而上地排查和各科室负责人组成的管理层自上而下地排查相结合，对排查出的问题即时进行整改，确保监测工作的质量。通过该活动，在全市监测系统上下形成了深入钻研、相互探讨、科学监测的良好氛围，提升了整体监测网络的质量管理水准。

二是配合市场监督管理局、省生态环境厅开展社会环境检测机构大检查。“十三五”期间，南通环境监测中心配合省生态环境厅、省市场监督管理局、省监测中心完成了27家环境检测类机构开展“双随机”检测，重点企业场地调查省级区域质控实验室能力确认等工作，共抽查报告检验检测报告及原始记录400多份，发现确认问题216条，其中5家机构被要求责令改正，4家机构被责令整改，1家机构被责令整改并被列入省重点监督对象。

第五节　监测科研与技术交流合作

一、科研概况

“十三五”期间，南通环境监测中心积极推进科研项目建设，围绕环境热点、难点问题申报科研课题60余项，获立项25项，在省级以上期刊发表论文95篇，1篇论文在*Ecotoxicology and Environmental Safety*（SCI期刊）上发表。课题“基于车载监测法的Ⅱ型大城市射频公众曝露研究与示范应用”荣获2019年江苏省环境保护科学技术奖三等奖，该课题研究旨在以我国典型Ⅱ型大城市——江苏省南通市为例，采用新型车载监测技术，对南通城区射频辐射公众曝露水平测试并进行系统应用示范，掌握了城区公众曝露水平及其分布特征，系统研究改进了影响车载监测技术推广应用的限制因素，形成切实可行的新型监测技术有效示范。丰富的科研经历为南通环境监测中心的未来发展提供了一定的技术储备。各生态环境监测站共计立项完成科研项目3项，发表论文62篇。

南通市地表水微塑料污染特征及防治对策研究：该项目建立了淡水微塑料的检测方法，测定了长江微塑料污染程度，并开展了长江南通段微塑料丰度、形态及其分布分析，明确了微塑料在长江水体中的区域分布特征，填补了长江南通段微塑料检测的空白，大大丰富了我国微塑料检测内容，为在全国范围内开展河流水环境微塑料污染监测提供了技术方法，具有较大创新性，处于国内领先水平。在长江南通段微塑料分析检测的基础上，课题组还开展了微塑料来源和控制对策分析，为微塑料控制提供了思路。

基于深度学习 LSTM-CNN 组合模型的空气质量预报系统：该项目主要研究建立了一套深度学习空气质量预报系统，为空气质量预报服务提供了一种新型、高效的实现方式，主要实现了以下关键技术：①多源信息融合与特征提取。包括多源数据实时融合、多源数据特征提取，以满足空气质量实时准确预测的需求。②组合模型预报挖掘深层特征。使用 LSTM-CNN 混合深度学习模型，结合模型优点，首先使用 CNN 模型提取出多源历史数据的空间与浅层时序特征，再使用 LSTM 模型对这些特征进行深层次的时序提取，得到污染物的时空特征。③多站点联合学习和预报。针对污染物浓度的演变存在一定的空间相关性，提出基于 K-Means 聚类算法对各空气质量监测站点进行区域划分的方法，实现对污染物浓度时空演变特征的提取，并完成空气质量的高精度预报。④针对性监督学习优化空气质量预测模型。在使用混合模型的基础上，针对性使用部分特征时段的多源融合数据作为深度学习模型的训练样本进行监督训练，能够更充分地发挥出 LSTM-CNN 模型提取污染物时空变化规律这一特性。

二、交流与培训概况

为提升生态环境监测人员的技术能力，适应南通市环境监测工作的发展，提高职工素质，学以致用，南通环境监测中心通过组织开展不同层次的、高质量的培训，如内部外部培训、岗前培训等方式，使培训工作走上经常化、制度化的轨道，促进南通市监测水平和能力的提高。“十三五”期间，南通环境监测中心参加外部培训达 360 人次，涉及水、气、噪声、土壤、生物、海水等各要素监测，涵盖中心内所有科室。

三、技术比武工作

“十三五”期间，南通环境监测中心于 2018 年、2019 年参加了江苏省环境监测技能竞赛，获优秀组织奖；海门生态环境监测站于 2019 年参加了江苏省环境监测技能竞赛，为全省进入决赛的仅有的 2 个县级监测站之一，获优秀组织奖；通过此类技术比武活动，为提高监测队伍业务素质，提升行业技能水平起到了积极的作用。如东生态环境局 2017 年、2020 年两次荣获全国生态环境保护执法大练兵活动集体荣誉，始终保持高政治站位，履职尽责，全面投入污染防治攻坚战。

为进一步加强南通市生态环境执法、监测队伍建设，提高生态环境保护工作业务水平，充分激发广大干部职工钻研技能、争当攻坚先锋的主动性和积极性，市生态环境局、市委组织部、市级机关工委、市人力资源和社会保障局、市总工会联合分别于2019年、2020年开展了南通市生态环境执法和监测技能竞赛，产生执法技能竞赛先进集体5个、执法技能竞赛先进个人10名、监测技能竞赛先进集体5个、监测技能竞赛先进个人10名。通过技能竞赛，涌现出一批技术过硬、作风优良的执法和监测能手，营造出“比学赶帮超”、奋勇向上的浓厚氛围，达到了好中选优、相互交流、锻炼队伍、提振精神的目的，有力促进了全市生态环境执法和监测业务水平的提升。

第六节　监测信息公开

根据中共中央办公厅、国务院办公厅关于印发《关于深化环境监测改革　提高环境监测数据质量的意见》的通知（厅字〔2017〕35号）的要求，环境保护部门统一发布环境质量和其他重大环境信息。

一、环境质量公报

南通市生态环境局每年汇总环境质量监测信息，编制南通市年度生态环境质量公报，于“六五”环境日召开新闻发布会统一发布，并于网站进行公开，截至2020年年底，2015—2020年环境质量公报均已公开。

二、生态环境质量状况

南通市发布全市各地空气质量时报，方便群众实时了解南通市大气状况。南通市生态环境局网站每月发布空气质量月度评价和饮用水水源地环境质量，对每年的城市声环境质量、近岸海域环境质量、生态环境质量等信息均予以公开。

三、污染源监控情况

南通市综合执法局每月发布“双随机”检查企业名单及检查情况。每年公布重点排污单位名录，并公示监察、监测结果，对申领排污许可证的企业，督促其在江苏省排污单位自行监测信息发布平台公布监测方案和监测结果。

四、媒体公开情况

南通市每周在《江海晚报》上公布水质周报，包括濠河及周边 66 km^2 主要河道、五山及新城片区主要河道的水质情况，接受全市人民的监督，以此倒逼市区水环境治理工作。每旬在《南通日报》上公布《南通市各国、省、市控站点空气质量公开排名》（图 1-4-8）。

03 南通新闻/专题

江海晚报

水质好不好 百姓要知晓

城区河道“体检报告”每周滚动发布

接受监督 “开门”治水 共建标杆

南通市主城区66平方公里主要河道水质周报

南通日报

习近平向世界环境司法大会致贺信

共同推进全球生态环境治理

我市一项目列入长三角一体化发展合作事项

长三角三省一市

携手共建张謇企业家学院

南通跃通数控设备股份有限公司：

坚持创新，发展之路越走“跃”通

南通市各国、省、市控站点空气质量公开排名

海安铺开近700个暖心项目

图 1-4-8　媒体公开情况

专栏一 环保总监制度的设立与实施

《环境保护法》规定“排放污染物的企业事业单位，应当建立环境保护责任制度，明确单位负责人和相关人员的责任”。为切实将企业主体责任落实到位，南通市生态环境部门率先在全市重点排污单位启动环保总监工作，通过正向激励和反向鞭策等措施，压实企业环境治理的主体责任。自 2018 年 6 月正式启动实施环保总监工作以来，市、县两级生态环境部门在制度建立、政策宣传、培训组织、工作配合上群策全力，全市 720 余家重点排污单位已全部设立环保总监，6 家非重点排污单位也主动申请设立了环保总监。在此基础上，市生态环境局每年组织开展 2～3 期环保总监培训，实现了全市环保总监培训工作全覆盖，收到良好社会效果。此外，市生态环境局制定环保总监权责清单，督促各重点排污单位环保总监依法尽职履责，确保“管行业就要管环保、管生产就要管环保”的要求得到有效落实。人民网（江苏频道）、南通电视台等省、市主流媒体先后对环保总监工作进行报道，在中央环保督察“回头看”期间，江苏卫视以“创新监管模式，提升科技水平——江苏各地加大环保力度推进生态文明建设”对南通市环保总监工作进行专题报道。2018 年 6 月，江苏省生态环境厅将《南通市重点排污单位环保总监管理办法（试行）》全省转发并推广。

一、具体做法

1. 设定标准，明确环保总监权利责任

2018 年 3 月，出台《南通市重点排污单位环保总监管理办法》。在明确环保总监任职资格、程序的基础上，结合环保相关法律规定，将企业主体责任落实到环保总监岗位上，明确企业环保总监具体的职责、权利、责任。2018 年 12 月，制定环保总监权利清单、责任清单，进一步督促各重点排污单位环保总监依法尽职履责，确保“管行业就要管环保、管生产就要管环保”的要求得到全面落实。

2. 强化培训，提升环保总监履职能力

结合企业环境管理需要，针对企业内部环境行为管理、涉环境行为重大决策、重大环境违法行为等组织开展环保总监培训，先后组织环保总监培训，累计培训企业法定代表人、环保总监 1 500 余人次，实现环保总监培训全覆盖。同时，编印、发放环保总监管理手册、环保法律法规解读等 3 000 余册。在此基础上，各县（市、区）先后自行组织培训 9 次，培训总监 500 人次。

3. 加强监管，筑牢企业内部管理机制

严格环保总监任职人员资格审核，对照《南通市重点排污单位环保总监管理办法》，及时要求企业更换不符合任职条件的环保总监人员。2018 年 6 月以来，生态环境部门先后要求企业更换环保总监 72 余次。日常执法过程中主动与企业环保总监对接，了解企业环境管理状况，督促环保总监依法履职，协助解决环保总监工作中存在的困难，对履职不到位的，依法要求环保总监承担相应责任。2018 年 6 月以来，18 位环保总监因企业违法行为向社会公众登报致歉。

4. 开展交流，搭建环境管理交流平台

积极组织环保总监交流，组织部分内部环境行为较好、环境管理经验丰富的企业开展环境管理交流，建立环保总监微信群 /QQ 群开展环境管理经验交流，全市建立各类交流群 13 个，环保总监已成为推动企业环境治理经验交流、环境监管信息共享的重要平台。

二、取得的成效

1. 企业环保理念显著加强

企业从工作启动时的随意设置环保总监到如今谨慎安排总监人选，甚至法定代表人亲自担任环保总监。不少企业在初报人选后，根据实际情况调整了环保总监人选，重新任命能干事、敢干事、会管事、懂技术的人员担任环保总监。据初步统计，全市环保总监培训后企业主动调整人员 30 余名。与此同时，一些企业开始主动寻找环保部门开展普法、答疑活动。南通市家具行业协会、红木协会、印染行业等不少企业主动邀请环保部门开展座谈、交流。

2. 企业环境行为明显改善

不少环保总监任职后，主动履行赋予的环保总监职责，真正从企业内部抓好环境行为管理，在履职时敢于行使环保决策权，抵制环境违法行为，在企业规范化管理中发挥了重要作用。企业环保工作实现了从过去无人抓、无人管到如今环保总监真抓、真管的转变。执法统计表明，2018 年 6 月启动实施环保总监工作以来，设置环保总监背景的重点排污单位环境行为与以往相比改善明显。

3. 环境监管工作更加顺畅

开展环保总监工作后，环保总监成为相关企业环保工作的第一责任人，在日常执法监察、环境信息统计、环境执法培训、环境信息传达等过程中，环保总监成为联络企业与环保部门的重要纽带。与此同时，各地环保部门牵头组建的“环保总监微信交流群”长期处于活跃状态，已成为各企业开展企业环境治理经验交流、环保法制信息共享的重要平台。

专栏二 生态环境损害赔偿制度改革先行先试

按照党中央、国务院的总体部署，国家打出“1+6”生态文明体制改革“组合拳”。“1”就是《生态文明体制改革总体方案》，“6”是指6个配套办法，生态环境损害赔偿制度改革是其中之一。南通市于2017年10月、2019年6月分别印发《南通市生态环境损害赔偿制度改革试点实施方案》《南通市生态环境损害赔偿制度改革实施方案》，在全省率先推进改革试点。

全市签订生态环境损害赔偿（修复）协议170份，缴纳赔偿（修复保证）金1.38亿元，案例实践数全国地级市最高，让“环境有价、损害担责、应赔尽赔”的理念得以充分体现。生态环境损害赔偿推动处置、修复土壤16.9万 m^2（含绿植覆盖14.15万 m^2）、地表水0.6万 m^3、固体废物6.35万t。南通五山地区实施生态保护修复，新增森林面积约6 km^2、森林覆盖率超过80%，有效恢复了长江岸线生态功能，建成国家森林公园，成为长江生态损害修复典范。

南通市在细化案件办理范围、扩大赔偿实施主体、创新损害评估方法、拓展修复执行方式、完善资金管理模式、健全工作推进机制等方面形成一批可复制、可借鉴的做法。生态环境损害赔偿“南通模式”获评第二届江苏省生态环境十大典型案例。2019年3月，江苏省政府与生态环境部签署合作框架协议，明确在南通推进生态环境损害赔偿制度实践引领区建设。2020年7月，生态环境部发文确定南通为生态环境损害赔偿制度基层联系点。省生态环境厅连续两年在南通召开现场会，南通“不等不靠、自我加压、主动探索、先行先试”的精神和“系统化推进、制度化落实、常态化实施”的经验受到高度肯定和广泛关注。具体做法如下：

一、建章立制，确保生态损害赔偿有规可循

一是一批方案定基础。结合南通实际，出台《南通市生态环境损害赔偿制度改革试点实施方案》《南通市生态环境损害赔偿制度改革实施方案》《南通市生态环境损害赔偿制度实践引领区建设实施方案》，从试点到引领区，不断总结固化改革经验，提升组织推进层级，跑出“加速度”。按照积极探索、依法实施、主动磋商、协同推进、问题导向、损害担责的原则，开展生态环境损害赔偿制度实践引领区建设，在案例实践、制度建设、组织推进、管理模式等方面发挥示范引领作用。二是一套制度定规范。制定《南通市生态损害赔偿案源筛选办法》《现场调查制度》《磋商办法》《鉴定评估管理办法》《修复管理办法》等配套制度，印发《关于建立南通市环境资源执法司法联动工作机制的实施意见》《关于加强生态环境损害赔偿制度改革和检察公益诉讼工作联动的意见》，规范生态环境损害赔偿案

源范围、实施主体、执法调查、鉴定评估、磋商索赔、资金管理、修复监督、司法联动等内容，形成系统、完整且具有南通特色的生态环境损害赔偿工作机制。三是一本指南定方向。印发《南通市生态环境局生态环境损害赔偿工作指南》及《工作规程》，厘清工作程序，落实责任分工，明确办案方向。在线索管理方面，综合考虑损害大小、社会影响、行政效率，将生态损害赔偿线索分 3 类进行管理。在执法调查方面，明确参照行政处罚管理规定开展损害调查，落实承办人责任；在损害评估方面，针对不同情形明确机构评估、共同委托、专家咨询、综合认定等方式；在磋商索赔方面，明确磋商主体、启动条件、磋商内容、诉讼衔接等操作流程。

二、系统推进，破解生态损害赔偿工作困局

一是突出重心抓修复。以改善生态环境质量为核心，扎实推进环境污染和生态破坏领域损害赔偿案件办理，实行“损害担责、修复优先”，促使赔偿义务人对受损生态环境进行修复。坚持原则性和灵活性相结合，做到损害事实不协商，修复方案可商议。对赔偿人有赔偿意愿但无足够能力的，通过替代修复、劳务代偿等方式落实其责任。坚持问题导向、大胆探索，不唯改革而改革，针对不同情况采取不同措施，确保责任落实到位。多起案件办理过程中，地方政府牵头生态环境等部门积极做好应急处置，将生态修复与市政工程、场地改造等相结合，妥善处理相关历史遗留问题，以灵活方式落实赔偿人责任，既化解了环境风险，也避免了简单操作可能引发的不良社会影响。二是联动协调抓推进。突破赔偿权利人主体资格限制，适度拓展磋商谈判的主体范围，在当事人认可的前提下，积极鼓励基层部门开展磋商索赔，市级部门做好指导、协调、见证工作。在已完成的案例中，均是按照上述模式进行操作的，这既发挥了基层部门的积极性、主动性，便于抓住有利时机推动案件尽快进入程序，同时为市级层面统筹协调、二次磋商、强化推进留足了空间和余地。建立执法联动、司法保障机制，推动环境资源违法案件联动办理，强化生态环境损害赔偿检察公益监督，实现检察建议办理、违法案件索赔、索赔磋商监督“三到位”。检察机关深度参与案件办理，在赔偿责任合理分配、科学确定赔付方案、联动推进磋商索赔、赔偿责任有效落实等方面提供了强力保障和规范指引。三是构建共治抓氛围。党政主要领导亲自过问，市委深改组深入研究，建立以政府为主导、企业为主体、社会组织和公众共同参与的生态环境治理体系，把生态环境损害赔偿与长江生态修复、解决突出环境问题、消除环境隐患等工作相结合，纳入全市污染防治攻坚考核，压紧压实各地各部门责任。注重发挥地区部门间“横向联动”和上下级的“纵向互动”作用，坚持主动出击、大胆探索、实质推进。定期公布典型案件，强化环境法制宣传、生态修复

展示、案件公开宣判，推动形成“环境有价、损害担责”的社会氛围。

三、规范管理，常态推进生态环境损害赔偿

一是同步推进促磋商。兼顾依法行政和履职尽责要求，明确应当开展生态损害赔偿和可以开展生态损害赔偿的案件范围。健全案源报告制度，加强案例筛选，强化案件线索管理，提高案件启动率，确保应赔尽赔。将损害赔偿嵌入执法流程，同步追究生态环境损害者的刑事、行政和民事责任，将生态环境损害赔偿协议履行情况作为司法机关量罚或行政处罚时的重要参考因素。积极履行生态损害赔偿责任的，针对责任方拒绝磋商、不愿赔偿的，依法加重处罚、实施联动惩戒，生态环境损害赔偿磋商成功率提升明显。二是优化评估促效益。生态环境损害鉴定评估周期长、费用大、成本高，南通从提高工作效率、提升综合效益的角度强化简易评估程序。对事实清楚、案情简单、损害明显的小额案件，邀请专家出具评估意见，索赔部门与赔偿义务人协商共同委托开展损害评估，探索开展类案综合评估认定等，为案件办理提供支撑。

专栏三 “十三五”环境保护和生态建设规划主要指标完成情况

《南通市环境保护和生态建设“十三五”规划》共设置四大类 32 项指标，其中，约束性指标 16 项、预期性指标 16 项。除 2 项指标暂使用 2019 年数据、4 项指标统计口径变化外，共计完成 25 项、未完成 1 项（海洋保护区占管辖海域面积比例）。关于海洋保护区占管辖海域面积比例，南通市海洋类保护区共有 6 个，总面积为 2 087.18 km^2，占管辖海域面积的 23.98%，见表 1。

表 1 南通市环境保护和生态建设“十三五”规划指标体系

类别	指标名称	单位	指标属性	2015 年现状值	2020 年目标值	2020 年实际值
总量控制指标	1. 化学需氧量年排放量	万 t	约束性	9.84	按国家和江苏省要求削减	8.41
	2. 氨氮年排放量	万 t	约束性	1.54		1.32
	3. 二氧化硫年排放量	万 t	约束性	5.86		4.17[1]
	4. 氮氧化物年排放量	万 t	约束性	6.11		4.50[1]
	5. 挥发性有机污染物年排放量	万 t	约束性	—		9.77[1]
	6. 全市总磷年排放量削减率	%	约束性	0.4		2.93
	7. 全市总氮年排放量削减率	%	约束性	3.33		2.20
环境质量指标	8. 县级以上集中式饮用水水源地水质达到或优于Ⅲ类比例	%	约束性	100	≥98	100
	9. 地表水市控以上断面水质优良（达到或优于Ⅲ类）比例	%	约束性	55.7	≥71.4	93.5
	10. 丧失使用功能（劣于Ⅴ类）断面数量	个	预期性	6	0	0
	11. 县级以上城市建成区黑臭水体比例	%	预期性	≤15	0	0
	12. 近岸海域海水功能区水质达标率	%	预期性	60	≥75	62.7[2]
	13. 入海河流水质达标率	%	预期性	67	消除劣Ⅴ类水体	100
	14. 地下水水质达标比例	%	预期性	55	55	83.3[3]
	15. 城市空气质量良好以上天数比重	%	约束性	67.7	≥73.7	87.7
	16. $PM_{2.5}$ 年均浓度（或比 2015 年下降率）	$\mu g/m^3$（或 %）	约束性	57.7 或—	46/20	34/41.4
	17. 公众对环境质量的满意度	%	约束性	—	≥85	93.2[3]

续表

类别	指标名称	单位	指标属性	2015 年现状值	2020 年目标值	2020 年实际值
风险防控	18. 受污染耕地安全利用率	%	约束性	—	≥90	100
	19. 污染地块安全利用率	%	约束性	—	≥90	99.77
	20. 危险废物安全处置率	%	预期性	100	100	100
污染治理与生态保护	21. 城市人均公园绿地面积	m^2	预期性	14.06	≥16	20.09[4]
	22. 陆地受保护地区占国土面积比例	%	约束性	17.45	≥17.45	20.38[5]
	23. 海洋保护区占管辖海域面积比例	%	约束性	2.17	≥32	23.98
	24. 自然岸线保有率 海洋 长江	 % %	预期性	 23 20	 ≥35 ≥30	 36.21 60.6
	25. 市区污水处理率	%	预期性	86.24	≥95	95.79
	26. 县（市）城市污水处理率	%	预期性	—	≥88	93.25[3]
	27. 建制镇污水处理设施覆盖率	%	预期性	—	100	100[6]
	28. 村庄污水集中处理率	%	预期性	—	≥75	91.97[7]
	29. 城镇生活垃圾无害化处理率	%	预期性	100	100	100
	30. 生活垃圾分类收集率	%	预期性	—	≥20	80[8]
	31. 生态文明建设工作占党政实绩考核的比例	%	预期性	—	≥22	27
	32. 县级环境监察机构标准化建设硬件达标率	%	预期性	60	≥80	100

注：[1] 为 2020 年初核值；

[2] 实际统计值为“近岸海域海水优良面积比例”；

[3] 为截至 2019 年年底值；

[4] 为 2019 年市区人均公园绿地面积，不包含海门及其他县（市）；

[5] 含市级生态红线；

[6] 住建部门反馈无此指标，根据污水设施全覆盖填写；

[7] 为行政村污水集中处理覆盖率；

[8] 城管部门反馈无此指标，故实际统计值为“生活垃圾分类投放设施覆盖率”。

第二篇

污染源及排放

第一章　废气污染源

第一节　工业废气①

一、工业能源消耗

（一）能源消耗

2020 年南通市工业煤炭消耗量总量为 1 733.70 万 t。2017 年以来，在“263”专项整治的推动下，南通市以工业整治为重点，取缔“散乱污”企业和中小锅炉，淘汰落后低端化工、印染及钢丝绳产能，煤炭消费降幅显著。2018 年 1 月正式出台《南通市人民政府关于划定市区高污染燃料禁燃区的通告》，扩大了禁燃区范围，在禁燃区内的所有燃用高污染燃料设施实施限期淘汰或改用清洁能源。此外，南通市严格落实煤炭消费减量替代要求，加快淘汰煤电落后产能，对于不符合环保、能耗、安全等法律、法规、技术标准和产业政策的落后煤电机组，依法依规进行关停。“十三五”期间，南通市工业煤炭消耗量稳步下降，天然气消耗量逐年上升，能源结构调整成果显著，详见表 2-1-1。

表 2-1-1　2016—2020 年南通市工业企业煤炭、燃料油及其他能源消耗量

年份	工业煤炭消费总量 / 万 t	燃料油消费量（不含车船用）/ 万 t	焦炭消费量 / 万 t	天然气消耗量 / 亿 m^3	其他燃料消耗量 / 万 t 标准煤
2016	2 198.07	12.10	1.89	1.58	45.74
2017	2 044.48	2.74	1.38	7.62	71.08
2018	1 929.57	3.71	0.57	9.33	70.34
2019	1 848.92	3.00	0.44	10.54	93.12
2020	1 733.70	3.65	0.59	10.35	128.65

燃料煤含硫量逐年降低，平均灰分总体呈逐年降低趋势，趋于平缓，低硫煤、清洁煤炭推广成果显著，见表 2-1-2。

① 以第二次全国污染源普查成果为基准，生态环境部组织对“十三五”污染源统计初步数据进行了更新，本篇污染源排放数据采用更新数据。

表 2-1-2　2016—2020 年南通市工业企业燃料煤平均含硫量、灰分　　单位：%

年份	燃料煤平均含硫量	燃料煤平均灰分
2016	0.67	17.51
2017	0.63	16.04
2018	0.62	15.00
2019	0.62	14.83
2020	0.61	15.24

（二）工业锅炉和窑炉

根据省、市“263”专项行动部署要求，南通市持续推进燃煤锅炉淘汰工作。2017 年至 2019 年年底，共淘汰 10 蒸吨及以下燃煤锅炉 1 186 台，10～30 蒸吨燃煤锅炉 78 台，2020 年南通市完成台橡（南通）实业有限公司 2 台 40 蒸吨燃煤锅炉淘汰工作。此外，南通市全面推动工业窑炉专项整治，按照《工业炉窑大气污染物排放标准》（DB 32/3728—2019）排查不达标工业炉窑，开展专项整治，2019 年起共完成工业炉窑整治 174 台，锅炉提标改造 282 台。

截至 2020 年年底，全市共有工业锅炉 627 台，工业炉窑 418 台，整体来看，工业锅炉数和窑炉数在 2016—2018 年呈下降趋势，2019 年、2020 年因环境统计调查范围扩大，样本数大幅升高，故锅炉总数有少量反弹，见表 2-1-3、表 2-1-4。

表 2-1-3　2016—2020 年南通市工业锅炉和窑炉数量

年份	工业锅炉数 / 台	其中：20 蒸吨以上的工业锅炉 / 台	其中：安装脱硫设施的工业锅炉 / 台	其中：10～20（含）蒸吨的工业锅炉 / 台	其中：10（含）蒸吨以下的工业锅炉 / 台	工业窑炉数 / 座
2016	659	95	85	31	533	467
2017	582	97	83	65	420	274
2018	550	94	71	59	397	228
2019	607	103	83	49	455	415
2020	627	111	91	45	471	418

表 2-1-4　2016—2020 年南通市工业锅炉蒸吨数　　单位：t/h

年份	工业锅炉	其中：20 蒸吨以上的工业锅炉	其中：安装脱硫设施的工业锅炉	其中：10～20（含）蒸吨的工业锅炉	其中：10（含）蒸吨以下的工业锅炉
2016	28 814.50	26 306.50	25 422.50	479.00	2 029.00
2017	29 658.54	27 132.00	25 434.00	1 007.89	1 518.65
2018	29 563.57	27 211.48	24 573.00	946.43	1 405.66
2019	30 317.61	28 082.58	25 950.10	733.23	1 501.80
2020	30 804.24	28 609.30	24 585.30	721.04	1 473.90

二、工业废气及主要污染物排放现状

（一）区域分析

2020 年，南通市工业废气排放量较大的地区为市区、启东、通州，其排放量分别占全市废气总排放量的 30.3%、15.8%、15.4%，3 个地区合计占比 60.7%。工业废气中主要污染物二氧化硫排放量为 4 908 t，主要排放地区为市区、启东，其排放量分别占 31.9%、24.4%，合计占比为 56.3%。氮氧化物排放量为 8 453 t，主要排放地区为市区、启东，其排放量分别占 39.1%、21.1%，合计占比为 60.2%。颗粒物排放量为 5 988 t，主要排放地区为海门、如皋，其排放量分别占 30.7%、22.1%，合计占比为 52.8%。VOCs 排放量为 28 873 t，主要排放地区为如东、市区，其排放量分别占 32.7%、29.0%，合计占比为 61.7%，见表 2-1-5。

表 2-1-5　2020 年南通市各地区工业废气及主要污染物排放量

地区	工业废气 / 亿 m^3	二氧化硫 / t	氮氧化物 / t	颗粒物 / t	挥发性有机物（VOCs）/t
市区	1 410.62	1 567.56	3 303.18	495.98	8 375.62
海安	513.12	477.40	798.10	437.41	1 724.66
如皋	409.20	863.49	782.95	1 326.31	3 455.79
如东	650.29	558.94	1 040.94	463.37	9 441.55
通州	714.51	115.12	404.18	647.05	647.41
海门	218.06	128.66	339.39	1 837.74	758.93
启东	736.56	1 196.83	1 784.44	780.14	4 469.01

（二）行业分析

2020 年，全市主要排放工业废气的行业为电力、热力生产和供应业，金属制品业，化学原料及化学制品制造业，纺织业，4 个行业占工业废气总排放量的 61.0%。二氧化硫主要排污行业为电力、热力生产和供应业，非金属矿物制品业，纺织业，化学原料及化学制品制造业，4 个行业排放量占工业废气二氧化硫总排放量的 86.2%。氮氧化物主要排放行业为电力、热力生产和供应业，非金属矿物制品业，化学原料及化学制品制造业和化学纤维制造业，4 个行业占氮氧化物总排放量的 84.7%。颗粒物主要排放行业为非金属矿物制品业，金属制品业，电力、热力生产和供应业，纺织业，4 个行业占颗粒物总排放量的 82.5%。VOCs 主要排放行业为化学原料及化学制品制造业，橡胶和塑料制品业，铁路、船舶、航空航天和其他运输设备制造业，纺织业，4 个行业占颗粒物总排放量的 80.4%，见表 2-1-6。

表 2-1-6　2020 年南通市各行业工业废气及主要污染物排放量　　单位：t

行业	工业废气	二氧化硫	氮氧化物	颗粒物	挥发性有机物（VOCs）
电力、热力生产和供应业	1 421.12	3 021.36	5 584.68	893.87	206.81
金属制品业	487.14	32.46	73.13	1 170.79	946.19
化学原料及化学制品制造业	466.82	310.51	572.41	217.67	8 689.42
纺织业	461.51	410.75	337.82	282.57	1 511.81
橡胶和塑料制品业	347.44	133.93	84.58	108.27	6 564.99
非金属矿物制品业	282.17	487.82	606.53	2 591.50	14.83
化学纤维制造业	157.29	253.80	397.38	15.37	414.50
铁路、船舶、航空航天和其他运输设备制造业	133.94	0.11	3.26	160.61	64 56.07
造纸和纸制品业	34.21	74.31	392.32	106.28	33.64

（三）趋势分析

“十三五”期间，随着火电行业的脱硫、除尘、脱硝工程建设及提标改造的陆续进行，废气中污染物的排放量呈下降趋势，见表 2-1-7、图 2-1-1。

表 2-1-7　2016—2020 年南通市工业废气主要污染物排放量　　单位：t

年份	二氧化硫	氮氧化物	烟（粉）尘
2016	44 000.40	31 568.78	45 592.62
2017	18 704.36	17 146.61	31 151.99
2018	9 908.71	14 249.82	26 976.88
2019	9 898.14	14 644.71	30 029.78
2020	4 908.00	8 453.17	5 988.01

注：因“十三五”统计口径不同，无法与“十二五”末比较。

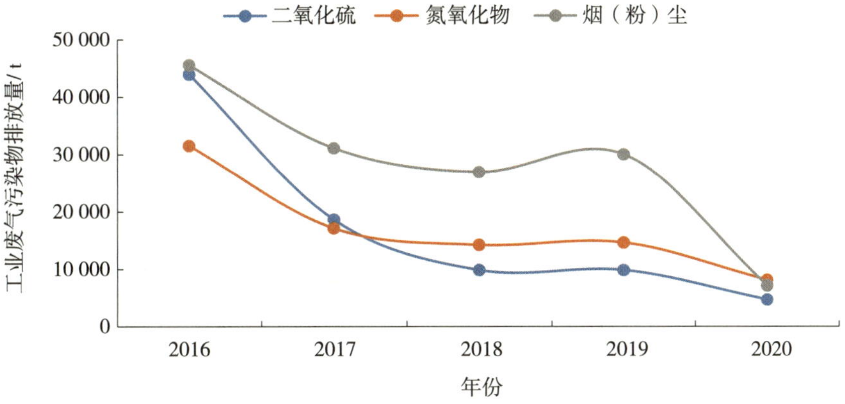

图 2-1-1　2016—2020 年南通市工业废气污染物排放量

三、工业废气污染治理情况

截至 2020 年，工业废气治理设施共 3 581 套，合计废气处理能力为 15 573.05 万 m^3/h。其中脱硫设施 178 套，脱硝设施 116 套，除尘设施 1 490 套，VOCs 处理设施 1 299 套，形成脱硫能力为 2 729.34 万 m^3/h，脱硝能力为 2 391.03 万 m^3/h，除尘能力为 5 850.00 万 m^3/h，VOCs 处理能力为 3 568.60 万 m^3/h。全年废气治理设施运行费用为 15.62 亿元，其中脱硫设施运行费用 4.56 亿元，脱硝设施运行费用 1.99 亿元，除尘设施运行费用 7.78 亿元，VOCs 处理设施运行费用 6.76 亿元。各类废气治理设施套数数量有波动，但总处理能力、运行费用逐年提高，见表 2-1-8。

表 2-1-8　2016—2020 年南通市工业废气治理设施情况

年份	废气治理设施 / 套	废气治理设施处理能力 /（万 m^3/h）	废气治理设施运行费用 / 万元	脱硫设施 / 套	脱硝设施 / 套	除尘设施 / 套	VOCs 处理设施 / 套
2016	2 572	7 449.10	118 248.20	274	141	755	345
2017	2 805	7 645.78	129 916.78	346	161	966	856
2018	2 961	9 037.01	151 051.97	282	167	957	948
2019	4 254	10 525.43	147 283.67	336	216	1 547	1 232
2020	3 581	15 573.05	156 242.60	178	116	1 490	1 299

第二节　移动源废气

“十三五”期间，全市共有机动车尾气检测机构 115 家，建成 227 条检测线，形成 95 万辆 /a 检测能力，在机动车保有量逐年递增的情况下，机动车尾气检测工作有效遏制了高污染车辆的超标排放问题，减轻了机动车尾气污染压力。车辆燃油品质提标、加油站和大型储油库油气回收的实施则从源头上削减了交通废气对空气质量的影响。

一、机动车保有量

“十三五”末，南通市机动车保有量总数较“十二五”末显著上升，2020 年年末机动车保有量较 2015 年年末上升 13%。到 2020 年年底，南通市机动车保有量 216.4 万辆，其中，客车 182.0 万辆，货车 10.8 万辆，摩托车 20.5 万辆，与“十二五”末相比，客车、货车分别增加了 67.7%、54.3%，摩托车减少了 73.6%。2015—2020 年南通市各种车辆保有量见图 2-1-2。

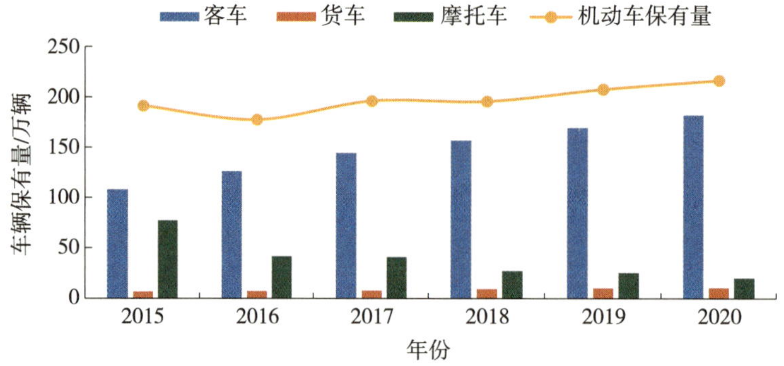

图 2-1-2　2015—2020 年南通市车辆保有量

二、机动车环保检验

2016 年，机动车检测车辆数迅速增加，并呈逐年上升趋势。“十三五”末，环保检验车辆数量达到 95.7 万辆，较“十二五”末（25.9 万辆）上升 269.5%，环保检测合格率为 90.9%，见表 2-1-9。

表 2-1-9　2016—2020 年南通市机动车环保检验统计

年份	环保检测数 / 辆	检验合格数 / 辆	合格率 /%
2016	407 368	381 760	93.7
2017	574 942	547 880	95.3
2018	696 514	654 313	93.9
2019	617 839	544 392	88.1
2020	957 006	869 970	90.9

三、不同类型机动车污染物排放现状

根据第二次全国污染源普查（以下简称二污普）数据，截至 2017 年年底，全市机动车共排放氮氧化物 21 416.8 t，颗粒物 290.03 t，挥发性有机物 10 081.74 t。南通市机动车污染物排放中，氮氧化物和颗粒物排放量中载货汽车排放量占比较大，分别占移动源氮氧化物和颗粒物排放量的 76% 和 85%，挥发性有机物排放量中载客汽车占比较大，占移动源挥发性有机物排放量的 82%。载货汽车氮氧化物和颗粒物排放量中均是重型货车排放量占比最高，重型货车氮氧化物、颗粒物排放量分别占载货汽车氮氧化物、颗粒物排放量的 80.1%、49.4%。载客汽车挥发性有机物排放量中小型客车排放量占比最高，小型客车挥发性有机物排放量占载客汽车挥发性有机物排放量的 97%，见表 2-1-10。

表 2-1-10　南通市不同车型机动车污染物排放情况　　单位：t

序号	机动车类型		氮氧化物	颗粒物	挥发性有机物
1	载客汽车	微型客车	13.08	0	55.88
2		小型客车	1 712.56	8.87	7 983.69
3		中型客车	235.13	3.21	40.53
4		大型客车	2 875.79	22.63	147.57

续表

序号	机动车类型		氮氧化物	颗粒物	挥发性有机物
5	载货汽车	微型货车	0.16	0.01	0.24
6		轻型货车	1 053.21	89.31	583.81
7		中型货车	2 167.92	35.29	105.28
8		重型货车	12 987.21	121.83	392.25
9	低速汽车	三轮汽车	19.51	1.17	6.11
10	低速汽车	低速货车	125.69	7.71	39.45
11	摩托车	普通摩托车	226.15	0	723.31
12		轻便摩托车	0.39	0	3.62
合计			21 416.80	290.03	10 081.74

第三节　城镇生活及其他废气

一、城镇生活废气污染物排放情况

根据环境统计数据，“十三五”期间，南通市城镇生活废气污染物排放情况见表 2-1-11，其整体呈波动变化趋势。2020 年因生活排放源统计口径改变，数据与往年无法比较。

表 2-1-11　2016—2020 年南通市城镇生活废气污染物排放情况　　单位：t

年份	二氧化硫	氮氧化物	烟（粉）尘
2016	2 489.68	1 845.77	10 519.67
2017	1 167.78	1 245.42	7 143.54
2018	2 733.88	2 022.87	12 995.53
2019	1 796.00	1 235.21	7 588.30
2020*	61.9	361.06	277.61

注：*2020 年因生活排放源统计口径改变，数据与往年无法比较。

二、城镇生活源废气来源及污染物产排情况

根据二污普数据，南通市生活源废气主要包括非工业锅炉、城乡居民能源消费

及其他环节产生的污染物，各类污染物产排情况见表 2-1-12。

表 2-1-12　南通市城镇生活废气污染物产排情况　　单位：t

指标		二氧化硫		氮氧化物		颗粒物		挥发性有机物	
		产生量	排放量	产生量	排放量	产生量	排放量	产生量	排放量
总量		1 183.32	1 167.78	1 245.63	1 245.42	7 212.01	7 143.54	13 123.45	13 123.45
其中	非工业锅炉	51.62	36.08	31.92	31.71	101.43	32.96	1.75	1.75
	城镇居民生活能源使用	388.31	388.31	338.76	338.76	497.69	497.69	249.40	249.40
	农村居民生活能源使用	743.39	743.39	874.95	874.95	6 612.89	6 612.89	1 813.97	1 813.97
	其他城乡居民生活和第三产业	—	—	—	—	—	—	11 058.33	11 058.33

（一）非工业企业单位锅炉

全市非工业企业单位锅炉 184 台，其中燃煤锅炉 69 台、燃油锅炉 15 台、燃气锅炉 72 台、燃生物质锅炉 28 台，其分布情况见表 2-1-13。

表 2-1-13　南通市各地区非工业企业单位锅炉分布情况

地区	锅炉数量 / 台	燃料煤消耗量 /t	燃油消耗量 /t	天然气消耗量 / 万 m^3	生物质燃料消耗量 /t
市区	36	0	1 076	550.5	0
海安	8	0	0	124.7	0
如皋	35	600.0	2	37.3	425.0
如东	86	1 531.5	20	144.2	1 328.0
通州	6	1 500.0	30	0	2.5
海门	10	0	0	63.0	1 224.0
启东	3	0	0	0	183.0
全市	184	3 631.5	1 128	919.7	3 162.5

不同燃料类型非工业锅炉大气污染物产排情况见表 2-1-14。

表 2-1-14　南通市不同燃料类型非工业锅炉大气污染物产排情况　　单位：t

锅炉类型	二氧化硫		氮氧化物		颗粒物		挥发性有机物	
	产生量	排放量	产生量	排放量	产生量	排放量	产生量	排放量
燃煤锅炉	40.66	25.12	10.77	10.77	99.56	32.58	31.68	31.68
燃油锅炉	4.31	4.31	3.42	3.42	0.31	0	123.02	123.02
燃气锅炉	0.41	0.41	14.59	14.38	0	0	1 545.08	1 545.08
燃生物质锅炉	6.24	6.24	3.14	3.14	1.56	0.24	50.47	50.47

全市非工业锅炉二氧化硫、氮氧化物、颗粒物平均去除率分别为 30.1%、0.66%、67.5%。

（二）城乡居民能源消费

根据二污普数据，2017 年，南通市全市居民消费天然气 18 987.3 万 m^3，消费液化石油气 25 587 万 m^3，各县（市、区）城市居民能源消费情况详见表 2-1-15。

表 2-1-15　南通市各地城乡居民能源消费情况　　单位：万 m^3

地区	天然气销售气量	液化石油气销售气量
市区	6 612.0	8 204
海安	6 407.8	8 483
如皋	3 949.3	0
如东	175.5	8 400
海门	849 .0	0
启东	993.7	500
全市	18 987.3	25 587

（三）其他生活源挥发性有机物排放情况

南通市其他生活源挥发性有机物排放情况详见表 2-1-16。

表 2-1-16　南通市其他生活源挥发性有机物排放情况　　单位：t

地区	挥发性有机物（VOCs）	建筑涂料与胶黏剂使用挥发性有机物	沥青道路铺装挥发性有机物	餐饮油烟挥发性有机物	干洗挥发性有机物	日用品使用挥发性有机物
南通市	11 058.33	6 072.05	1 333.58	2 198.81	80.56	1 373.34

三、秸秆禁烧

为切实做好南通市“十三五”夏收、秋收期间秸秆禁烧工作，保障空气环境质量，从 2016 年起，南通市每年逐步加大禁烧工作巡查力度，尤其是从 2020 年夏收开始，新增了 7 组无人机巡查组，在全市重点区域开展不间断飞行巡查，为现场督查、执法工作提供了有力支持。

（一）现状

2020 年，南通市秸秆禁烧夏收期间（5 月 20 日至 6 月 30 日）、秋收期间（10 月 1 日至 12 月 31 日），全市累计无人机巡查疑似秸秆焚烧火点 346 个、黑斑 1 028 个。从区域分布来看，通州、启东、海门秸秆焚烧现象相对较重，发现火点、黑斑数分别占全市全年总数的 30.35%、16.67%、16.45%，见表 2-1-17。

表 2-1-17　2020 年南通市夏收、秋收期间秸秆禁烧巡查情况

地区	2020 年夏收期间巡查			2020 年秋收期间巡查			2020 全年巡查			
	火点 / 个	黑斑 / 个	总数 / 个	火点 / 个	黑斑 / 个	总数 / 个	火点 / 个	黑斑 / 个	总数 / 个	占比 / %
市区	11	40	51	35	67	102	46	107	153	11.14
海安	1	20	21	5	12	17	6	32	38	2.77
如皋	9	52	61	13	73	86	22	125	147	10.70
如东	10	39	49	70	45	115	80	84	164	11.94
通州	43	229	272	40	105	145	83	334	417	30.35
海门	20	149	169	22	35	57	42	184	226	16.45
启东	39	139	178	28	23	51	67	162	229	16.67
合计	133	668	801	213	360	573	346	1 028	1 374	—

（二）变化趋势

“十三五”期间，南通市严抓秸秆禁烧工作，采用人防、机防相结合的方式严查秸秆焚烧现象，取得了明显效果。全市夏收、秋收期间，秸秆巡查具有如下特点：

（1）禁烧工作期间空气质量持续好转。持续开展污染防治攻坚工作，加大秸秆禁烧工作力度，“十三五”夏收、秋收期间，南通市空气质量较往年同时段明显好转。2020 年夏收期间 $PM_{2.5}$、PM_{10} 数值较 2016 年分别下降 22.6%、20.8%，2020 年秋收期间 $PM_{2.5}$、PM_{10} 数值较 2016 年分别下降 11.4%、19.4%，见表 2-1-18、图 2-1-3。

表 2-1-18　2016—2020 年南通市夏收、秋收期间空气质量

年份	夏收期间空气质量			秋收期间空气质量		
	$PM_{2.5}$ 浓度 /（μg/m³）	PM_{10} 浓度 /（μg/m³）	优良天数比率 /%	$PM_{2.5}$ 浓度 /（μg/m³）	PM_{10} 浓度 /（μg/m³）	优良天数比率 /%
2016	35.33	53	78.60	44.23	62	78.30
2017	29.12	55	71.40	38.97	65	89.10
2018	34.74	60	76.20	47.74	63	84.80
2019	27.74	48	66.70	42.63	66	85.90
2020	27.36	42	85.70	39.21	50	89.10
与 2016 年变化	下降 22.6%	下降 20.8%	上升 9.0 百分点	下降 11.4%	下降 19.4%	上升 13.8 百分点

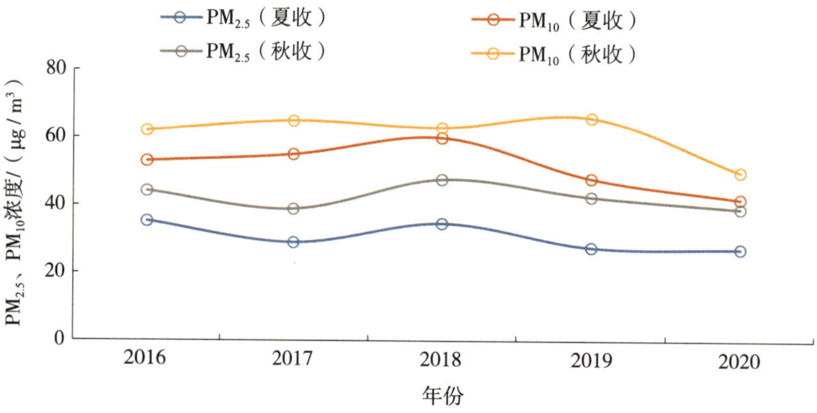

图 2-1-3　2016—2020 年南通市夏收、秋收期间 $PM_{2.5}$、PM_{10} 浓度变化趋势

（2）秸秆焚烧主要集中在夏收期间。从时间段来看，夏收期间南通市露天焚烧秸秆现象相对较重，2020 年夏收期间 42 天发现火点，黑斑数 801 个，占全市全年总数的 58.29%，而 2020 年秋收期间 92 天发现火点，黑斑数 573 个。虽然秋收期间露天焚烧秸秆现象和夏收期间相比数量有所减少，但禁烧压力仍较为严峻。

第四节　主要污染物排放强度

一、单位 GDP 废气污染物排放强度

根据大气主要污染物总量减排数据，“十三五”期间南通各地区 GDP 均呈现上

升趋势，单位 GDP 二氧化硫、氮氧化物排放强度则呈现显著下降趋势。从不同地区来看，如皋单位 GDP 二氧化硫排放强度最强，启东单位 GDP 氮氧化物排放强度最强，见表 2-1-19、图 2-1-4 和图 2-1-5。

表 2-1-19　2016—2020 年南通市单位 GDP 废气污染物排放强度　　单位：t/亿元

地区	2016 年		2017 年		2018 年		2019 年		2020 年	
	SO_2	NO_x	SO_2	NO_x	SO_2	NO_x	SO_2	NO_x	SO_2	NO_x
市区	0.74	0.82	0.57	0.68	0.52	0.55	0.45	0.44	0.29	0.27
海安	0.50	0.57	0.40	0.47	0.33	0.39	0.26	0.31	0.23	0.25
如皋	1.20	0.87	0.96	0.74	0.82	0.62	0.74	0.57	0.67	0.53
如东	0.34	0.82	0.28	0.69	0.25	0.58	0.22	0.49	0.19	0.43
通州	0.39	0.45	0.30	0.38	0.27	0.33	0.25	0.29	0.22	0.27
海门	0.47	0.42	0.40	0.36	0.36	0.32	0.32	0.28	0.29	0.25
启东	0.74	1.22	0.62	1.04	0.56	0.93	0.51	0.82	0.48	0.71
全市	0.75	0.86	0.60	0.72	0.53	0.61	0.46	0.51	0.42	0.45

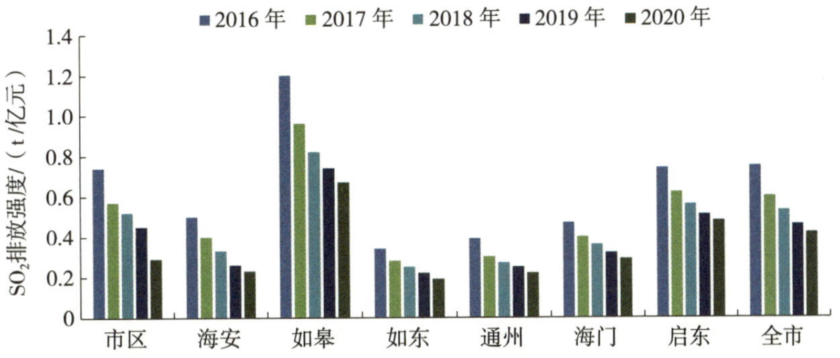

图 2-1-4　2016—2020 年南通市单位 GDP 二氧化硫排放强度

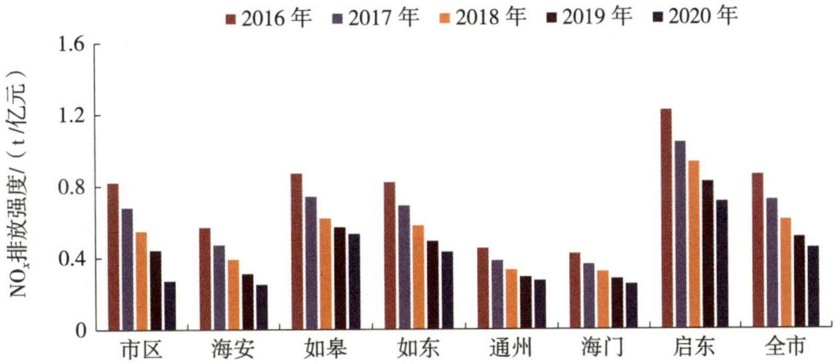

图 2-1-5　2016—2020 年南通市单位 GDP 氮氧化物排放强度

二、单位国土面积废气污染物排放强度

根据大气主要污染物总量减排数据，“十三五”期间，南通市单位国土面积废气污染物排放强度逐年下降，其中市区2016年单位国土面积二氧化硫和氮氧化物排放强度显著高于其他地区，2017—2020年，市区二氧化硫和氮氧化物排放强度显著下降；如皋市二氧化硫排放强度、启东市氮氧化物排放强度在其余各县（市、区）中始终处于高值水平，见图2-1-6、图2-1-7。

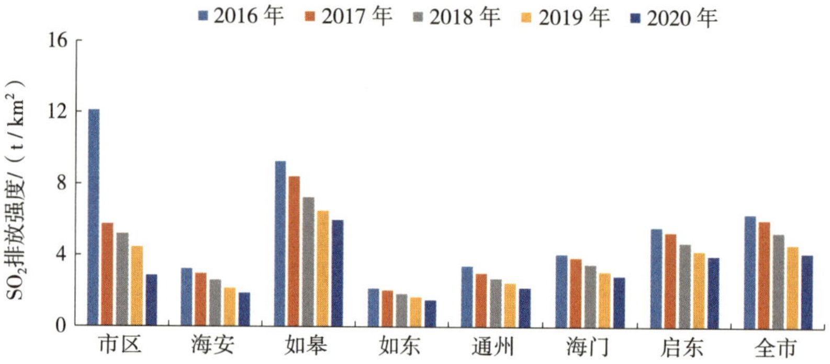

图2-1-6　2016—2020年南通市单位国土面积二氧化硫排放强度

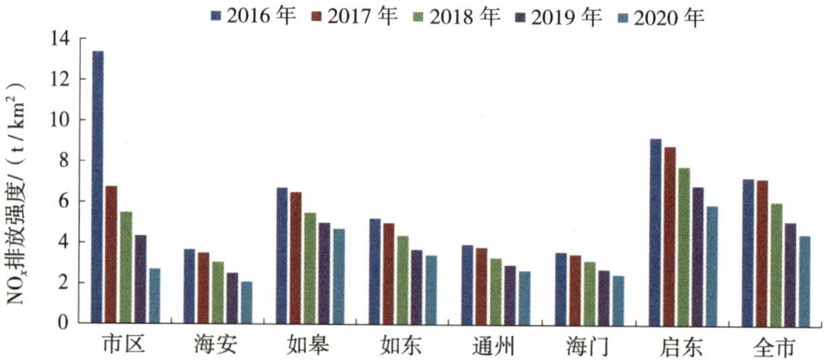

图2-1-7　2016—2020年南通市单位国土面积氮氧化物排放强度

三、原因分析

“十三五”期间，南通市累计实施超低排放改造、化工企业关停淘汰、散乱污企业集中整治等3 000多个大气治理项目，大气污染物排放量大幅度减少，累计减排二氧化硫17 079 t，氮氧化物15 991 t，挥发性有机物50 362.8 t。南通市单位GDP二氧化硫、氮氧化物减排幅度逐年变缓，减排空间进一步收窄，大气污染防

治工作进入攻坚克难阶段，主要原因如下：

一是产业结构和能源结构仍然偏重。近年来南通市产业结构不断升级优化，但第二产业比重仍相对偏高。能源结构较重，煤炭消费占规模以上企业能源消费总量的 65% 以上，决定了当前南通市大气污染防治工作的压力依然十分巨大。

二是前体物减排潜力缩小。“十三五”期间，电力行业超低排放改造、燃煤锅炉整治等显而易见的工作已经做完，剩下的生活源、移动源、VOCs、高架源深度治理都是“硬骨头”。“十四五”期间必须认真学习省内先进地区的经验，继续深挖潜力，进一步精准、全面、深度管控工业源、移动源、生活源、扬尘源，实现地方空气质量持续改善。

第二章　废水污染源

第一节　工业废水

一、工业用水及排放情况

2020 年，南通市规模以上工业企业取水量为 20 461.76 万 t，工业废水处理量为 13 311.81 万 t，工业废水排放量为 12 058.03 万 t，与 2016 年相比，均有所下降。工业废水排放量中，2020 年排入污水处理厂的为 11 193.03 万 t，占比为 92.8%，与 2016 年相比，工业废水处理接管率提升了 12.3 个百分点。2016—2020 年南通市工业用水量及排放情况见表 2-2-1。

表 2-2-1　2016—2020 年南通市工业用水量及排放情况　　单位：万 t

年份	取水量	工业废水处理量	工业废水排放量	其中：直接排入环境的	其中：排入污水处理厂的
2016	24 702.49	14 793.45	15 366.99	3 002.47	12 364.52
2017	22 611.96	12 448.29	13 372.40	1 560.18	11 812.22
2018	24 039.53	12 731.00	13 350.69	1 491.28	11 859.42
2019	23 685.36	13 296.95	13 652.55	1 513.60	12 138.95
2020	20 461.76	13 311.81	12 058.03	865.00	11 193.03

二、工业废水及主要污染物排放现状

（一）区域分析

2020 年，南通市规模以上工业企业废水总排放量为 12 058.03 万 t，主要排放地区为市区、海安、通州，其排放量占比分别为 41.0%、14.1%、14.1%，合计占比 69.2%。工业废水主要污染物中，化学需氧量排放量为 4 662.00 t，主要排放地区为市区、如东、海安，占比分别为 38.9%、14.9%、13.1%；氨氮排放量为 162.55 t，主要排放地区为市区、如东、通州，占比分别为 44.9%、23.7%、8.76%；总氮排放

量为 930.39 t，主要排放地区为市区、如东、海安；总磷排放量为 29.64 t，主要排放地区为市区、海门、如东。2020 年南通各地区工业企业废水排放情况见表 2-2-2。

表 2-2-2　2020 年南通市各地区工业企业废水排放情况

地区	工业废水 / 万 t	化学需氧量 /t	氨氮 /t	总氮 /t	总磷 /t
市区	4 949.01	1 815.13	72.95	328.98	9.05
海安	1 705.17	610.02	13.06	114.66	2.16
如皋	943.91	422.81	8.89	81.13	2.11
如东	1 356.19	696.78	38.60	157.55	5.87
通州	1 694.94	568.31	14.24	87.21	3.53
海门	781.83	314.41	10.61	92.94	5.91
启东	626.98	234.17	4.19	67.92	1.01
合计	12 058.03	4 662.00	162.55	930.39	29.64

（二）行业分析

2020 年，工业废水排放量中，主要排放行业为纺织业和化学原料及化学制品制造业，占比分别为 52.0%、18.0%，合计为 70.0%。主要排放指标中，上述 2 个行业亦为主要排放行业，其中纺织业化学需氧量、氨氮、总氮、总磷排放量占比分别为 49.2%、37.8%、52.1%、31.0%；化学原料及化学制品制造业化学需氧量、氨氮、总氮、总磷排放量占比分别为 21.5%、31.8%、24.1%、23.5%，见表 2-2-3。

表 2-2-3　2020 年南通市各行业工业废水排放情况

行业	工业废水 / 万 t	化学需氧量 /t	氨氮 /t	总氮 /t	总磷 /t
纺织业	5 430.632	2 007.243	51.517	406.102	7.259
化学原料及化学制品制造业	1 881.729	877.924	43.369	188.329	5.501
计算机、通信和其他电子设备制造业	1 156.963	371.025	22.356	72.248	3.359
造纸和纸制品业	1 073.229	582.737	8.037	25.917	1.568
化学纤维制造业	523.409 7	133.704	4.893	42.559	0.936
金属制品业	373.291 8	104.743	6.126	44.925	4.815

（三）趋势分析

“十三五”期间，南通市工业企业废水主要指标排放量呈逐年下降趋势（存在统计口径发生变化情况），2020 年，全市工业企业化学需氧量排放量为 4 662.00 t，与 2016 年相比下降 63.1%；氨氮排放量为 162.55 t，与 2016 年相比下降 87.6%；总氮排放量为 930.39 t，与 2016 年相比下降 54.3%；总磷排放量为 29.64 t，与 2016 年相比下降 87.9%，见表 2-2-4。

表 2-2-4　2016—2020 年南通市工业企业废水排放变化情况

年份	化学需氧量 /t	氨氮 /t	总氮 /t	总磷 /t	废水重金属 /kg
2016	12 645.77	1 314.24	2 034.32	244.04	1 627.42
2017	9 902.31	570.87	1 699.23	123.92	1 336.07
2018	9 713.11	463.85	1 533.93	103.51	1 231.09
2019	9 318.20	419.86	1 688.56	102.58	782.74
2020	4 662.00	162.55	930.39	29.64	469.56

三、工业废水污染治理情况

2020 年，南通市工业废水治理设施数为 1 101 套，与 2016 年相比增加 18.5%；废水治理设施处理能力为 87.57 万 t/d，与 2016 年相比增加 0.7%；废水治理设施运行费用为 132 121.9 万元，与 2016 年相比增加 64.3%，总体呈上升趋势。工业废水处理量为 13 311.81 万 t，与 2016 年相比略有下降，见表 2-2-5。

表 2-2-5　2016—2020 年南通市工业废水治理设施情况

年份	废水治理设施数 / 套	废水治理设施处理能力 /（万 t/d）	废水治理设施运行费用 / 万元	工业废水处理量 / 万 t
2016	929	87.91	80 926.68	14 793.45
2017	917	79.92	90 361.56	12 448.29
2018	911	85.51	104 026.43	12 731.00
2019	1 064	86.19	112 982.04	13 296.95
2020	1 101	87.57	132 121.90	13 311.81

第二节 污水处理厂

一、区域分析

2020 年，南通市共有污水处理厂 85 个，总污水处理能力 177.674 5 万 t/d，与“十二五”末相比，污水处理能力增加 24.874 5 万 t/d，增幅为 16.3%。从地区来看，污水处理能力最高的地区分别为市区、如皋，污水处理能力分别为 79.83 万 t/d、23.40 万 t/d，占比合计为 54.3%。

2020 年南通市各地区污水处理厂运行情况见表 2-2-6。

表 2-2-6 2020 年南通市各地区污水处理厂运行情况

地区	污水处理厂数量 / 个	累计完成投资 / 万元	运行费用 / 万元	污水处理能力 / （万 t/d）
市区	9	179 946.52	37 364.31	79.83
海安	14	55 651.3	83 17.71	14.464 5
如皋	21	98 362.25	14 509.84	23.4
如东	8	95 883.15	12 408.37	13.13
通州	16	76 545.9	7 145.52	11.7
海门	5	79 205.37	59 33.45	20.05
启东	12	52 846.56	6 690.26	15.1
全市	85	638 441.10	92 369.46	177.674 5

二、污水处理情况

2020 年，南通市污水实际处理量为 49 703.54 万 t，生活污水处理量、工业废水处理量占比分别为 68.7%、31.3%。污水实际处理量较高的地区分别为市区、如皋、海门，处理量分别为 24 558.60 万 t、5 912.54 万 t、5 080.39 万 t，占比合计为 71.5%。生活污水处理量较高地区分别为市区、海门、如皋，处理量分别为 17 153.84 万 t、4 109.46 万 t、3 779.86 万 t，占比合计为 73.4%。工业废水处理量较高地区分别为市区、如皋、海安，处理量分别为 7 404.76 万 t、2 132.08 万 t、1 717.93 万 t，占比合计为 72.3%，见表 2-2-7。

表 2-2-7　2020 年南通市各地区污水处理量

单位：万 t

地区	污水实际处理量	其中：生活污水处理量	其中：工业废水处理量	其中：其他来水处理量
市区	24 558.59	17 153.84	7 404.76	0
海安	4 068.60	2 340.68	1 717.93	10.00
如皋	5 912.54	3 779.86	2 132.08	0.60
如东	3 643.48	2 040.22	1 602.26	1.00
通州	3 065.23	1 977.87	1 087.36	0
海门	5 080.39	4 109.46	970.93	0
启东	3 374.70	2 723.63	651.07	0
全市	49 703.54	34 125.57	15 566.38*	11.60

注：* 该处理量为污水处理厂实际处理量，包含非重点调查企业的废水处理量。表 2-2-5 中的工业废水处理量为重点调查企业填报的工业废水处理量，数据口径不一致。

从污水处理实际去除量来看，2020 年南通市污水实际处理化学需氧量去除量为 110 010.60 t，生化需氧量去除量为 27 657.67 t，氨氮去除量为 10 195.42 t。化学需氧量去除量较高地区为市区、海安、海门，占比分别为 46.7%、14.9%、12.3%，合计为 73.9%。生化需氧量去除量较高地区为市区、海门、通州，占比分别为 60.3%、17.2%、8.4%，合计为 85.9%。氨氮去除量较高地区为市区、如皋、海门，占比分别为 49.6%、13.4%、11.5%，合计为 74.5%。

2020 年南通市各地区污水中化学需氧量、生化需氧量、氨氮去除量见表 2-2-8。

表 2-2-8　2020 年南通市各地区污水中化学需氧量、生化需氧量、氨氮去除量

地区	污水实际处理量 / 万 t	化学需氧量去除量 /t	生化需氧量去除量 /t	氨氮去除量 /t
市区	24 558.59	51 368.46	16 683.25	5 053.82
海安	4 068.60	16 350.78	1 768.21	753.09
如皋	5 912.54	12 701.32	1 242.26	1 364.68
如东	3 643.48	5 393.24	501.32	506.59
通州	3 065.23	5 486.82	2 335.99	763.06
海门	5 080.39	13 578.08	4 750.47	1 176.62
启东	3 374.70	4 569.92	376.17	577.55
全市	49 703.54	109 448.62	27 657.67	10 195.42

三、再生水产生和利用情况

2020 年，全市再生水生产量为 18 005.34 万 t，主要集中于崇川区，占比达 82.2%。全市再生水利用量为 4 317.61 万 t，总利用率为 24.0%；利用量最高的地区为市区、通州，占比分别为 76.6%、11.1%，合计为 87.7%。再生水利用方面，工业用水量为 1 459.73 万 t，占比为 33.8%；市政用水量为 2 006.13 万 t，占比为 46.5%，景观用水量为 851.74 万 t，占比为 19.7%。

2020 年南通市再生水产生和利用情况见表 2-2-9。

表 2-2-9　2020 年南通市再生水产生和利用情况

地区	再生水生产量 / 万 t	再生水利用量 / 万 t	其中：工业用水量 / 万 t	其中：市政用水量 / 万 t	其中：景观用水量 / 万 t
市区	14 804.30	3 308.85	1 375.68	1 636.90	296.27
海安	124.37	23.34	23.31	0.03	0
如皋	264.50	234.50	6.00	228.50	0
如东	2 068.65	7.40	2.80	2.80	1.80
通州	480.90	480.90	0	0.30	480.60
海门	63.37	63.37	0	0	63.37
启东	199.25	199.25	51.94	137.61	9.70
全市	18 005.34	4 317.61	1 459.73	2 006.13	851.74

四、水处理污泥

2020 年全市污泥产生量为 34.69 万 t，处置量为 34.69 万 t，处置率为 100%（表 2-2-10）。污泥产生量最大的地区为市区、如皋、海门，占比分别为 54.8%、12.4%、11.6%，合计为 78.7%。污泥处置方面，土地利用量为 4.62 万 t，占比为 13.3%；填埋处置量为 0.53 万 t，占比为 1.52%；建筑材料利用量为 2.39 万 t，占比为 6.89%；焚烧处置量为 27.15 万 t，占比为 78.26%；无倾倒丢弃。

五、“十三五”变化趋势情况

“十三五”期间，南通市集中式污水处理厂个数略有下降，但污水设计处理能力、实际处理量、再生水生产量和再生水利用量整体逐年上升。2020 年，全市污水处理厂污水实际处理量为 49 730.54 万 t，与 2016 年相比增加 25.60%；再生水生产量为 18 005.34 万 t，与 2016 年相比增加 1 132.0%；再生水利用量为 4 317.61 万 t，与 2016 年相比增加 233.5%，见表 2-2-11。

表 2-2-10　2020 年南通市各地区污泥处理量（湿污泥）　　单位：万 t

地区	污泥产生量	污泥处置量	其中：土地利用量	其中：填埋处置量	其中：建筑材料利用量	其中：焚烧处置量	污泥倾倒丢弃量
市区	19.01	19.01	0	0	0	19.01	0
海安	1.70	1.70	0.37	0.52	0	0.81	0
如皋	4.28	4.28	0	0	0	4.28	0
如东	1.21	1.21	0	0	0.03	1.17	0
通州	2.83	2.83	1.09	0	0.01	1.73	0
海门	4.01	4.01	1.66	0	2.33	0.02	0
启东	1.65	1.65	1.51	0.01	0.03	0.11	0
全市	34.69	34.69	4.62	0.53	2.39	27.15	0

表 2-2-11　2016—2020 年南通市污水处理厂处理量

年份	污水处理厂数量 / 个	污水设计处理能力 /（万 t/d）	污水实际处理量 / 万 t	再生水生产量 / 万 t	再生水利用量 / 万 t
2016	97	147.91	39 572.76	1 461.50	1 294.60
2017	92	169.52	40 169.54	9 067.39	2 875.77
2018	91	167.46	42 802.60	3 830.83	2 365.43
2019	90	174.43	45 353.87	13 875.26	3 720.08
2020	85	177.67	49 703.54	18 005.34	4 317.61

2018 年以来，南通市系统实施水务一体化。充分整合自来水供应、污水处理、地下管网等工作，成立市、县两级水务公司，实行统一规划、统一实施、统一运营、统一监管的“四统一”模式。开展市场化运营和资本运作，推进污水处理厂、污水管网“建、管、用”一体化管理，提高管理水平和治污效能。同时，为提升污水处理效能，降低污水处理运维成本，提高尾水处理达标率，部分乡镇污水处理厂进行撤并，或改建为污水提升泵站，目前全市城镇污水处理厂均达到一级 A 排放标准。

“十三五”期间，南通市污泥产生量整体呈现先增长后下降趋势，处置率为 100%。2016—2020 年，从污泥处置方式来看，土地利用率分别为 0.88%、1.23%、

8.05%、8.36%、13.30%，呈逐年上升趋势；填埋处置率分别为 0.19%、0.16%、1.10%、0.05%、1.52%，整体变化不大；建筑材料利用率分别为 18.36%、11.67%、5.28%、8.84%、6.89%，整体呈下降趋势；焚烧处置率分别为 80.56%、86.94%、85.56%、82.74%、78.26%，整体呈下降趋势。可以看出，污泥处置以焚烧为主，处置方式、结构无明显改变，见表 2-2-12。

表 2-2-12　2016—2020 年南通市污泥处置量（干污泥）　单位：万 t

年份	污泥产生量	污泥处置量	其中：土地利用量	其中：填埋处置量	其中：建筑材料利用量	其中：焚烧处置量
2016	10.43	10.431 1	0.091 7	0.020	1.92	8.40
2017	18.85	18.845 0	0.231 6	0.030	2.20	16.38
2018	14.82	14.815 8	1.193 2	0.160	0.78	12.68
2019	10.67	10.674 5	0.891 9	0.006	0.94	8.83
2020	9.95	9.950 0	1.00	0.180	0.54	8.23

第三节　生活污水

一、生活污水及污染物排放现状

2020 年，南通市常住人口为 772.66 万人，城镇常住人口为 544.29 万人，农村常住人口为 228.37 万人，城镇生活用水总量为 29 727.15 万 t。全市共有行政村 1 470 个，其中对生活污水进行处理的行政村有 1 364 个。全市城镇生活污水产生量为 23 781.72 万 t，城镇生活污水排放量为 21 028.14 万 t，化学需氧量排放量为 28 732.13 t，氨氮排放量为 2 206.0 t，总氮排放量为 5 227.73 t，总磷排放量为 265.75 t。

全市农村生活污水排放量为 4 101.068 万 t，化学需氧量排放量为 26 048.45 t，氨氮排放量为 834.54 t，总氮排放量为 1 514.52 t，总磷排放量为 115.57 t。

二、“十三五”变化趋势

“十三五”期间，南通市城镇生活源废水及其污染物排放量保持稳定，人口的稳定增长并没有带来明显的污染物排放量增加，见表 2-2-13。

表 2-2-13　2016—2020 年南通市城镇生活废水排放量

年份	生活源废水 / 万 t	生活源化学需氧量 /t	生活源氨氮 / t	生活源总氮 / t	生活源总磷 / t
2016	24 120.09	37 066.48	3 220.06	6 247.99	373.74
2017	21 713.26	16 682.67	1 718.45	3 748.79	185.71
2018	24 427.13	3 3291.71	3 070.12	6 681.11	343.04
2019	25 481.26	29 463.55	2 745.69	6 804.38	401.51
2020	21 028.14	28 732.13	2 206.00	5 227.73	265.75

第四节　农业面源

一、第二次全国污染源普查农业面源

根据二污普数据，2017 年，全市农业源排放化学需氧量为 6.56 万 t、氨氮为 0.15 万 t、总氮为 0.90 万 t、总磷为 0.14 万 t；排放氨气为 3.36 万 t、挥发性有机物为 0.07 万 t。农业源排放中，种植业氨氮排放量为 0.06 万 t，总氮排放量为 0.46 万 t，总磷排放量为 0.05 万 t，氨气排放量为 1.91 万 t，挥发性有机物排放量为 0.07 万 t。畜禽养殖业化学需氧量排放量为 5.97 万 t，氨氮排放量为 0.082 万 t，总氮排放量为 0.41 万 t，总磷排放量为 0.09 万 t，氨气排放量为 1.45 万 t。水产养殖业排放化学需氧量 0.59 万 t、氨氮 0.008 万 t、总氮 0.03 万 t、总磷 0.004 万 t。二污普各类农业源排放量见表 2-2-14。

表 2-2-14　南通市各类农业源排放量

类别	化学需氧量		氨氮		总氮		总磷		氨气		挥发性有机物	
	排放量 / 万 t	占比 / %	排放量 / 万 t	占比 / %	排放量 / 万 t	占比 / %	排放量 / 万 t	占比 / %	排放量 / 万 t	占比 / %	排放量 / 万 t	占比 / %
种植业	0.0	0	0.060	42	0.46	51	0.050	34	1.91	57	0.07	100
畜禽养殖业	5.97	91	0.082	53	0.41	46	0.090	63	1.45	43	0	0
水产养殖业	0.59	9	0.008	5	0.03	3	0.004	3	0	0	0	0
合计	6.56		0.15		0.90		0.14		3.36		0.07	

从各县（市、区）分布来看，如东、如皋和海安的农业源数量较多，数量分别为 63 630 个、43 350 个和 30 439 个，分别占全市农业源普查对象总数的 43.7%、29.8% 和 20.9%，合计占全市农业源普查对象总数的 94.5%。

（一）种植业

2017 年，南通市种植业氨氮排放量为 0.06 万 t，总氮排放量为 0.46 万 t，总磷排放量为 0.05 万 t，氨气排放量为 1.91 万 t，挥发性有机物排放量为 0.07 万 t。

南通市以耕地为主要种植模式，耕地面积是园地面积的 23 倍。现有耕地面积 591.1 万亩，其中，旱地面积 316.6 万亩，水田面积 274.5 万亩；园地面积 25.8 万亩，其中，果园面积 11.4 万亩，无茶园，桑园面积 14.3 万亩，其他面积 0.1 万亩。平地（坡度≤5°）面积 616.9 万亩，缓坡地（坡度为 5～15°）面积 0.03 万亩，无陡坡地面积（坡地＞15°）。

南通市农作物播种面积为 1 221 万亩，以粮食作物为主，粮食作物播种面积为 783 万亩，占总面积的 64%，其次是蔬菜作物和经济作物，播种面积分别为 20 万亩和 19 万亩，分别占总面积的 17% 和 16%。南通市各地区农作物播种面积分布情况见表 2-2-15。

表 2-2-15 南通市各地区农作物播种面积分布情况 单位：亩

地区	播种面积	其中：粮食	其中：经济	其中：蔬菜	其中：瓜果	其中：果园
市区	482 886	264 419	106 811	90 258	17 454	3 944
海安	1 355 000	1 171 000	54 200	72 000	7 500	50 300
如皋	20 87 300	1 558 400	201 900	311 700	6 270	9 030
如东	2 522 800	2 025 000	221 100	203 000	71 700	2 000
通州	1 832 186	1 026 100	373 400	372 600	44 000	16 086
海门	1 898 010	678 200	526 950	564 600	108 750	19 510
启东	2 034 427	1 106 598	454 926	406 092	46 846	19 965
全市	12 212 609	7 829 717	1 939 287	2 020 250	302 520	120 835

南通市 2017 年化肥施用量为 23.6 万 t，农药使用量为 6 716 t，各地区化肥与农药施（使）用情况见表 2-2-16。

表 2-2-16 南通市各地区化肥与农药施（使）用情况 单位：t

地区	化肥施用量	氮肥施用折纯量	含氮复合肥施用折纯量	用于种植业的农药使用量
市区	21 008	5 130	4 387.5	207.66
海安	42 681	19 648	10 423.0	1 004.00
如皋	30 670	13 073	15 895.0	1 860.00
如东	40 107	12 646	11 424.0	520.83
通州	26 105	13 227	4 704.0	1 449.00
海门	43 998	10 520	3 480.0	1 020.00
启东	31 654	17 288	7 363.0	655.00
全市	236 223	91 532	57 676.5	6 716.49

（二）畜禽养殖业

2017 年，畜禽养殖业化学需氧量排放量为 5.97 万 t，氨氮排放量为 0.082 万 t，总氮排放量为 0.41 万 t，总磷排放量为 0.09 万 t，氨气排放量为 1.45 万 t。

南通市 2017 年畜禽养殖业生猪年出栏量 316.530 万头，奶牛年存栏 0.487 万头，肉牛年末出栏量 0.204 万头，蛋鸡年末存栏量 2 764.150 万羽，肉鸡年出栏量 6 116.02 万羽。南通市各地区畜禽养殖量见表 2-2-17。

表 2-2-17 南通市各地区畜禽养殖量汇总

地区	生猪全年出栏量 / 万头	奶牛全年存栏量 / 万头	肉牛年末出栏量 / 万头	蛋鸡年末存栏量 / 万羽	肉鸡全年出栏量 / 万羽
市区	2.79	0	0	61.60	5.00
海安	31.48	0.110	0.020 0	1 475.06	318.62
如皋	113.12	0.090	0	364.94	609.01
如东	90.31	0	0.037 7	540.88	3 329.30
通州	25.67	0.050	0	78.29	319.74
海门	27.22	0.097	0.146 3	115.55	849.97
启东	25.94	0.140	0	127.83	684.38
全市	316.53	0.487	0.204 0	2 764.15	6 116.02

其中规模化畜禽养殖场个数及养殖量汇总见表 2-2-18。

表 2-2-18　南通市规模化畜禽养殖场个数及养殖量汇总

地区	生猪		奶牛		肉牛		蛋鸡		肉鸡	
	养殖场数量/个	养殖量（出栏量）/万头	养殖场数量/个	养殖量（存栏量）/万头	养殖场数量/个	养殖量（出栏量）/万头	养殖场数量/个	养殖量（存栏量）/万羽	养殖场数量/个	养殖量（出栏量）/万羽
市区	8	2.79	0	0	0	0	4	61.60	3	5.00
海安	188	22.79	1	0.11	1	0.01	1 392	1 251.67	76	196.29
如皋	327	65.18	1	0.09	0	0	546	351.48	74	523.60
如东	422	47.98	0	0	1	0.01	417	534.36	536	2 399.25
通州	47	11.64	1	0.05	0	0	114	72.55	30	261.05
海门	120	19.16	3	0.09	5	0.12	65	114.40	70	818.13
启东	224	23.53	2	0.14	0	0	28	104.26	29	545.62
全市	1 336	193.07	8	0.47	7	0.14	2 566	2 490.31	818	4 748.94

（三）水产养殖业

南通市 2017 年水产养殖产量共 18.840 万 t，化学需氧量排放量 0.590 万 t，氨氮排放量 0.008 万 t，总氮排放量 0.030 万 t，总磷排放量 0.004 万 t。其中，如东县水产产量 8.120 万 t，占全市产量的 34%。如东县水产养殖业排放化学需氧量 2 838 t、氨氮 29 t、总氮 113 t、总磷 30.4 t，分别占全市排放量的 47.9%、36.7%、36.5% 和 70.0%。

从养殖品种来看，南通市水产养殖业主要以南美白对虾、鲫鱼、鲢鱼、青鱼、草鱼、河蟹、蛤为主，水产养殖基本情况见表 2-2-19。其中，海安县以鲫鱼、青鱼为主，占海安地区总养殖产量的 81.8%；启东市以河蟹为主，占启东地区总养殖产量的 90.8%；如东县以南美白对虾（淡）为主，占如东地区总养殖产量的 46.6%。

表 2-2-19　南通市水产养殖品种及基本情况

养殖品种名称	养殖产量 /（t/a）	养殖投苗量 /（t/a）	养殖场数量 / 个	养殖面积 / 亩*
南美白对虾（淡）	43 329.9	117.4	720	680 181.0
鲫 鱼	20 241.4	1 456.1	3 595	25 258.4
鲢 鱼	19 752.1	2 685.7	1 296	43 627.9
青 鱼	18 070.9	844.4	1 244	18 480.3
草 鱼	15 534.9	120.5	71	626.0
河 蟹	13 825.2	2 838.0	2 829	66 408.6
蛤	7 437.0	119.0	79	72 521.2
其 他	50 230.6	7 942.6	4 554	632 975.2
合 计	188 422.0	16 123.7	14 388	1 540 078.6

注：*1 亩≈666.7 m^2。

从养殖方式来看，南通市水产养殖业以淡水养殖为主，占总养殖场个数的90.7%，淡水养殖中以池塘养殖为主，占淡水养殖场个数的 79.2%。海水养殖中以池塘养殖与工厂化养殖为主，分别占海水养殖场个数的 49.3% 和 44.2%。南通市水产养殖方式基本情况见表 2-2-20。

表 2-2-20 南通市水产养殖基本情况 单位：个

养殖场类型	池塘养殖	工厂化养殖	滩涂养殖	其他养殖	合计
淡水养殖	12 192	457	0	2 741	15 390
海水养殖	777	696	102	0	1 575

注：因养殖方式有交叉，故合计大于表 2-2-19 中养殖场个数。

从地区分布来看，水产养殖年产量最大的前三位是如东、海安和通州，年养殖产量分别为 8.1 万 t、3.2 万 t 和 2.9 万 t，分别占全市总产量的 43%、17% 和 15%。

二、“十三五”变化趋势

2020 年，南通市农业农药使用总量为 8 975 t，化肥施用总量（以折纯量计，下同）为 20.34 万 t。“十三五”期间，南通市农药使用总量呈逐年下降态势，年均降幅为 2.04%；化肥施用总量年均降幅为 2.21%，见表 2-2-21。

表 2-2-21 2016—2020 年南通市农药、化肥使（施）用情况

年份	农药 /t	化肥 /（万 t，折纯）
2016	9 746	22.24
2017	9 565*	21.86*
2018	9 298	21.16
2019	9 116	20.66
2020	8 975	20.34

注：*2017 年化肥、农药施（使）用量与二污普使用数据统计口径不同，数据不一致。

2020 年，南通市规模化养殖场 2 229 个，共出栏养殖猪 194.10 万头，羊 204.12 万只，家禽 8 607.19 万羽，兔 7.09 万只。根据“十三五”总量控制规划中的排污系数测算，产污量及排水量以 40 只家禽折算成 1 头猪、3 只羊折算成 1 头猪、10 只兔折算成 1 头猪，“十三五”期间，南通市畜禽养殖状况总体呈下降趋势，见表 2-2-22、图 2-2-1。5 年来，南通市畜禽养殖业养殖规模有所扩大，为减少畜禽养殖污染，一是优化区域布局，全面开展规模养殖场户治理提升，二是推进畜禽粪污还田利用，深化种养结合发展。

表 2-2-22　2016—2020 年南通市畜禽养殖情况汇总

年份	猪 / 万头	羊 / 万只	家禽 / 万羽	兔 / 万只	折合猪 / 万头
2016	367.24	232.24	10 814.77	72.57	722.28
2017	342.71	226.33	10 263.71	45.31	679.28
2018	352.31	225.01	9 827.71	37.48	676.75
2019	285.55	210.70	9 330.29	11.91	590.23
2020	194.10	204.12	8 607.19	7.09	478.03

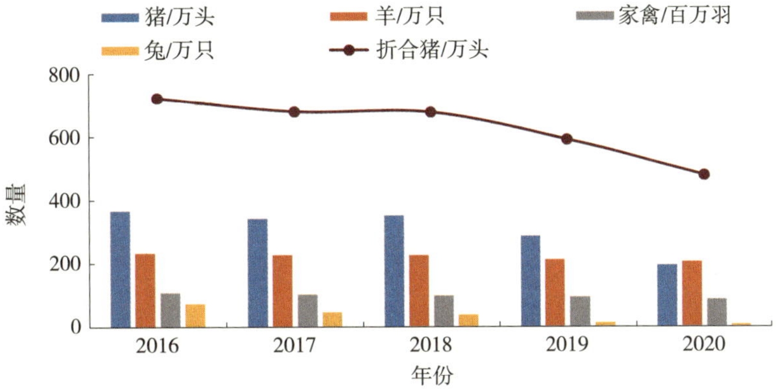

图 2-2-1　2016—2020 年南通市畜禽养殖情况

第五节　船舶污水

长江经济带船舶和港口污染突出问题整治工作是交通运输部、国家发展改革委、生态环境部、住房城乡建设部四部门联合部署的一项重点工作。南通市相关部门联合印发了《南通市长江经济带船舶和港口污染突出问题整治工作方案》，全力推动整治工作有效落实，相关任务完成情况均走在全省前列。一是船舶污染物接收设施建设任务全面完成。港口码头全部具备船舶污染物接收能力，全市 419 家港口企业通过自建船舶污染物接收设施或委托有资质的第三方接收等方式，做到船舶生活垃圾、生活污水、含油污水全接收。船舶污染物公共接收能力进一步增强，内河 1 处水上服务区、5 所船闸均已完成船舶污染物接收设施建设，实现免费接收靠泊船舶和待闸船舶送交的船舶污染物。全市内河配备 6 艘多功能流动接收船、7 处集中上岸点，实现了全市内河水域船舶污染物流动接收能力全覆盖。二是长江干线水上洗舱站建设率先建成。如皋港区、江海港区 2 座长江干线水上洗舱站于 2020 年 3 月完成主体工程建设，于 2020 年 6 月底在长江全线率先建成运营，具备年洗舱 1 200 艘次服务能力，运行以来共洗舱 49 艘次，创造了洗舱站建设运营“南通模式”。交通部在长江经济带船舶和港口污染突出问题整治工作情况二季度通报及专题调度会上均予以充分肯定。

2019 年，共接收船舶生活垃圾 1 606 t，生活污水 10 351 m^3，含油污水 8 437 m^3，洗舱水 288 m^3。2020 年度，共接收船舶生活垃圾 708 t，生活污水 13 323 m^3，含油污水 5 982 m^3，洗舱水 1 414 m^3。

第六节　主要污染物排放强度

一、单位 GDP 废水污染物排放强度

“十三五”期间，化学需氧量、氨氮、总氮、总磷核定排放量逐年下降。2020 年，化学需氧量核定排放量为 85 598.00 t，与 2016 年相比降低了 10.7%；氨氮核定排放量为 13 387.00 t，与 2016 年相比降低了 10.6%；总氮核定排放量为 35 164.00 t，与 2016 年相比降低了 8.1%；总磷核定排放量为 3 158.00 t，与 2016 年相比降低了 8.3%，见表 2-2-23。

表 2-2-23　2016—2020 年南通市核定排放量情况汇总

年份	GDP/ 亿元	化学需氧量 /t	氨氮 /t	总氮 /t	总磷 /t
2016	6 768.20	95 840.89	14 982.59	38 262.86	3 443.57
2017	7 734.64	93 286.16	14 583.29	37 380.35	3 372.59
2018	8 427.00	90 456.46	14 169.48	36 585.35	3 293.48
2019	9 383.39	87 877.00	13 740.00	35 856.00	3 221.00
2020	10 036.30	85 598.00	13 387.00	35 164.00	3 158.00

“十三五”期间，化学需氧量、氨氮、总氮、总磷核定排放强度逐年下降。2020 年，南通市化学需氧量单位排放强度为 8.53 t/ 亿元，与 2016 年相比下降 39.8%；氨氮单位排放强度为 1.33 t/ 亿元，与 2016 年相比下降 39.8%；总氮单位排放强度为 3.50 t/ 亿元，与 2016 年相比下降 38.1%；总磷单位排放强度为 0.31 t/ 亿元，与 2016 年相比下降 39.2%，见表 2-2-24。

表 2-2-24　2016—2020 年南通市污染源排放强度

年份	GDP/ 亿元	化学需氧量 /（t/ 亿元）	氨氮 /（t/ 亿元）	总氮 /（t/ 亿元）	总磷 /（t/ 亿元）
2016	6 768.20	14.16	2.21	5.65	0.51
2017	7 734.64	12.06	1.89	4.83	0.44
2018	8 427.00	10.73	1.68	4.34	0.39
2019	9 383.39	9.37	1.46	3.82	0.34
2020	10 036.30	8.53	1.33	3.50	0.31

二、单位国土面积废水污染物排放强度

“十三五”期间，化学需氧量、氨氮、总氮、总磷单位国土面积排放强度逐年下降。2020 年，南通市化学需氧量单位国土面积排放强度为 10.70 t/km^2，与 2016 年相比下降 10.7%；氨氮单位国土面积排放强度为 1.67 t/km^2，与 2016 年相比下降 10.6%；总氮单位国土面积排放强度为 4.39 t/km^2，与 2016 年相比下降 8.1%；总磷单位国土面积排放强度为 0.39 t/km^2，与 2016 年相比下降 8.3%，见表 2-2-25。

表 2-2-25　2016—2020 年南通市污染源单位国土面积排放强度

年份	土地面积 /km^2	化学需氧量 /（t/km^2）	氨氮 /（t/km^2）	总氮 /（t/km^2）	总磷 /（t/km^2）
2016	8 001	11.98	1.87	4.78	0.43
2017	8 001	11.66	1.82	4.67	0.42
2018	8 001	11.31	1.77	4.57	0.41
2019	8 001	10.98	1.72	4.48	0.40
2020	8 001	10.70	1.67	4.39	0.39

第三章　固体废物

第一节　工业固体废物

一、产生量

2020 年，南通市工业固体废物产生总量 567.2 万 t，各地区分布情况见表 2-3-1。从组成来看，全市工业固体废物中粉煤灰产生量最大，为 221.99 万 t，占工业固体废物产生总量的 39.1%。

表 2-3-1　2020 年南通市各地区工业固体废物产生量　　单位：万 t

	市区	海安	如皋	如东	通州	海门	启东
固体废物产生量	209.06	33.71	57.43	68.88	36.56	26.93	134.64

“十三五”期间，工业固体废物产生量总体呈下降趋势。其中，产生量较大的工业固体废物为粉煤灰、炉渣。与“十二五”末相比，南通市工业固体废物产生总量增加了 19.05 万 t，增幅为 3.4%。2016—2020 年南通市工业固体废物产生量年际变化见表 2-3-2、图 2-3-1。

表 2-3-2　2016—2020 年南通市工业固体废物产生量统计　　单位：万 t

年份	产生总量	其中部分固体废物产生量				
		危险废物	一般污泥	粉煤灰	炉渣	脱硫石膏
2016	672.64	24.14	19.03	283.48	96.81	66.84
2017	651.86	48.58	25.20	248.23	118.23	66.55
2018	565.20	58.60	21.08	227.50	98.16	61.31
2019	651.60	66.8	38.20	219.67	100.71	58.84
2020	567.20	71.68	24.76	208.90	109.39	58.13

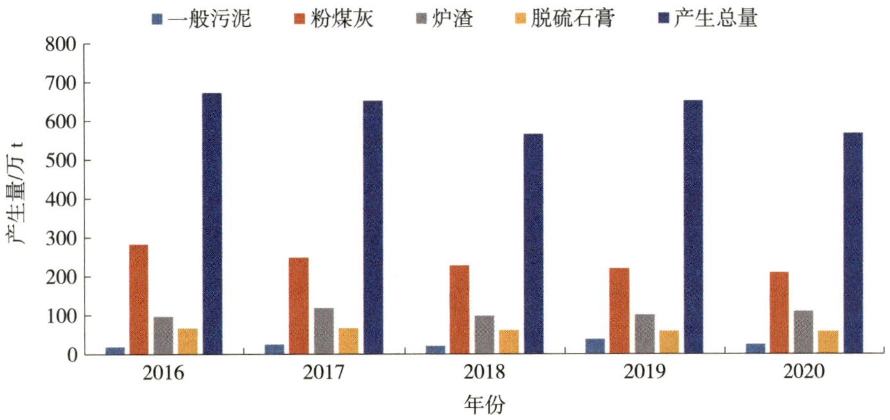

图 2-3-1　2016—2020 年南通市工业固体废物产生量年际变化

二、综合利用、处置量

2020 年，南通市工业固体废物综合利用、处置量为 563.69 万 t，处置利用率为 99.38%。“十三五”期间，工业固体废物综合利用、处置总量为 2 885.41 万 t，处置利用率为 98.5%，见表 2-3-3。

表 2-3-3　2016—2020 年南通市工业固体废物综合利用、处置统计　　单位：万 t

年份	综合利用、处置量	危险废物		综合利用				处置利用率 /%
		综合利用	处置	一般污泥	粉煤灰	炉渣	脱硫石膏	
2016	661.15	13.54	8.58	18.95	283.02	90.87	66.84	98.29
2017	636.38	18.15	22.84	24.81	248.23	118.17	66.55	97.63
2018	554.60	18.40	31.90	20.80	227.47	98.15	61.27	98.12
2019	647.20	20.50	43.70	37.60	219.54	100.66	58.56	99.32
2020	563.69	71.30		24.51	208.90	109.38	58.08	99.38

第二节　危险废物

一、产生量

2020 年，南通市危险废物产生量 71.68 万 t，占工业固体废物产生总量的 12.64%。

各地区危险废物分布情况见表 2-3-4。

表 2-3-4　2020 年南通市各地区危险废物产生量统计　　单位：万 t

地区	市区	海安	如皋	如东	通州	海门	启东
危险废物产生量	18.23	2.04	13.93	19.24	8.25	5.75	4.24

“十三五”期间，危险废物产生量呈迅速上升趋势，年均增长率约为 49%。2016—2020 年南通市危险废物产生量年际变化见表 2-3-2。

二、综合利用、处置量

2020 年，全市危险废物综合利用、处置量为 71.3 万 t，占全市危险废物产生量的 99.47%。各地区危险废物综合利用处置统计见表 2-3-5。

表 2-3-5　2020 年南通市各地区危险废物综合利用、处置统计

地区	产生量 / 万 t	危险废物综合利用、处置量 / 万 t	处置、利用率 /%
市区	18.23	18.11	99.34
海安	2.04	2.02	99.02
如皋	13.93	13.84	99.35
如东	19.24	19.15	99.53
通州	8.25	8.24	99.76
海门	5.75	5.73	99.65
启东	4.24	4.21	99.29

三、医疗固体废物

据南通市统计年鉴，2020 年全市医院（含卫生院）共有 310 家，床位数 4.74 万张，共产生医疗废物 7 278 t。采用高温蒸煮和微波消毒处置，经无害化处理后焚烧处置，处置率达 100%。其中，市区（含通州区）医疗固体废物由南通升达废料处理有限公司统一处置，如东、如皋、海安医疗固体废物由南通东江环保技术有限公司统一处置，海门、启东医疗固体废物由南通润启环保服务有限公司统一处置。与“十二五”末相比，医院床位数增加了 33%，医疗固体废物产生量增加了 118.6%，处置率保持在 100%。2016—2020 年南通市医疗废物处置情况表 2-3-6。

表 2-3-6　2016—2020 年南通市医疗固体废物处置情况

年份	医院（含卫生院）/ 家	床位数 / 万张	产生量 / t	处置量 /t	处置率 /%
2016	321	3.82	4 018	4 018	100
2017	325	4.11	5 253	5 253	100
2018	345	4.32	5 513	5 513	100
2019	312	4.45	6 843	6 843	100
2020	310	4.74	7 278	7 278	100

第三节　生活垃圾

2020 年，南通市生活垃圾产生量 245.5 万 t，采用焚烧、卫生填埋、做有机肥料等方法处理，无害化处理率达 100%。2020 年，南通市共有 5 座生活垃圾焚烧发电厂，分别为上海电气环保热电（南通）有限公司、南通天楹环保能源有限公司、启东天楹环保能源有限公司、如东天楹环保能源有限公司、海安天楹环保能源有限公司；1 个垃圾填埋场，即南通市垃圾无害化综合处理试验中心，其中南通市垃圾无害化综合处理试验中心为备用处置中心。全市垃圾无害化日处理能力 7 950 t，垃圾无害化年处理能力 290.2 万 t。

"十三五"期间，南通市共产生生活垃圾 1 096.516 万 t，无害化处理率为 100%。与"十二五"期间产生的 667.6 万 t 相比，南通市生活垃圾产生量增加了 64.25%，垃圾无害化处理能力增加了 3 300 t/d。2016—2020 年南通市城镇生活垃圾产生及处置情况见表 2-3-7。

表 2-3-7　2016—2020 年南通市城镇生活垃圾产生及处置情况

年份	产生量 / 万 t	处理量 / 万 t	无害化处理率 /%
2016	226.34	226.34	100
2017	198.164	198.164	100
2018	194.042	194.042	100
2019	232.47	232.47	100
2020	245.50	245.50	100
合计	1 096.516	1 096.516	100

第四章　辐射污染源

“十三五”期间，在强化核与辐射安全监管的大背景下，南通市继续投入大量经费用于提高辐射环境监测和监管，对辖区内的放射性同位素、射线装置及电磁辐射设备开展了拉网式排查，查清了辐射污染源的数量及污染程度。

第一节　放射源

截至2020年年底，南通市共有核技术应用放射源单位71家，放射性核素种类17种，共计在用密封放射源421枚，详见表2-4-1。与“十二五”末相比，全市放射源单位增加了3家。

表2-4-1　2016—2020年南通市放射源统计表

年份	单位数/家	放射源数/枚
2016	76	—
2017	70	—
2018	66	—
2019	68	—
2020	71	421

第二节　射线装置

截至2020年年底，南通市共有射线装置应用单位464家，涉及医院、工业探伤、箱包检测、集装箱检测等多领域，其中Ⅱ类105家，Ⅲ类359家。市区共有射线装置应用单位119家，其中Ⅱ类33家，Ⅲ类86家。各地区中海安射线装置最多81家，其中Ⅱ类15家，Ⅲ类66家；启东、海门最少，射线装置应用单位均为43家，见表2-4-2。与“十二五”末相比，射线装置应用单位增加了16.88%。

表 2-4-2　2016—2020 年南通市射线装置使用情况　　单位：家

地区	2016 年	2017 年	2018 年	2019 年	2020 年
市区	65	59	63	86	119
海安	63	58	62	65	81
如皋	72	76	76	78	69
如东	50	42	43	45	60
通州	47	47	48	39	49
海门	43	45	41	34	43
启东	54	55	56	33	43
合计	394	382	388	380	464

第五章　污染源监测情况

第一节　污染源监督监测

“十三五”以来，南通市高度重视污染源的排放监管工作，每年对重点污染源开展监督性监测，2018 年执行“双随机”以来，加大了监督监测处罚力度。“十三五”期间，共监测污染源 9 165 家次，对超标污染源开展执法处罚。

2020 年，全市共开展污染源监督监测 1 732 厂次，其中超标 99 厂次，超标率为 5.72%。各地区中，市区共监测 355 厂次，占比为 20.5%；其次为如东，共监测 275 厂次，占比为 15.9%。各地监督监测超标率由大到小分别为海门（14.4%）、通州（12.5%）、如东（6.6%）、海安（5.6%）、启东（4.9%）、如皋（2.6%），详见表 2-5-1、表 2-5-2。

表 2-5-1　南通市各地区监督监测开展数量　　单位：厂次

地区	2016 年	2017 年	2018 年	2019 年	2020 年
市区	—	—	140	311	355
海安	164	179	214	182	270
如皋	229	319	482	330	231
如东	233	246	207	136	275
通州	624	663	446	388	248
海门	198	205	175	178	90
启东	192	264	354	374	263
全市	1 640	1 876	2 018	1 899	1 732

表 2-5-2　南通市各地区监督监测超标数量　　单位：厂次

地区	2016 年	2017 年	2018 年	2019 年	2020 年
市区	35	20	6	1	3
海安	41	38	16	8	15
如皋	17	34	18	11	6
如东	31	53	48	22	18
通州	131	168	81	61	31
海门	42	38	27	10	13
启东	53	51	63	46	13
全市	315	382	253	159	99

开展监督监测的行业主要分布在纺织印染，化工制药，污水处理，电力、热力生产，金属制品等行业，见表 2-5-3、图 2-5-1。各重点行业中监测占比分别为纺织印染行业 15.8%、化工制药 16.4%、污水处理 16.3%。

表 2-5-3　2020 年南通市各行业监测分布　　单位：厂次

行业	市区	海安	如皋	如东	通州	海门	启东	合计
纺织印染	16	64	22	40	87	19	26	274
化工制药	27	60	31	20	9	17	120	284
污水处理	2	32	38	93	62	11	44	282
电力、热力生产	1	12	0	3	2	3	3	24
金属制品	8	43	19	14	17	9	22	132
食品生产	0	7	9	2	6	3	1	28
电子制造	7	6	3	0	12	4	7	39
机械制造	7	11	11	0	11	2	2	44
固体废物处置	23	4	0	0	5	5	13	50
其他行业	9	95	45	22	30	13	90	301

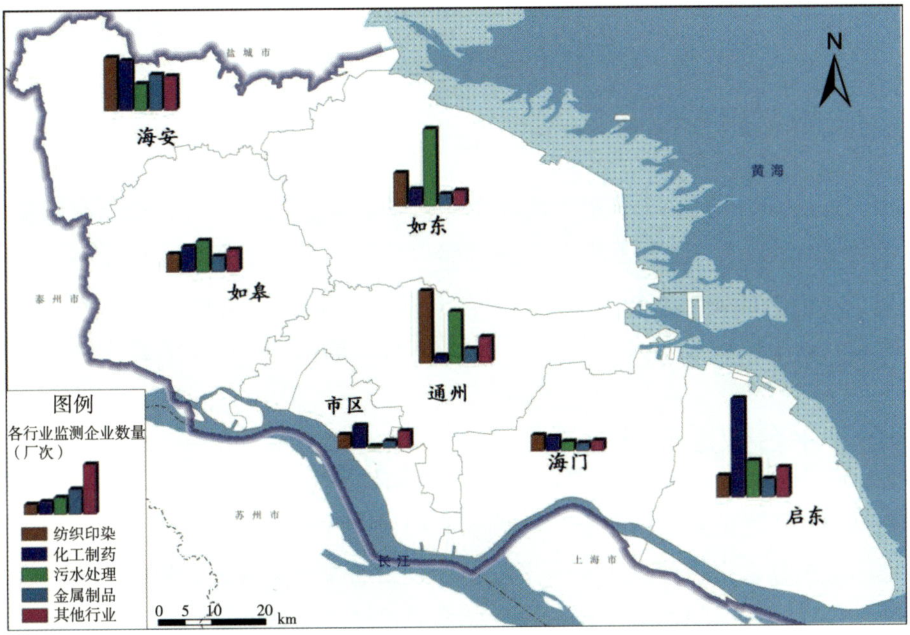

图 2-5-1　2020 年南通市各行业监测分布情况

第二节 污染源自动监控情况

“十三五”期间，南通市污染源自动监控工作较“十二五”末有较大提升。污染源自动监控联网企业数显著增加，企业用电监控、工况监控、视频监控、VOCs 自动监测等设备安装及联网率位居全省前列。应用自动监测数据助力“精准执法”，探索“非接触式”执法取得新突破。

一、联网数大幅提升

截至 2020 年年底，南通市共有 726 家污染源自动监控数据接入省污染源自动监控平台，包括水污染源 635 家（含污水处理厂 63 家），气污染源 168 家（含垃圾焚烧电厂 4 家）。其中，77 家同时为水和气污染源。重点监控企业有 647 家（2020 年重点排污名录、生活垃圾焚烧发电厂以及排污许可重点管理单位），联网数较“十二五”有显著提升。此外，“十三五”期间，全市新增加 1 310 家排污单位安装用电监控设备、6 家排污单位安装工况监控设备、80 家排污单位安装视频监控设备、76 家排污单位安装 VOCs 自动监测设备并联网，为自动监测的充分应用开辟了新模式。

二、数据传输情况

“十三五”末，据 647 家重点监控企业自动监控数据的统计，全市自动监控数据有效传输率为 93.23%，距离生态环境部“十四五”初期考核目标（99.75%）还有差距。全市国家监控考核的重点污染源自动监控数据 72 h 修约率为 98.74%。全市自动监控数据传输情况较“十二五”有较大程度的改善，在全省处于领先水平。

三、平台数据充分应用

充分用好各类监测监控平台，在确保监控数据准确有效的前提下，落实专人紧盯污染源监控异常报警信息，及时发现超标线索通报相关各地，根据上报内容进行分析研判，对一段时间内多次超标、会商会通报整改后依然异常的企业，组织现场核查，究其原因，立即整改。抽取存在超标频次高、超标原因分析不合理等问题企业开展核查，发现企业主要存在的问题。通过远程监控深入探索“非接触式”执法，提升生态环境执法精准度。

四、开展专项整治

制定并下发《南通市重点排污单位自动监控专项整治实施方案》，以问题为导向，突出重点行业及关键环节，着力解决自动监控建设不规范、运维不到位、数据不准确、超标异常多等突出问题。全面排查重点排污单位自动监控设施设备安装、运行、维护管理等情况，摸清自动监控家底，健全自动监控管理档案。

五、强化监控质控检查

依据《污染源监控设施现场监督检查办法》，加强对企业监控现场的监督检查，要求企业将污染源自动监控、用电监控等运维制度、运维单位、运维人员、运维方案、运维周期等信息上墙公示，确保各类监控设施运行正常稳定，数据真实准确。通过“双随机”检查、比对抽测等多种形式，做好企业自动监控数据质量把关工作，落实企业主体责任，强化属地监管职责。做好污染源监控基础信息、运维等台账记录。排污单位及运维第三方应保证平台联网、信息完善、数据准确、及时纠错、信息上报，实现对全市重点排污单位排污情况的统一监控及统筹管理。

六、完善相关工作机制

充分发挥各类监测监控平台的作用，坚持以日专报、周通报等形式，进一步完善工作机制，常态化通报各地用电监控异常企业、污染源自动监控超标企业及扬尘浓度较高监测点位情况，对通报反馈滞后地区进行交办。

专栏四 南通市大气污染源排放清单及细颗粒物来源解析

自 2013 年开展“大气十条”和 2018 年开展打赢蓝天保卫战以来，南通市大气污染防治工作取得了显著成效，空气质量明显改善。南通市 2015 年开展了一次 $PM_{2.5}$ 来源解析，但随着近年来各项污染控制措施的实施，污染源排放结构和 $PM_{2.5}$ 来源发生了显著改变。为认真贯彻落实《省政府关于印发江苏省打赢蓝天保卫战三年行动计划实施方案的通知》（苏政发〔2018〕122 号）和《南通市打赢蓝天保卫战三年行动计划实施方案》文件精神，进一步改善南通市环境空气质量，科学、精准、有效地开展大气污染防治工作，进一步摸清南通市各类人为大气污染源、各类污染物排放情况，全面掌握主要污染物的排放特征、空间分布、行业贡献、污染设施状况，完成 2018—2019 年南通市大气污染源排放清单更新工作并建立定期更新机制。以南通市详细的污染源排放清单为基础，结合源解析扩散模型与受体模型，开展 2019—2020 年南通市第二轮 $PM_{2.5}$ 来源解析工作，解析各类污染源对南通市 $PM_{2.5}$ 的贡献，为持续降低 $PM_{2.5}$ 浓度提供科学依据。

一、大气污染源排放清单①

2019 年，南通市大气污染物排放情况为 NO_x 6.04 万 t，SO_2 0.89 万 t，VOCs 9.33 万 t，$PM_{2.5}$ 2.15 万 t，PM_{10} 45.24 万 t，NH_3 3.65 万 t。其中，工业源对 SO_2 和 VOCs 的贡献较大，贡献率分别为 74.5% 和 81.2%；移动源对 NO_x 的贡献最高，贡献率为 72.2%；面源对 NH_3 和 PM_{10} 的贡献相对较高，贡献率分别为 95.9% 和 57.6%。

（一）工业源排放特征

南通市 4 983 家工业企业主要大气污染物排放情况如下：NO_x 排放量为 1.58 万 t，SO_2 排放量为 0.66 万 t，VOCs 排放量为 7.57 万 t，$PM_{2.5}$ 排放量为 0.97 万 t，PM_{10} 排放量为 1.68 万 t。

1. 分行业排放特征

NO_x 主要来自电力供热和工业锅炉，贡献率分别为 78.0% 和 10.3%。SO_2 主要来自电力供热，贡献率为 72.0%。VOCs 来源较为复杂，其中石化与化工行业排放量占工业源排放总量的 39.9%，工业涂装行业排放量占比达 22.6%。此外，医药制造和化纤行业对 VOCs 的贡献率也相对较高，分别为 15.2% 和 7.9%。$PM_{2.5}$ 和 PM_{10} 主要来自冶金和建材行业，二者对 $PM_{2.5}$ 的贡献率分别为 49.0% 和 26.9%，对 PM_{10} 的贡献率分别为 32.3% 和 47.3%。

---

① 本专栏大气源清单中污染物排放量与废气污染源章节数据统计口径不同。

2. 分地区排放特征

从地区贡献来看，NO_x 排放量相对较高的地区依次为崇川、启东、如东，占比分别约为 30.0%、21.7%、13.3%；SO_2 排放量相对较高的地区依次为崇川、启东和如东，占比分别约为 34.6%、17.7% 和 14.8%；VOCs 排放量相对较高的地区依次为如东、开发区和如皋，占比分别约为 33.8%、13.9% 和 13.0%；$PM_{2.5}$ 排放量相对较高的地区依次为海门、通州和如皋，占比分别约为 20.6%、16.2% 和 13.4%；PM_{10} 排放量相对较高的地区依次为如皋、海门、启东，占比分别约为 28.1%、27.3% 和 13.0%。

（二）移动源排放特征

南通市移动源总体排放情况如下：NO_x 为 4.36 万 t，SO_2 为 0.12 万 t，VOCs 为 0.61 万 t，$PM_{2.5}$ 为 0.23 万 t，PM_{10} 为 0.24 万 t。南通市移动源主要包括机动车、船舶、工程机械、民航飞机、农业机械、农用运输车和小型通用机。从排放标准来看，国五和国四车型保有量最多，占比分别为 44.3% 和 34.0%；国六车型保有量约占 9.9%，国三和国二车型保有量分别约占 8.2% 和 3.5%。从排放量来看，机动车排放的 SO_2、NO_x、CO 和 VOCs 所占比例均最高，占移动源的比重分别为 51.2%、49.8%、90.3% 和 67.4%；船舶对 $PM_{2.5}$、PM_{10} 贡献比例最高，分别为 37.6%、37.2%。

（三）面源排放特征

南通市面源污染物总体排放情况如下：NO_x 为 969 t，SO_2 为 1 016 t，VOCs 为 1.14 万 t，$PM_{2.5}$ 为 9 581 t，PM_{10} 为 26.09 万 t，NH_3 为 3.50 万 t。其中，生物质燃烧（包括生物质炉灶和生物质开放燃烧）是 SO_2、NO_x、VOCs 的主要排放源，排放量占比分别为 62.3%、56.9%、55.7%。VOCs 主要来自表面涂层、溶剂使用、储存运输，排放量占比分别为 31.8%、27.5%、8.6%。$PM_{2.5}$ 主要来自生物质燃烧、工地扬尘和道路扬尘，排放量占比分别为 47.2%、26.4% 和 18.7%。PM_{10} 主要来自工地扬尘、道路扬尘和生物质燃烧，排放量占比分别为 47.6%、28.2% 和 18.4%。NH_3 主要来自农业源中的畜禽养殖和氮肥施用，排放量占比分别为 49.1% 和 37.4%。

（四）2018 年与 2019 年清单对比

通过对比 2018 年和 2019 年南通市大气污染物排放源清单结果发现，南通市 2019 年的 SO_2、NO_x、VOCs、PM_{10} 和 $PM_{2.5}$ 排放量均有所下降。其中，SO_2 排放量减少 54.5%，从 1.95 万 t 降至 0.89 万 t，NO_x 排放量从 6.11 万 t 降至 6.04 万 t，VOCs 排放量从 10.47 万 t 降至 9.33 万 t，PM_{10} 排放量从 6.54 万 t 降至 4.53 万 t，$PM_{2.5}$ 排放量从 2.72 万 t 降至 2.15 万 t。各排放量的减少主要和电力、工业锅炉、化工行业排放量的减少有关。

相较于 2018 年，南通市 2019 年电力行业 SO_2、$PM_{2.5}$ 和 PM_{10} 排放量分别减

少 46.5%、1.1% 和 0.7%。对比 2019 年与 2018 年电力行业燃料使用情况发现，南通市电力行业天然气使用量显著下降，由 107 695 万 m^3 降至 46 100 万 m^3，原煤使用总量基本保持不变。

相较于 2018 年，南通市 2019 年石化与化工行业 VOCs 排放量下降 7.4%；工业锅炉源 SO_2、NO_x、VOCs 和 $PM_{2.5}$ 排放量分别减少 89.6%、75.0%、81.5% 和 87.7%。“十三五”期间，南通市大力推进锅炉清洁能源替代项目，通过对比 2019 年与 2018 年工业锅炉燃料使用情况发现，南通市工业锅炉原煤使用量从 122.46 万 t 降至 30.08 万 t，下降 75.4%；煤矸石使用量从 4.08 万 t 降至 1.00 万 t，下降 75.5%；天然气使用量由 37 290 万 m^3 降至 34 422 万 m^3，下降 7.7%。

二、南通市细颗粒物来源解析

通过对比历次来源解析结果发现，随着南通市机动车保有量的不断增加，机动车尾气对南通大气 $PM_{2.5}$ 的贡献也随之上升，从 2015 年的 24% 上升至 2020 年的 28%；燃煤贡献有所降低，从 2015 年的 26% 降至 2020 年的 19%；扬尘（道路扬尘、建筑扬尘）问题一直较为突出，对 $PM_{2.5}$ 的贡献均在 10% 以上。此外，餐饮业及船舶污染排放的影响日益突出，船舶排放的影响贡献在 4%（图 1）。

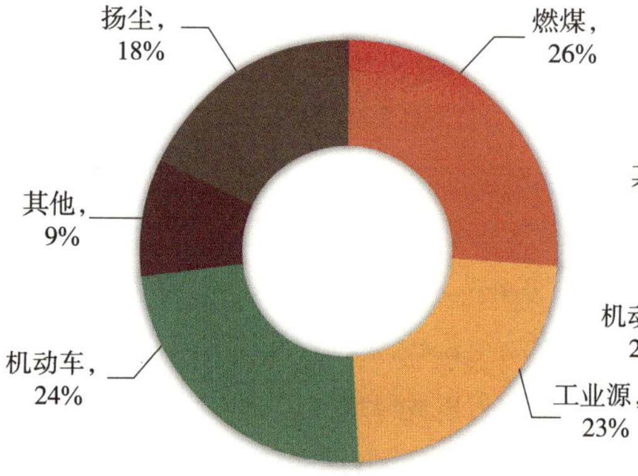

（a）2015 年

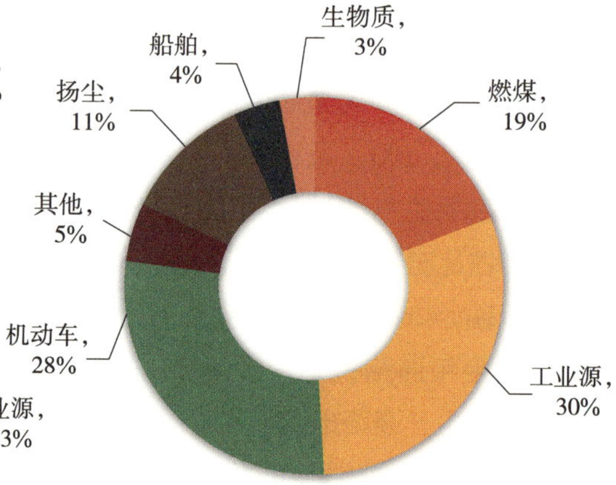

（b）2019—2020 年

图 1　南通市 $PM_{2.5}$ 来源解析结果对比

与周边城市 $PM_{2.5}$ 解析结果对比可知，南通市颗粒物的二次源贡献比（39%）高于徐州市（25%），低于上海市（53%）。南通市机动车排放贡献（17%）低于徐州（38%）、南京（22%）和上海（24%）。

总体而言，南通市大气 $PM_{2.5}$ 浓度受机动车、工业源排放出气态污染物的二次转化、扬尘的影响最为突出。不同季节 $PM_{2.5}$ 来源差异显示夏季船舶排放不容忽视，秋冬季机动车尾气排放为南通市大气 $PM_{2.5}$ 最主要的来源。

专栏五　重金属污染防治重点区域环境质量监测

为准确、客观地掌握全市重金属污染综合防治重点区域地表水、环境空气、土壤等环境质量状况，发现潜在环境风险，为重金属污染防治和环境管理提供有效支撑，按照全省环境监测工作实施方案要求，南通市环境监测系统“十三五”期间继续开展了重金属污染防治重点区域环境质量专项监测工作。监测结果表明，“十三五”期间，南通市重金属污染重点防治区域环境质量总体良好，水、大气、土壤各监测指标均达到相应标准，为进一步提升环境质量，仍需继续加强重金属污染防治。

一、概况

《江苏省重金属污染综合防治“十二五”规划》共确定南通市 8 个重金属污染防治区域，分别为经济技术开发区（竹行、小海、农场）、通州张芝山镇、南通高新区涉重企业生产片区、海安经济开发区金属表面处理中心搬迁区、如皋经济开发区金属表面处理产业园、如东经济开发区、海门临江新区、启东经济开发区电镀中心。根据监测工作实施方案要求，南通市重金属区域对地表水、环境空气、土壤环境质量进行了监测，其中南通市经济技术开发区与通州张芝山镇相连，环境空气和土壤共用 1 个测点，海门临江新区毗邻启东市经济开发区电镀中心，用长江下游的启东港测点作为地表水监控断面，合计共设 7 个空气点位、7 个地表水点位和 7 个土壤监测点位。

二、评价依据和方法

据《关于印发〈江苏省重金属污染综合防治“十二五”规划实施考核办法〉的通知》（苏环委办〔2012〕32 号）的要求，地表水水质评价执行《地表水环境质量标准》（GB 3838—2002），按水功能目标评价；环境空气质量评价执行《环境空气质量标准》（GB 3095—2012），按功能区目标类别评价，参照季均值标准评价；土壤环境质量评价执行《土壤环境质量　农用地土壤污染风险管控标准（试行）》（GB 15618—2018）和《土壤环境质量　建设用地土壤污染风险管控标准（试行）》（GB 36600—2018）。底质监测结果作为向水体中释放溶解态重金属污染物的参考，参照《土壤环境质量　农用地土壤污染风险管控标准（试行）》（GB 15618—2018）中水田标准评价。

三、地表水和底质

（一）地表水

对重金属污染防治区域的 7 个地表水代表断面每月监测一次，监测指标为铅、汞、镉、铬（六价）、砷、铜、锌、硒。监测结果表明，各断面基本项目中 8 个重金属监测项目全部符合Ⅲ类水质标准，断面达标率为 100%。检出指标中砷、铜检出比例相对较高，锌、汞偶有检出，其余指标检出率一般。“十三五”期间，监测结果无明显差异。

2020 年，对重金属污染防治区域的 7 个地表水代表断面进行了一次重金属全分析监测，监测项目为铅、汞、镉、铬（六价）、砷、铜、锌、硒、镍、钒、铊、锰、钴、锑、钼、铍、钡、钛、铁、硼。监测结果表明，基本项目中 8 个重金属项目全部符合地表水Ⅲ类水质标准，其他特定项目大多为未检出。硼、钡、锑、镍、钒、钼、铁检出率较高，钛、锰、钴偶有检出，各指标检出值均低于Ⅲ类水质标准（表 1）。

表 1　南通市重点区域重金属地表水环境监测断面

序号	地区	重点区域	河流名称	断面名称	水域功能类别	所属流域
1	市区	经济开发区（竹行、小海、南通农场）	通启运河	营船港桥	Ⅳ	长江
2	通州	张芝山镇	通启运河	川港镇北桥	Ⅳ	长江
		南通高新区涉重企业生产片区	通吕运河	世纪大桥	Ⅳ	长江
3	海安	海安县经济开发区金属表面处理中心搬迁区	栟茶运河	五七大桥	Ⅲ	淮河
4	如皋	江苏省如皋经济开发区金属表面处理产业园	通扬运河	柴湾桥	Ⅳ	淮河
5	如东	如东经济开发区	如泰运河	正大立交桥	Ⅲ	淮河
6	海门	海门市临江新区	长 江	启东港	Ⅲ	长江
7	启东	启东市经济开发区电镀中心				

（二）底质监测结果

对重金属污染防治区域的 7 个地表水代表断面的底质进行重金属全分析监测，监测项目为 pH、铅、汞、镉、铬（六价）、砷、铜、锌、硒、镍、钒、铊、锰、钴、锑、铁、钼、铍、钡、钛、硼。监测结果参照《土壤环境质量　农用地土壤污染风险管控标准（试行）》（GB 15618—2018）中水田标准评价。参与评价指标为铅、汞、镉、铬、砷 5 项，7 个测点均未出现超风险筛选值。

四、环境空气质量

2020 年，南通市在重金属污染物区域共设置 7 个空气监测点，监测项目为铅，以及镍、铬（六价）等特征污染物，上下半年各监测 1 次。监测结果表明，各测点空气中小时铅浓度为 0.003 ～ 0.340 $\mu g/m^3$，所有测点铅浓度日均值均小于《环境空气质量标准》（GB 3095—2012）中铅季平均浓度限值二级标准（标准值为 1.0 $\mu g/m^3$）。各测点空气中镍浓度为 0.003 ～ 0.04 $\mu g/m^3$，全部小于《大气污染物综合排放标准》（GB 16297—1996）中表 2 的无组织排放监控浓度限值（参考标准，标准值为 40 $\mu g/m^3$）。通州和如东测点加测铬（六价），监测结果均为未检出，符合《大气污染物综合排放标准》（GB 16297—1996）中表 2 的无组织排放监控浓度限值（参考标准，标准值为 6 $\mu g/m^3$）。总体而言，全市重金属重点防治区大气环境状况良好。“十三五”期间，整体呈好转趋势。

五、土壤监测结果

在全市重金属污染防治区域设置 7 个土壤监测点，分别为通州张芝山镇塘坊村、通州高新区油榨村、海安镇拥徐村 33 组、如皋柴湾镇双楼庄、如东开发区刘埠村、海门临江镇怀义村 3 组、启东圩角镇兴强村，监测项目为铅、镉、汞、砷、铬、铜、锌、镍。2020 年监测结果表明，土壤样品中重金属含量全部小于《土壤环境质量　农用地土壤污染风险管控标准（试行）》（GB 15618—2018）风险筛选值（水田）。“十三五”期间，各监测结果无明显差异。

第三篇

生态环境质量

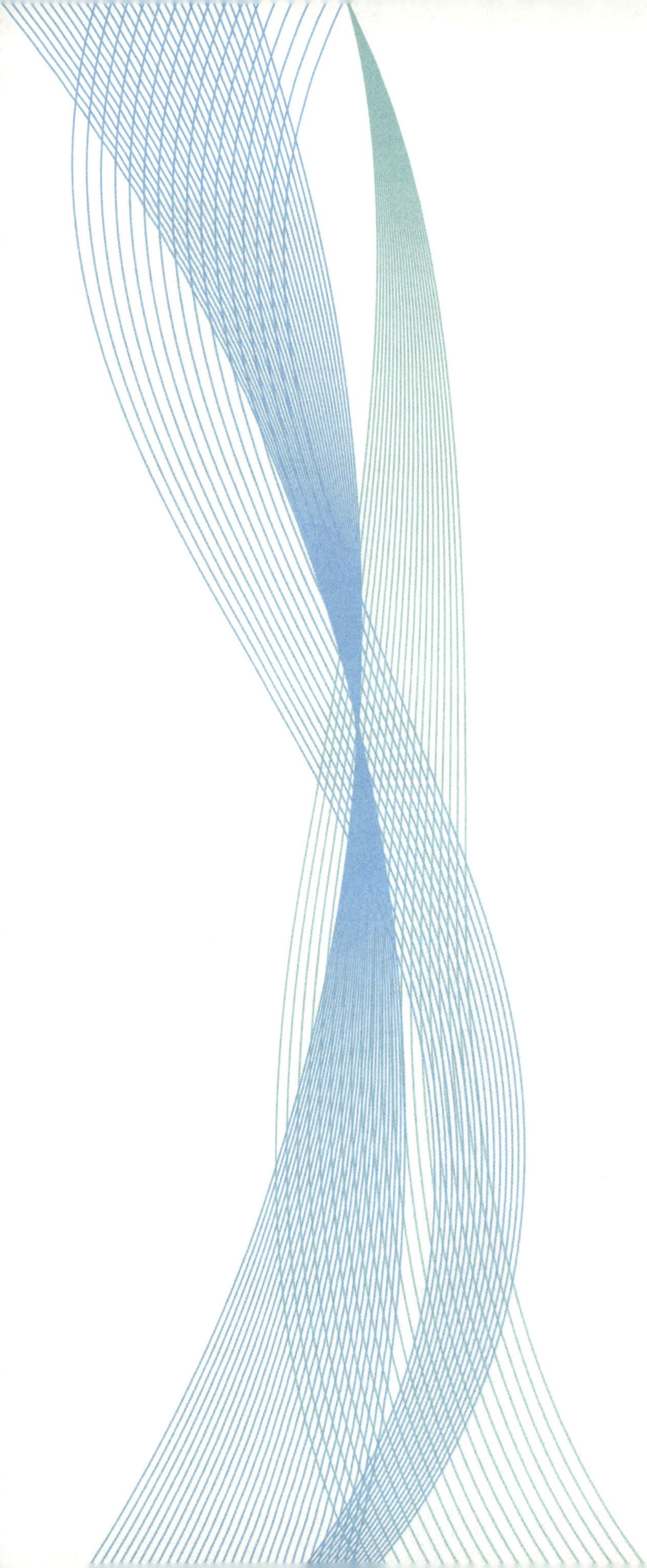

第一章　大气环境

“十三五”以来，南通市坚决贯彻习近平生态文明思想，深入践行“绿水青山就是金山银山”理念，认真落实国务院《打赢蓝天保卫战三年行动计划》和省委、省政府关于大气污染防治的部署要求，坚持科学治气、依法治气、精准治气，多措并举实现有效治污，大气环境质量持续好转。2020 年，南通市 $PM_{2.5}$ 平均浓度为 34 μg/m^3，空气优良天数比例为 87.7%，两项指标均完成省定考核目标要求，成为江苏省 $PM_{2.5}$ 平均浓度率先达到环境空气质量二级标准的城市之一，空气优良天数比率连续 3 年保持全省第一，大气污染防治攻坚战取得突破性进展，空气质量改善和蓝天保卫战完美“收官”。

第一节　环境空气质量状况

一、监测概况

“十三五”期间，南通市按照《南通市大气污染防治“十三五”规划》（2016—2020）推进大气环境综合整治工作，大气环境监测力度同步加大，国控、省控、市控和乡镇级大气环境质量自动监测网络逐步完善。全市现有省控以上大气自动监测站点 17 个，其中 5 个国控大气自动站点全部位于南通市区（包括参照点南郊子站），2017 年起由国家统一运行维护，省控站点自 2020 年起由省统一运行维护，监测频次为实时自动监测。监测指标包括环境空气中二氧化硫、二氧化氮、可吸入颗粒物（PM_{10}）、细颗粒物（$PM_{2.5}$）、一氧化碳、臭氧以及气象参数等项目。

环境空气质量采用全市国控、省控大气监测站点的自动监测数据进行统计和评价。根据生态环境部 2018 年发布的《环境空气质量标准》（GB 3095—2012）修改单的规定，“污染物浓度均为标准状态下的浓度”修改为“参比状态”，本报告中涉及的“十三五”期间大气自动监测项目结果均按实况浓度评价。

环境空气质量常规项目执行《环境空气质量标准》（GB 3095—2012）中的二级标准。空气质量评价根据《环境空气质量指数（AQI）技术规定》（HJ 633—

2012）以及《环境空气质量评价技术规范（试行）》（HJ 663—2012）进行。环境空气质量评价方法与标准见附录。

二、年度评价

（一）空气质量达标评价

按《环境空气质量标准》（GB 3095—2012）和《环境空气质量指数（AQI）技术规定》（HJ 633—2012）评价，南通市2020年监测天数为366天，其中优良天数321天，优良天数比例为87.7%，在江苏省13个设区市中排名第一，较2019年上升6.9个百分点。全年达到优的天数为134天，占全年天数的36.6%；良好187天，占51.1%；轻度污染37天，占10.1%；中度污染6天，占1.6%；重度污染2天，占0.6%。与2019年相比，南通市环境空气质量整体继续好转，但重度污染天数增加了2天，见图3-1-1。

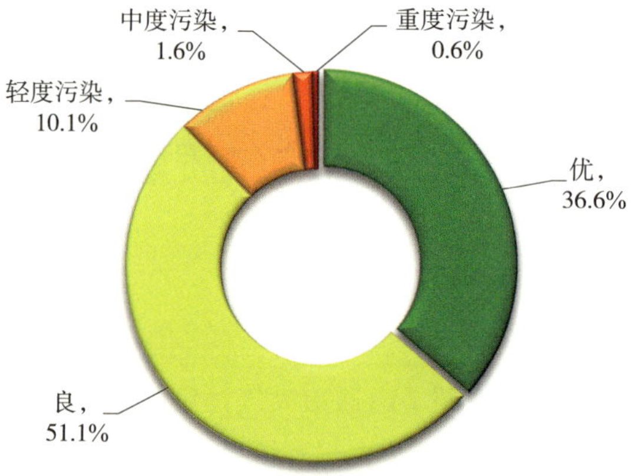

图3-1-1 2020年南通市空气质量级别比例

2020年，南通市各县（市、区）空气质量同比均有所上升，空气质量持续好转。启东市空气质量优良天数比例达到了91%，其余县（市、区）空气质量优良天数比例为84.4%（通州、如皋）～87.7%（如东），见图3-1-2。

（二）城市空气质量综合指数

按照《环境空气质量评价技术规范（试行）》（HJ 663—2012）计算空气质量综合指数，2020年南通市1—12月环境空气质量综合指数为2.90～4.40。全年环境空气质量综合指数为3.66，较2019年降低10.5%，见表3-1-1。

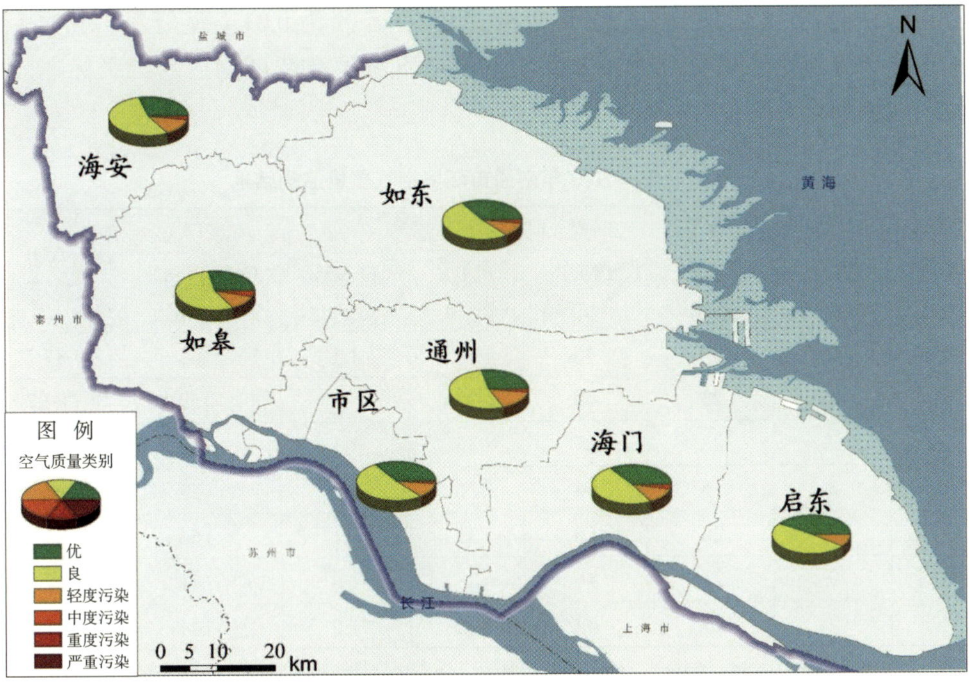

图 3-1-2 2020 年南通市各县（市、区）空气质量指数（AQI）级别分布

表 3-1-1 2020 年南通市区空气质量逐月情况统计

项目	1 月	2 月	3 月	4 月	5 月	6 月	7 月	8 月	9 月	10 月	11 月	12 月
优良率 /%	67.7	96.6	96.8	90.0	80.6	90.0	96.8	83.9	83.3	100	93.3	74.2
综合指数（*P*）	4.26	2.95	3.32	4.16	4.04	3.28	2.90	3.12	3.74	2.90	3.48	4.40

（三）主要评价指标

年度综合评价表明，2020 年南通市二氧化硫、二氧化氮、可吸入颗粒物、细颗粒物年均值、一氧化碳日均第 95 百分位数和臭氧日最大 8 h 滑动平均值的第 90 百分位数浓度已达环境空气质量二级标准。其中，二氧化硫年均值为 9 μg/m^3，较 2019 年下降了 10.0%；二氧化氮年均值为 27 μg/m^3，较 2019 年下降了 15.6%；可吸入颗粒物年均值为 46 μg/m^3，较 2019 年下降了 16.4%；细颗粒物年均值为 34 μg/m^3，较 2019 年下降了 8.1%；一氧化碳日均第 95 百分位数浓度为 1.1 mg/m^3，与 2019 年持平；臭氧日最大 8 h 滑动平均值的第 90 百分位数浓度为 148 μg/m^3，较 2019 年下降了 7.4%。

各地区二氧化硫、二氧化氮、可吸入颗粒物、细颗粒物年均值和一氧化碳日均第 95 百分位数已达二级标准，通州、如皋和海门臭氧日最大 8 h 均值第90百分位数浓度未达二级标准，超标倍数为0.01（海门）～0.04（通州），其余3个地区臭氧日最大8 h均值第90百分位数浓度均已达二级标准，见表3-1-2。

表3-1-2 2020年南通市环境空气质量监测结果

地区	监测项目						AQI 优良率/%
	SO_2/（μg/m³）	NO_2/（μg/m³）	PM_{10}/（μg/m³）	$PM_{2.5}$/（μg/m³）	CO-95%/（mg/m³）	O_3-8 h-90%/（μg/m³）	
市区	9	27	46	34	1.1	148	87.7
海安	10	23	60	35	1.2	159	84.7
如皋	7	22	63	35	1.1	162	84.4
如东	8	15	44	26	1.0	152	87.7
通州	6	20	50	31	1.1	166	84.4
海门	9	21	46	28	1.6	161	84.7
启东	7	17	44	25	1.0	144	91.3

注：1. 表中SO_2、NO_2、PM_{10}、$PM_{2.5}$为年均值。2. CO-95%为一氧化碳日均第95百分位数，下同。3. O_3-8 h-90%表示臭氧日最大8 h滑动平均值的90百分位数，下同。

三、日评价

2020年，南通市环境空气细颗粒物、可吸入颗粒物、臭氧日最大8 h平均值、二氧化硫、二氧化氮、一氧化碳等6项污染物的日达标率分别为94.0%、99.2%、93.7%、100%、99.5%和100%，与2019年相比，分别增加2.8个百分点、增加1.1个百分点、增加3个百分点、持平、增加0.9个百分点和持平。

2020年，南通市各县（市、区）二氧化硫和一氧化碳日达标率均为100%，细颗粒物日达标率在94.0%（海安）～96.4%（启东），可吸入颗粒物日达标率在96.7%（如皋）～99.5%（如东），臭氧日最大8 h平均值达标率在87.7%（通州）～95.1%（启东），二氧化氮日达标率在99.7%（海安、如皋）～100%（通州、如东、海门和启东）。

四、主要污染物

（一）二氧化硫

2020年，南通市区环境空气中主要污染物二氧化硫年日均值为9 μg/m³，符合《环境空气质量标准》（GB 3095—2012）二级标准，日均值达标率为 100%。最高单点日均值为 23 μg/m³，出现在 11 月 7 日城中子站。日均值第 98 百分位数为 15 μg/m³，符合《环境空气质量标准》（GB 3095—2012）二级标准，见表 3-1-3。

表 3-1-3 2020 年南通市二氧化硫监测结果统计

地区	单点最大值 /（μg/m³）	日均值			年日均值 /（μg/m³）
		最大值 /（μg/m³）	最小值 /（μg/m³）	达标率 /%	
市区	23	16	3	100	9
海安	30	24	5	100	10
如皋	22	18	4	100	7
如东	17	15	3	100	8
通州	17	16	4	100	6
海门	30	26	3	100	9
启东	21	14	2	100	7

南通六县（市、区）二氧化硫年日均值在 6 μg/m³（通州）～10 μg/m³（海安），符合国家环境空气质量二级标准。最高单点日均值为 30 μg/m³，出现在 3 月 15 日的海门社会福利院和 10 月 24 日的海安三角洲测点。

2020 年，全市二氧化硫日均值主要分布在 5～10 μg/m³ 浓度区间，其出现频率为 78.7%。从区域分布上看，海安和海门二氧化硫年均浓度略高于其他地区，见图 3-1-3、图 3-1-4。

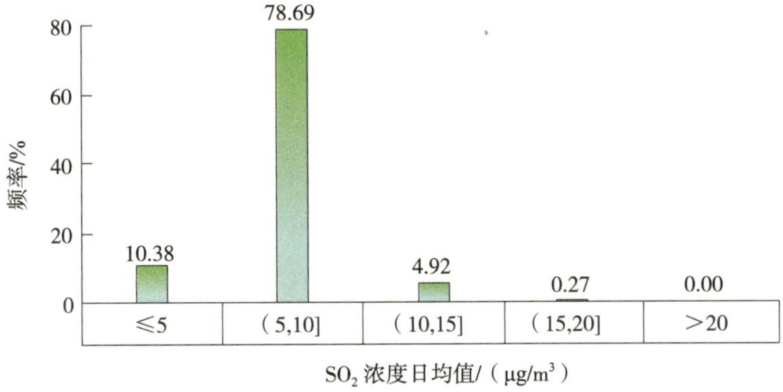

图 3-1-3 2020 年南通市 SO_2 日均值频率分布

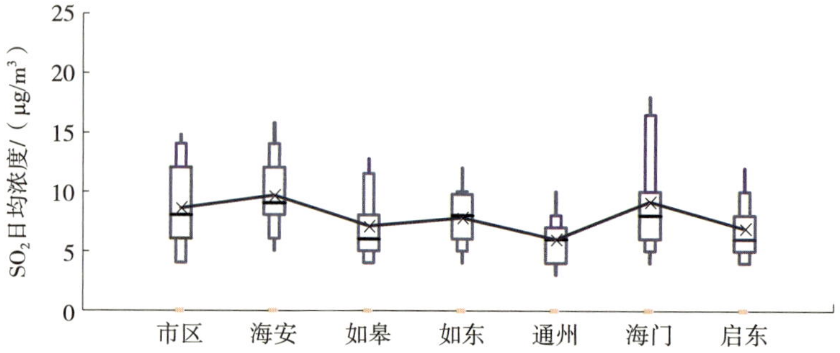

图 3-1-4　2020 年南通市 SO_2 日均值矩形图

（二）二氧化氮

2020 年，南通市区环境空气中主要污染物二氧化氮年日均浓度为 27 μg/m³，符合环境空气质量二级标准；日均值范围在 3～82 μg/m³，达标率为 99.5%。最高单点日均值为 95 μg/m³，出现在 3 月 18 日紫琅学院。日均值第 98 百分位数为 69 μg/m³，符合二级标准日均浓度限值，见表 3-1-4。

表 3-1-4　2020 年南通市二氧化氮监测结果统计

地区	单点最大值 /（μg/m³）	日均值			年日均值 /（μg/m³）
		最大值 /（μg/m³）	最小值 /（μg/m³）	达标率 /%	
市区	95	82	3	99.5	27
海安	94	92	5	99.7	23
如皋	84	82	4	99.7	22
如东	66	60	3	100	15
通州	75	71	4	100	20
海门	89	80	3	100	21
启东	92	78	2	100	17

南通六县（市、区）二氧化氮年日均值在 15 μg/m³（如东）～23 μg/m³（海安），符合国家环境空气质量二级标准。按日均值评价：达标范围为 99.7%（海安、如皋）～100%（通州、如东、海门、启东）。最高单点日均值为 94 μg/m³，超标 0.18 倍，出现在 12 月 22 日海安三角洲测点。

全市二氧化氮日均值主要分布在 10～40 μg/m³ 浓度区间，其出现频率为 82.8%。就区域分布而言，市区、海安二氧化氮年均浓度较高，如东最低，见图 3-1-5、图 3-1-6。

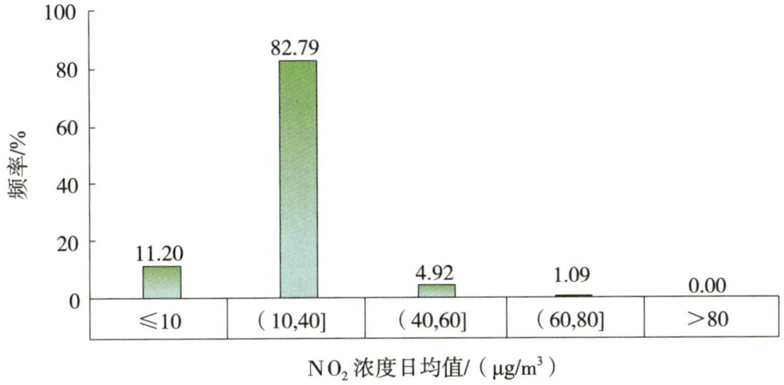

图 3-1-5　2020 年南通市二氧化氮日均值频率分布

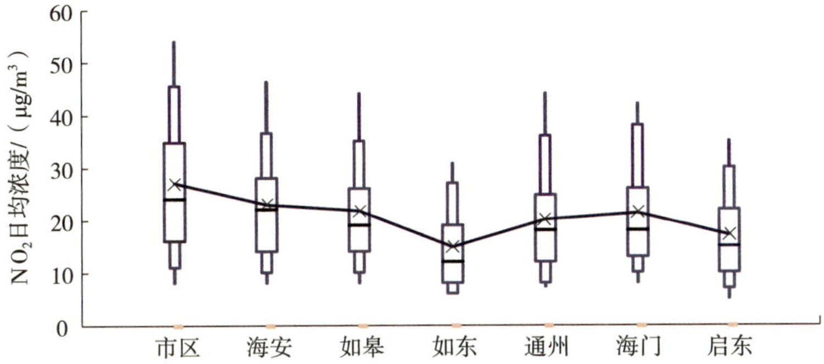

图 3-1-6　2020 年南通市二氧化氮日均值矩形图

（三）可吸入颗粒物

2020 年，南通市区环境空气中主要污染物 PM_{10} 年均浓度为 46 μg/m³，符合环境空气质量二级标准；日均值达标率为 99.2%。最高单点日均值为 200 μg/m³，出现在 1 月 13 日紫琅学院站。日均值第 95 百分位数为 92 μg/m³，符合二级标准日均浓度限值，见表 3-1-5。

表 3-1-5　2020 年南通市可吸入颗粒物监测结果统计

地区	单点最大值 /（μg/m³）	日均值			年日均值		
		最大值 /（μg/m³）	最小值 /（μg/m³）	达标率 /%	数值 /（μg/m³）	是否达标	超标倍数
市区	200	184	9	99.2	46	达标	—
海安	256	255	12	97.0	60	达标	—
如皋	242	230	15	96.7	63	达标	—
如东	221	206	10	99.5	44	达标	—

续表

地区	单点最大值 /（μg/m³）	日均值			年日均值		
		最大值 /（μg/m³）	最小值 /（μg/m³）	达标率 /%	数值 /（μg/m³）	是否达标	超标倍数
通州	214	206	8	98.9	50	达标	—
海门	229	224	8	98.6	46	达标	—
启东	220	212	6	98.9	44	达标	—

南通六县（市、区）可吸入颗粒物年日均值在 44 μg/m³（如东、启东）～63 μg/m³（如皋），均达到环境空气质量二级标准要求。按照日均值评价：达标范围为 96.7%（如皋）～99.5%（如东）。最高单点日均值为 256 μg/m³，超标 0.71 倍，出现在 12 月 12 日海安监测站测点。

全市可吸入颗粒物日均值主要分布在 30～80 μg/m³ 浓度区间，其出现频率为 62.8%。就区域分布而言，沿海地区可吸入颗粒物浓度相对较低。见图 3-1-7、图 3-1-8。

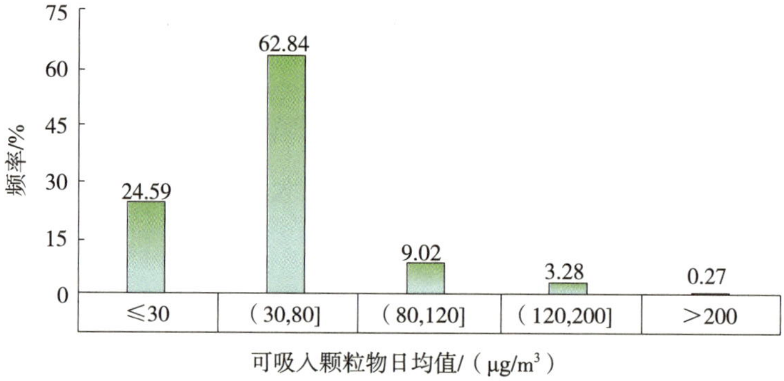

图 3-1-7　2020 年南通市可吸入颗粒物日均值频率分布

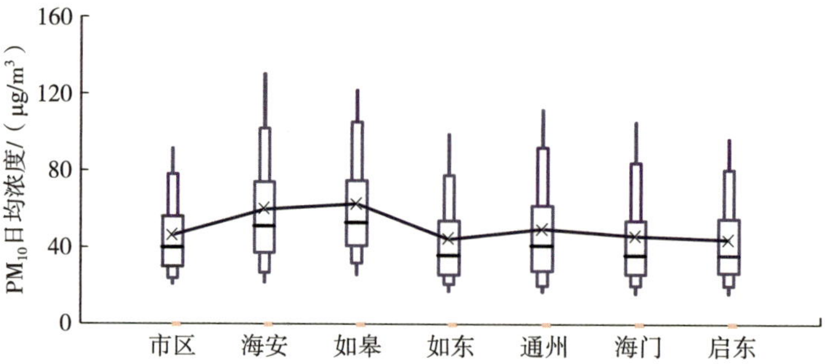

图 3-1-8　2020 年南通市各地区可吸入颗粒物日均值矩形图

（四）细颗粒物

2020 年，南通市区细颗粒物年日均值为 34 μg/m³，达到环境空气质量二级标准，日均值达标率为 94.0%，最高单点日均值为 192 μg/m³，出现在 12 月 12 日紫琅学院子站。日均值第 95 百分位数为 80 μg/m³，超二级标准日均浓度限值 0.07 倍，见表 3-1-6。

表 3-1-6　2020 年南通市细颗粒物监测结果统计

地区	单点最大值 /（μg/m³）	日均值			年日均值		
		最大值 /（μg/m³）	最小值 /（μg/m³）	达标率 /%	数值 /（μg/m³）	是否达标	超标倍数
市区	192	183	7	94	34	达标	—
海安	192	190	8	94	35	达标	—
如皋	188	182	7	95	35	达标	—
如东	168	163	4	95	26	达标	—
通州	187	164	4	95	31	达标	—
海门	189	188	6	95	28	达标	—
启东	171	164	4	96	25	达标	—

南通六县（市、区）细颗粒物年日均值在 25 μg/m³（启东）～35 μg/m³（海安、如皋），均达到环境空气质量二级标准要求。按日均值评价，达标范围为 94.0%（海安）～96.4%（启东）。最高单点日均值为 192 μg/m³，出现在 12 月 12 日海安监测站测点。

全市细颗粒物日均值主要分布在 20～60 μg/m³ 浓度区间，其出现频率为 57.7%。就区域分布而言，沿海地区细颗粒物浓度相对较低，见图 3-1-9、图 3-1-10。

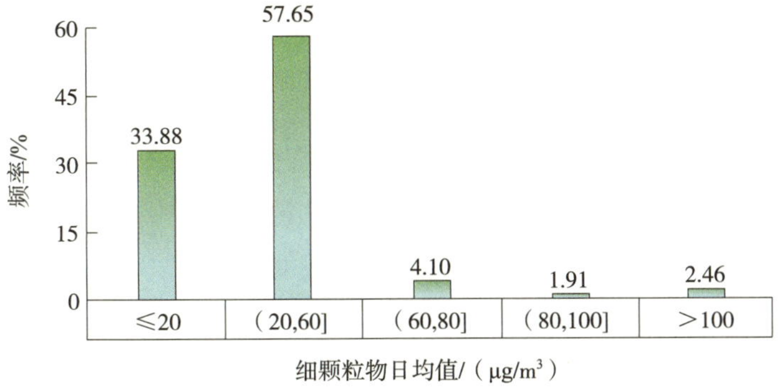

图 3-1-9　2020 年南通市细颗粒物日均值频率分布

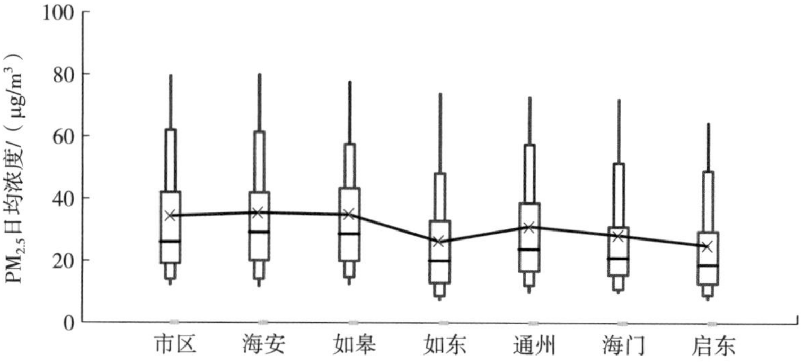

图 3-1-10　2020 年南通市各地区细颗粒物日均值矩形图

（五）一氧化碳

2020 年，南通市区环境空气中一氧化碳日均值第 95 百分位数为 1.1 mg/m^3，达到环境空气质量二级标准日均浓度限值，日均达标率为 100%。最高单点日均值为 1.7 mg/m^3，出现在 1 月 13 日紫琅学院，见表 3-1-7。

表 3-1-7　2020 年南通市一氧化碳浓度监测结果统计

地区	单点最大值 /（μg/m^3）	日均值			CO-95%		
		最大值 /（μg/m^3）	最小值 /（μg/m^3）	达标率 /%	数值 /（μg/m^3）	是否达标	超标倍数
市区	1.7	1.5	0.4	100	1.1	达标	—
海安	2.1	2.0	0.4	100	1.2	达标	—
如皋	2.0	2.0	0.2	100	1.1	达标	—
如东	1.6	1.6	0.4	100	1.0	达标	—
通州	2.3	1.7	0.4	100	1.1	达标	—
海门	2.4	2.0	0.4	100	1.5	达标	—
启东	1.5	1.4	0.2	100	1.0	达标	—

南通六县（市、区）一氧化碳日均值第 95 百分位数浓度在 1.0 mg/m^3（如东、启东）～1.6 mg/m^3（海门），均达到环境空气质量二级标准。按日均值评价，各地区达标率均为 100%。最高单点日均值为 2.4 mg/m^3，出现在 3 月 15 日海门社会福利院测点。

全市一氧化碳日均值主要分布在 0.5～1.0 mg/m^3 浓度区间，其出现频率为 83.9%，见图 3-1-11、图 3-1-12。

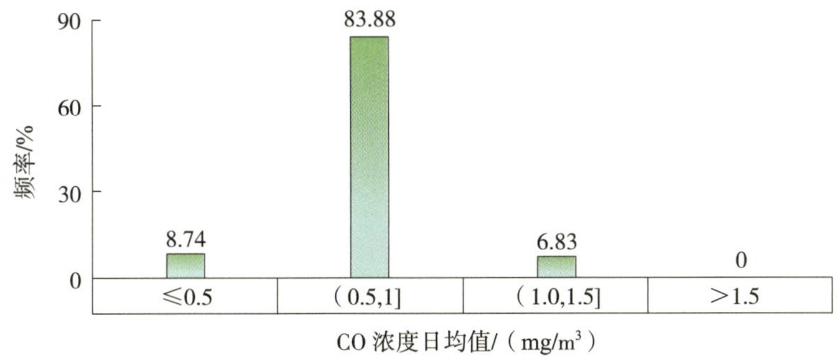

图 3-1-11　2020 年南通市一氧化碳日均值频率分布

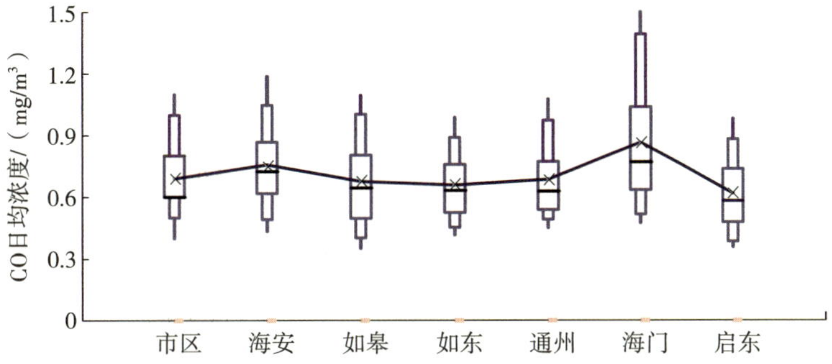

图 3-1-12　2020 年南通市一氧化碳日均值矩形图

（六）臭氧

2020 年，南通市区环境空气中臭氧日最大 8 h 滑动平均值第 90 百分位数为 148 μg/m³，达到环境空气质量二级标准，日均达标率为 93.7%。最高单点日均值为 260 μg/m³，出现在 4 月 30 日紫琅学院子站，见表 3-1-8。

表 3-1-8　2020 年南通市臭氧浓度监测结果统计

地区	日均值达标率 /%	O_3-8 h-90%		
		数值 /（μg/m³）	是否达标	超标倍数 / 倍
市区	93.7	148	达标	—
海安	90.7	159	达标	—
如皋	89.9	162	超标	0.01
如东	92.6	152	达标	—
通州	87.7	166	超标	0.04
海门	90.4	161	超标	0.01
启东	95.1	144	达标	—

南通六县（市、区）臭氧日最大 8 h 均值第 90 百分位数浓度在 144 μg/m^3（启东）～166 μg/m^3（通州），除海门、如皋和通州外，其余均达到环境空气质量二级标准要求。按日均值评价：达标范围为 87.7%（通州）～95.1%（启东）。

全市臭氧日最大 8 h 滑动平均值主要分布在 50～150 μg/m^3 浓度区间，其出现频率为 86.9%，见图 3-1-13、图 3-1-14。

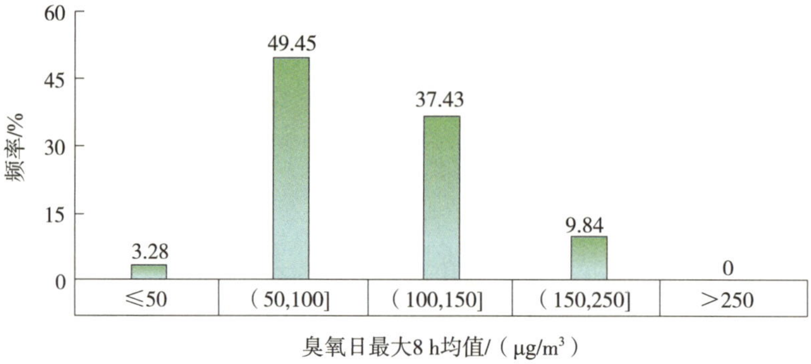

图 3-1-13　2020 年南通市臭氧日最大 8 h 均值频率分布

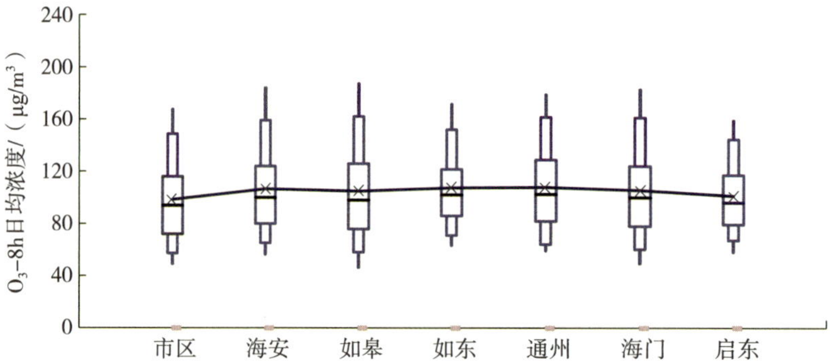

图 3-1-14　2020 年南通市各地区臭氧日最大 8 h 均值矩形图

第二节　时空分布规律

一、区域分布规律

从区域分布上看，2020 年南通市二氧化硫污染区域主要分布在西北海安和沿江市区、海门一带；二氧化氮污染区域主要分布在市区和西北海安、如皋一带；可吸入颗粒物污染区域主要分布在西北海安、如皋一带，沿江沿海地区污染较轻；细颗粒物污染区域主要分布在海安、如皋和市区，海安和如皋年均值刚刚达到环境空气质量二级标准，沿海地区优于内陆地区；一氧化碳污染程度较轻，分布比较均匀；臭氧污染区域主要集中在海安、如皋、通州、海门，市区臭氧污染已有明显改善，表明近几年市区臭氧前体物管控成效明显，见图 3-1-15～图 3-1-20。

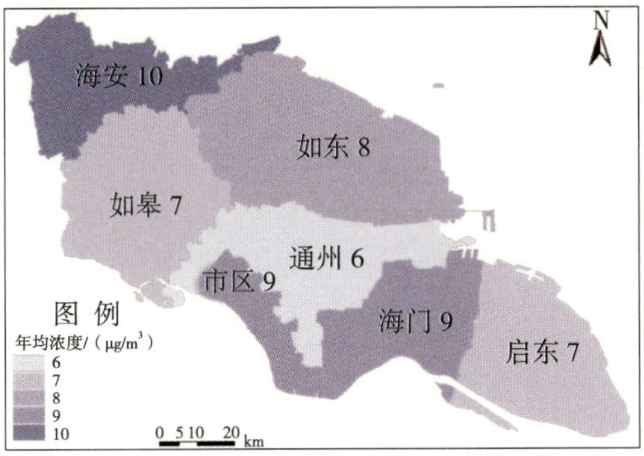

图 3-1-15　2020 年二氧化硫年均浓度分布

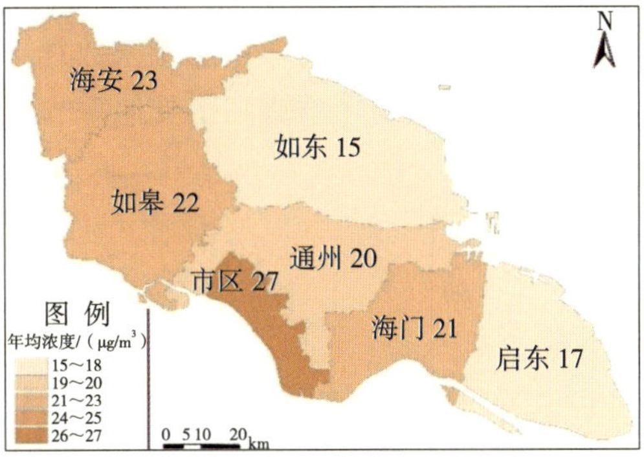

图 3-1-16　2020 年二氧化氮年均浓度分布

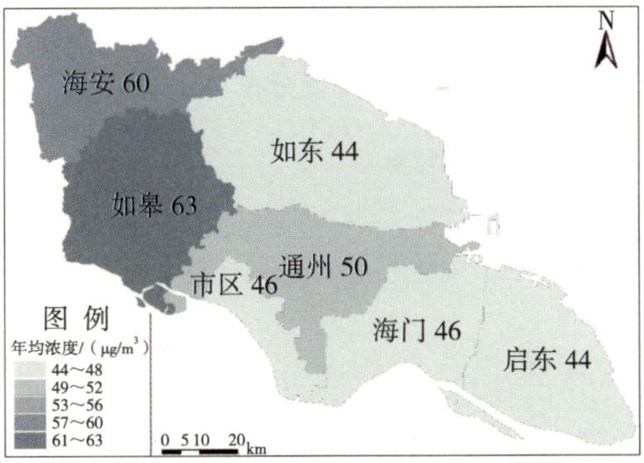

图 3-1-17　2020 年可吸入颗粒物年均浓度分布

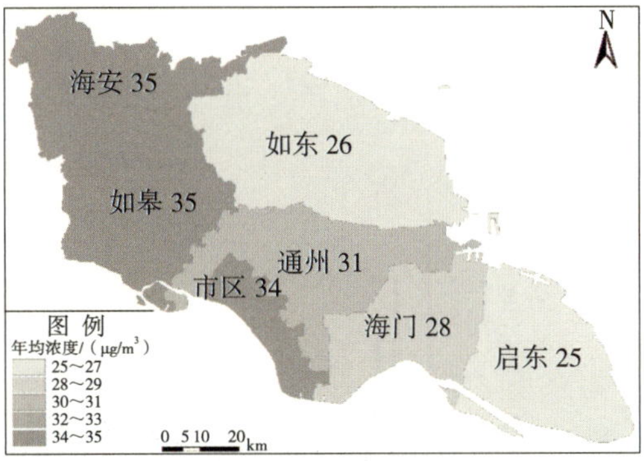

图 3-1-18　2020 年细颗粒物年均浓度分布

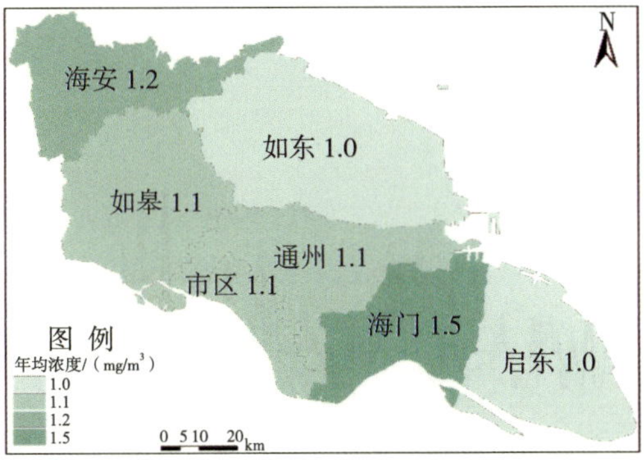

图 3-1-19　2020 年一氧化碳第 95 百分位数浓度分布

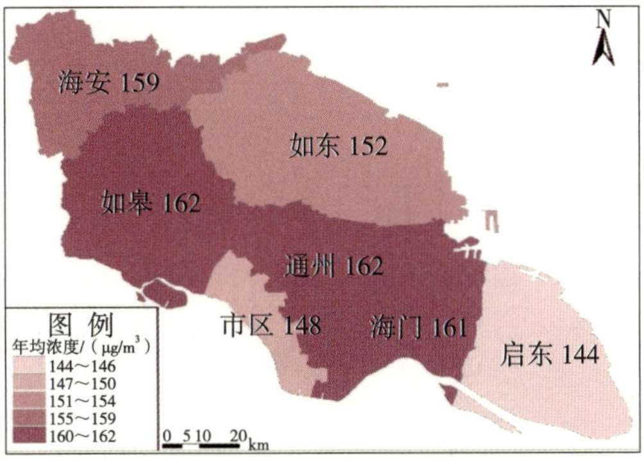

图 3-1-20　2020 年臭氧最大 8 h 滑动浓度第 90 百分位数分布

二、污染物时序变化

由图 3-1-21 和图 3-1-22 可知，2020 年南通市环境空气中二氧化硫、二氧化氮、可吸入颗粒物、细颗粒物等指标浓度变化走势较相似，夏季受东南气流控制，雨水较多，扩散条件好，污染物不易集聚，8—9 月的浓度值明显低于其他月份，日均浓度峰值区集中在年初和年末数月。一氧化碳的时间分布规律基本一致，但相对变化幅度不大，冬季略高于其他季节，见图 3-1-23。

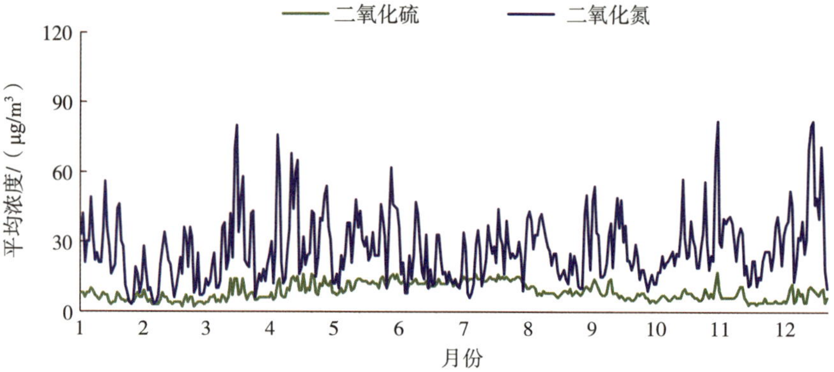

图 3-1-21　2020 年南通市二氧化硫、二氧化氮浓度时间分布

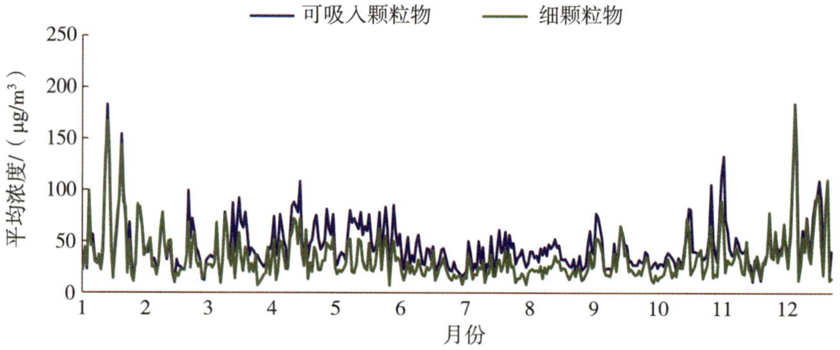

图 3-1-22　2020 年南通市可吸入颗粒物、细颗粒物浓度时间分布

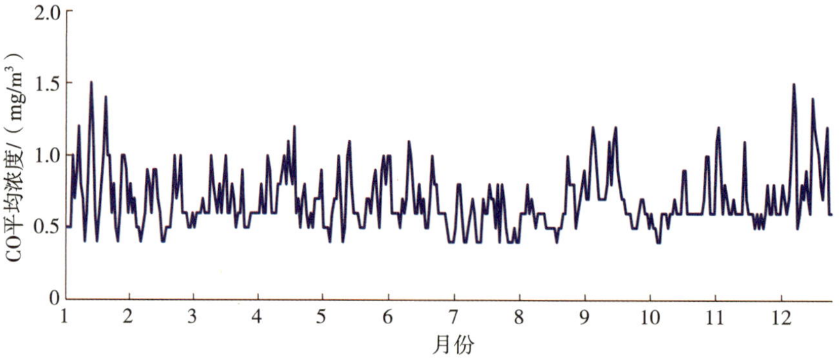

图 3-1-23　2020 年南通市一氧化碳浓度时间分布

由图 3-1-24 可知，臭氧的时序分布与其他污染物不一样，春、夏季高于秋、冬季。由于高温和较强的太阳辐射是影响其数值大小的主要因素，因此臭氧的超标日基本集中在 5—9 月。

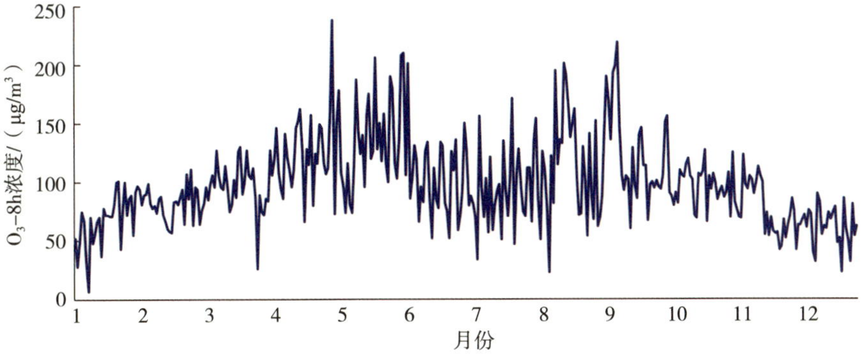

图 3-1-24　2020 年南通市臭氧浓度时间分布

第三节　主要污染物变化规律分析

“十三五”期间，南通市环境空气质量整体评价采用 SO_2、NO_2、PM_{10}、$PM_{2.5}$、O_3、CO 6 项指标，按《环境空气质量标准》（GB 3095—1996）和《环境空气质量标准》（GB 3095—2012）分别进行评价。趋势变化采用 Spearman 秩相关系数法进行检验。

一、空气质量优良天数比例

“十三五”期间，南通市区空气质量优良天数比例在 74.6%～87.7%（表 3-1-9），六县（市、区）优良天数比率在 72.1%～87.7%。5 年间全市空气质量均有所改善，其中市区、海安、通州、启东空气质量改善明显，优良天数比例呈显著上升态势，如皋、如东、海门上升趋势不显著，见图 3-1-25。

二、二氧化硫

“十三五”期间，南通市区二氧化硫年均值在 9～23 μg/m³，达到环境空气质量二级标准，六县（市、区）二氧化硫年均值在 6～25 μg/m³，达到环境空气质量二级标准。5 年间市区、如皋、通州、海门、启东呈显著下降态势，海安、如东下降态势不显著，见图 3-1-26。

表 3-1-9　2016—2020 年南通市区环境空气质量监测结果与评价

年份	SO_2 均值 / （μg/m³）	NO_2 均值 / （μg/m³）	PM_{10} 均值 / （μg/m³）	$PM_{2.5}$ 均值 / （μg/m³）	CO-95%/ （mg/m³）	O_3-8 h-90%/ （μg/m³）	优良天数比例 /%
2016	23	33	67	44	1.2	158	74.6
2017	20	36	64	39	1.3	172	75.3
2018	15	33	59	39	1.1	146	83.6
2019	10	32	55	37	1.1	157	80.8
2020	9	27	46	34	1.1	148	87.7

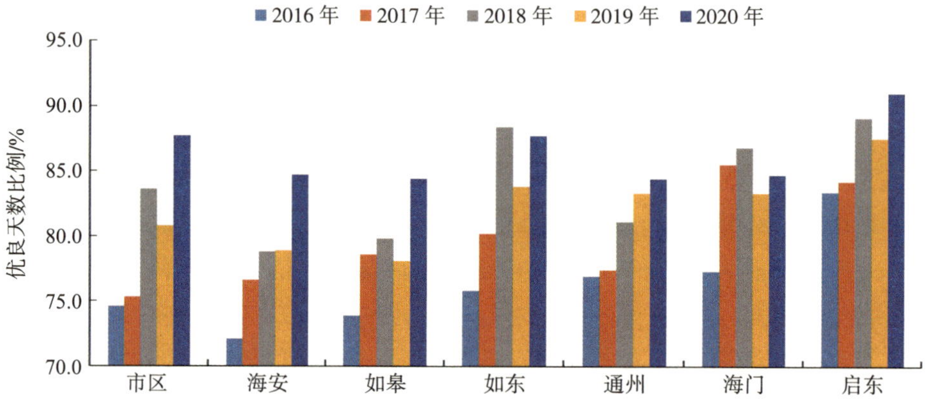

图 3-1-25　2016—2020 年南通市各地区空气质量优良天数比例变化

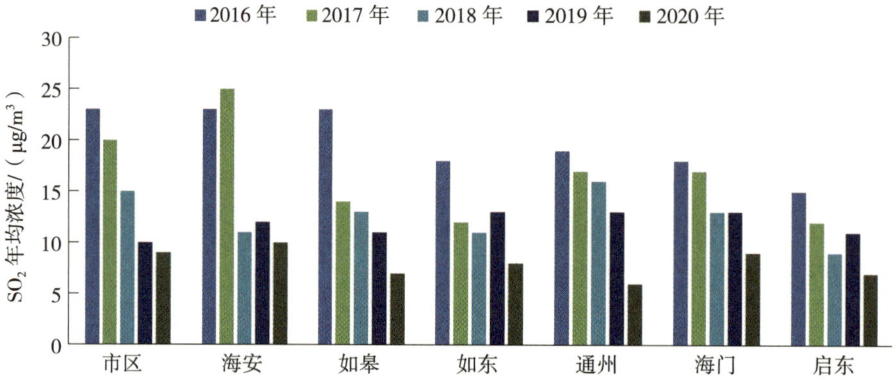

图 3-1-26　2016—2020 年南通市二氧化硫年均值变化趋势

与“十二五”末相比，全市大气中二氧化硫浓度大幅下降，在各指标中降幅最大。市区和通州降幅达 70.0%，其余县（市、区）降幅在 46.7%（如东）～65.0%（如皋）。

三、二氧化氮

“十三五”期间，南通市区二氧化氮年均值在 27～36 μg/m³，达到环境空气质量二级标准，六县（市、区）二氧化硫年均值在 14～29 μg/m³，达到环境空气质量二级标准。5 年间市区呈显著下降趋势，如皋、通州、启东下降态势不显著，海安、如东、海门上升趋势不显著，见图 3-1-27。

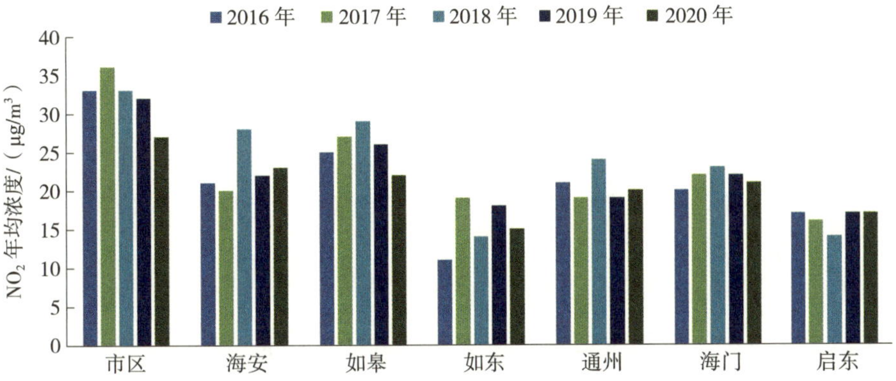

图 3-1-27　2016—2020 年南通市二氧化氮年均值变化趋势

与“十二五”末相比，全市各区域大气中二氧化氮浓度升降不一。市区降幅最大，为 27%，如皋、海门分别下降 8.3% 和 4.5%，海安、启东持平，如东和通州分别上升 7.1% 和 11.1%。

四、可吸入颗粒物

“十三五”期间，南通市区可吸入颗粒物年均值在 46～67 μg/m³，达到环境空气质量二级标准，六县（市、区）年均值在 44～83 μg/m³，2016—2017 年海安、如皋、通州未达到环境空气质量二级标准，2019 年如皋未达到环境空气质量二级标准，其余均达到环境空气质量二级标准。5 年间市区、海安、如东、通州、海门呈显著下降态势，如皋、启东下降态势不显著，见图 3-1-28。

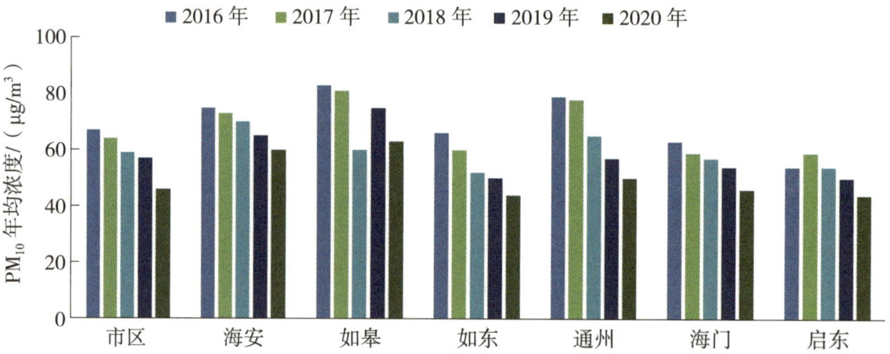

图 3-1-28　2016—2020 年南通市 PM_{10} 年均值变化趋势

与“十二五”末相比，南通全市大气中可吸入颗粒物浓度下降。市区降幅最大，为 47.7%，其余县（市、区）降幅在 30.2%（海安）～42.5%（通州）。

五、细颗粒物

“十三五”期间，南通市区 $PM_{2.5}$ 年均值在 34～44 μg/m³，2016—2019 年未达到环境空气质量二级标准（35 μg/m³），2020 年达到环境空气质量二级标准，呈显著性下降趋势（r_s=−0.9）。六县（市、区）年均值在 25～50 μg/m³，2016 年六县（市、区）均未达到环境空气质量二级标准；2017 年除启东外，其余五县（市、区）均未达到环境空气质量二级标准；2018—2019 年除海安、如皋外，其余均达到环境空气质量二级标准；2020 年六县（市、区）均达到环境空气质量二级标准。5 年间市区、海安、如东、海门、启东呈显著下降态势，如皋、通州下降趋势不显著，见图 3-1-29。

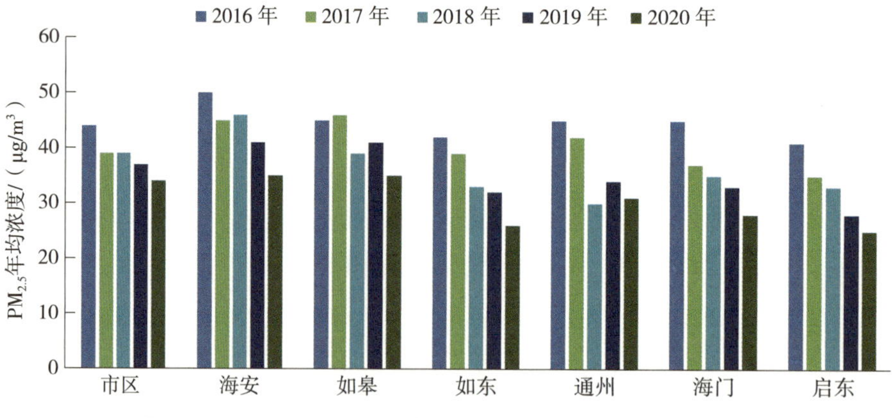

图 3-1-29　2016—2020 年南通市 $PM_{2.5}$ 年均值变化趋势

与“十二五”末相比，全市大气中细颗粒物浓度下降。市区降幅为41.4%，其余县（市、区）降幅在37.5%（如皋）～47.0%（如东）。

根据对南通市的$PM_{2.5}$来源解析，南通市近几年环境空气中$PM_{2.5}$来源主要为本地排放，贡献率约为61%；区域传输占比为39%。其中，本地排放在秋季占比最高，达到67%。具体如下：

（1）工业和燃煤源（包括工业生产和燃煤）为南通市$PM_{2.5}$主要污染源，列第一位，贡献率为38%。

（2）机动车尾气排放对空气质量影响持续加大。2015—2020年，机动车数量增加了101万辆，增长率为114.9%，对大气$PM_{2.5}$的贡献从24%上升至31%，列第二位。

（3）扬尘（包含道路扬尘、建筑扬尘）对大气$PM_{2.5}$的贡献占比为24%，列第三位。

（4）夏季船舶排放废气对市区影响比较明显。夏季主导风向是东南风，市区位于长江的下风向，船舶排放对$PM_{2.5}$的贡献率约为3%，夏季增加到5%。同期走航监测表明，长江江面$PM_{2.5}$浓度高于市区3.33 μg/m^3。

（5）秸秆焚烧局部时段严重污染空气质量。从全年平均来看，秸秆焚烧对$PM_{2.5}$的贡献只有1%，但在局部时段，特别是秋冬季，对空气质量影响很大。2020年11月9—17日，南通市夜间$PM_{2.5}$浓度较白天均大幅上升，平均值上升8.4 μg/m^3，同一时段空气中钾离子浓度高出正常值16倍，明显受到秸秆焚烧的影响。

六、一氧化碳

“十三五”期间，市区CO 24 h平均第95百分位数浓度在1.1～1.3 mg/m^3，均达到环境空气质量二级标准。六县（市、区）年均值在0.9～1.4 mg/m^3，均达到环境空气质量二级标准。5年间通州呈显著下降趋势，市区、海安下降趋势不显著，如皋、如东、海门、启东上升趋势不显著，见图3-1-30。

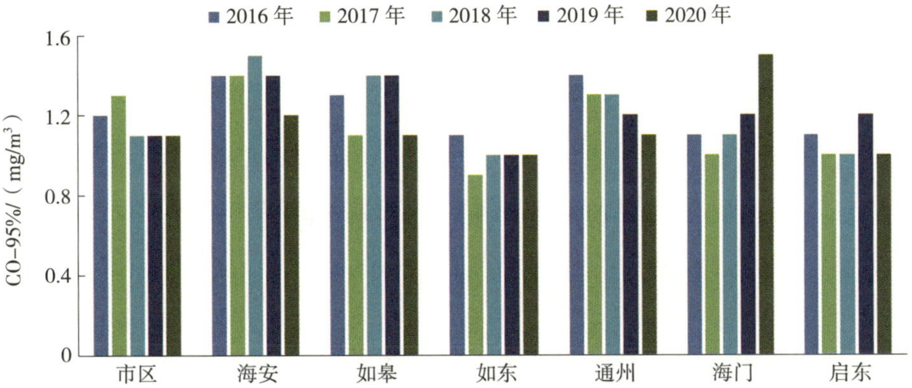

图3-1-30　2016—2020年南通市CO 24 h第95百分位数浓度变化趋势

与“十二五”末相比，全市大气中一氧化碳浓度下降。市区降幅为21.4%，如东持平，其余县（市、区）降幅在9.1%（启东）～42.1%（通州）。

七、臭氧

“十三五”期间，市区臭氧日最大8 h第90百分位数浓度在146～172 μg/m^3，2017年未达到环境空气质量二级标准，2016年和2018—2020年均达到环境空气质量二级标准。六县（市、区）臭氧日最大8小时第90百分位数浓度在140～172 μg/m^3，2016年和2018年均达到环境空气质量二级标准，2017年除如东和通州外，其余四县（市、区）均达到环境空气质量二级标准；2019年除如皋外，其余五县（市、区）均达到环境空气质量二级标准；2020年除如皋、通州、海门外，其余三县（市、区）均达到环境空气质量二级标准。5年间市区、如东下降趋势不显著，其余县（市、区）上升趋势均不显著，见图3-1-31。

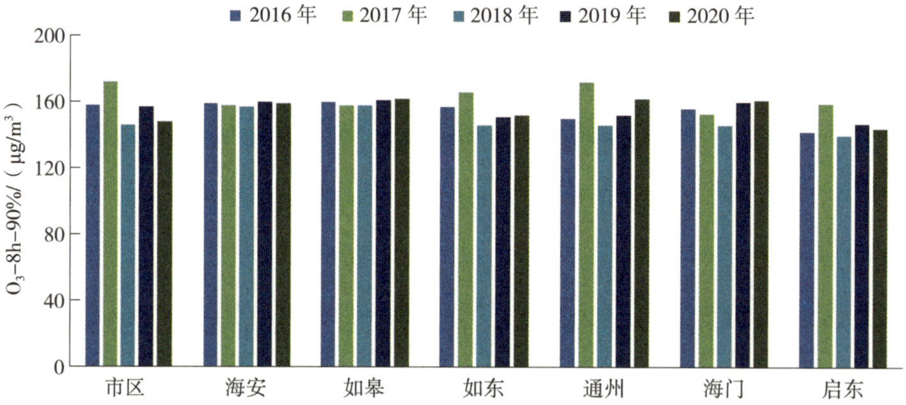

图3-1-31　2016—2020年南通市O_3 8 h第90百分位数浓度变化趋势

与“十二五”末相比，全市大气中臭氧浓度升降不一，东南部地区臭氧浓度普遍有所上升。市区下降了12.4%，如皋、海安基本持平，通州、启东、海门、如东分别上升了20.3%、6.6%、5.9%和2.7%。

第四节　臭氧污染特征

“十三五”以来，南通市空气质量呈逐年改善的趋势，优良率逐年提升。与此同时，以臭氧为代表的大气光化学污染问题日益凸显，2020年南通市环境空气共计超标45天，其中臭氧超标天数为23天，占了一半，臭氧已逐渐成为影响南通市环境空气质量进一步改善的主要污染物。

一、南通市臭氧污染总体状况

2020 年，南通市 O_3-8 h 第 90 百分位数浓度 148 μg/m^3，同比下降 5.7%，臭氧超标天数 23 天，同比减少 11 天，臭氧达标率为 93.7%，同比上升 3.0 个百分点。

从月度变化上看，4—9 月为臭氧污染高发时段。2019 年，臭氧超标日集中在 5—7 月，7 月最高为 11 天；2020 年，臭氧超标日较多的月份为 5 月、8 月、9 月，分别为 6 天、5 天、5 天，见图 3-1-32。

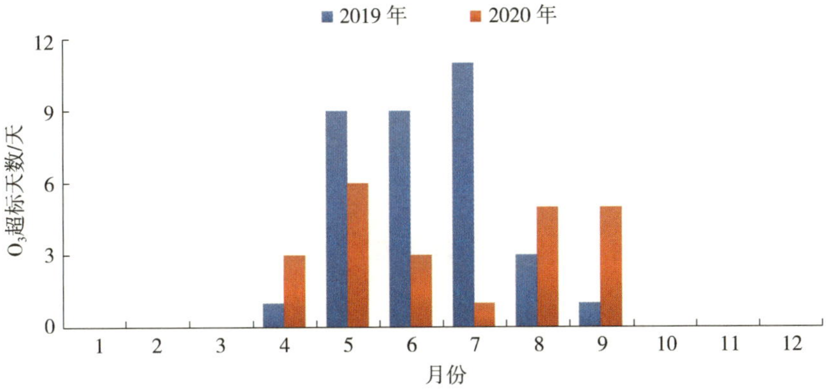

图 3-1-32　2019 年、2020 年南通市臭氧超标天数

2020 年 5—7 月，南通市 O_3-8 h 第 90 百分位数浓度较同期大幅下降，7 月降幅最大，达 33.7%；8—9 月出现浓度反弹，其中 9 月 O_3-8 h 第 90 百分位数浓度达本年度最高，为 190 μg/m^3，较同期上升 39.7%，见图 3-1-33。

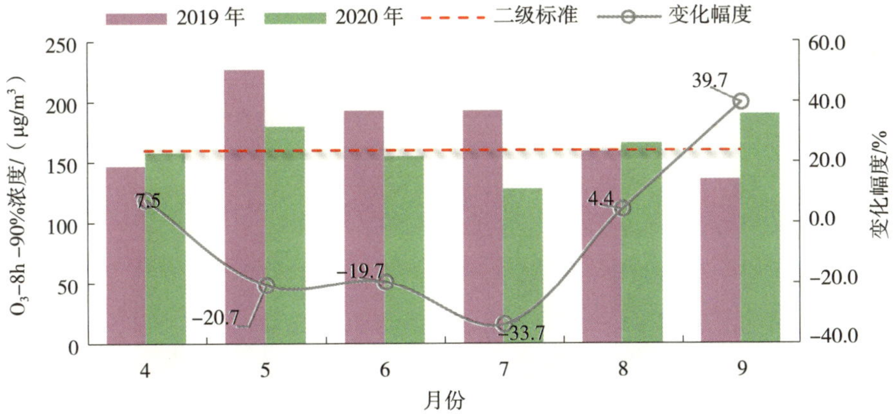

图 3-1-33　2019 年 4—9 月、2020 年 4—9 月南通市 O_3-8 h 第 90 百分位数浓度

二、臭氧日浓度变化呈单峰分布，早晚浓度低，午后浓度高

太阳辐射是臭氧生成的主要因素，臭氧浓度与日照强度的变化规律密切相关。2020 年，南通市臭氧日变化特征呈现单峰型，见图 3-1-34。早晨 6:00—7:00 浓度最低，受太阳辐射、温度、前体物等影响，14:00—15:00 前后达到峰值，整个过程符合光化学反应的特征，表面局地光化学反应对南通市臭氧浓度变化起着重要作用。

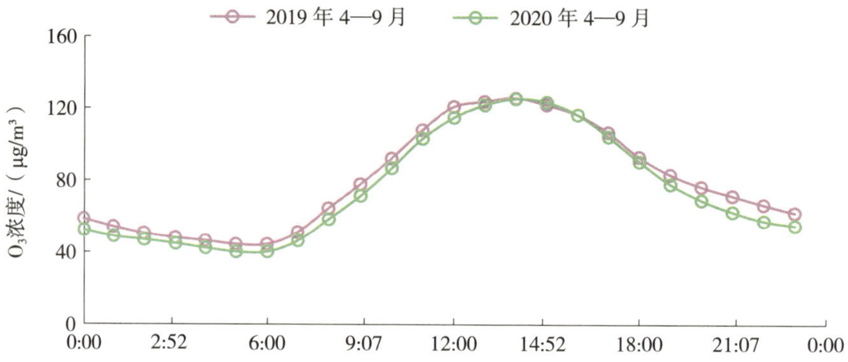

图 3-1-34　2019 年、2020 年南通市臭氧浓度日变化规律

三、臭氧污染影响因素及来源

（一）高温、强辐射是臭氧浓度升高的重要气象因素

太阳辐射强度是影响低层大气光化学反应速率的主要因素。近地面臭氧的生成与光照、气温密切相关。2020 年 4—9 月，南通市臭氧污染日日最大小时紫外辐射均值 41.1 W/m^2，日最高小时气温均值 32.6℃，分别较非臭氧污染日升高 8.0 W/m^2 和 5.4℃，表明高温、强辐射会加剧大气光化学反应，有利于臭氧的快速生成，见图 3-1-35。

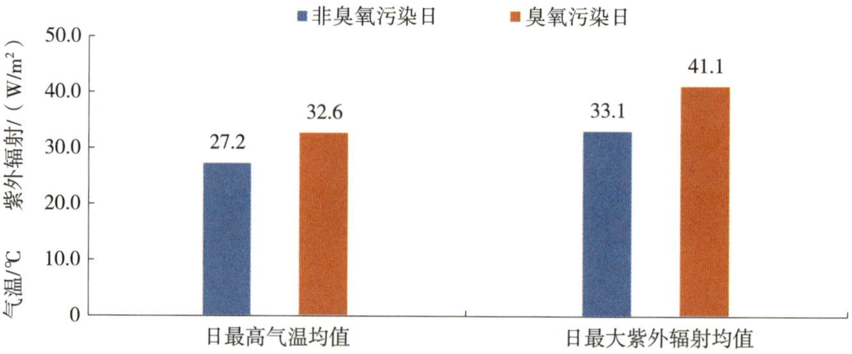

图 3-1-35　2020 年 4—9 月南通市臭氧污染日与非臭氧污染日气温及紫外辐射

（二）区域污染输送对南通市臭氧污染具有重要影响

风场对污染物的输送具有重要影响，不同的风向决定了污染物输送的不同来向，而风速大小则能反映污染物的输送效率或污染物的清除效率。

总体而言，2020 年 4—9 月，南通市近地面臭氧浓度随着风速的增大逐渐上升，见图 3-1-36。一方面是由于较高的风速使得大气湍流作用增强，有利于上层臭氧向近地面混合；另一方面，较高的风速也使得大气输送效率增强，从而导致臭氧浓度升高。从各风向臭氧浓度分布上看，臭氧污染日偏南风风频显著增加，在西南风和西风时出现臭氧浓度高值，表明西南和偏西方向区域输送对南通市臭氧污染具有重要贡献。

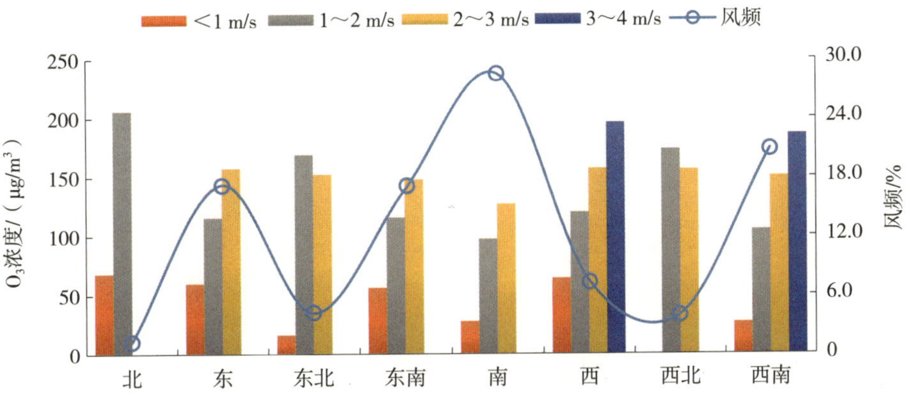

（a）4—9月臭氧污染日

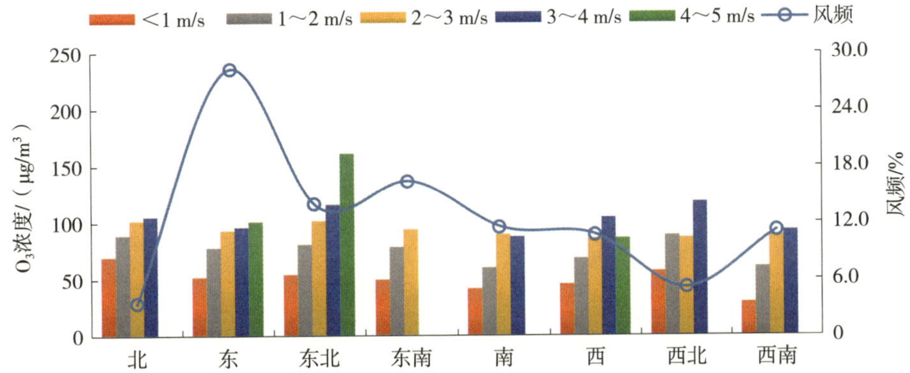

（b）4—9月非臭氧污染日

图 3-1-36　2020 年 4—9 月南通市臭氧污染日与非臭氧污染日各风向上臭氧浓度

结合南通市 2020 年 8—9 月 WRF-CAMx 臭氧来源解析，可知，其间本地臭氧污染贡献占比 42.0%，外来传输贡献占比 58.0%；此外，8—9 月臭氧污染日本地贡献占比仅 33.1%，低于非污染日（43.7%），再次表明区域污染输送对南通市臭氧污染具有重要的影响；从传输区域来看，臭氧污染日苏南地区（21.3%）、上海

（12.4%）、浙江（12.4%）均有明显贡献，见图 3-1-37。

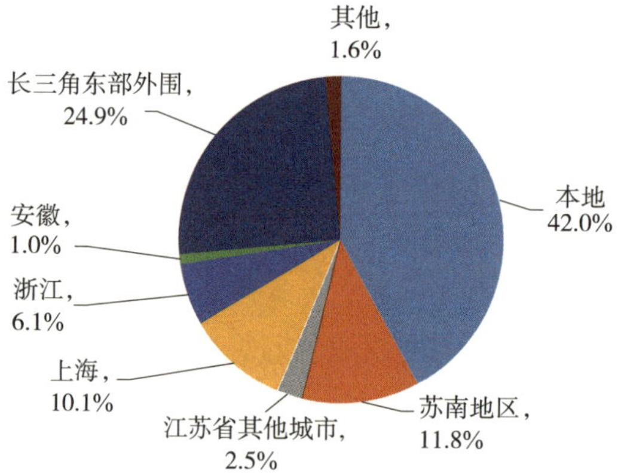

（a）8—9月平均贡献

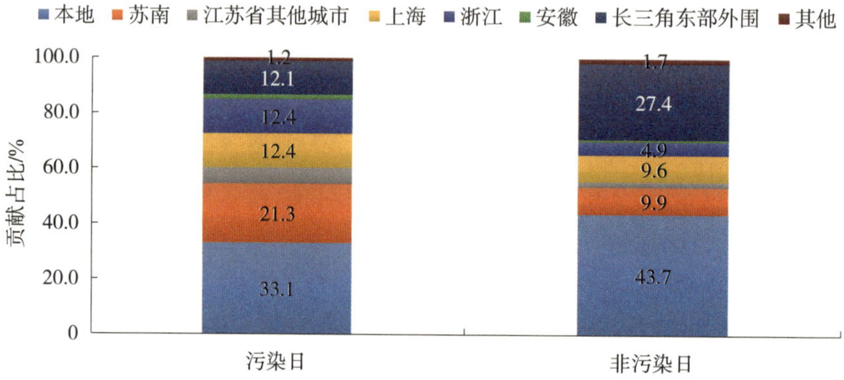

（b）8—9月臭氧污染日与非污染日对比

图 3-1-37　2020 年 8—9 月南通市臭氧传输贡献解析

第五节　挥发性有机物污染特征

环境大气中臭氧的污染主要受气象、前体物化学生成和传输三个方面影响。对南通市臭氧的生成机制分析表明，南通臭氧生成以本地前体物化学生成为主，本地前体物 VOCs 对臭氧生成发挥主导作用，削减 VOCs 能有利于南通市臭氧浓度的降低。南通市在“十三五”期间建成了大气超级站，从 2016 年开始进行 VOCs 的在线监测工作。南通大气超级站位于南通环境教育馆，VOCs 监测项目包括 PAMS、卤代烃、含氧含氮类有机物等 98 种物质，监测时间分辨率为 1h，每年的 4—9 月是臭氧污染高发时段，2020 年 VOCs 污染特征分析如下。

一、挥发性有机物污染特征分析

（一）南通市 VOCs 浓度及化学组成

2020 年 4—9 月，南通市 PAMS 物种平均浓度 14.4×10^{-9}（体积分数，下同），98 个 VOCs 物种浓度 23.7×10^{-9}。各组分中，烷烃、卤代烃和 OVOCs 浓度较高，分别为 9.0×10^{-9}、4.9×10^{-9} 和 4.1×10^{-9}，占比分别为 38.0%、20.7% 和 17.3%。

从物种来看，丙烷（3.18×10^{-9}）、丙酮（2.53×10^{-9}）以及二氯甲烷（2.12×10^{-9}）浓度较高，主要来源为 LPG 使用、工业生产排放等。前 10 个物种中以烷烃、芳香烃、卤代烃为主，表明工业生产、涂料溶剂使用行业排放对南通市 VOCs 浓度的升高有着重要影响，见图 3-1-38、图 3-1-39。

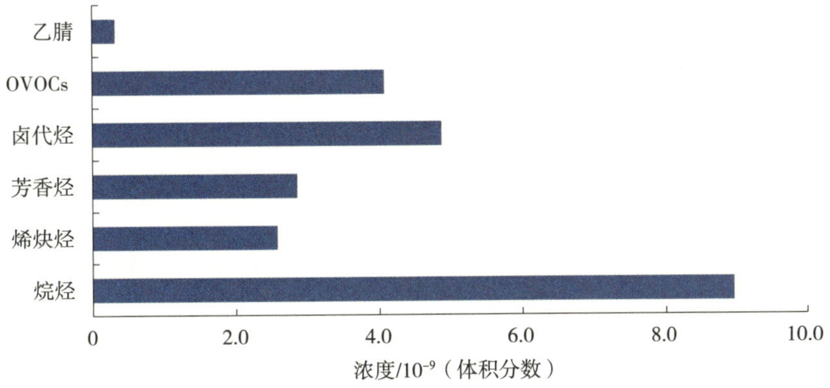

图 3-1-38　2020 年 4—9 月南通市 VOCs 浓度变化

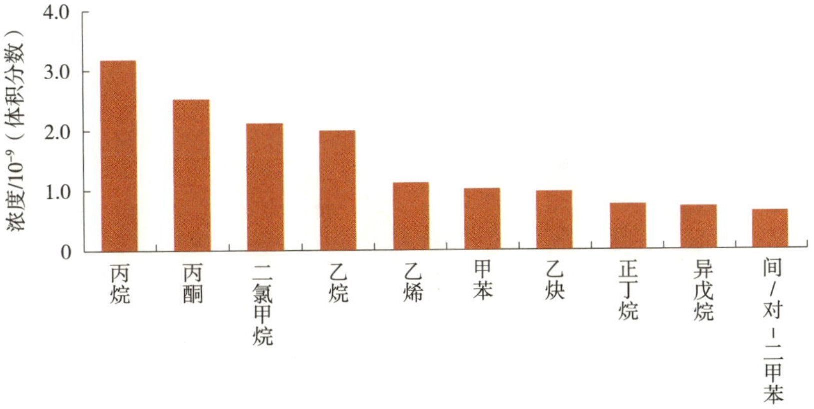

图 3-1-39　2020 年 4—9 月南通市浓度排名前十的 VOCs 物种

（二）时间变化规律

2020 年 4—9 月，南通市 VOCs 平均浓度为 23.6×10^{-9}，从月均浓度来看，8 月、9 月浓度相对较高，分别为 24.4×10^{-9}、26.2×10^{-9}，7 月 VOCs 平均浓度为 22.0×10^{-9}，相对较低（图 3-1-40）。

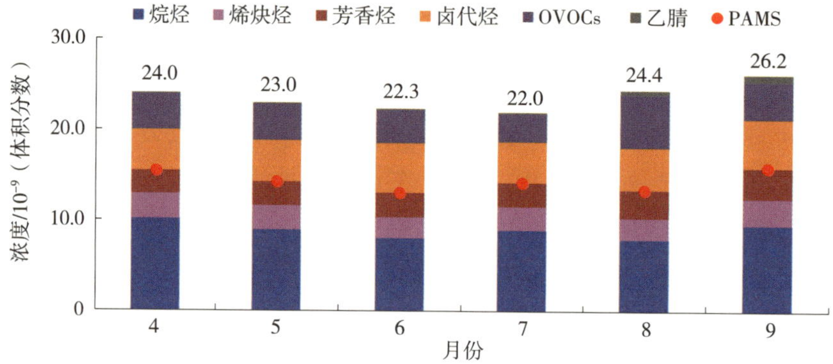

图 3-1-40　2020 年 4—9 月南通市月均 VOCs 浓度

二、挥发性有机物对臭氧生成影响的分析

臭氧生成潜势（OFP）是单位质量 VOCs 完全反应可生成的最大臭氧量，可以通过最大增量反应活性（MIR）法计算得到，在臭氧浓度较高且同比反弹的 2020 年 8 月和 9 月，VOCs 浓度及 OFP 均显著高于其他月份且同比反弹明显。期间，98 个 VOCs 物种浓度和 OFP 分别为 25.4×10^{-9}、159.8 $\mu g/m^3$，分别较同期上升 49.4% 和 57.0%；OFP 以芳香烃贡献最高（47.5%），OVOCs 同比反弹最为明显，增幅达 109.9%，见图 3-1-41、表 3-1-10。

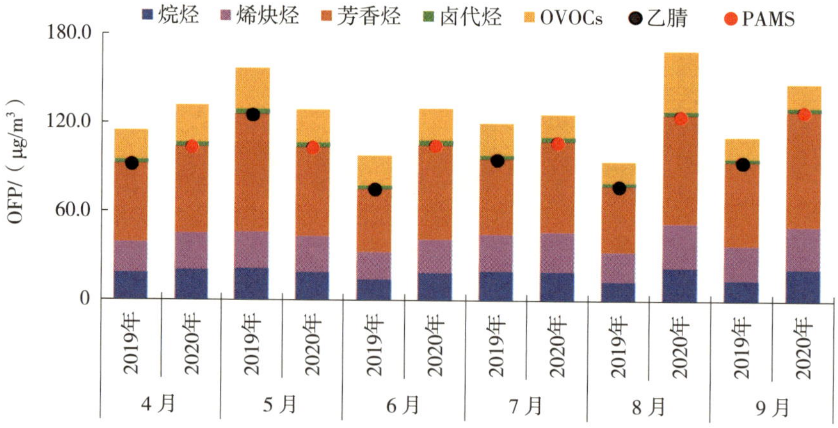

图 3-1-41　2019 年 4—9 月和 2020 年 4—9 月南通市 OFP 月变化

表 3-1-10　2020 年 8—9 月南通市 VOCs 优控物种

序号	8—9 月浓度 /10^{-9}（体积分数）				8—9 月 OFP/（μg/m^3）			
	项目	2019 年	2020 年	变化幅度	项目	2019 年	2020 年	变化幅度
1	丙酮	1.69	3.02	79.1%	间 / 对 - 二甲苯	15.37	26.66	73.5%
2	丙烷	2.63	2.95	12.1%	甲苯	17.73	20.6	16.2%
3	二氯甲烷	0.99	2.66	167.3%	乙烯	10.03	12.07	20.3%
4	乙烷	1.48	1.64	10.6%	邻二甲苯	4.16	9.01	116.7%
5	甲苯	1.08	1.25	16.2%	正己醛	5.21	6.73	29.0%
6	乙烯	0.89	1.07	20.3%	异戊二烯	3.26	6.04	85.0%
7	乙炔	0.79	0.94	18.0%	丙烯	4.32	5.71	32.1%
8	异戊烷	0.46	0.83	79.0%	丁烯酮	1.53	4.56	198.2%
9	正丁烷	0.52	0.8	52.7%	异戊烷	2.16	3.87	79.0%
10	间 / 对 - 二甲苯	0.42	0.72	73.5%	乙苯	2.56	3.82	48.9%

8—9 月，南通市优控 VOCs 物种（浓度、OFP 均排名前十的物种）为间 / 对 - 二甲苯、甲苯、乙烯、异戊烷，主要来源为涂料溶剂使用、工业生成以及机动车尾气排放。

第六节　颗粒物污染特征

一、监测概况

根据《江苏省生态环境厅关于印发〈江苏省大气颗粒物组分监测工作方案〉的通知》（苏环办〔2019〕321 号）的要求，2020 年南通市开展了颗粒物组分的手工监测工作。采样点位在南通环境监测中心院内，采样高度距地面约 20 m，监测频次为每隔 3 天采集一次样品。

二、颗粒物浓度及化学组成

监测结果表明，有机物、硝酸盐、硫酸盐及地壳物质为 $PM_{2.5}$ 的主要贡献组分，浓度分别为 10.55 μg/m^3、9.10 μg/m^3、5.01 μg/m^3 和 4.73 μg/m^3，占比分别为 25.4%、21.9%、12.1% 和 11.4%；水溶性离子中除 NO_3^-、SO_4^{2-}、NH_4^+ 外，Cl^- 和 K^+ 浓度较高，分别为 0.76 μg/m^3 和 0.46 μg/m^3，见表 3-1-11、图 3-1-42。

表 3-1-11　2020 年手工采样期间南通市水溶性离子浓度　　单位：μg/m³

离子	F^-	Cl^-	SO_4^{2-}	NO_3^-	Na^+	NH_4^+	K^+	Mg^{2+}	Ca^{2+}
全年均值	0.05	0.76	5.01	9.10	0.36	4.06	0.46	0.13	0.40

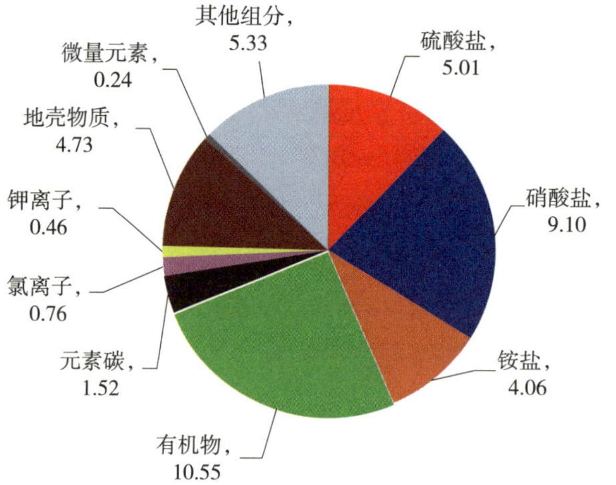

图 3-1-42　2020 年手工采样期间南通市颗粒物组分的浓度及构成

三、颗粒物浓度及构成时间变化

监测数据显示，2020 年 1 月、12 月 $PM_{2.5}$ 浓度显著高于其他月份，分别为 71.8 μg/m³ 和 64.0 μg/m³。从组分上看，硝酸盐、有机物、铵盐为期间颗粒物的主要贡献组分，以 1 月为例，硝酸盐浓度为 20.82 μg/m³，占比为 29.0%；有机物为 13.57 μg/m³，占比为 18.9%；铵盐为 9.45 μg/m³，占比为 13.2%。秋冬季硝酸盐含量明显较春夏季升高，一方面是由于秋冬季化石燃料燃烧增多，同时受上游城市污染输送影响增强；另一方面，硝酸盐在颗粒物中主要以半挥发的 NH_4、NO_3 存在，夏季高温条件下容易受热分解，冬季低温、静稳天气更有利于其累积，见图 3-1-43。

2020 年手工监测期间，$PM_{2.5}$ 浓度较高日（＞75 μg/m³）共有 12 天，$PM_{2.5}$ 日均浓度范围为 75.4～177.3 μg/m³，其中 1 月 4 天、3 月 1 天、5 月 4 天、12 月 3 天。将浓度较高日与浓度较低日颗粒物组分进行对比，结果显示，在 $PM_{2.5}$ 浓度较高日，组分中硝酸盐在颗粒物中的占比上升最为显著，较浓度较低日升高 12.6 个百分点；此外，铵盐、硫酸盐、Cl^- 占比分别较浓度较低日升高 5.0 个百分点、1.9 个百分点和 0.1 个百分点。可见，浓度较高日本地及上游城市机动车、工业、燃煤等污染物的排放对南通市颗粒物浓度的升高具有重要影响，见表 3-1-12。

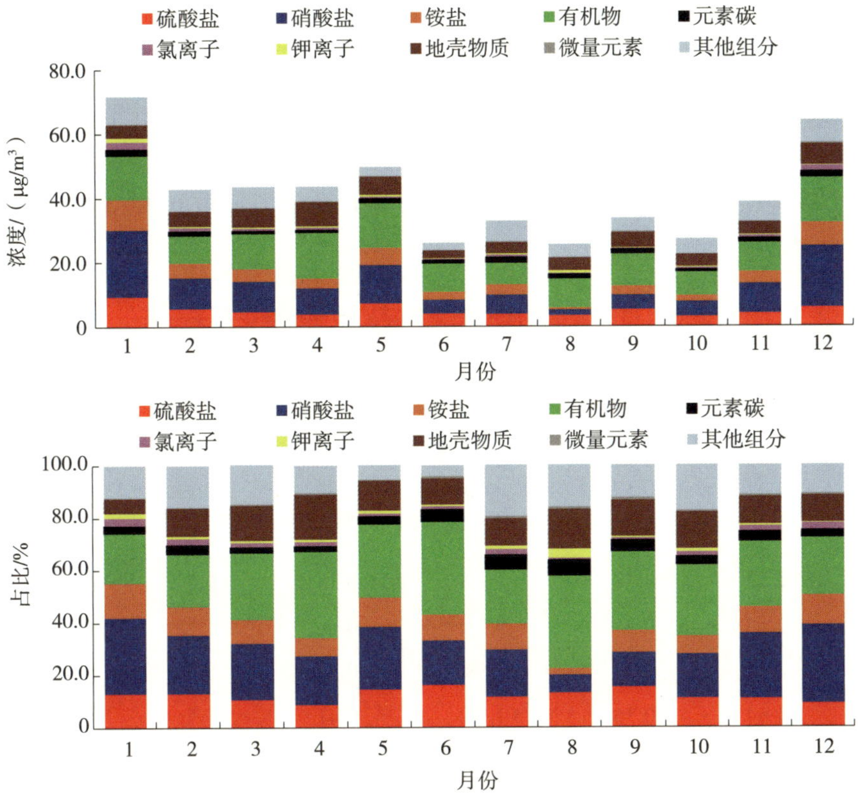

图 3-1-43 2020 年手工采样期间南通市颗粒物组分浓度及占比时序变化

表 3-1-12 浓度较高日和浓度较低日期间南通市颗粒物组分占比对比 单位：%

$PM_{2.5}$ 组分	浓度较高日	浓度较低日	偏差
硫酸盐	13.5	11.6	1.9
硝酸盐	31.5	18.9	12.6
铵盐	13.6	8.6	5.0
有机物	19.9	27.2	-7.3
元素碳	3.5	3.7	-0.2
氯离子	1.9	1.8	0.1
钾离子	1.0	1.1	-0.1
地壳物质	5.9	13.1	-7.2
微量元素	0.4	0.6	-0.2
其他组分	8.7	14.2	-5.5

四、特征因子分析

NO_3^-/SO_4^{2-} 主要用于表征移动源和燃煤源的相对贡献，2020 年手工采样期间 NO_3^-/SO_4^{2-} 比值为 1.82，受移动源排放的影响更为明显；浓度较高日 NO_3^-/SO_4^{2-} 比值为 2.32，高于浓度较低日（1.63），表明移动源排放对南通市 $PM_{2.5}$ 高值过程有重要影响，见表 3-1-13。

表 3-1-13　2020 年手工采样期间南通市特征因子分析

时间	NO_3^-/SO_4^{2-}	Ca^{2+}/（μg/m³）	（$Ca^{2+}/PM_{2.5}$）/%	K^+/（μg/m³）	（$K^+/PM_{2.5}$）/%	SOR[1]	NOR[2]
1 月	2.22	0.50	0.70	1.31	1.83	0.51	0.37
2 月	1.71	0.17	0.40	0.40	0.93	0.44	0.25
3 月	2.02	0.45	1.03	0.36	0.83	0.34	0.19
4 月	2.13	0.48	1.10	0.38	0.87	0.22	0.15
5 月	1.65	0.37	0.75	0.56	1.13	0.33	0.25
6 月	1.05	0.22	0.88	0.16	0.64	0.20	0.12
7 月	1.54	0.36	1.10	0.41	1.25	0.16	0.15
8 月	0.51	0.72	2.82	0.88	3.45	0.30	0.05
9 月	0.86	0.32	0.95	0.16	0.47	0.34	0.10
10 月	1.52	0.24	0.88	0.33	1.21	0.26	0.12
11 月	2.28	0.28	0.76	0.23	0.62	0.30	0.18
12 月	3.29	0.52	0.81	0.16	0.25	0.31	0.25
全年	1.82	0.40	0.96	0.46	1.11	0.30	0.19
浓度较高日	2.32	0.66	0.66	1.03	1.03	0.48	0.37
浓度较低日	1.63	0.36	1.03	0.39	1.11	0.27	0.15

注：[1] SOR 为硫氧化率；[2] NOR 为氮氧化率。

Ca^{2+} 是典型的地壳元素，3—4 月、7—8 月 $Ca^{2+}/PM_{2.5}$ 比值高于全年平均水平，受扬尘的影响相对较大。从 K^+ 来看，1 月、5 月、7 月、8 月、10 月 K^+ 浓度较高、$K^+/PM_{2.5}$ 比值高于全年平均水平，1 月主要与春节期间烟花燃放有关，其他时段秸秆焚烧、垃圾焚烧等影响较大。

NOR 和 SOR 反映 NO_2、SO_2 的二次氧化程度，也表明气团的老化程度。总体而言，冬季（12 月、1 月、2 月）NOR、SOR 明显高于其他季节；$PM_{2.5}$ 浓度较高日 NOR（0.37）、SOR（0.48）明显高于浓度较低日（NOR 0.15，SOR 0.27），表明

污染期间 NO_2 和 SO_2 的二次转化作用明显增强，且受区域老化气团输送的影响明显。

五、总结与建议

（1）采样期间，有机物、硝酸盐、硫酸盐及地壳物质为 $PM_{2.5}$ 的主要贡献组分，浓度分别为 10.55 μg/m³、9.10 μg/m³、5.01 μg/m³ 和 4.73 μg/m³，占比分别为 25.4%、21.9%、12.1% 和 11.4%。

（2）2020 年 1 月、12 月 $PM_{2.5}$ 浓度显著高于其他月份，期间硝酸盐为颗粒物的首要贡献组分；秋冬季硝酸盐含量明显高于春夏季，原因为①秋冬季化石燃料燃烧增多，同时受上游城市污染输送影响增强；②夏季高温条件下易受热分解，冬季低温、静稳天气更有利于其累积。

（3）$PM_{2.5}$ 浓度较高日（共计 12 天），硝酸盐（上升 12.6 个百分点）、铵盐（上升 5.0 个百分点）、硫酸盐（上升 1.9 个百分点）、Cl^-（上升 0.1 个百分点）在颗粒物中的占比较浓度较低日上升，本地及上游城市机动车、工业、燃煤等污染物的排放对南通市颗粒物浓度的升高具有重要影响。

（4）1 月、5 月、7 月、8 月、10 月 K^+ 浓度较高、$K^+/PM_{2.5}$ 比值高于全年平均水平，1 月主要与春节期间烟花燃放有关，其他时段秸秆焚烧、垃圾焚烧等影响较大。

（5）建议重点加强机动车尾气、工业及燃煤源排放的监管控制。春节期间加强烟花燃放的管控，秋收季节加强生物质燃烧的监管。

第七节　降尘和硫酸盐化速率

一、监测概况

“十三五”期间，南通市共设置 33 个降尘点，每月取样 1 次。自 2018 年起，根据生态环境部《汾渭平原、长三角地区城市环境空气降尘监测方案》（环办监测函〔2018〕1519 号）的通知，将其中的 9 个站点升格为国控降尘监测点位，除南通市区及周边设置 1 个对照点和 2 个考核点外，其余六县（市、区）各设 1 个考核点。

全市设 10 个硫酸盐化速率监测点。根据《关于印发江苏省打赢蓝天保卫战三年行动计划实施方案》的要求，2020 年江苏沿江 8 市降尘量不得高于 5 t/（km²·月）。硫酸盐化速率月均值和年均值分别为 0.5 mg SO_3/（100 cm²- 碱片·日)、0.25 mg SO_3/(100 cm^2- 碱片·日)。

二、降尘

(一)降尘监测

2020 年，南通市区降尘年月均值为 3.3 t/(km^2·月)，符合标准，较 2019 年下降 19.5%。月均值在 2.4 t～3.9 t/(km^2·月)，达标率为 100%。最高单点月均值为 6.0 t/(km^2·月)，出现在 2 月的市第二人民医院测点，超过目标要求 0.2 倍，见图 3-1-44。

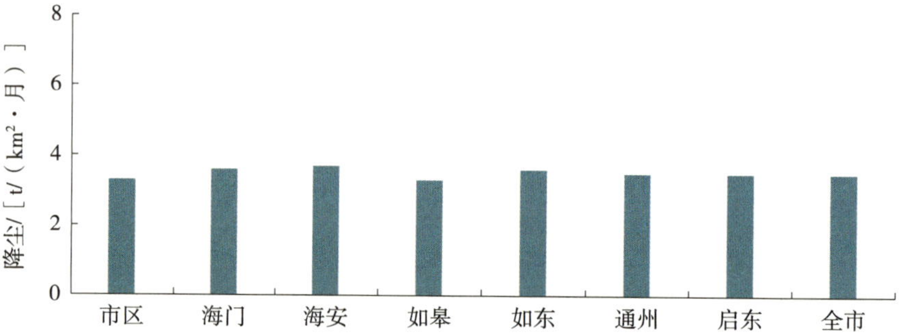

图 3-1-44 2020 年南通市降尘监测结果

五县(市)及通州区降尘年均值范围在 3.3(如皋)～3.7 t/(km^2·月)(海安)，均符合标准。各地区降尘月均值达标率为 100%。最高单点月均值为 6.5 t/(km^2·月)，出现在 4 月和 6 月的通州区大润发测点，见表 3-1-14。

表 3-1-14 2020 年南通市降尘浓度监测结果统计

地区	单点最大值 /[t/(km^2·月)]	月均值			年均值	
		最大值 /[t/(km^2·月)]	最小值 /[t/(km^2·月)]	达标率 /%	数值 /[t/(km^2·月)]	是否达标
市区	6.0	3.9	2.4	100	3.3	达标
海安	5.9	5.5	3.0	91.7	3.7	达标
如皋	4.9	4.1	2.2	100	3.3	达标
如东	4.9	4.4	2.9	100	3.6	达标
通州	6.5	5.2	2.0	91.7	3.5	达标
海门	5.0	4.7	2.4	100	3.6	达标
启东	5.9	4.9	2.8	100	3.5	达标
全市	6.5	5.5	2.0	97.2	3.5	达标

（二）降尘考核

南通 8 个国控降尘点（洪港属对照点除外）年月均值为 3.2 t/（km^2·月），符合 2020 年省污染防治考核目标［5 t/（km^2·月）］。

三、硫酸盐化速率

大气中的含硫污染物二氧化硫、硫化氢、硫酸等经过一系列的氧化演变过程生成对人类更为有害的硫酸雾和硫酸盐雾，这种演变过程称为硫酸盐化速率。

2020 年，南通市区 9 个测点硫酸盐化速率年均值为 0.05 mg SO_3/（100 cm^2–碱片·日），符合参照标准，较 2019 年下降 37.5%；月均值在 0.03～0.07 mg SO_3/（100 cm^2– 碱片·日），达标率为 100%。单点最大值为 0.14 mg SO_3/（100 cm^2– 碱片·日），符合参照标准，出现在 3 月市第二人民医院和星湖花园测点。

四、变化趋势

（一）降尘

"十三五"期间，全市降尘年月均值范围在 3.5～5.5 t/（km^2·月），5 年间降尘年月均值总体下降，如皋、如东、海门、启东呈显著下降趋势，市区和通州、海安下降趋势不显著。

与"十二五"末相比，如东降尘降幅最大，超过了 50%，其余县（市、区）降尘下降幅度在 26.5%（海门）～46.2%（通州），市区降幅最小，仅为 5.7%，见表 3-1-15。

表 3-1-15　2020 年与 2015 年南通市降尘浓度变化统计

项目	年份	市区	海安	如皋	如东	通州	海门	启东	全市
降尘 /［t/（km^2·月）］	2015	3.5	6.7	5.3	7.3	6.5	4.9	6.7	5.8
	2020	3.3	3.7	3.3	3.6	3.5	3.6	3.5	3.5
	变化幅度 /%	-5.7	-44.8	-37.7	-50.7	-46.2	-26.5	-47.8	-39.7

（二）硫酸盐化速率

"十三五"期间，南通市区硫酸盐化速率年月均值呈显著下降趋势，变化范围为 0.05～0.19 mg SO_3/（100 cm^2– 碱片·日），全部符合参照标准。

与"十二五"末相比，市区硫酸盐化速率年月均值由 0.24 mg SO_3/（100 cm^2–

碱片·日）降至 0.05 mg SO_3/（100 cm^2- 碱片·日），下降幅度为 79.2%。

第八节　典型空气污染过程及原因分析

一、污染天气概况

根据《江苏省重污染天气应急预案》，2020 年南通市共启动并发布重污染天气黄色预警 2 次，橙色预警 2 次。从时间分布来看，2020 年南通污染天气主要发生在秋冬季（1 月、12 月），以及夏季（4—9 月）。从污染原因来看，秋冬季主要受静稳天气、上游污染的输送、本地污染累积等多因素的影响，首要污染物主要为细颗粒物（$PM_{2.5}$）；夏季主要受均压场或副热带高压控制，地面温度较高，风速小等因素的影响，本地前体物二次生成臭氧或区域传输，首要污染物主要为臭氧。

2020 年，南通市环境空气质量超标天数比率为 12.3%，共 45 天，其中轻度污染天数 37 天，中度污染天数 6 天，重度污染天数 2 天，未出现严重污染日。

二、细颗粒物为首要污染物的污染过程

（一）2020 年 12 月 10—13 日

12 月 10—13 日，南通市出现了入冬以来污染程度最重、持续时间最长的一次 $PM_{2.5}$ 污染过程，污染时长达 67 h，其中严重污染 1 h、重度污染 34 h、中度污染 14 h、轻度污染 18 h。见图 3-1-45。

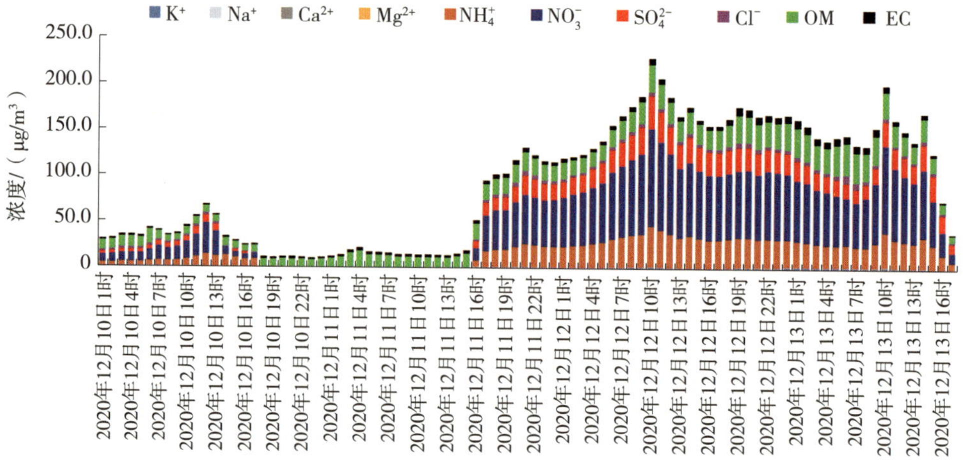

图 3-1-45　南通市气态污染物及颗粒物组分时序

10—11 日，南通市近地面总体受弱气压场控制，风向以西北和偏北风为主，上游污染物缓慢渗透南下。11 日夜间边界层下压，12 日早间出现逆温，上游污染输送叠加本地污染累积的影响，$PM_{2.5}$ 浓度快速上升，12 日 10 时达峰值浓度 253 μg/m^3，颗粒物中硝酸盐、硫酸盐浓度分别高达 106.3 μg/m^3、35.9 μg/m^3，占比分别为 42.2%、14.2%。上游老化气团输送及本地污染物二次转化对此阶段 $PM_{2.5}$ 污染过程影响显著。

12 日夜间至 13 日早晨，南通市氮氧化物、一氧化碳浓度显著升高。本地氮氧化物的排放及二次转化（夜间相对湿度为 100%），早间强逆温，叠加冷锋前西北方向污染物的挤压推送，南通市 $PM_{2.5}$ 于 13 日 10 时再度出现明显峰值，见图 3-1-46。

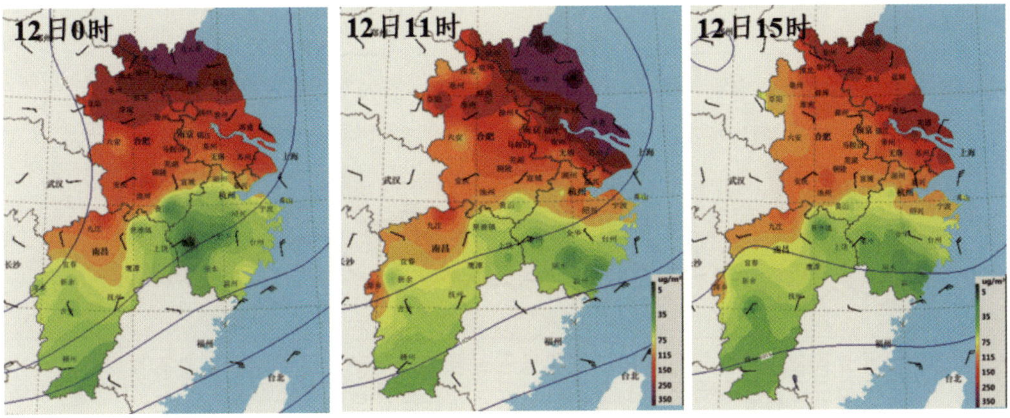

图 3-1-46　2020 年 12 月 12 日长三角地区 $PM_{2.5}$ 浓度空间分布

12 月 10—13 日，南通市 $PM_{2.5}$ 污染以区域传输为主导（占比为 66.2%），本地贡献为 33.8%。本次污染过程，南通市及时启动重污染天气黄色预警，内源管控取得明显成效，起到了一定的削峰作用。

（二）2020 年 12 月 21 日夜间至 24 日

12 月 22—24 日，南通市 AQI 值为 110～127，为轻度污染，首要污染物为 $PM_{2.5}$，$PM_{2.5}$ 日均浓度为 83～96 μg/m^3。

21—22 日，南通市近地面受高压系统控制，近地面风速较小，扩散条件不利，有利于污染物的累积。21 日夜间，南通市 SO_2、CO、NO_x 等主要污染物浓度均出现明显峰值，且颗粒物组分中 K^+、Cl^- 浓度显著升高。表明，21 日夜间南通市本地燃煤源、移动源以及生物质燃烧等的排放对颗粒物浓度的升高有较大影响，见图 3-1-47、图 3-1-48。

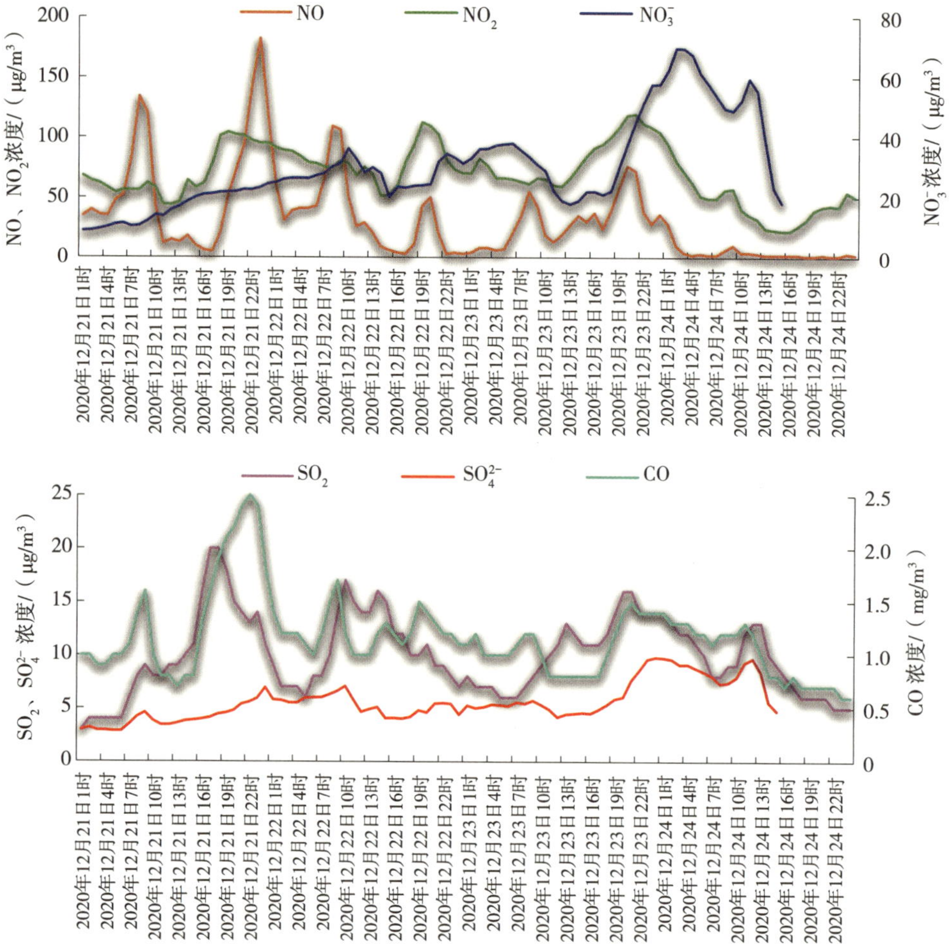

图 3-1-47　2020 年 12 月 21—24 日南通市主要污染物浓度

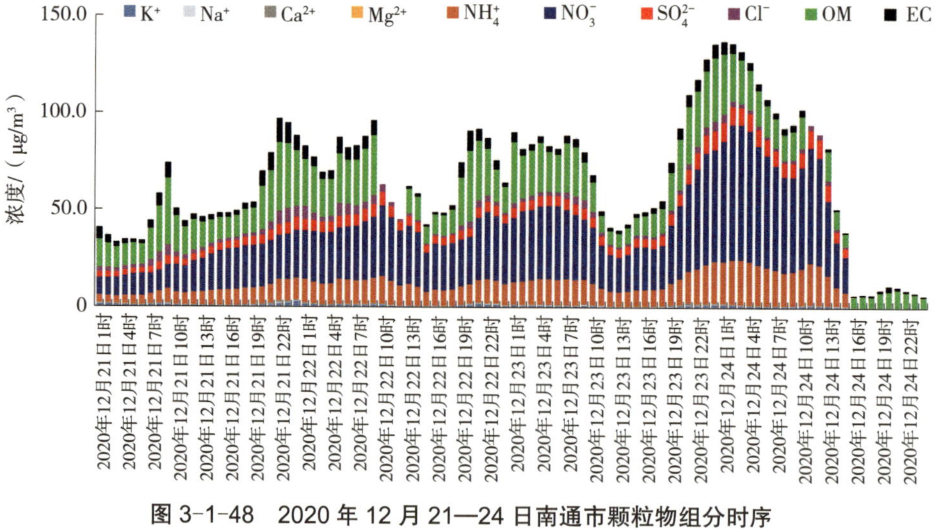

图 3-1-48　2020 年 12 月 21—24 日南通市颗粒物组分时序

23 日夜间起，随着北方污染物输送影响的增强，南通市经历了长达 18 个小时的中、重度污染。该阶段除硝酸盐浓度显著升高，硫酸盐浓度也较前期明显上升，23 日 18 时至 24 日 13 时，硫酸盐浓度为 8.3 μg/m³，较前期（22 日 22 时至 23 日 17 时）上升 64.5%，表明传输背景下，北方燃煤源对南通市影响明显。

21—24 日，南通本地贡献为 53.1%，外来高贡献区域为山东、盐城及连云港。24 日外来源输送明显增强，本地源贡献仅为 32.9%，山东地区贡献高达 60.6%。污染期间燃煤源（24.8%）对 $PM_{2.5}$ 贡献最大。

三、臭氧为首要污染物的污染过程

2020 年 9 月 4—9 日，受台风外围下沉气流影响，气压场相对较弱，加之高温及有利的光照条件，长三角地区出现一次区域性的臭氧污染过程，9 月 3—5 日，区域整体以良至轻度污染为主；6—9 日，臭氧污染加剧，长三角中部周边城市出现中度污染。与周边城市相比，污染期间南通市臭氧浓度整体低于周边苏州、无锡、常州、泰州等地（图 3-1-49）。

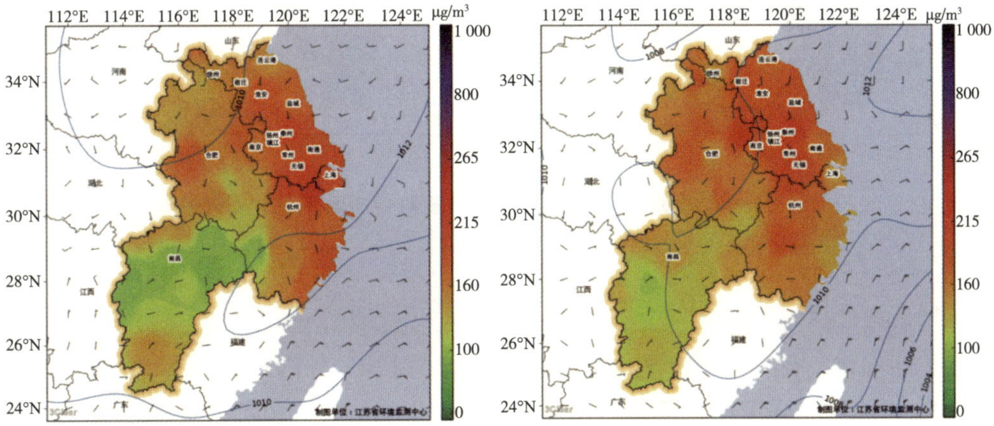

（a）2020年9月4日　　（b）2020年9月5日

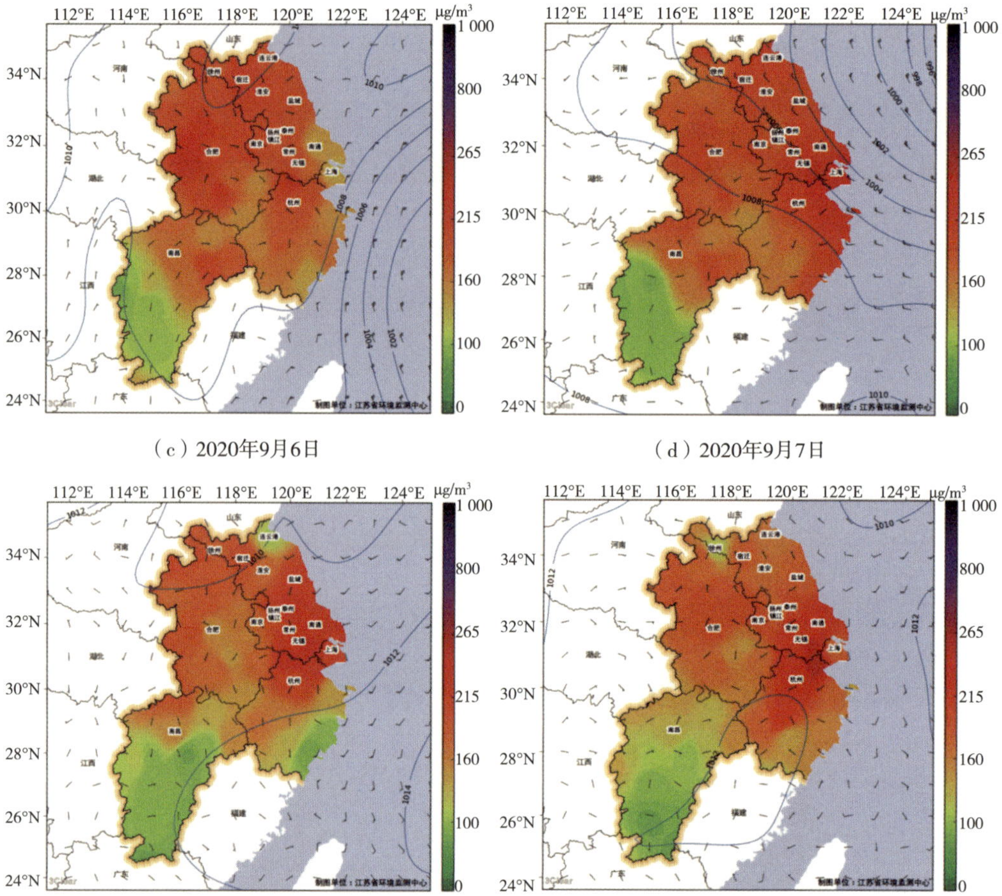

（c）2020年9月6日　（d）2020年9月7日

（e）2020年9月8日　（f）2020年9月9日

图 3-1-49　2020 年 9 月 4—9 日长三角 O_3-8h 浓度空间分布

气象条件显示，3—5 日，受台风“美莎克”过境影响，区域受弱气压场控制，扩散条件不利，空气质量转差；6—9 日，台风“海神”外围影响长三角后转弱气压场控制，“海神”强度稍弱且距离长三角较远，未能给长三角带来明显的风雨影响。同时，期间区域相对湿度整体较低，气温整体偏高（日最高气温普遍高于 30℃，7—8 日局部地区大于 35℃），光照条件较好，有利的光化学反应条件加剧了臭氧的生成，见图 3-1-50。

其间，南通市共出现 5 个臭氧污染天（4—5 日、7—9 日），其中 9 日为中度污染，其余为轻度污染，AQI 值范围为 108～176，O_3-8h 浓度范围为 168～241 μg/m³。

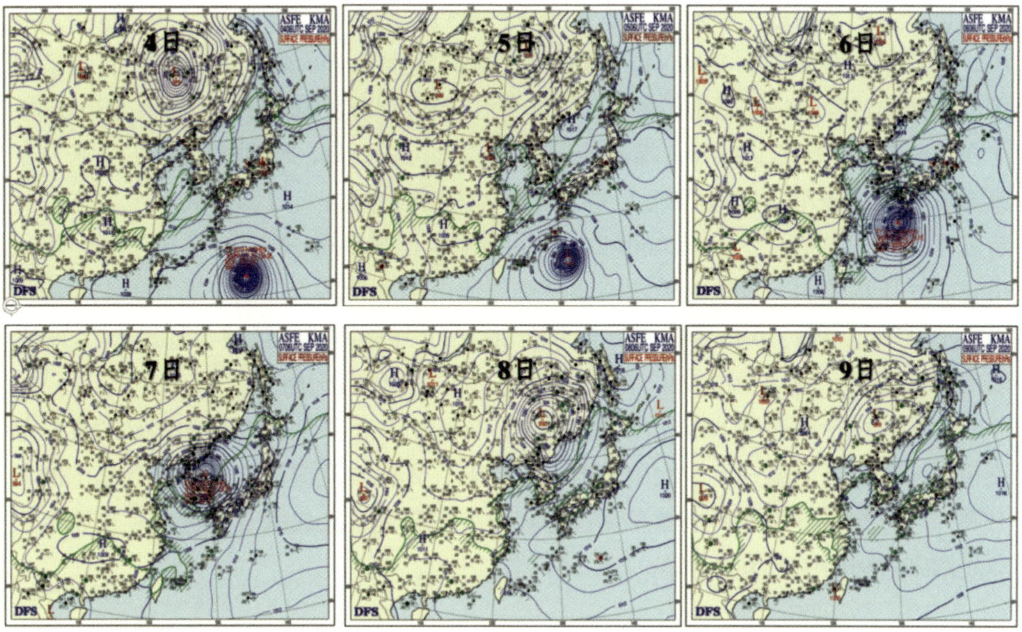

图 3-1-50 2020 年 9 月 4—9 日 14 时近地面天气形势

弱气压场和较高气温有利于南通市臭氧快速生成累积。污染日南通市近地面受弱气压场控制，风速较小（日均风速为 1.3～1.8 m/s），扩散条件不利，有利于臭氧及前体物的累积；同时，污染日日最高气温较非污染日明显升高（8—9 日日最高气温为 33～34℃），导致大气光化学反应加剧，这是臭氧浓度上升的重要因素，见图 3-1-51。

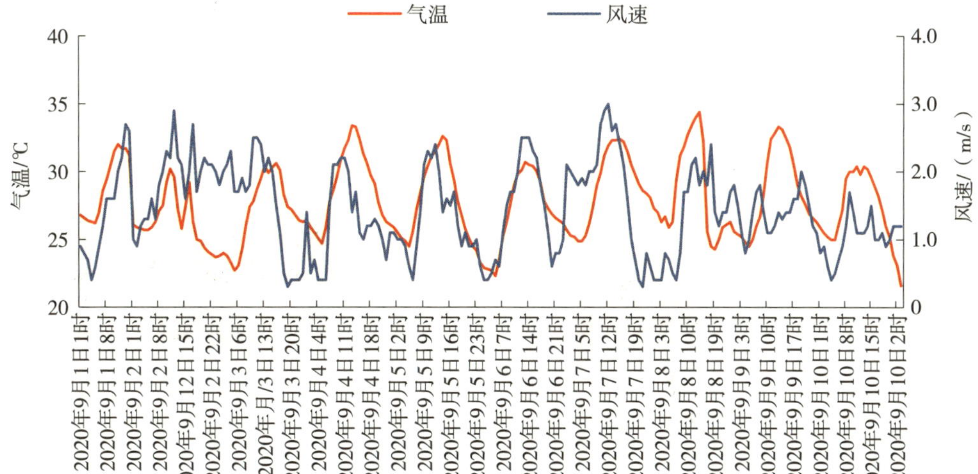

图 3-1-51 2020 年 9 月 1—10 日南通市气温及风速

长三角区域内近距离输送是本次臭氧污染过程的主要来源。从气团轨迹可以看出，受台风过境影响，4—9 日，南通市近地面气流经历了由偏南方向逆时针转至偏南方向的过程。4 日气团主要来自环太湖区域和杭州湾周边城市，苏南（30.6%）、上海（6.4%）、浙江（9.8%）等地传输贡献较大；5—6 日，南通市气团主要来自东部海域，风速较小，本地贡献（占比约 45%）相对增大；7 日以西北气流为主，高贡献区域为江苏省中、北部城市（贡献占比约 41.7%）；8—9 日，台风过境，南通市受弱气压场控制，近地面风速减小，仍以偏南小风为主，苏南、浙江、上海等地污染贡献明显增强，9 日本地源贡献占比 36.7%，外来高贡献区域为苏州（22.7%）、浙江（18.1%）、海洋（17.3%）等，见图 3-1-52～图 3-1-54。

此外，在台风外围下沉气流的影响下，南通市在污染期间有较为明显的臭氧垂直输送。午后受气温升高，太阳辐射增量影响，光化学反应加剧，整层臭氧浓度均升高，且存在高空先上升地面后上升的现象，表明臭氧生成垂直输送也是加剧本次臭氧污染过程的一个重要原因。

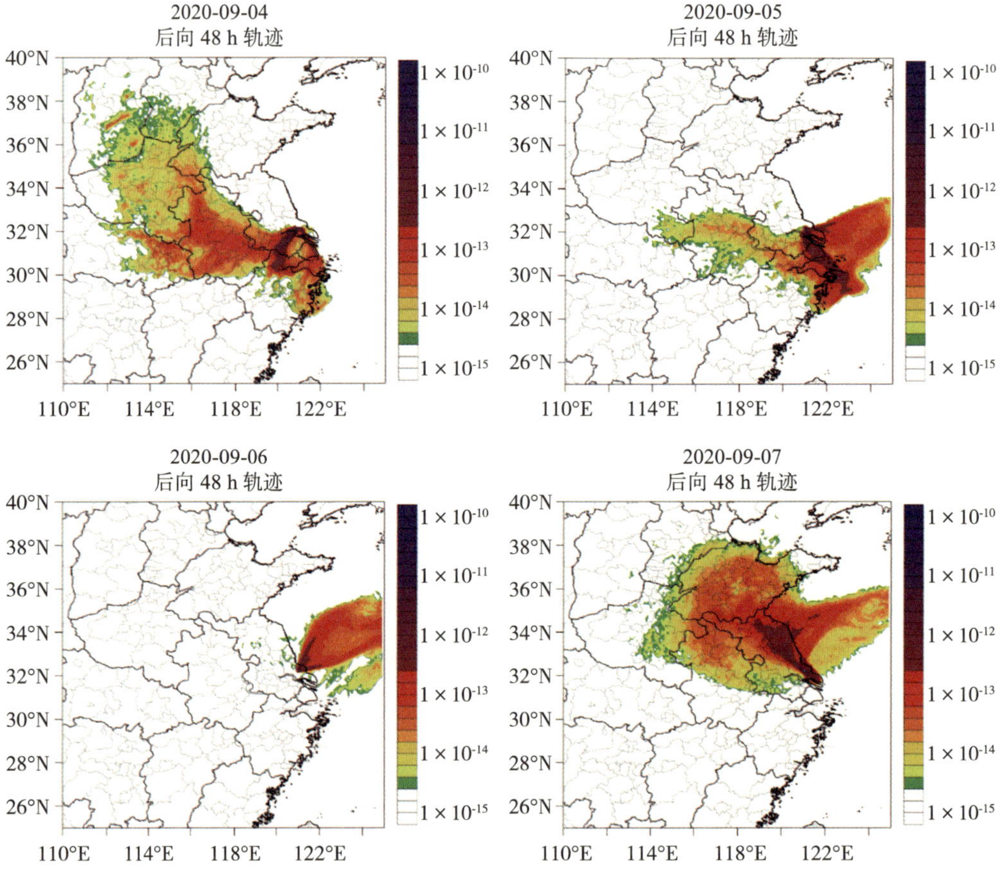

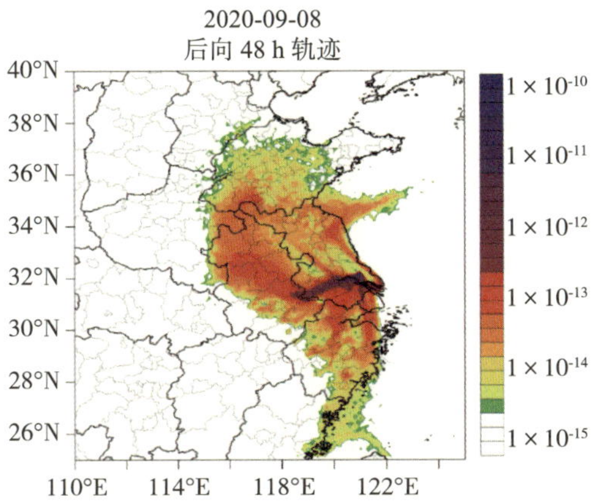

图 3-1-52　2020 年 9 月 4—9 日南通市近地面气团轨迹

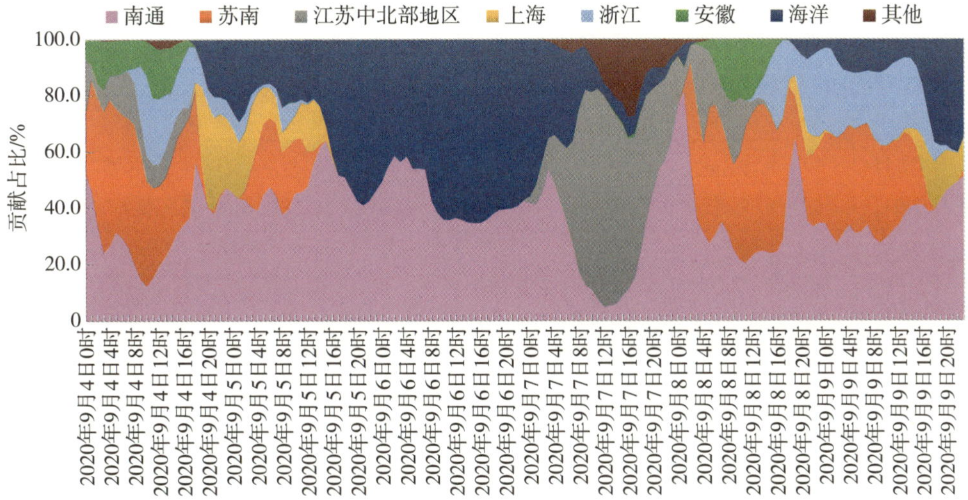

图 3-1-53　WRF-CAMx 2020 年 9 月 4—9 日南通市臭氧区域贡献

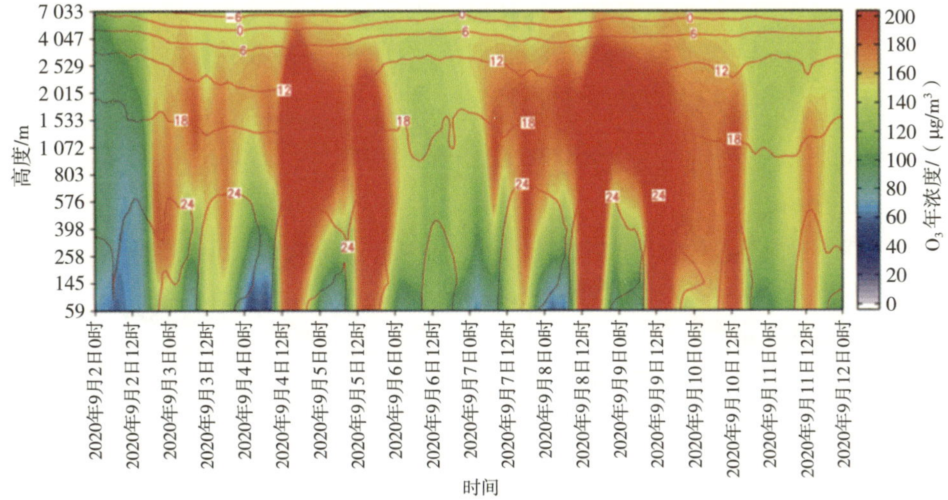

图 3-1-54　2020 年 9 月 4—9 日南通市臭氧污染垂直剖面

四、春节期间空气质量

（一）春节空气质量状况

2020 年春节期间（农历除夕至正月初六），南通市环境空气质量为以优、良为主（农历正月初一、初二、初三为优；除夕、初六为良；初四、初五为轻度污染，首要污染物为 $PM_{2.5}$），优良天数较 2019 年春节下降 1 天。比较 2019 年春节期间空气质量，2020 年农历正月初四、初五呈转差趋势，见表 3-1-16。

表 3-1-16　2020 年 1 月 24—30 日南通市空气质量

日期	AQI	空气质量指数类别	首要污染物	SO_2	NO_2	PM_{10}	CO	O_3-8h	$PM_{2.5}$
1 月 24 日	70	良	$PM_{2.5}$	5	8	68	0.8	100	51
1 月 25 日	70	良	$PM_{2.5}$	5	8	68	0.8	100	51
1 月 26 日	36	优	—	4	4	30	0.5	72	17
1 月 27 日	43	优	—	4	3	19	0.4	86	11
1 月 28 日	46	优	—	4	5	28	0.6	89	32
1 月 29 日	114	轻度污染	$PM_{2.5}$	6	19	83	1.0	55	86
1 月 30 日	107	轻度污染	$PM_{2.5}$	8	16	83	1.0	92	80

注：表中 AQI 量纲一，CO 单位为 mg/m^3，其余项目单位为 $\mu g/m^3$。

农历除夕至正月初一为烟花爆竹集中燃放的时段，2020 年除夕 10—16 时，南通市受上游污染输送以及静稳天气下扩散条件不利的影响，空气质量为轻度污染。农历除夕 18 时至正月初一 18 时，共出现 3 个峰值时点：除夕 20 时，AQI 值为 88；正月初一 0 时，AQI 值为 54；正月初一 9 时，AQI 值为 59。该时段内 AQI 变化特征与 2019 年基本一致，与集中燃放烟花爆竹的时间点相符，但峰值时点 $PM_{2.5}$ 均值较 2019 年下降 60.1%，见图 3-1-55。

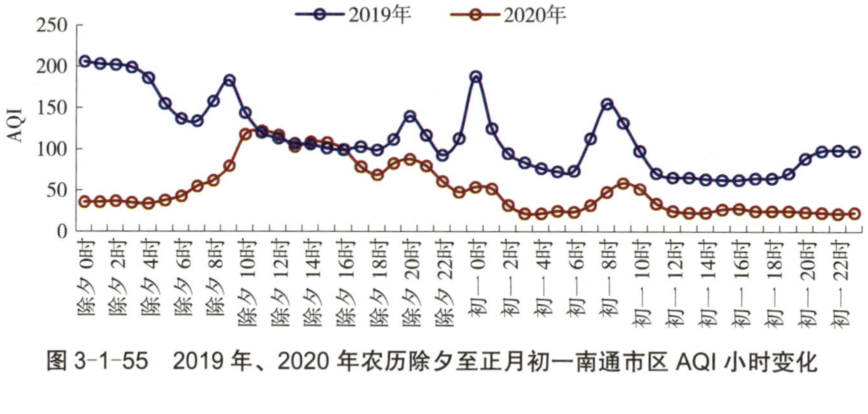

图 3-1-55　2019 年、2020 年农历除夕至正月初一南通市区 AQI 小时变化

正月初四至初五，天气转晴，气温回升，受西北方向污染物传输及不利气象条件下污染物累积的影响，南通市长时间处于轻度污染状态。结合往年分析，正月初五也为烟花爆竹的集中燃放时段，2020 年初五凌晨 0—3 时、上午 8—11 时及夜间 20—22 时出现轻微的 AQI 峰值，这与 2019 年 AQI 变化趋势基本一致，也与烟花爆竹燃放的时间点基本吻合，但由于外来传输气团浓度较高，本地污染排放有所被掩盖，见图 3-1-56。

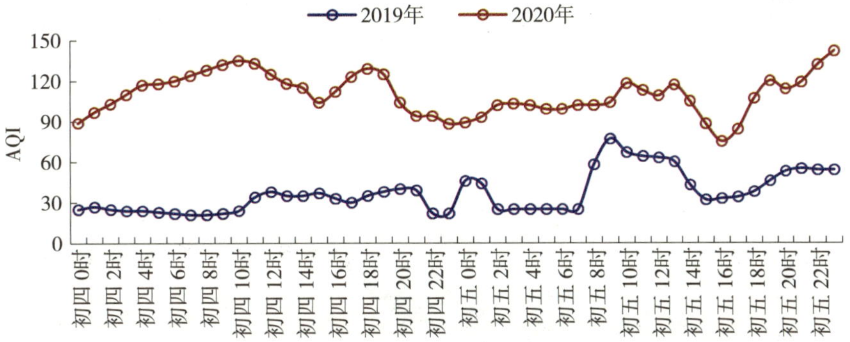

图 3-1-56　2019 年、2020 年正月初四至初五南通市区 AQI 小时变化

（二）颗粒物组分

颗粒物组分时序变化显示，农历除夕 18 时至正月初一 0 时、初一 7—10 时，初五 0 时、8—11 时、20—22 时，南通市 K^+、Mg^{2+}、SO_4^{2-}、Cl^- 浓度及其在颗粒物中的占比明显升高（图 3-1-58）。除夕 20 时，SO_4^{2-}、K^+、Cl^-、Mg^{2+} 浓度出现明显峰值，浓度分别为 29.3 μg/m^3、23.8 μg/m^3、16.2 μg/m^3、2.8 μg/m^3（较上一小时分别上升 51.6%、85.0%、52.5% 和 65.5%），其中 SO_4^{2-}、K^+、Cl^- 为颗粒物的主要贡献组分，占比分别为 28.2%、22.9%、15.6%。

正月初四至初五，硝酸盐（18.2 μg/m^3）、硫酸盐（16.0 μg/m^3）和有机物（11.7 μg/m^3）为颗粒物的主要组分，且正月初五南通市 K^+、Mg^{2+}、SO_4^{2-}、Cl^- 浓度有所上升，这主要与西北方向老化气团的传输［正月初四、初五 SOR、NOR 均值约为 0.5 μg/m^3，较正月初二、正月初三均值（0.2 μg/m^3）显著升高］及本地烟花爆竹的燃放有关，见图 3-1-57。

（三）VOCs 分析

春节期间烷烃、烯炔烃为 VOCs 的主要贡献组分，浓度分别为 9.2×10^{-9}（占比 53.9%）、3.4×10^{-9}（占比 20.0%），乙烷、丙烷为浓度最高的 2 个物种（图 3-1-58）。与上月同时段（2019 年 12 月 24—30 日）相比，VOCs 浓度均大幅下降，其中丙烷降幅为 53.5%，乙烷降幅为 12.2%。

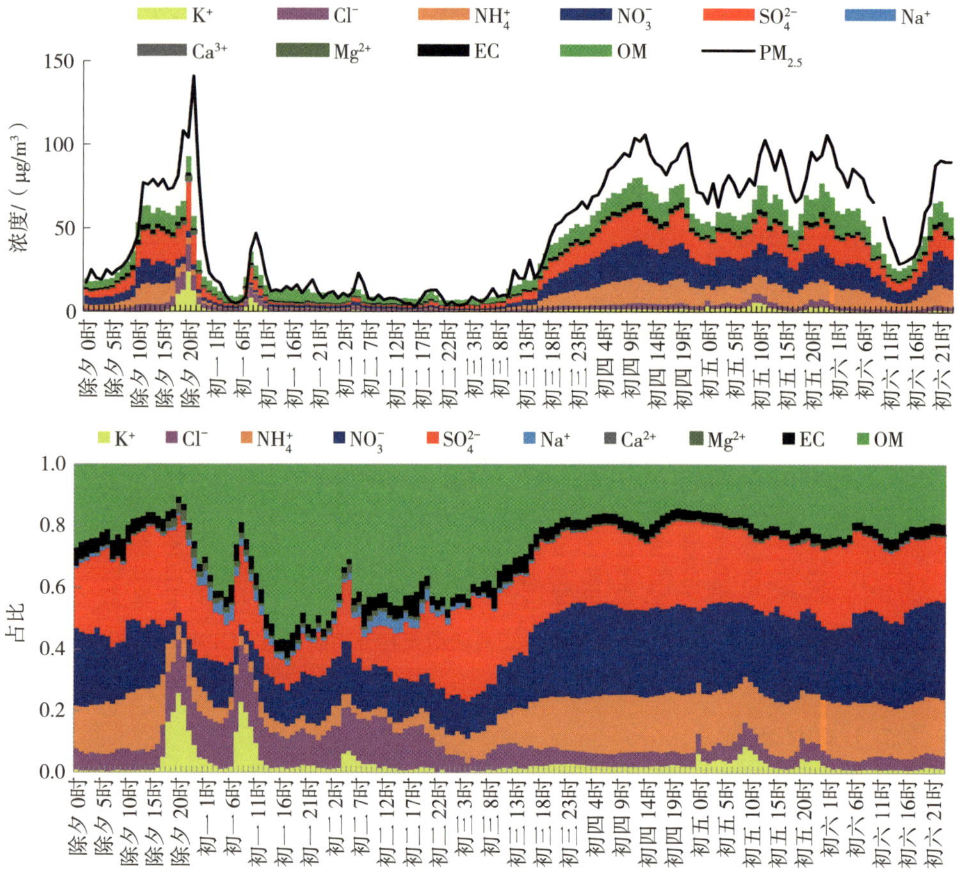

图 3-1-57　2020 年春节期间南通市区颗粒物组分小时变化

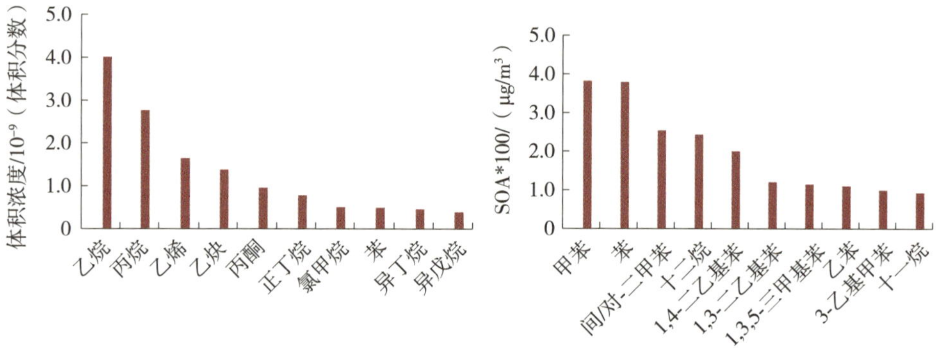

图 3-1-58　2020 年春节期间南通市区关键 VOCs 组分浓度及 SOA

SOA 生成潜势排名前三的物种分别为甲苯、苯和间 / 对 - 二甲苯，但其间芳香烃 SOA 总贡献（0.20 μg/m³）较上月同时段（0.92 μg/m³）显著下降。可见因春节假期和新冠肺炎疫情期管控，涂装和溶剂使用业未复工，显著降低了二次有机颗粒物的贡献。

烟花爆竹中还含有树脂、油脂等，燃放后会释放出一定的有机污染物。烟花爆竹燃放时段伴随乙烯、乙炔、苯等物质浓度的升高，以正月初一早 8 时较为明显（图 3-1-59）。

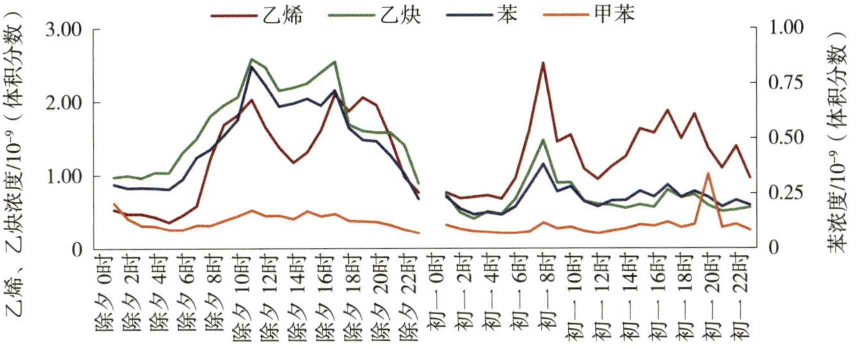

图 3-1-59　2020 年农历除夕至正月初一南通市区乙烯、乙炔、苯、甲苯浓度时序

第九节　小　结

“十三五”期间，南通市环境空气质量得到大幅改善，大气污染防治攻坚战取得突破性进展。

一、市区环境空气质量

2020 年，市区 $PM_{2.5}$ 浓度为 34 μg/m^3，省内首批达到国家环境空气质量二级标准；臭氧浓度为 148 μg/m^3，全省最低；空气质量优良率为 87.7%，连续 3 年全省第一，比 2019 年提高 6.9 个百分点，比“十二五”末提高 20 个百分点。全年收获 321 个蓝天，与“十二五”末相比，优的天数从 55 天增加至 134 天，增幅 151%，轻度污染天从 82 天减少到 37 天，中度污染天从 24 天减少到 6 天，重污染天从 12 天减少到 2 天。

与“十二五”末相比，大气中各主要污染物浓度均大幅下降。各主要指标中，二氧化硫降幅最大，达到 70%；臭氧降幅相对最小，为 12.4%；二氧化氮、PM_{10}、$PM_{2.5}$、一氧化碳降幅分别为 27.0%、47.7%、41.4%、21.4%。

二、县（市、区）环境空气质量

2020 年，启东空气质量优良率达到了 91%。启东 $PM_{2.5}$ 浓度为 25 μg/m^3，全市最低，海安、如皋 $PM_{2.5}$ 浓度为 35 μg/m^3，全市最高。各县（市、区）全部达到国家空气质量二级标准。

与 2019 年相比，各地环境空气质量均有所改善，空气质量优良率上升幅度在 1.1（通州区）～6.3（如皋市）个百分点；$PM_{2.5}$ 浓度降幅在 8.8%（通州区、如东县）。

与“十二五”末相比，各地环境空气质量改善明显。启东空气质量优良率上升 9 个百分点以上；$PM_{2.5}$ 浓度降幅在 37.5%（如皋）～47.0%（如东）。

三、存在的主要问题

大气环境质量持续改善，但是对照高质量发展目标要求仍有不足。目前主要存在三方面问题：

一是空气质量存在明显波动。“十三五”期间，空气质量改善的成果依然十分脆弱，整体改善趋势明显，但在一些年份仍然会由于气象条件等因素而出现反复。2018 年比 2017 年 $PM_{2.5}$ 浓度同比出现了反弹，2019 年比 2018 年优良天数比例同比出现了反弹。2020 年 1 月、12 月中旬，南通市空气质量出现过程性中重度污染，主要污染物为颗粒物。2020 年 5 月 25 日，市区 $PM_{2.5}$ 浓度达到 184 μg/m^3，为重度污染；同日通州区 $PM_{2.5}$ 浓度峰值达到 777 μg/m^3，为严重污染。调查发现，当日早晨通州区兴仁镇兴仁村秸秆露天焚烧，过火面积约 800 m^2。

二是臭氧污染未得到有效控制。“十三五”期间，以臭氧为代表的大气光化学污染问题日益凸显，尽管南通市 2020 年臭氧浓度全省最低，但全年作为首要污染物的天数仍然达到 130 天，臭氧超标天数 23 天，约占全年总超标天数的 1/2。春、夏、秋季均存在臭氧污染，尤以 8 月、9 月超标最为严重，合计超标 10 天。夏季臭氧浓度存在很大的不确定性，受气象条件变化影响尤其明显，是优良天数比例持续改善的难点。接下来的大气污染治理核心是抓好臭氧和 $PM_{2.5}$ 的协同，而协同治理的关键就是要做好氮氧化物和 VOCs 减排工作，尤其是 VOCs 的治理。

三是与国际标准、先进地区差距较大。2005 年世界卫生组织（WHO）发布《空气质量准则》，其 $PM_{2.5}$ 准则值是 10 μg/m^3，并根据对人体健康的影响，确定了 3 个过渡阶段的目标值，依次为 35 μg/m^3（第一阶段）、25 μg/m^3（第二阶段）、15 μg/m^3（第三阶段）。放眼长三角地区，2020 年 $PM_{2.5}$ 年均浓度：上海市为 32 μg/m^3，南京市为 31 μg/m^3，浙江省 11 个城市均小于或等于 30 μg/m^3，其中舟山市仅为 17 μg/m^3。南通市 $PM_{2.5}$ 浓度刚刚达到空气质量二级标准，与国际准则目标值相差甚远，与先进地区差距明显。上述问题的出现，与外源输送有一定关系，但最根本的还是本地污染源排放总量较大，本地能源结构、产业结构、交通运输结构有待进一步优化。

专栏六 《打赢蓝天保卫战三年行动计划》实施情况

自2013年开展“大气十条”以来，南通市严格贯彻落实国家行动计划及省实施方案，按照“控煤、降尘、治企、管车、禁烧、联防”12字方针，立足长远，着力眼前，标本兼治，全方位推进大气污染防治各项工作任务，并取得明显成效。2018年12月17日，印发《南通市打赢蓝天保卫战三年行动计划实施方案（2018—2020年）》，进一步完善大气污染防治联席会议制度。打赢蓝天保卫战，是打好生态环境保卫战的重中之重，意义重大，任务艰巨。“十三五”期末，南通生态环境质量改善受到省政府表彰，空气优良率保持全省第一，率先达到空气质量国家二级标准。2021年1月5日，江苏省打好污染防治攻坚战指挥部办公室专门向南通市委、市政府发来贺信，感谢南通为全省环境空气质量改善和蓝天保卫战圆满“收官”作出突出贡献。

一、环境空气质量改善情况

2020年，全市国民经济生产总值首次突破万亿元大关，在经济稳步回升、增速全省领先的情况下，生态环境质量进一步得到改善，达到“十三五”以来最好水平。环境空气质量收获两项之“最”，一是优良天数比例达87.7%，连续3年位居全省第一；二是臭氧年均浓度为148 μg/m^3，为全省最低。$PM_{2.5}$浓度为34 μg/m^3，在省内首批达到国家环境空气质量二级标准。大气中各主要污染物浓度较“十二五”期间均有较大幅度的下降。

二、污染物减排情况

南通市2018年二氧化硫排放量为44 559.7 t，氮氧化物排放量为51 251.7 t；2019年二氧化硫排放量为43 313.06 t，氮氧化物排放量为48 011.67 t，最终实际减排量为二氧化硫1 246.64 t，氮氧化物3 240.03 t，超出减排目标量（二氧化硫502 t，氮氧化物3 006.86 t）。2018年南通市VOCs总量为102 196.2 t，2019年VOCs总量为101 085.1 t，实际减排量为1 111.1 t。

三、大气污染防治重点任务完成情况

（一）推进产业结构优化调整

区域产业布局调整。制定出台《市政府关于加快培育先进制造业集群的实施意见》，提出了重点发展“3+3+N”先进制造业集群、培育发展沿海临港高端绿色产业基地的先进制造业集群发展目标。开展了《南通市“十四五”绿色循环发

展研究》，组织编制《南通市绿色产业发展指导意见》。目前南通市共有 3 个化工园区，其中南通经济技术开发区化工园区国家级示范试点已通过国家委托的省级验收；如东县洋口港化学工业园区和如皋港化工新材料产业园的循环化改造实施方案已通过评审，正在实施改造。2018 年至 2020 年 10 月，全市关闭化工企业 268 家。落后产能淘汰和过剩产能压减。一是完善工作机制体制，依法依规推动落后产能关停退出，促进制造业优化升级。二是强化低端低效退出，引导制造业企业化解过剩产能和退出低端低效产能，2019 年完成退出化纤行业低端低效产能 1 400 t，纺织行业低端低效产能 420 万 m，铸造行业低端低效产能 5 万 t，全部通过验收并完成公示。三是强化工作跟踪复查，对近年来全市化解过剩产能、淘汰落实产能企业进行再跟踪，防止已退出产能“死灰复燃”。四是严防钢铁产能违规，2018 年以来，南通市无钢铁去产能任务，严防“地条钢”“死灰复燃”，防范已化解的过剩产能复产。

（二）推进能源结构调整优化

重点区域煤炭消费总量控制。划定高污染燃料禁燃区。2018 年 1 月正式出台《南通市人民政府关于划定市区高污染燃料禁燃区的通告》，新的高污染燃料禁燃区通告扩大了禁燃区范围，将通州区全区域纳入了管理范围，选用Ⅱ类、Ⅲ类燃料组合类型，在禁燃区内的所有燃用高污染燃料设施（含燃煤锅炉及各类工业窑炉）实施限期淘汰或改用清洁能源。各县（市、区）政府均对辖区内禁燃区做了相应调整并公布执行。做好年度减煤任务分解工作。市政府分别于 2019 年、2020 年下发了《市政府办公室关于做好 2019 年减煤工作的通知》（通政办发〔2019〕68 号）、《市政府办公室做好 2020 年度减煤工作的通知》（通政办发〔2020〕52 号），全面部署目标任务、重点工作及保障措施，扎实推进年度减煤工作。严格落实煤炭消费减量替代要求。燃煤锅炉综合整治。持续推进燃煤锅炉整治。根据省、市“263”专项行动部署要求，南通市持续推进燃煤锅炉淘汰工程。2017 年至 2019 年年底，共淘汰 10 蒸吨及以下燃煤锅炉 1 186 台，10～30 蒸吨燃煤锅炉 78 台，全面推进 35 蒸吨 /h 及以下燃煤锅炉淘汰或实施清洁能源替代，65 蒸吨 /h 及以上燃煤锅炉 52 台已全部实现超低排放改造。推进实施燃气锅炉超低排放改造和生物质锅炉综合治理；全市完成燃气锅炉超低排放改造 326 台，生物质锅炉综合治理 76 台，其中实施超低排放改造的锅炉 9 台。

（三）推进运输结构调整

调整货物运输结构。推动公转铁、公转水。推进沿江港口资源整合和转型升级，将南通市区段港口集装箱运输功能集中搬迁至通海码头，打造多式联运的集散基地，推动集装箱运输跨越发展；同步将散货运输功能搬迁至横港沙码头，提高码头专业化、绿色化水平。“十三五”末，南通港集装箱运输“水水中转”比例达到 53%。铁路运输和水路运输比例达到 47%，铁路货运同比增长 14.37%。港口的煤炭集港全部由水路运输，全市具备水路货运条件的火电企业实现 100% 水路运输。推广高效绿色货运组织方式。持续推进网络货运、甩挂运输、多式联运等高效运输组织方式。400 km 以上和 800 km 以上货车空驶率分别下降到 26% 和 23%。在用机动车环保监管。推进实施机动车 I/M 制度。于 2019 年 7 月 1 日前全面建立实施 I/M 制度，全市共建设 29 家 M 站。建立监管工作机制，对汽车尾气排放治理维护站、机动车排放检验机构 I/M 制度实施情况强化监管。推进国三及以下排放标准营运中重型柴油货车淘汰。加快制定国三及以下排放标准营运中型和重型柴油货车淘汰补贴方案。对新进入运输市场的货运车辆全面开展燃料消耗量核查，严格禁止高油耗车辆进入道路运输市场。加强机动车排气监管。

（四）推进用地结构调整

防风固沙绿化工程。一是统筹布局森林建城。坚持林地、绿地、湿地“三地”同建，绿化、美化、文化“三化”结合，编制实施《南通市国家森林城市总体规划（2016—2025 年）》。二是着力推进长江造林。坚决贯彻落实“共抓大保护”重要指示精神，大尺度勾绘沿江“生态圈”，大力度打造沿江“生态核”，大维度编织沿江“生态带”。三是积极创新造林机制。坚持“科技兴林”“试点示范”，着力探索一种可复制、可推广的造林模式。扬尘综合治理。一是加强施工扬尘污染控制。建立了在建工地扬尘管控清单，将施工工地扬尘污染防治纳入文明施工管理范畴，组织开展扬尘整治“654”专项行动，督促企业和项目严格落实工地扬尘防治“六个 100%”。累计检查工地 6 523 家次，下达整改通知书 1 399 份，提出问题 3 341 条，已基本整改到位。二是建立快查快处机制。全省率先实施扬尘违法快查快办实施办法，办案时间由 30 天缩短到 7 天，严惩扬尘污染违反行为；其中，市、区两级城管部门已办结扬尘违法案件 362 起，罚款金额 473.42 万元，被实施处罚两次以上的企业有 9 家。持续开展渣土运输整治“零点行动”，建立秋冬季大气管控联合执法检查机制。三是建设在线监测系统。为提升科技执法水平，全市合计在施工工地安装 259 台扬尘在线监测设备和视频监控，并与扬尘在线监测平台联网。

专栏七　空气质量监测管控延伸至市控乡镇（街道 / 园区）

2020 年，南通市 104 个市控乡镇（街道 / 园区）空气质量监测站点逐步投入运行并通过验收，发布《南通市环境空气质量自动监测站点“点位长”履职办法（试行）》，明确提出在全市各国控、省控、乡镇（街道 / 园区）空气质量监测站点设“点位长”，负责辖区内大气污染防治及管控工作的落实。至此，全市 19 个国控、省控空气质量监测站点及 104 个市控乡镇（街道 / 园区）空气质量监测站点实现“点位长”全覆盖，县（市、区）点位长延伸到乡镇（街道 / 园区）级别。乡镇（街道 / 园区）空气自动站点对辖区内污染源的长期排查整治和管控起到了较好的支撑作用。

一、每月通报各乡镇（街道 / 园区）$PM_{2.5}$ 浓度

根据《关于印发〈南通市乡镇（街道）空气质量排名办法（试行）〉的通知》（通大气办〔2019〕7 号）和《关于印发〈南通市 2020 年秋冬季大气强化治理攻坚方案〉的通知》（通大气办〔2020〕11 号）的要求，自 2020 年 10 月起，南通市大气污染防治联席会议办公室每月进行各县（市、区）乡镇（街道 / 园区）$PM_{2.5}$ 浓度排名通报。以 2020 年 12 月为例，各站点 $PM_{2.5}$ 浓度插值分布见图 1。图 1 体现了南通市冬季颗粒物浓度污染的典型特征，其受北方污染源区域输送叠加市区本底污染的双重影响。

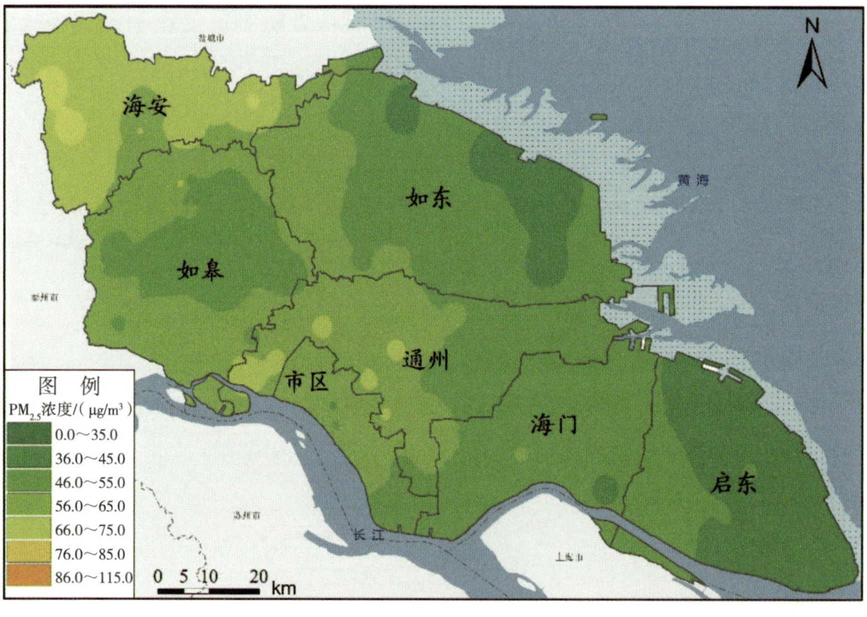

图 1　2020 年 12 月南通市所有空气监测站点 $PM_{2.5}$ 浓度均值插值分布

二、12 月 10—13 日污染过程分析

2020 年 12 月 10—13 日，南通市出现了入冬以来污染程度最重、持续时间最长的一次 $PM_{2.5}$ 污染过程，污染时长 67 h，其中严重污染 1 h，重度污染 34 h，中度污染 14 h，轻度污染 18 h。

10 日起，南通市大气扩散条件逐步转差，主要表现在风速减小，外源输送后无法扩散；相对湿度逐日增大，有利于污染物的累积和二次转化。不利气象条件下，外源输送叠加本地排放二次生成，导致本次重污染过程发生。具体如下：

10—11 日，南通市近地面总体受弱气压场控制，风向以西北和偏北风为主，上游污染物缓慢渗透南下。海安于 10 日 7 时先于市区出现 $PM_{2.5}$ 超标（86 μg/m^3），其中西北部的南莫镇和曲塘镇 $PM_{2.5}$ 浓度最高，分别为 120 μg/m^3 和 118 μg/m^3；如皋 10 时开始出现 $PM_{2.5}$ 轻度污染，与海安相邻的城北街道站和搬经镇 $PM_{2.5}$ 浓度最高，分别为 80.9 μg/m^3 和 75.3 μg/m^3；11 时起，市区近地面风速迅速增大（西北风，2.1 m/s），$PM_{2.5}$ 浓度开始超标，见图 2。

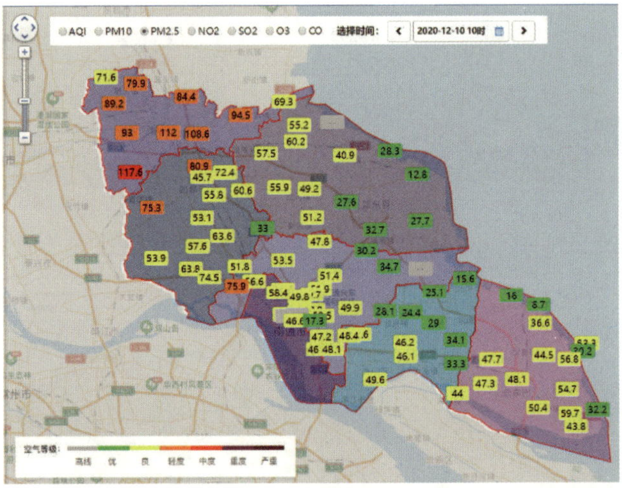

图 2　2020 年 12 月 10 日 10 时南通各乡镇站 $PM_{2.5}$ 浓度空间分布

11 日夜间边界层下压，12 日早间出现逆温，上游污染输送叠加本地污染累积的影响，$PM_{2.5}$ 浓度逐渐上升，12 日 10 时峰值达 253 μg/m^3。同时，11 日夜间 22 时乡镇站数据显示，南通市区周边 $PM_{2.5}$ 浓度较高，可见不利气象下本地污染物累积的影响，见图 3。

12 日夜间至 13 日清晨，南通市氮氧化物、一氧化碳浓度显著升高。本地氮氧化物的排放及夜间高湿条件（近 100%）下的二次转化，加之早间强逆温，叠加冷锋前西北方向污染物的挤压推送，南通市 $PM_{2.5}$ 于 13 日 10 时再度出现峰值。13 日午后，随着冷锋南压，水平气压梯度力增强，风速逐渐增大，污染逐渐消散，见图 4。

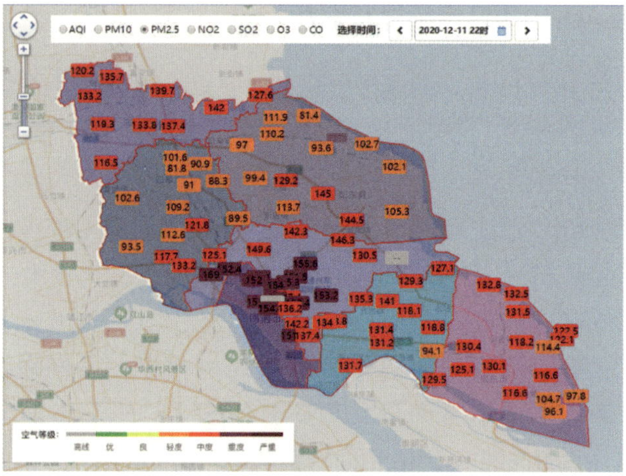

图 3　2020 年 12 月 11 日 22 时南通各乡镇站 $PM_{2.5}$ 浓度空间分布

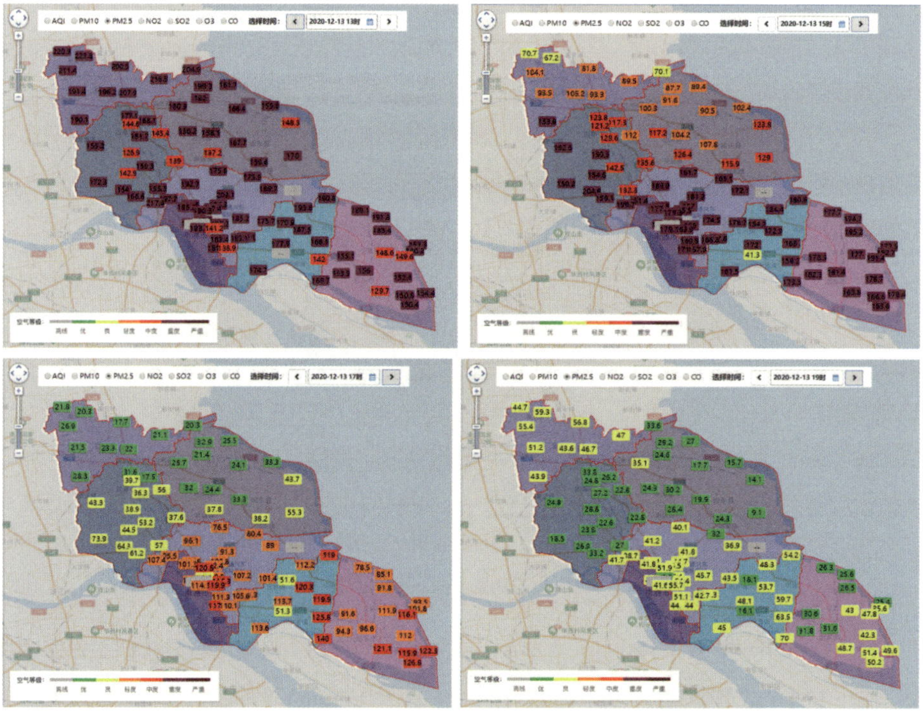

图 4　2020 年 12 月 13 日下午南通各乡镇站 $PM_{2.5}$ 浓度空间分布

乡镇空气自动监测站建设是提升乡镇空气监测能力的重要手段，通过分析其变化趋势及潜在风险，有助于精确分析污染成因，提高科学管控、精准治污水平，为打赢蓝天保卫战，切实改善空气环境质量，切实推进区域环境空气质量持续改善提供支撑。

专栏八 “十三五”南通市 ODS 工作情况

大量生产和使用的全氯氟烃、全溴氟烃等物质释放并上升到平流层时，经紫外线照射后分解出的自由基能与臭氧进行连锁反应，从而破坏臭氧层，这些物质被称为“消耗臭氧层物质”（ODS）。南通市自“十三五”起步就坚决贯彻落实《关于消耗臭氧层物质（ODS）的蒙特利尔议定书》，积极推进 ODS 淘汰履约能力建设。主要举措如下：

一、建立组织架构

下发《关于印发南通市加强消耗臭氧层物质淘汰履约能力建设项目（二期）任务分解方案的通知》，专门成立了以分管局长为组长的南通 ODS 项目领导小组以及项目工作小组，构建了南通市 ODS 项目工作运行的组织结构。同时，各县（市、区）也成立了相应的领导和工作小组，构建了以属地管理为主，条块结合、分类指导的立体组织网络，为工作推进提供了有力组织保障。

二、积极开展培训

针对涉 ODS 项目行业分布广、专业性强、摸排难度大等特点，南通市举办了全市 ODS 履约工作培训会，邀请专家就江苏省 ODS 政策法规、ODS 淘汰二期项目解析、涉 ODS 企业管理及现场检查要求、ODS 数据库介绍及企业申报备案和 HCFCs 行业淘汰监管方面现场授课，提高南通市 ODS 环境管理工作人员履约能力，帮助相关企业完善申报、管理制度，更好推进南通市“加强消耗臭氧层物质（ODS）淘汰履约能力建设二期项目”工作。

三、组织现场核查

为全面掌握南通市 ODS 企业生产、销售、使用等情况，落实 ODS 备案管理制度，南通市生态环境局制订了 ODS 企业摸底排查工作计划，各地执法分局现场检查涉 ODS 工艺、设备及原辅材料使用情况，查阅 ODS 生产、使用配额许可或备案相关证明材料，核查 ODS 实际生产、销售、使用量，调阅涉 ODS 生产经营活动票据及台账资料，核实被检查单位是否完整保存有关生产经营活动原始资料，并按照规定报送相关数据。“十三五”期末，南通市涉 ODS 企业共 22 家，涉及主要物质为 HCFC-22、HCFC-141b、HFC-134a、R-134a，12 家企业已在省内监管平台完成备案。

四、开展执法检查

近年来，为加强对 ODS 的监督管理，南通市执法部门先后多次组织专项执法检查，重点检查太阳能、泡沫制品等行业，严查涉嫌生产、销售 ODS 的企业和个人。2019 年 8 月，原南通市环境执法支队检查过程中发现江苏绿源新材料有限公司违规使用二氯甲烷，依法罚款查处 3 万元。

第二章 降 水

南通市属于江苏省的沿江酸雨控制区。“十三五”期间，随着辖区内二氧化硫排放量的大幅削减，全市酸雨发生频率整体呈下降趋势，降水酸度有所减弱，来自氮氧化物的污染比例正在升高。南通市区、通州的酸雨发生频率较“十二五”末大幅下降，分别下降 36.8 个百分点和 39.0 个百分点，酸雨污染分布格局发生较大变化。

第一节 降水和酸雨污染现状

一、监测概况

“十三五”期间，南通市按照环境监测技术规范的要求开展降水监测工作，全市共布设降水点位 10 个，监测频次为逢雨必测；必测项目为降水量、pH、电导率，在雨量足够的情况下，开展全项目分析，项目包括 SO_4^{2-}、NO_3^-、F^-、Cl^-、K^+、Na^+、NH_4^+、Ca^{2+}、Mg^{2+}。降水酸度采用氢离子雨量加权法计算和评价，离子浓度平均值按雨量加权算术平均值计算。

二、酸雨污染状况

2020 年，南通市共采集降水样品 656 个，其中属于酸雨的样品（pH<5.6）18 个，酸雨发生频率为 2.7%，较 2019 年降低 0.2 个百分点；全市降水年均 pH 为 6.21，较 2019 年减小 0.04；pH 最小值为 4.85，出现在 7 月 18 日海门市监测站。市区及各县（市、区）降水 pH 年均值除海门外，其余均高于酸雨临界值，海安、如东、启东无酸雨发生，其余各地酸雨发生频率在 0.45%（市区）～15.6%（海门），见表 3-2-1。

表 3-2-1 2020 年南通市降水酸度统计

区域	样品数 / 个	降水 pH			酸雨样品数 / 个	酸雨发生频率 /%
		最小值	最大值	平均值		
市区	220	4.95	8.23	6.54	1	0.45
海安	56	7.05	8.08	7.52	0	0
如皋	121	5.39	7.9	6.63	1	0.83
如东	76	5.93	7.12	6.55	0	0
通州	74	5.01	8.72	5.93	6	8.1
海门	64	4.85	7.36	5.58	10	15.6
启东	45	5.82	8.87	7.27	0	0
全市	656	4.85	8.87	6.21	18	2.7

（一）时空分布特征

从空间分布来看，2020 年海门酸雨发生频率最高，为 15.6%，其次是通州（8.1%），如皋、市区酸雨发生频率分别为 0.83% 和 0.45%；海安、如东、启东无酸雨发生，见图 3-2-1。

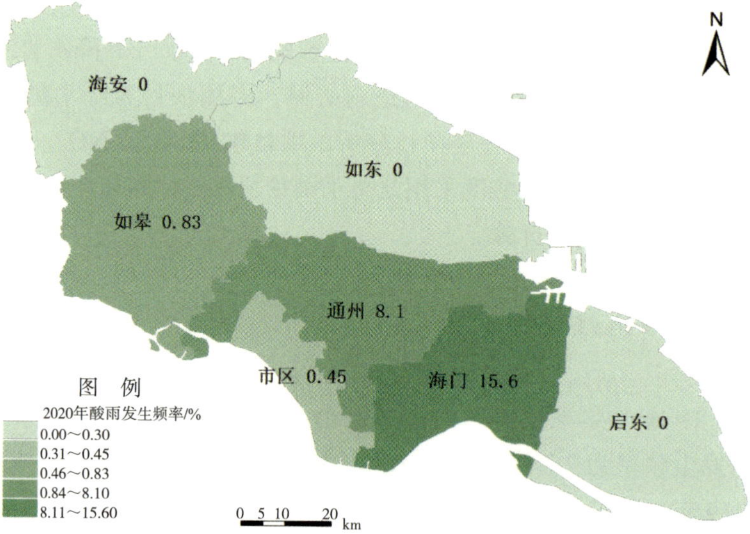

图 3-2-1 2020 年南通市各地区酸雨发生频率分布

2020 年，全市降水样本各月月均 pH 均高于酸雨临界值，7 月最低为 5.97。从各月酸雨发生频率来看，7 月最高为 5%，6 月和 9 月次之为 4%，3 月、11 月、5 月、1 月、8 月污染相对较轻分别为 2%、2%、1.92%、1.67% 和 1.41%，

2 月、4 月、10 月和 12 月无酸雨发生，见图 3-2-2。

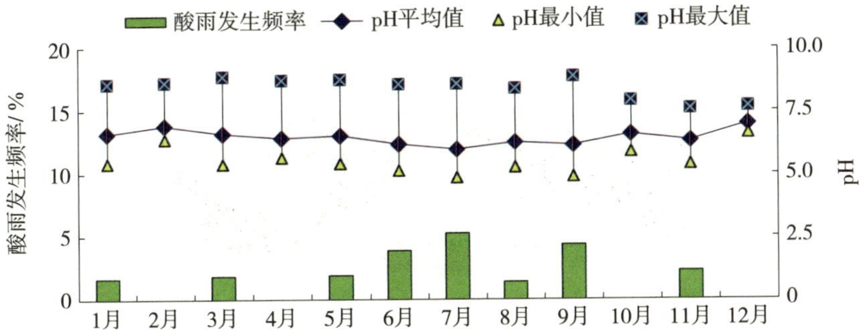

图 3-2-2　2020 年南通市降水酸雨情况月际变化

（二）化学组成分析

2020 年，对降水样品进行了离子组分全分析，化学成分统计结果见表 3-2-2。

表 3-2-2　2020 年南通市降水离子当量浓度　　单位：μg 当量 /L

区域	硫酸根	硝酸根	氟离子	氯离子	铵离子	钙离子	镁离子	钠离子	钾离子
市区	110.2	35.4	4.0	22.0	45.3	49.6	34.9	72.1	7.9
海安	39.1	36.4	3.1	70.7	71.8	53.2	9.7	21.0	62.7
如皋	38.1	39.1	3.9	24.5	60.1	53.0	11.4	21.7	7.3
如东	34.3	37.0	2.8	39.5	55.2	37.5	10.7	25.4	18.0
通州	25.1	31.7	2.2	12.4	36.3	19.5	4.6	13.5	3.0
海门	35.2	37.5	2.5	35.7	41.4	48.4	17.3	18.9	5.4
启东	43.4	35.9	2.7	195.2	38.8	97.3	10.3	33.9	132.8
全市	62.3	36.0	3.3	41.2	48.7	49.1	19.3	39.7	21.7

从全市降水化学组分结果分析，全市降水阴离子中含量最高的是硫酸根离子，占离子总当量浓度的 19.4%；其次是氯离子，占离子总当量浓度的 12.8%；硝酸根离子占离子总当量浓度的 11.2%。阳离子中含量最高的是钙离子，占离子总当量浓度的 15.3%；其次是铵根离子，占 15.2%，见图 3-2-3。

降水组分中硫酸根离子和硝酸根离子当量浓度之和占阴离子当量浓度总和的 68.8%，表明降水受硫酸根离子和硝酸根前体物二氧化硫和二氧化氮的影响较大。阳离子中钙离子和铵离子当量浓度之和占阳离子当量浓度总和的 54.8%。

降水中硫酸根和硝酸根的当量浓度比值为 1.73，较 2019 年升高 38.4%，表明南通市降水中的致酸物质主要是硫酸盐，降水污染主要来自硫氧化物。如皋、如东、通州、海门硫酸根和硝酸根的当量浓度比值已小于 1，说明这些地区已逐步改变煤烟型污染为主导致酸雨的局面。

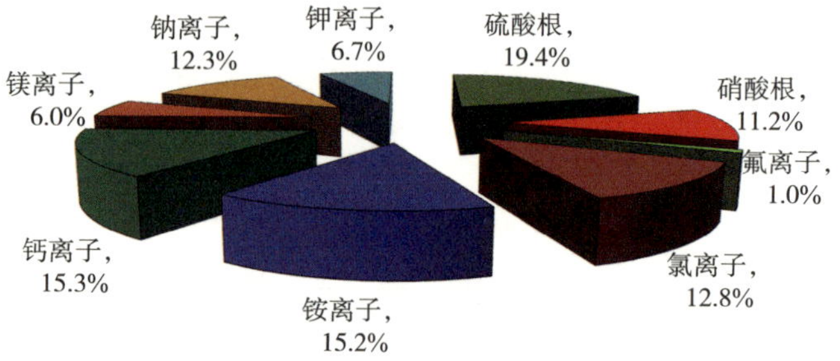

图 3-2-3　2020 年南通市降水中主要离子当量浓度百分比

第二节　变化趋势

一、酸雨污染变化

“十三五”期间，全市各地酸雨污染程度普遍减轻，Spearman 秩相关分析表明，5 年间酸雨发生频率总体呈显著下降趋势，pH 年均值上升趋势不显著。全市降水 pH 年均值在 5.80～6.25，酸雨发生频率最高为 2016 年的 15.7%，最低为 2020 年的 2.7%。南通市区的酸雨发生频率呈波动式下降，从 2016 年的 16.1% 降至 2017 年的 2.7%，2018 年回升至 8.2%，后逐年降至 2020 年的 0.45%（表 3-2-3）。从区域分布来看，南通市酸雨污染状况得到改善，各地的降水 pH 平均值均高于 5.6，降水 pH 最小值总体升高，酸雨区范围进一步缩小。

表 3-2-3　2016—2020 年南通市降水酸度统计

区域	年份	样品数 / 个	酸雨发生频率 /%	pH		酸雨发生频率趋势分析	pH 均值趋势分析
				平均值	最小值		
市区	2016	186	16.1	5.66	4.43	r_s=−0.7 下降不显著	r_s=0.7 上升不显著
	2017	148	2.7	6.22	5.42		
	2018	134	8.2	5.92	4.19		
	2019	165	3.0	6.18	4.21		
	2020	220	0.45	6.54	4.95		

续表

区域	年份	样品数/个	酸雨发生频率/%	pH		酸雨发生频率趋势分析	pH 均值趋势分析
				平均值	最小值		
全市	2016	707	15.7	5.80	4.43	r_s=-1 显著下降	r_s=0.7 上升不显著
	2017	529	8.5	6.06	4.75		
	2018	558	5.6	6.02	4.19		
	2019	518	2.9	6.25	4.21		
	2020	656	2.7	6.21	4.85		

与“十二五”末相比，全市各区域酸雨发生频率总体降低，酸雨平均发生频率减低 22.7 个百分点。原沿江酸雨中心区中，市区、通州的酸雨发生频率下降了 36.8 个百分点和 39.0 个百分点，但海门却升高了 4.8 个百分点；沿海的海安、如东、启东等县（市）未采集到酸雨样品，酸雨发生区域范围缩小，见表 3-2-4。

表 3-2-4　与“十二五”末相比，南通市降水酸雨发生频率变化统计

项目	年份	市区	海安	如皋	如东	通州	海门	启东	全市
酸雨发生频率/%	2015	37.3	7.7	24.4	0	47.1	10.8	34.6	25.4
	2020	0.5	0	0.8	0	8.1	15.6	0	2.7
变化值（百分点）		36.8 ↓	7.7 ↓	23.6 ↓	0 （无变化）	39.0 ↓	4.8 ↑	34.6 ↓	22.7 ↓

二、化学组成变化

“十三五”期间，全市降水化学组分中各主要阴离子、阳离子组分的比例稳中有变，除 2019 年外，硫酸根占离子总当量的比例仍居于首位，最高的 2017 年占比为 28.3%，南通市酸雨仍为硫酸型，但硝酸根离子的当量浓度占比有所升高。阳离子中钙离子、钾离子的当量浓度年度变幅较大。

Spearman 秩相关分析表明，阴离子中硫酸根下降趋势不显著，硝酸根、氯离子、氟离子上升趋势不显著；阳离子中铵离子、钙离子、镁离子、钠离子和钾离子均呈不显著上升趋势，见表 3-2-5。

与“十二五”末相比，全市降水中硫酸根离子当量浓度下降 24.2%，硝酸根离子浓度上升了 29.0%。硫酸根和硝酸根的当量浓度比值已从 2015 年的 2.9 降至 2020 年的 1.7，尽管降水中的致酸物质总体来看，主要还是硫酸盐，但来自氮氧化物的污染比例正在升高，见图 3-2-4。

表 3-2-5 2016—2020 年南通市降水各离子组分当量浓度统计 单位：μg 当量 /L

年份	硫酸根	硝酸根	氟离子	氯离子	铵离子	钙离子	镁离子	钠离子	钾离子
2016	70.4	27.9	2.6	31.6	44.3	41.4	10.7	23.5	3.1
2017	76.8	37.6	3.2	29.1	36.6	43.9	15.6	24.8	3.3
2018	97.7	42.2	2.7	27.0	30.1	96.6	22.6	58.6	2.8
2019	60.2	48.1	10.6	50.9	58.2	124.4	31.7	37.7	6.3
2020	62.3	36.0	3.3	41.2	48.7	49.1	19.3	39.7	21.7
r_s	-0.5 ↓	0.4 ↑	0.8 ↑	0.5 ↑	0.5 ↑	0.7 ↑	0.7 ↑	0.7 ↑	0.7 ↑

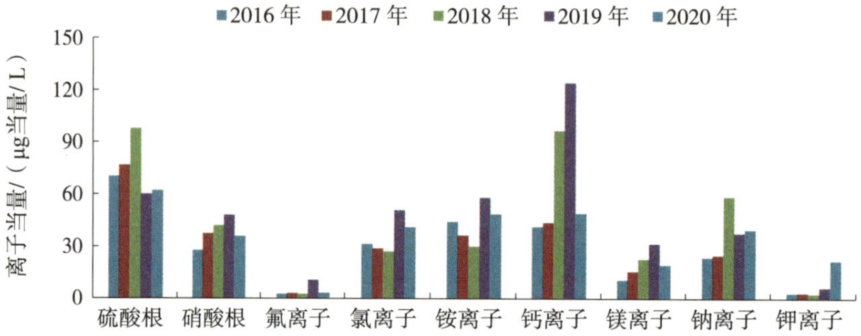

图 3-2-4 2016—2020 年南通市降水各离子组分当量浓度及变化

其余化学组分中，氟离子、铵离子、钙离子分别比“十二五”末下降 10.8%、22.9% 和 5.4%；氯离子、镁离子、钠离子、钠离子分别上升 19.8%、46.2%、47.0% 和 343%，见表 3-2-6。

表 3-2-6 与“十二五”末相比，南通市降水化学组分变化统计

项目	年份	硫酸根	硝酸根	氟离子	氯离子	铵离子	钙离子	镁离子	钠离子	钾离子
离子当量浓度 /（μg 当量 /L）	2015	82.4	27.9	3.7	34.4	63.2	51.9	13.2	27.0	4.9
	2020	62.3	36.0	3.3	41.2	48.7	49.1	19.3	39.7	21.7
变化幅度		24.4% ↑	29.0% ↑	10.8% ↑	19.8% ↑	22.9% ↑	5.4% ↑	46.2% ↑	47.0% ↑	343% ↑

第三节 小 结

（1）全市酸雨污染程度大幅减轻，酸雨发生频率下降，降水酸度和酸雨酸度均有所减弱。2020 年全市降水总量增加，但获得的酸雨样本较少，酸雨污染以弱酸

性酸雨污染为主，全市 656 个降水样本中属于酸雨的样品（pH<5.6）18 个，酸雨发生频率为 2.7%，降水年均 pH 为 6.21。与“十二五”末相比，全市酸雨发生频率降低了 22.7 个百分点。降水中硫酸根离子当量浓度下降，来自氮氧化物的污染比例正在升高。

（2）酸雨污染分布格局有变化。原沿江酸雨中心区中，市区、通州的酸雨发生频率与“十二五”末相比下降 36.8 个百分点和 39.0 个百分点，但海门却升高了 4.8 个百分点；沿海的海安、如东、启东等县（市）未采集到酸雨样品，酸雨影响区范围缩小。

第三章　地表水环境

南通市境内河网密布、江海交融，境内河道众多，受潮汐影响，水系上下游关系复杂。“十三五”期间，南通市委、市政府坚决贯彻习近平总书记关于长江经济带发展“共抓大保护、不搞大开发”的重要指示精神，落实中央和省关于系统治水的决策部署，扎实推进辖区内水环境综合整治，全市地表水环境质量总体改善态势明显，国考、省考断面水质实现“双达标”，省考以上断面优Ⅲ比例大幅提升，全面消除劣Ⅴ类断面，入海河流水质有所提升。南通市河流沉积物状况总体处于平稳状态，略有好转。在全市水环境质量总体向好的态势下，水环境改善成果仍然脆弱，个别断面水质有所反复。

第一节　地表水总体状况

一、监测概况

“十三五”期间，南通市按照国家长江流域和淮河流域水污染防治“十三五”规划开展水环境综合整治工作，水环境监测力度同步加大，地表水监测项目增加到全部 24 个基本项目，监测频次增加到每月 1 次，地表水自动监测在饮用水水源日常监管、交界断面水质监控方面取得进展并纳入考核数据来源，为全面反映南通市地表水水质状况提供支撑。

全市共设置地表水市控以上评价、考核断面 70 个（国控 5 个、省控 26 个、市控 39 个），详见图 3-3-1。另设城市河流断面 9 个，省级科研趋势断面 4 个，6 个国控入海河流考核断面（其中 3 个已纳入评价、考核断面），2019 年新增长江及重要支流断面如海运河向阳桥（其余 8 个已纳入评价、考核断面）。市控以上评价、考核断面每月监测 1 次，趋势科研断面至少单月监测 1 次，其余断面每月监测 1 次。

“十三五”新增的 9 个城市河流评价断面监测项目为 pH、溶解氧、高锰酸盐指数、氨氮、五日生化需氧量、石油类、挥发酚、汞、铅、透明度 10 项，其余断面监测项目为《地表水环境质量标准》（GB 3838—2002）中表1规定的24项，外加电导率，交界断面加测流向。水质评价以《地表水环境质量标准》（GB 3838—2002）和《地表水环境质量评价办法（试行）》（环办〔2011〕22号）为主要依据。水环境评价方法与标准见附录。

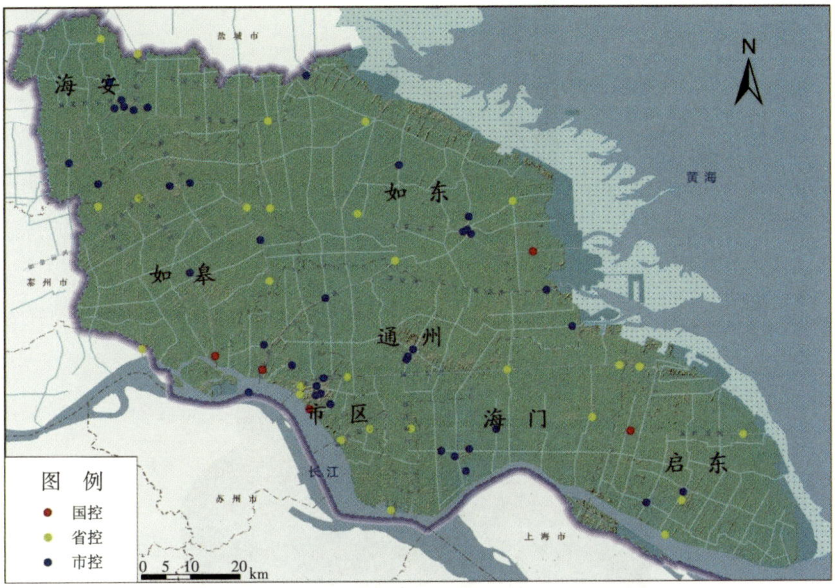

图 3-3-1　2020 年南通市地表水市控以上断面分布

根据原环境保护部《关于做好国家地表水环境质量监测事权上收的通知》（环办监测〔2017〕70号）、《关于开展国家地表水环境质量监测网采测分离工作的通知》（环办监测〔2017〕76号）以及《关于继续做好国家地表水环境质量监测网采测分离工作的通知》（环测便函〔2017〕428号）的要求，2017年10月起，开展国家地表水环境质量监测网（涉及5个国家考核断面和5个入海河流断面）采测分离工作（2020年增加6个“十四五”国考断面），并以采测分离监测结果进行水质评价。

二、总体状况

2020年，南通市70个市控以上地表水断面中，达到或优于Ⅲ类水质的比例为95.7%，同比上升了27.1个百分点；Ⅳ类断面比例为4.3%，同比下降了25.7个百分点；Ⅴ类和劣Ⅴ类断面比例为0，同比下降了1.4个百分点。市控以上断面类别比例统计见图3-3-2、图3-3-3。按南通市“水污染防治工作方案”中规定的2020年水质目标评价，达标率为97.1%。

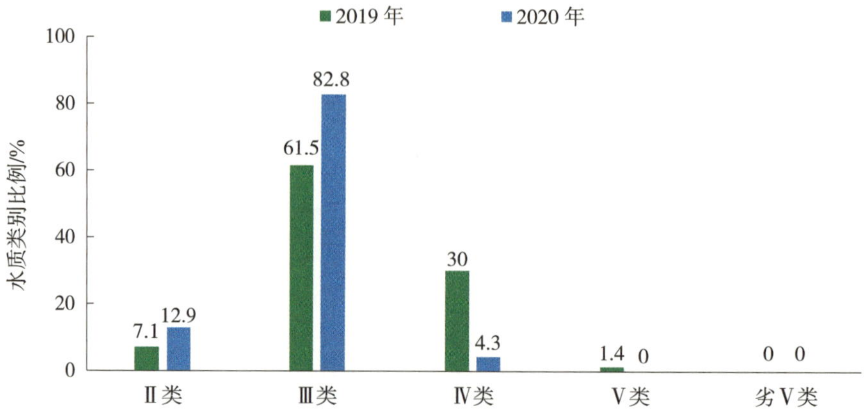

图 3-3-2　南通市市控以上断面水质类别比例年际变化

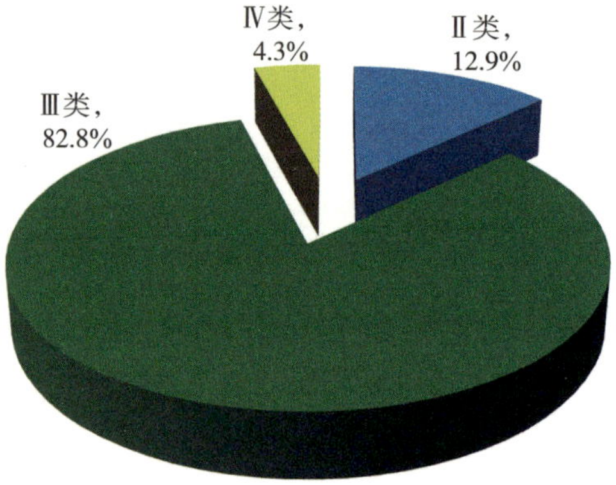

图 3-3-3　2020 年南通市市控以上断面水质类别比例

2020 年，南通市水质主要污染指标为总磷，超Ⅲ类比例为 4.3%，年均浓度为 0.150 mg/L。与 2019 年相比，主要污染指标明显减少，浓度与超Ⅲ类比例亦有所降低，氨氮、总磷、化学需氧量 3 项指标年均浓度分别下降 13.6%、11.8% 和 7.1%，超Ⅲ类断面比例分别下降 5.7 个百分点、22.8 个百分点和 7.1 个百分点，见表 3-3-1。

表 3-3-1　南通市市控以上断面主要污染指标年际变化情况

污染指标	2019 年			2020 年		
	是否为主要污染指标	超Ⅲ类断面比例	年均浓度 /（mg/L）	是否为主要污染指标	超Ⅲ类断面比例	年均浓度 /（mg/L）
氨氮	√	5.7%	0.44	×	—	0.38
总磷	√	27.1%	0.170	√	4.3%	0.150
化学需氧量	√	7.1%	14	×	—	13

三、国家、省级考核断面

依据《关于明确水污染防治目标的函》（污防函〔2016〕6号）和《江苏省水污染防治目标责任书》的要求，“十三五”期间，南通市共设5个地表水国家“水十条”考核断面（以下简称国考断面）。根据《关于下达“十三五”水环境质量考核目标的通知》（苏环委办〔2016〕5号），“十三五”期间，全市设置26个地表水省级考核断面（以下简称省考断面）。按照《地表水环境质量标准》（GB 3838—2002）21个基本项目（不包括水温、总氮、粪大肠菌群）和《地表水环境质量评价办法（试行）》（环办〔2016〕22号）进行水质评价。国考断面依据《水污染防治行动计划实施情况考核规定（试行）》（环水体〔2016〕179号）进行水质考核及达标评价，2018—2020年采用国家采测分离结果进行评价。省考断面2020年依据《关于印发江苏省2020年水污染防治工作计划的通知》（苏水治办〔2019〕2号）进行水质考核及达标评价。

2020年，南通市5个国考地表水断面平均水质达到或优于Ⅲ类水质断面的比例为80%，省考地表水断面达到或优于Ⅲ类水质断面的比例为93.5%，均符合考核目标要求；无劣Ⅴ类断面，达到全面消除省考以上劣Ⅴ类断面的考核要求。省考以上断面优Ⅲ比例较2019年（74.2%）提升19.3个百分点，优Ⅲ类比例改善幅度居全省第一。

根据《城市地表水环境质量排名技术规定（试行）》、《江苏省县（市、区）地表水环境质量排名方案（试行）》（苏环办〔2019〕367号），全市纳入高质量发展监测评价考核的6个县（市、区）的地表水环境质量排名情况见图3-3-4，其中如皋城市水质指数以4.476 3位居全省第6，通州区以4.492 6位居全省第7。如东城市水质指数变化值（ΔCWQI）以-7.01%位居全省第7，地表水环境质量提升幅度较大。

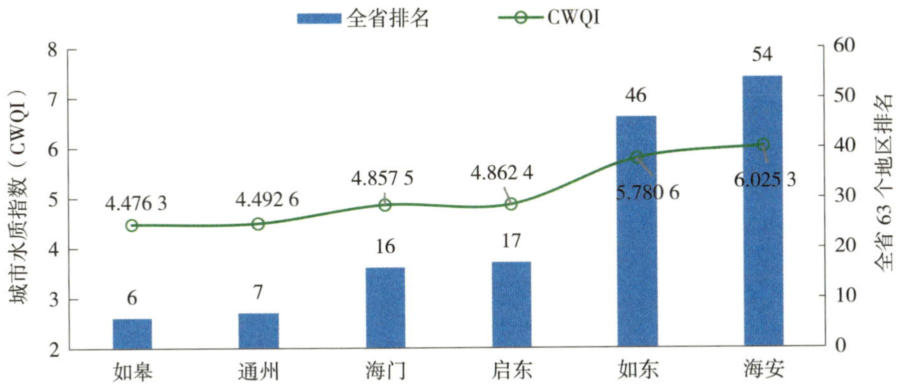

图3-3-4 2020年全市高质量发展考核地区城市水质指数及全省排名

四、主要河流水质状况

2020 年，南通市境内 9 条主要内河中，通吕运河、通启运河、焦港、新通扬运河、九圩港、如海运河、如泰运河、栟茶运河水质较为稳定，总体属优良水平；通扬运河水质总体属“轻度污染”，主要污染指标为总磷、氨氮、五日生化需氧量，见图 3-3-5。与“十二五”末相比，通吕运河、通启运河、如泰运河、栟茶运河等水质均有明显改善，其他河流水质有所改善。

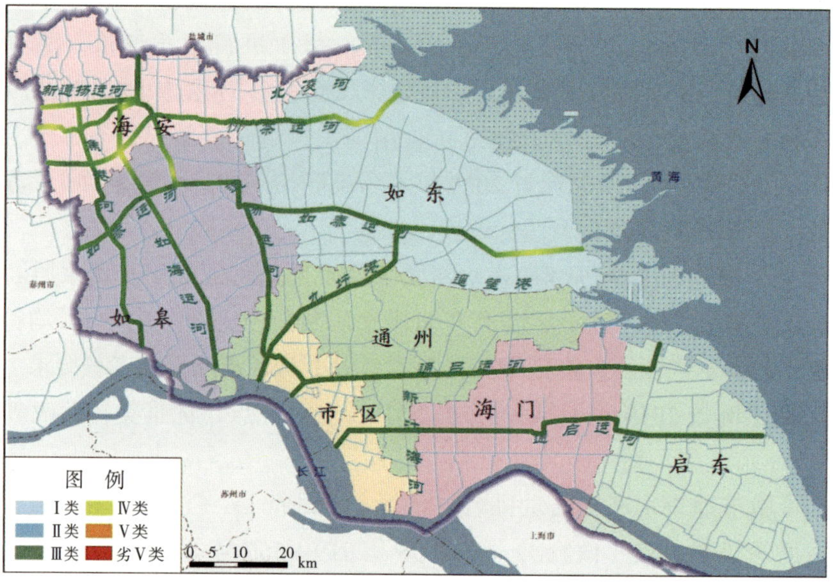

图 3-3-5 2020 年南通市主要内河水质状况

根据《城市地表水环境质量排名技术规定（试行）》中河流水质指数（$CWQI_{河流}$）计算方法，经过测算，2020 年 9 条内河的 CWQI 由大到小依次为新通扬运河（6.40）＞栟茶运河（6.25）＞通扬运河（5.84）＞如泰运河（5.42）＞通启运河（5.06）＞焦港（4.81）＞如海运河（4.65）＞通吕运河（4.35）＞九圩港（3.97）。据此判定河流污染负荷情况：新通扬运河尽管全年水质符合Ⅲ类水质标准，但各项污染指标整体负荷值仍处于全市内河中的最高位。

五、“十三五”变化趋势

“十三五”期间，南通市 5 个国考断面符合Ⅲ类的比例基本稳定在 80%，未达Ⅲ类断面为如泰运河东安闸桥西，2018—2020 年该断面总磷浓度呈下降趋势。31 个省考断面水质优Ⅲ比例呈现先下降后大幅上升的趋势，“十三五”期末，符合Ⅲ类标准的比例远超“十三五”初期，见图 3-3-6、表 3-3-2。

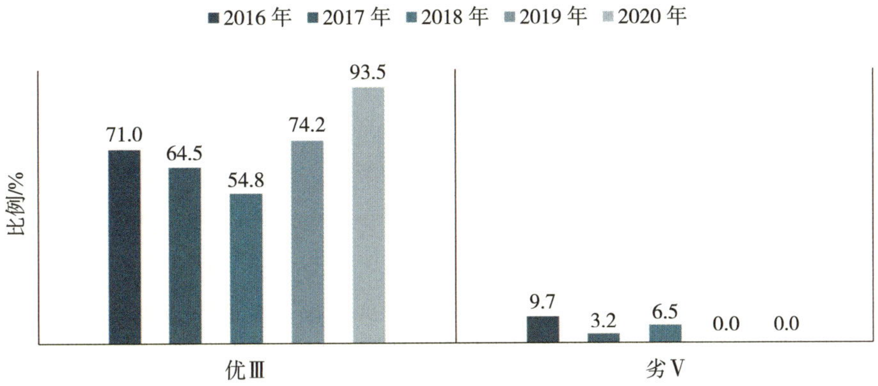

图 3-3-6 “十三五”期间省考以上断面优Ⅲ、劣Ⅴ类比例

表 3-3-2 “十三五”省考以上断面水质状况

类别		2016 年	2017 年	2018 年	2019 年	2020 年
国考断面（5 个）	优Ⅲ类比例	100	100	80.0	80.0	80.0
	劣Ⅴ类比例	0	0	20	0	0
省考以上断面（31 个）	优Ⅲ类比例	71.0	64.5	54.8	74.2	93.5
	劣Ⅴ类比例	9.7	3.2	6.5	0	0

“十三五”期间，省考以上断面主要污染物化学需氧量、氨氮、总磷浓度均呈显著下降趋势。与“十二五”末相比，化学需氧量浓度下降 27.8%，氨氮浓度下降 64.8%，总磷浓度下降 41.9%。

第二节 长江流域

南通境内地势平坦，河沟成网。主要骨干河道（一级河道）有焦港河、如海运河、九圩港河、如泰运河、通扬运河、新通扬运河、通吕运河、通启运河、新江海河、北凌河、栟茶运河等，总长 742.34 km；二级河道 105 条，总长 1 760.58 km。另有众多三级、四级河道。各级河道交织成网，相互沟通，经长期建设与整治，形成能引、能蓄、能控制、能调度、能通航利用的河网水系。水系大致以通扬运河、如泰运河为界，北部为淮河流域，面积 2 200 余 km^2；南部属长江流域，面积为 5 700 余 km^2，一级河流主要为通扬运河南通段、通吕运河、通启运河、九圩港、如海河、焦港 6 条主要河流。“十三五”期间，对上述河流布设的国家、省控、市控、县控断面进行监测，每年监测 12 次。按南通市“水污染防治工作方案”中规定的水质目标进行评价。

一、长江南通段

南通拥有长江干流岸线 166 km，在启东园陀角入海，是南通沿江地区的引水、排水大动脉，是万里长江在江苏奔流入海的最后一道生态屏障。江面呈喇叭形向东南方向伸展，主流水深 -10 m，约 1 500 m 宽，年径流量 9 800 亿 m^3，年际变化不大。长江南通段布设 4 个干流断面，入江支流布设 9 个重要支流水生态环境质量监测断面。

（一）水质现状

长江南通段设置水质监测断面 4 个，其中小李港断面为对照断面，姚港、团结闸和启东港断面为控制断面。4 个断面共设 12 条垂线，均为主流道垂线。其中，长江市区段（主流道）水质按《地表水环境质量标准》（GB 3838—2002）中Ⅱ类标准进行水质考核及达标评价，长江口北支启东港断面按Ⅲ类标准进行水质考核及达标评价。

2020 年，长江南通市区段（主流道）符合地表水环境质量Ⅱ类标准，水质为优，长江北支启东段为Ⅲ类，水质为良好，见表 3-3-3。长江南通市区段水流量大，对污染物的稀释自净能力强，水质相对较好。长江北支启东段主要污染物总磷、化学需氧量、氨氮、高锰酸盐指数等污染物浓度均高于市区段。

表 3-3-3　2020 年长江南通段主要水质监测指标结果统计　　单位：mg/L

项目	长江南通市区段（主流道）				长江北支启东段
	小李港	姚港	团结闸	平均值	启东港
溶解氧	8.1	8.1	8.2	8.1	8.1
高锰酸盐指数	2.2	2.1	2.2	2.2	2.5
五日生化需氧量	1.9	1.4	1.4	1.6	1.4
氨氮	ND	0.07	0.08	0.05	0.20
化学需氧量	7	7	7	7	9
总磷	0.084	0.084	0.077	0.082	0.102
水质类别	Ⅱ类	Ⅱ类	Ⅱ类	Ⅱ类	Ⅲ类
水质状况	优	优	优	优	良好

注：1. ND 表示未检出，下同。2. 评价指标为《地表水环境质量标准》（GB 3838—2002）表 1 中除水温、总氮、总大肠菌群外的 21 项指标，此表中仅列出部分主要指标，下同。

各断面中，国考姚港断面年均值总体符合Ⅱ类标准，2月、3月、9月3个月总磷指标超Ⅱ类，7月溶解氧指标未达Ⅱ类。团结闸和小李港断面年均值总体均符合Ⅱ类标准，但团结闸7月总磷、小李港断面9月总磷仅符合Ⅲ类标准。启东港断面年均值总体符合Ⅲ类标准，4月氨氮浓度值为1.34 mg/L，仅符合Ⅳ类标准。

（二）“十三五”变化趋势分析

“十三五”期间，长江干流南通市区段水质总体为优，2016年水质为良好，近4年水质提升为优。Spearman秩相关分析表明，主要污染物总磷浓度呈波动下降趋势，有显著意义，高锰酸盐指数和氨氮浓度变化无显著意义。长江北支启东段水质总体良好，年平均水质稳定达到或优于Ⅲ类，主要污染物总磷浓度呈上升趋势但无显著意义。

与“十二五”末相比，长江干流市区段水质基本稳定，主要污染物氨氮、总磷浓度分别下降68.8%、12.8%；长江口北支水质下降1个级别，主要污染物总磷浓度上升64.5%，其余均有不同程度的下降。长江南通段CWQI总体呈下降趋势。

（三）主要入江支流

2020年，南通市主要入江支流水质总体处于良好状态。根据生态环境部《关于印发〈长江及重要支流水生态环境质量监测方案（试行）〉的函》（环办监测函〔2019〕637号）的要求对9个长江重要支流水生态环境质量监测断面进行监测，如海运河向阳桥断面未达Ⅲ类，符合Ⅳ类，定类指标为总磷（0.226 mg/L），较“十二五”末提升了2个类别。

二、通扬运河

（一）2020年水质状况

通扬运河南通段基本为南北走向（海安境内部分河段为东西走向），流向不定为往复流，西起海安的崔母大桥，流经海安、如皋，南起市区节制闸引江向北至通州、如皋、海安。境内长93.6 km，年蓄水量681万m^3，其间与焦港、如海运河、栟茶运河、南凌河、如泰运河、丁堡河、九圩港等河流相交，是南通最长的内河。2020年通扬运河南通段共设置10个监测断面。

2020年，通扬运河南通段总体水质状况属“轻度污染”。10个断面中符合Ⅲ类标准的7个，占比70%；符合Ⅳ类标准的3个，占比30%；无Ⅴ、劣Ⅴ类断面，见表3-3-4。从地域分布来看，市区段、通州段、如皋南段水质相对较好，处于良好级别；如皋北段、海安段水质相对较差，处在良好～轻度污染级别，尤其是柴湾桥、西楹桥、崔母大桥断面由于受流经城镇的工业、生活污染源的影响，水质略差，为Ⅳ类。

表 3-3-4　2020 年通扬运河南通段主要水质指标监测结果　　单位：mg/L

项目	唐闸大桥	平潮大桥	勇敢大桥	林梓大桥	新 334 公路桥	柴湾桥	立发界墩渡口	西楹桥	新 204 大桥	崔母大桥
溶解氧	7.5	7.2	7.3	7.7	6.9	7.5	7.1	9.0	7.2	8.9
高锰酸盐指数	2.7	2.8	3.5	3.3	3.5	3.6	4.4	4.8	4.3	5.4
五日生化需氧量	2.4	2.4	2.4	2.1	2.6	2.0	2.6	3.1	2.6	3.4
氨氮	0.23	0.23	0.36	0.51	0.20	0.60	0.54	0.53	0.57	0.40
化学需氧量	9.5	12.9	11.4	12.3	12.0	13.0	14.4	16.7	14.9	19.2
总磷	0.119	0.105	0.174	0.163	0.178	0.206	0.150	0.211	0.172	0.206
水质类别	Ⅲ类	Ⅲ类	Ⅲ类	Ⅲ类	Ⅲ类	Ⅳ类	Ⅲ类	Ⅳ类	Ⅲ类	Ⅳ类
水质状况	轻度污染（满足：Ⅰ～Ⅲ类水质比＜75%，且劣Ⅴ类比例＜20%）									

注：该河流超过 5 个断面，全水域水质级别按断面达标率计，不计算平均值，下同。

全水域主要污染物为总磷，其年均值断面超标率为 30%，年均值超标最高断面为西楹桥（总磷超标 0.06 倍），见表 3-3-5。各断面总磷年均浓度值沿程变化见图 3-3-7。

表 3-3-5　2020 年通扬运河主要污染物监测情况汇总

监测项目	断面数 / 个	年均值超标断面数 / 个	年均值范围 /（mg/L）	年均值超标最高断面	
				名称	超标倍数倍
氨氮	10	0	0.20 ～ 0.60	—	—
化学需氧量	10	0	9.5 ～ 19.2	—	—
总磷	10	3	0.105 ～ 0.211	西楹桥	0.06

通扬运河南通段共设有自动站 7 个，其中“十三五”省控以上站点 4 个。根据《江苏省水环境质量监测预警方案》，南通环境监测中心 2020 年针对通扬运河共计发送预警 7 断面次，其中崔母大桥 5 次，勇敢大桥、新 334 公路桥各 1 次。

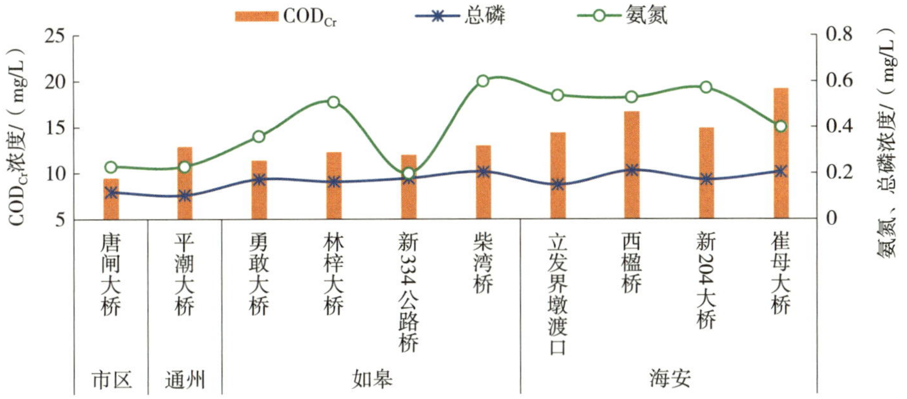

图 3-3-7　2020 年通扬运河南通段主要污染物年均值沿程变化

（二）"十三五"变化趋势分析

"十三五"期间，通扬运河水质呈现波动向好趋势，2017—2018 年总体水质属近 6 年中最差，为轻度污染～中度污染，2018—2020 年持续为轻度污染级别，但污染物浓度有所下降，见图 3-3-8。从水质类别来看，Ⅰ～Ⅲ类水质断面比例呈波动上升趋势，2019 年实现了较大突破，提升了 60 个百分点；仅 2017 年出现劣Ⅴ类断面，占比为 30%。影响河流水质变化的断面主要为靠近城镇附近的平潮大桥、立发界墩渡口和西楹桥等断面。

图 3-3-8　"十三五"期间通扬运河主要污染物年均浓度变化趋势

Spearman 秩相关分析表明，"十三五"期间通扬运河河流 CWQI 下降趋势不显著，高锰酸盐指数、五日生化需氧量、氨氮、化学需氧量和总磷等污染物年均浓度均呈波动下降趋势，其中高锰酸盐指数、五日生化需氧量下降趋势有显著意义。

与"十二五"末相比，水质状况整体提升 1 个级别，河流水质指数下降

33.9%，Ⅰ～Ⅲ类水质比例上升了 45.0 个百分点，劣Ⅴ类断面比例降为 0；高锰酸盐指数、五日生化需氧量、氨氮、化学需氧量和总磷年均浓度均有不同程度的下降，其中氨氮、总磷浓度下降幅度分别达 59.6%、37.3%。

三、通吕运河

（一）2020 年水质状况

通吕运河西起市区节制闸，流经通州、海门、启东，在大洋港流入南黄海。通吕运河全长 78.85 km，其中市区段全长 13.5 km，年蓄水量 2 500 万 m^3。通吕运河上共设置 7 个监测断面，见图 3-3-9。“十三五”期间，在距上游入江口约 2.2 km 处总投资 4 亿元建成通吕运河水利枢纽工程，设计引水流量 480 m^3/s，工程建成后有效解决了通吕运河水量供给、水体流动等多方面的问题。

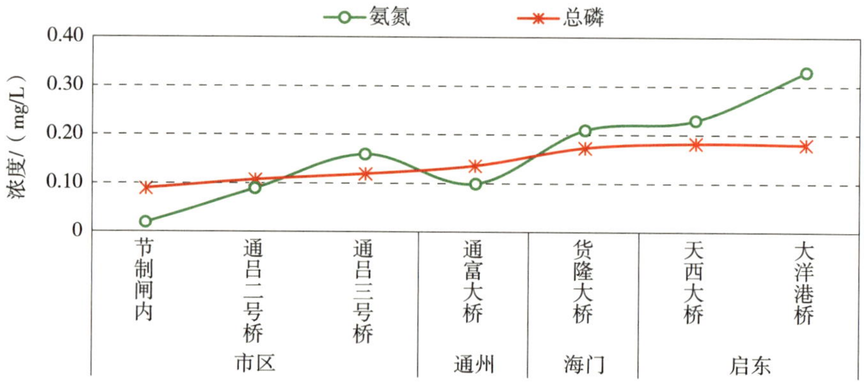

图 3-3-9　2020 年通吕运河主要污染物年均值沿程变化

2020 年，通吕运河整体水质状况为“优”，7 个监测断面均符合Ⅲ类标准，优Ⅲ比例为 100%，无劣Ⅴ类断面。各断面总磷、氨氮年均浓度值沿程变化见图 3-3-9。各断面虽能达Ⅲ类标准，但沿程来看总体呈上升趋势，总磷上升趋势明显，市区、海门、启东境内氨氮都有叠加。

（二）水质自动监测

通吕运河全河段共设有自动站 10 个，其中“十三五”省控以上站点 5 个。根据《江苏省水环境质量监测预警方案》，南通环境监测中心 2020 年针对通吕运河共计发送预警 6 断面次，其中大洋港桥、天西大桥各 2 次，通富大桥、货隆大桥各 1 次。2020 年大洋港断面自动站主要污染物高锰酸盐指数、总磷、氨氮浓度见图 3-3-10。

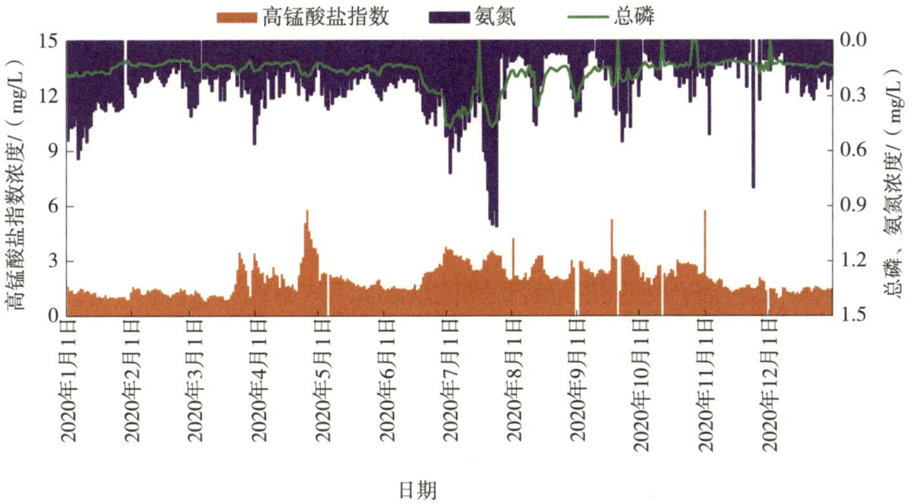

图 3-3-10　2020 年通吕运河大洋港桥断面自动站主要污染物浓度变化趋势

（三）“十三五”变化趋势分析

“十三五”期间，通吕运河水质总体明显好转，Ⅰ～Ⅲ类水质比例持续上升。前两年水质为轻度污染，断面水质在Ⅲ～Ⅳ类；后三年提升为良好～优，断面达到或优于Ⅲ类。Spearman 秩相关分析表明，“十三五”期间通吕运河河流 CWQI 呈显著下降趋势，总磷等各项污染物年均值浓度均呈下降趋势且有显著意义，见图 3-3-11。

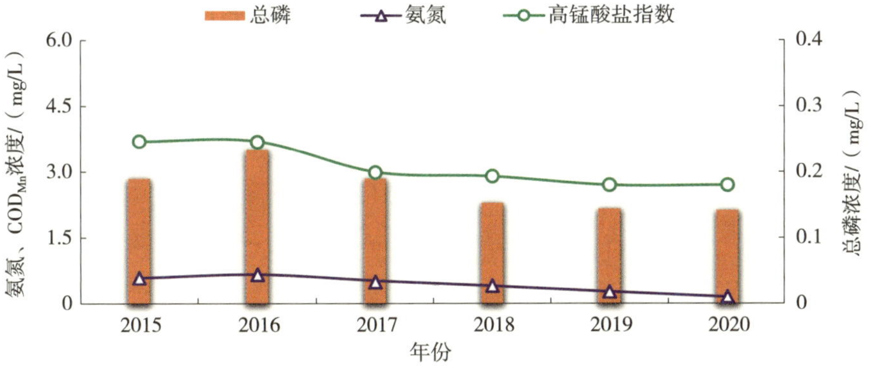

图 3-3-11　“十三五”期间通吕运河主要污染物年均浓度变化趋势

与“十二五”末相比，水质状况整体提升 2 个级别，河流水质指数下降 34.5%，Ⅰ～Ⅲ类水质比例上升了 50.0 个百分点；高锰酸盐指数、五日生化需氧量、氨氮、化学需氧量和总磷年均浓度均有不同程度的下降，下降幅度在 18.5%（五日生化需氧量）～72.9%（氨氮），总磷下降幅度为 25.3%。

四、通启运河

（一）2020 年水质状况

通启运河西起市区营船港桥，流经通州、海门、启东，在塘芦港进入南黄海，全长 91.32 km，年蓄水量为 1 191 万 m^3。通启运河上共设置 8 个监测断面，见图 3-3-12。

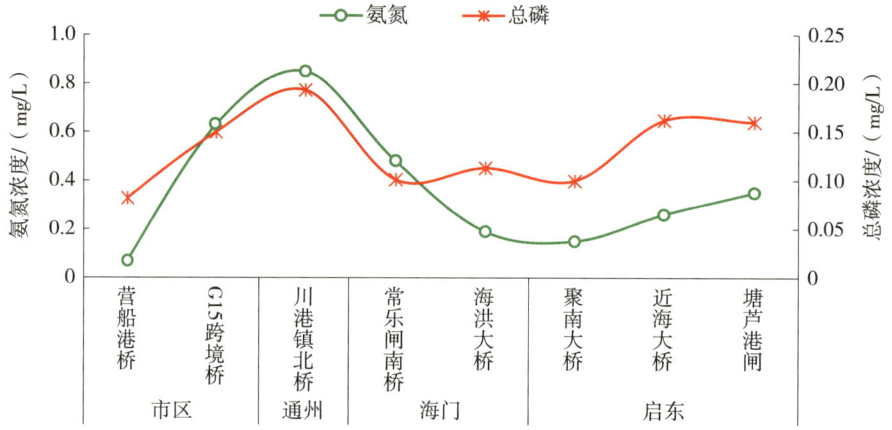

图 3-3-12　2020 年通启运河主要污染物年均值沿程变化

2020 年，通启运河总体水质状况为“优”，8 个监测断面水质均符合Ⅲ类标准。从地域分布来看，市区段、海门至启东西段水质较好，基本处于“良好”级别；通州段以及下游邻近入海口段水质略差，基本处在良好～轻度污染级别边缘。川港镇北桥断面总磷及氨氮浓度值均为全程峰值（氨氮 0.85 mg/L、总磷 0.193 mg/L）。主要污染物为总磷、氨氮，其年均浓度值沿程变化见图 3-3-12。在市区和海门段之间为通启运河整条河流浓度最高区段，主要是由南通经济开发区及张芝山镇、川姜镇工业、生活源污染所致。之后，污染物浓度有所下降，但进入启东段后略有上升趋势。

（二）水质自动监测

通启运河全河段共设有自动站 9 个，其中“十三五”省控以上站点 6 个。根据《江苏省水环境质量监测预警方案》，南通环境监测中心 2020 年针对通启运河共计发送预警 2 断面次，聚南大桥、川港镇北桥各 1 断面次。2020 年通启运河聚南大桥断面自动站主要指标溶解氧、总磷浓度变化趋势见图 3-3-13。溶解氧在 6 月 19 日汛期开始后呈断崖式下降，总磷浓度也有明显提升，水质急剧下降，具体见第五节汛期水质下滑特征及原因分析。

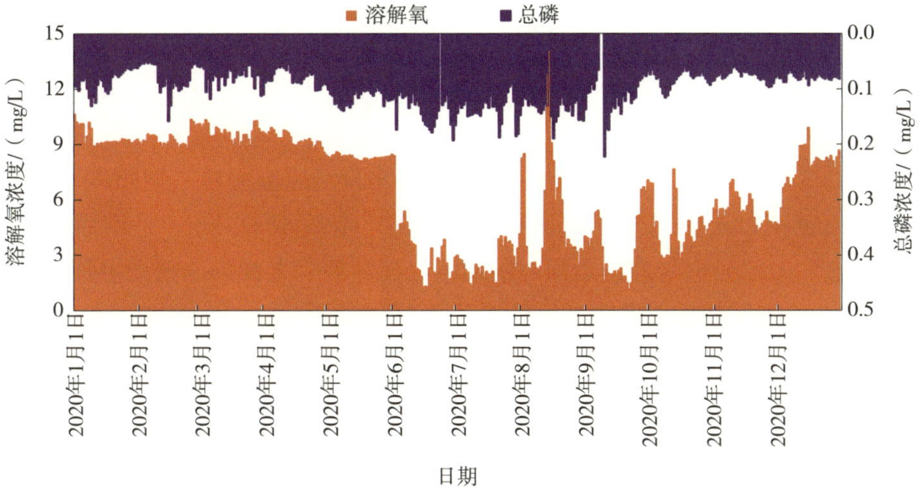

图 3-3-13　2020 年通启运河聚南大桥断面自动站主要污染物浓度变化趋势

（三）“十三五”变化趋势分析

“十三五”期间，通启运河水质总体明显好转，前四年均属轻度污染，2020 年水质改善达到“优”水平。从水质类别来看，Ⅰ～Ⅲ类水质比例至 2020 年提升至 100%。Spearman 秩相关分析表明，河流 CWQI 下降趋势明显且有显著意义，主要监测指标总磷、氨氮、高锰酸盐指数等年均浓度呈下降趋势，且均具有显著意义，见图 3-3-14。

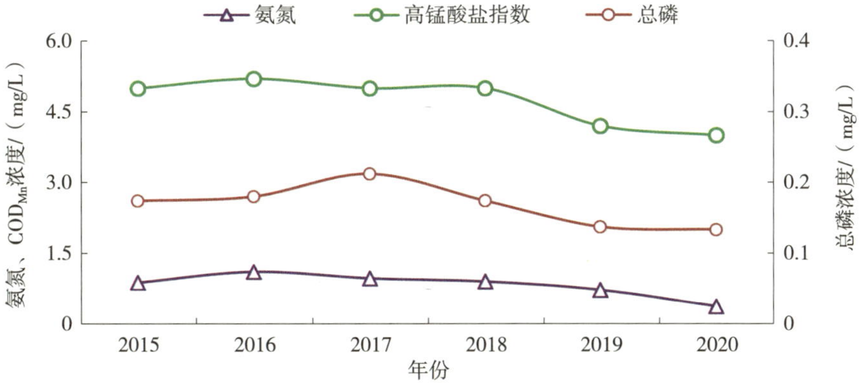

图 3-3-14　“十三五”期间通启运河主要污染物年均浓度变化趋势

与“十二五”末相比，总体水质由“轻度污染”好转为“优”，河流水质指数下降 30.5%，Ⅰ～Ⅲ类水质比例提升了 42.9 个百分点，无劣Ⅴ类断面。总磷、氨氮、高锰酸盐指数年均浓度分别下降了 23.6%、58.0%、20.0%。

五、九圩港

（一）2020年水质状况

九圩港南承南通市区天生港西长江边，向北流经原港闸区、通州区、平东镇、刘桥镇、石港镇，至如东马塘与如泰运河相接，全长46.62 km，是南通市境内一级骨干河道。中部分别与通扬运河、团结河、江海河、九洋河、遥望港等河流相交汇。2018年5月，南通市投资最大的单体水利建设项目，总投资超3.63亿元的九圩港泵站试运行，按100年一遇潮位设计，每秒可提江水150 m^3，该工程对提高南通市水资源保障能力，加强生态补水等具有重要意义，被誉为南通的“都江堰”。九圩港上共设置4个监测断面，分别为九圩港桥、英雄大桥、陆家桥、孙窑大桥。

2020年，九圩港总体符合地表水Ⅲ类标准，水质状况属“良好”，4个监测断面均符合地表水Ⅲ类标准。从沿程分布来看，九圩港中上游水质好于下游水质。

（二）“十三五”变化趋势分析

“十三五”期间，九圩港水质前3年为“轻度污染～中度污染”，2019年上升为“良好”并延续至2020年，总体呈现好转趋势。“十三五”初期，个别断面水质劣于Ⅴ类标准，“十三五”末期已实现全面消劣。Spearman秩相关分析表明，河流水质指数呈显著下降趋势，主要污染物高锰酸盐指数、氨氮、总磷、化学需氧量和五日生化需氧量年均值浓度呈显著下降趋势。

与“十二五”末相比，河流水质有所好转，断面水质由整体Ⅳ类上升至Ⅲ类。Ⅰ～Ⅲ类水质比例提升了75.0个百分点，劣Ⅴ类断面比例下降了25.0个百分点。主要监测指标氨氮和总磷年均浓度分别下降了93.2%和55.4%，其余指标浓度均有不同程度的下降，见图3-3-15。

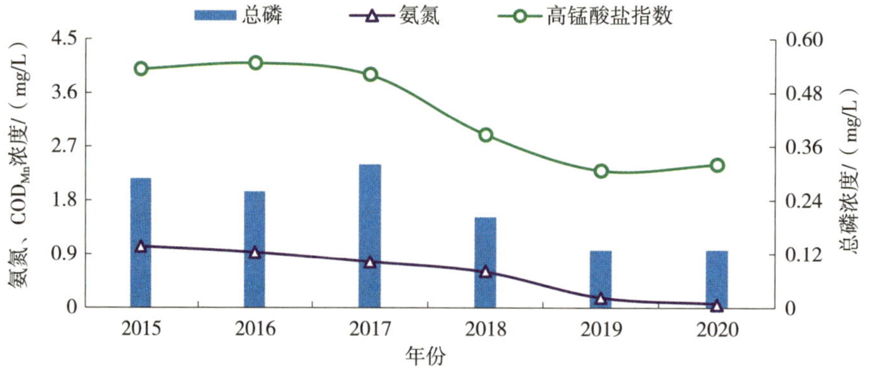

图3-3-15 “十三五”期间九圩港主要污染物年均浓度变化趋势

六、焦港

（一）2020 年水质状况

焦港为南北走向，南起长江焦港闸，流经靖江、如皋、海安，北至海安北闸与通扬运河相连，全长 51.09 km，年蓄水量 694 万 m^3。2019 年 1 月焦港泵站工程建成投运，设计抽水流量 50 m^3/s，满足区域用水、提高供水保障，兼顾区域通航及生态环境用水要求。焦港上共设置 3 个监测断面，分别为焦港桥、夏堡北大桥、营溪大桥。

2020 年，焦港整体符合地表水Ⅲ类标准，水质状况属“良好”。3 个监测断面均符合地表水Ⅲ类标准。从沿程水质变化来看，总磷浓度呈现由南往北逐渐升高的趋势，分别为 0.089 mg/L、0.122 mg/L、0.161 mg/L。

（二）“十三五”变化趋势分析

“十三五”期间，焦港总体水质呈先转差后提升的趋势。2018 年焦港整体水质下降为“中度污染”，2019—2020 年水质好转并稳定在“良好”级别。Spearman 秩相关分析表明，河流 CWQI 下降趋势无显著意义，氨氮、化学需氧量和五日生化需氧量年均浓度均呈显著下降趋势，总磷呈波动下降趋势但无显著意义，见图 3-3-16。

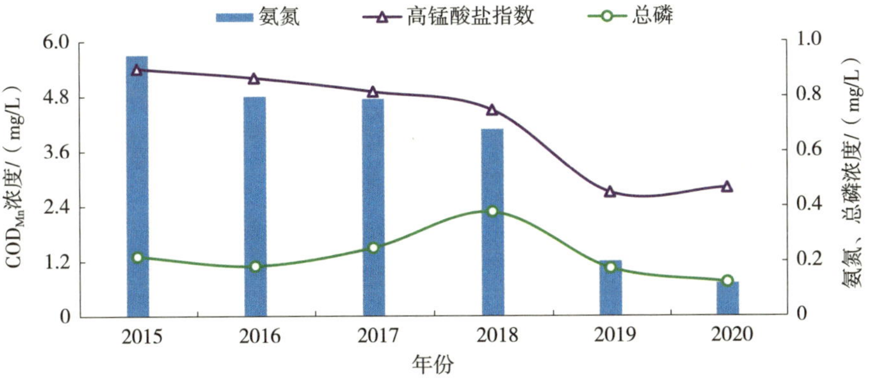

图 3-3-16 “十三五”期间焦港主要污染物年均浓度变化趋势

与“十二五”末相比，焦港水质由轻度污染级别提升为“良好”，河流 CWQI 下降幅度为 43.7%，Ⅰ～Ⅲ类断面比例提升了 100 个百分点。总磷、氨氮年均浓度值分别下降了 43.1%、87.4%，其余指标浓度均有不同程度的下降。

七、如海运河

（一）2020 年水质状况

如海运河是南通市重要的输水通道，它南起长江如皋碾砣港，自南向北流经如皋九华、郭园、吴窑、磨头、袁桥、海安仁桥及海安镇，在海安与通扬运河相衔接，全长 57.93 km，年蓄水量 873 万 m^3。如海运河共设置 3 个监测断面，分别为碾砣港闸、长庄大桥、向阳桥。

2020 年如海运河总体符合地表水Ⅲ类标准，水质状况属“良好”。向阳桥断面出现超标，主要污染物为总磷，超标 0.13 倍。3 个监测断面水质差别较大，Ⅱ类、Ⅲ类和Ⅳ类断面各 1 个。从沿程分布来看，如海运河由南向北总磷浓度呈升高趋势（依次为 0.097 mg/L、0.149 mg/L、0.226 mg/L），水质有所下降。

（二）“十三五”变化趋势分析

“十三五”期间，如海运河总体水质稳中有升。2016—2017 年为轻度污染，2018 年始转为“良好”。Spearman 秩相关分析表明，河流水质指数呈显著下降趋势，主要指标氨氮、总磷、化学需氧量和高锰酸盐指数均呈显著下降趋势，五日生化需氧量呈下降趋势但无显著意义，见图 3-3-17。

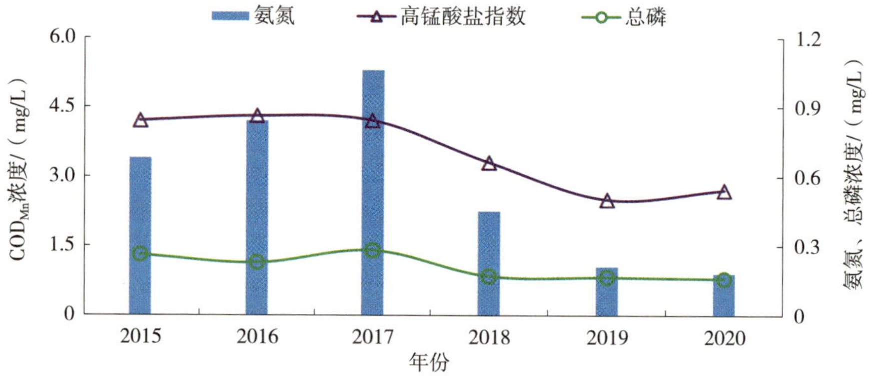

图 3-3-17 “十三五”期间如海运河主要污染物年均浓度变化趋势

与“十二五”末相比，河流水质有所好转，由轻度污染提升为良好，河流 CWQI 下降幅度为 40.2%。Ⅰ～Ⅲ类水质比例提升了 33.4 个百分点。总磷和氨氮年均浓度分别下降了 39.6%、73.5%，其余指标浓度均有不同程度的下降。

第三节　淮河流域

以通扬运河、如泰运河为界，北部为淮河流域，面积 2 200 余 km^2，一级河流主要为如泰运河、新通扬运河、栟茶运河等主要河流。“十三五”期间，对上述河流布设的国家、省控、市控、县控断面进行监测，每年监测 12 次。按南通市“水污染防治工作方案”中规定的水质目标进行评价。

一、如泰运河

（一）2020 年水质状况

如泰运河南通段西起如皋、泰兴交界处，自西向东流经如城镇、丁堰镇、掘港镇，至东安闸入海，横贯如皋、如东两地，全长 91.18 km，共设置 7 个监测断面。

2020 年如泰运河总体水质状况属“良好”。7 个断面中 6 个符合地表水Ⅲ类标准，占比为 85.7%；1 个符合Ⅳ类标准，占比为 14.3%，详见表 3-3-6。

表 3-3-6　2020 年如泰运河主要水质监测指标结果　单位：mg/L

项目	新 204 公路桥	环西大桥	环东大桥	曙光电灌站	张家堡桥	正大立交桥	东安闸桥西
溶解氧	7.9	8.5	8.2	6.5	6.7	7.2	7.9
高锰酸盐指数	2.7	2.9	3.3	3.9	4.1	3.8	5.1
五日生化需氧量	2.2	1.8	1.9	2.6	2.9	2.7	2.6
氨氮	0.05	0.39	0.59	0.25	0.33	0.22	0.40
化学需氧量	8.2	12.7	13.3	13.0	12.9	—	17.3
总磷	0.163	0.162	0.171	0.178	0.193	0.198	0.252
水质类别	Ⅲ类	Ⅲ类	Ⅲ类	Ⅲ类	Ⅲ类	Ⅲ类	Ⅳ类
水质状况	良好（满足 75%≤Ⅰ～Ⅲ类水质比例<90%）						

从地域分布来看，如泰运河全程水质尚可，入海河口水质相对最差（Ⅳ类）。全水域主要污染物为总磷，断面年均值达标率为 85.7%，其年均浓度沿程变化见图 3-3-18。

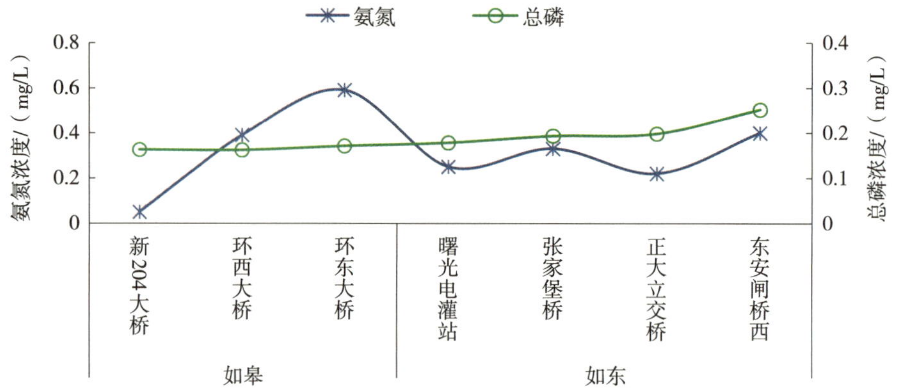

图 3-3-18　2020 年如泰运河主要污染物年均值沿程变化

（二）水质自动监测

如泰运河全河段共设有自动站 5 个，其中“十三五”期间省控以上站点 3 个。根据《江苏省水环境质量监测预警方案》，南通环境监测中心 2020 年针对如泰运河共计发送预警 10 断面次，曙光电灌站 1 断面次，东安闸桥西 9 断面次，主要出现在汛期，汛期水质下降明显。2020 年，如泰运河东安闸桥西断面自动站主要污染物高锰酸盐指数、总磷、氨氮浓度变化趋势见图 3-3-19。

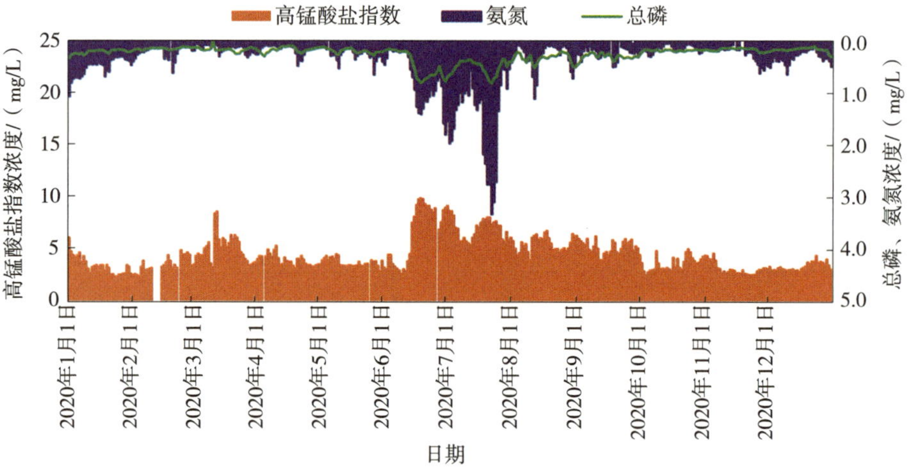

图 3-3-19　2020 年如泰运河东安闸桥西断面自动站主要污染物浓度变化趋势

从自动站年均值（表 3-3-7）来看，曙光电灌站断面自动站年均水质为Ⅳ类，氨氮、总磷年均浓度分别为 0.25 mg/L、0.178 mg/L，分别较手工监测数据高 72.0%、46.1%；东安闸桥西断面自动站年均水质为Ⅳ类，氨氮、总磷年均浓度分别为 0.38 mg/L、0.250 mg/L。

表 3-3-7 2020 年如泰运河自动站监测指标结果对比 单位：mg/L

项目	曙光电灌站		东安闸桥西	
	手工	自动	采测反馈	自动
溶解氧	6.5	5.8	7.9	7.4
高锰酸盐指数	3.9	4.2	5.1	4.4
氨氮	0.25	0.43	0.40	0.38
总磷	0.178	0.260	0.252	0.250
水质类别	Ⅲ类	Ⅳ类	Ⅳ类	Ⅳ类

（三）“十三五”变化趋势分析

“十三五”期间，如泰运河总体波动明显，水质相对较差，前两年水质保持在轻度污染水平，2018 年由于特大暴雨等原因部分断面水质有所下降，河流呈中度污染，后逐渐由中度污染→轻度污染，最后转为良好。5 年间Ⅰ～Ⅲ类水质比例呈波动变化趋势，后期大幅上升，最高提升达 85.7 个百分点。Spearman 秩相关分析表明，河流水质指数显著下降，主要污染物高锰酸盐指数、五日生化需氧量、氨氮、化学需氧量、总磷年均浓度均呈下降趋势，除总磷外均有显著意义（图 3-3-20）。

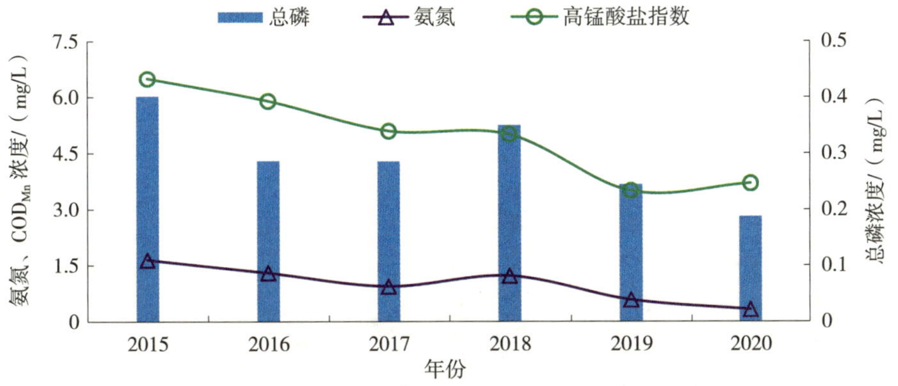

图 3-3-20 “十三五”期间如泰运河主要污染物浓度变化趋势

与“十二五”末相比，总体水质明显好转，由中度污染好转为良好，河流水质指数下降 47.9%，Ⅰ～Ⅲ类水质比例提升了 85.7 个百分点，劣Ⅴ类断面比例下降 22.2 个百分点。主要监测指标总磷年均浓度下降了 53.2%，氨氮浓度下降了 80.6%，其余指标浓度均有不同程度的下降。

二、栟茶运河

（一）2020年水质状况

栟茶运河自西向东经海安张垛、营溪、仁桥、西场、丁所、如东河口、栟茶、洋口等镇，至如东小洋口闸入黄海，横穿海安、如东两地，全长72.96 km，年蓄水量592万m^3。栟茶运河上共设置3个监测断面，分别为起始断面张垛大桥、海安—如东交界处袁庄水站断面、入海小洋口断面。

2020年，栟茶运河整体水质符合地表水Ⅲ类标准，水质状况属"良好"。3个监测断面中2个断面符合Ⅲ类，1个断面符合Ⅳ类（入海断面小洋口）。

从地域分布来看，栟茶运河水质全程较平稳，变化不明显，至末端入海口段小洋口断面水质相对较差，为轻度污染，主要超标项目为总磷，其浓度为0.221 mg/L（超标0.1倍）。

（二）水质自动监测

栟茶运河全河段共设有自动站2个，均为"十三五"期间省控以上站点。根据《江苏省水环境质量监测预警方案》，南通环境监测中心2020年针对如泰运河共计发送预警8断面次，其中小洋口断面3次，袁庄水站5次。2020年栟茶运河袁庄水站断面自动站主要污染物高锰酸盐指数、总磷、氨氮浓度变化趋势见图3-3-21。定类指标总磷袁庄水站自动站年均值为0.357 mg/L（其中1—2月由于改造缺数据），小洋口自动站年均值为0.272 mg/L。

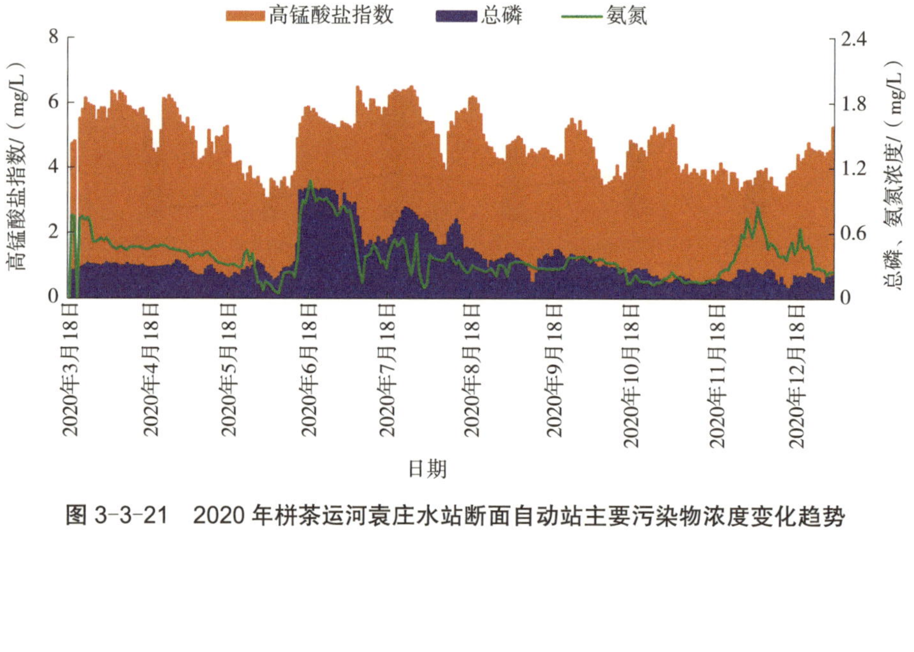

图3-3-21 2020年栟茶运河袁庄水站断面自动站主要污染物浓度变化趋势

（三）“十三五”变化趋势分析

“十三五”期间，栟茶运河总体水质在 9 条内河中污染相对较重，但 5 年间总体呈波动向好趋势，水质状况前两年为中度污染，2018 年又回落至重度污染，后两年实现“三提升”，水质状况转为良好。从水质类别来看，Ⅰ～Ⅲ类断面比例逐年上升；2018 年由于氨氮和总磷污染加重，水质下降到“十三五”期间最差水平，劣Ⅴ类断面比例为 40.0%，至 2020 年消除劣Ⅴ类。

Spearman 秩相关分析表明，栟茶运河河流水质指数（CWQI）呈下降趋势，5 年间五日生化需氧量、化学需氧量、氨氮年均浓度呈显著下降趋势；总磷和高锰酸盐指数年均浓度有所下降，但无显著意义，见图 3-3-22。

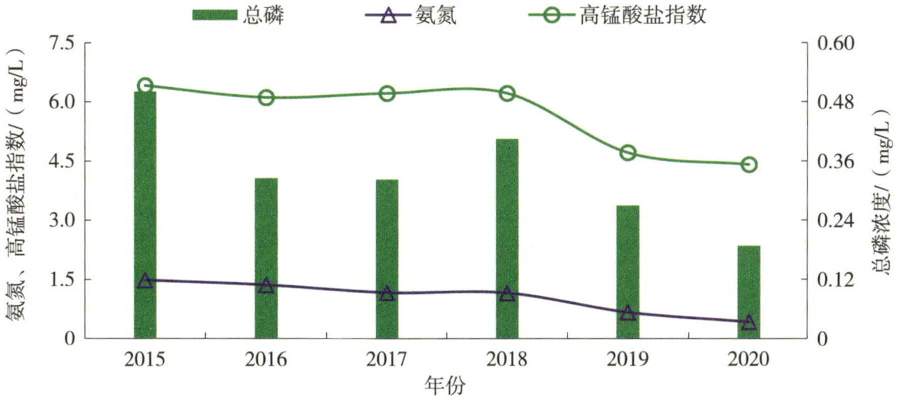

图 3-3-22 “十三五”期间栟茶运河主要污染物年均浓度变化趋势

与“十二五”末相比，水质明显好转，由“重度污染”提升了 3 个级别至“良好”，河流水质指数下降 36.7%。Ⅰ～Ⅲ类水质比例提升了 41.7 个百分点，劣Ⅴ类断面比例下降了 50.0 个百分点。主要监测指标总磷年均浓度下降了 62.6%，氨氮浓度下降了 71.6%，其余指标均有不同程度的下降。

三、新通扬运河

（一）2020 年水质状况

新通扬运河南通段西起海安的章郭，东至海安的古贲，向北进入盐城东台境内，为“通榆河”，全长 20.7 km，年蓄水量 85 万 m^3。新通扬运河上共设置 4 个监测断面，分别为朱楼桥、闸西桥、古贲大桥、富安梁一大桥。

2020 年，新通扬运河总体符合地表水Ⅲ类标准，水质状况属“良好”。4 个监测断面均符合地表水Ⅲ类标准，水质良好。从沿程分布来看，出境断面富安梁一大桥氨氮、总磷浓度分别为 0.97 mg/L、0.190 mg/L，均略高于其他河段，接近Ⅲ类标准限值边缘。

（二）水质自动监测

新通扬运河共设有自动站 2 个，分别为入境章郭大桥自动站、出境富安梁一大桥自动站，均为“十三五”期间省控以上站点。根据《江苏省水环境质量监测预警方案》，南通环境监测中心 2020 年针对新通扬运河共计发送预警 6 断面次，其中章郭大桥自动站 4 次，朱楼桥 2 次。自动监测结果显示，上游入境章郭大桥自动站氨氮年均浓度为 0.96 mg/L，总磷年均浓度为 0.208 mg/L；下游出境富安梁一大桥自动站氨氮年均浓度为 0.69 mg/L（较手工均值低 28.9%），总磷年均浓度为 0.182 mg/L（较手工均值低 4.2%）。对比出入境断面自动站年均值可以发现，在南通市海安境内，新通扬运河氨氮、总磷年均浓度实现了 0.27 mg/L、0.026 mg/L 的降幅，境内污染物得到有效降解。2020 年新通扬运河出入境自动站定类指标氨氮浓度对比见图 3-3-23。

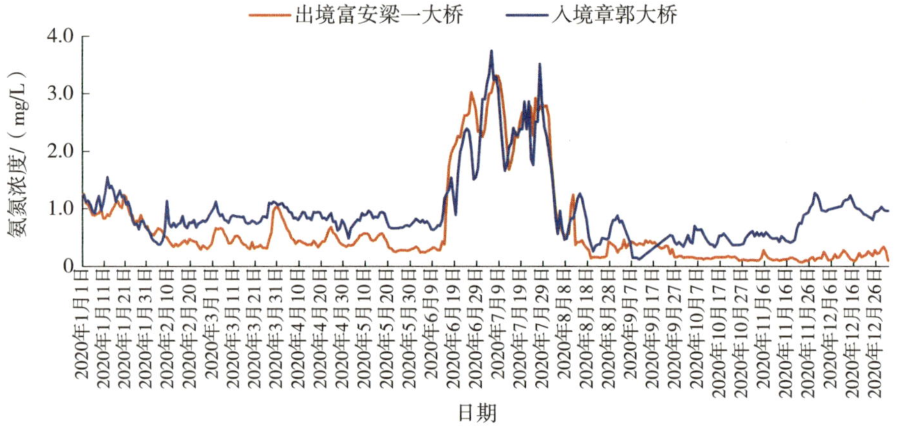

图 3-3-23　2020 年新通扬运河出入境自动站氨氮浓度对比

（三）“十三五”变化趋势分析

“十三五”期间，新通扬运河总体水质呈现波动上升趋势。2018 年水质为轻度污染，为“十三五”期间最差，后逐步提升至“良好”。Spearman 秩相关分析表明，河流水质指数，主要污染物总磷、氨氮和化学需氧量等下降趋势均无显著意义。见图 3-3-24。

与“十二五”末相比，河流水质有所好转，由“轻度污染”提升至“良好”；河流水质指数（CWQI）下降 29.7%；Ⅰ～Ⅲ类水质比例提升了 66.7 个百分点。主要监测指标氨氮和总磷年均浓度分别下降了 17.5% 和 21.3%，其余指标浓度均有不同程度的下降。

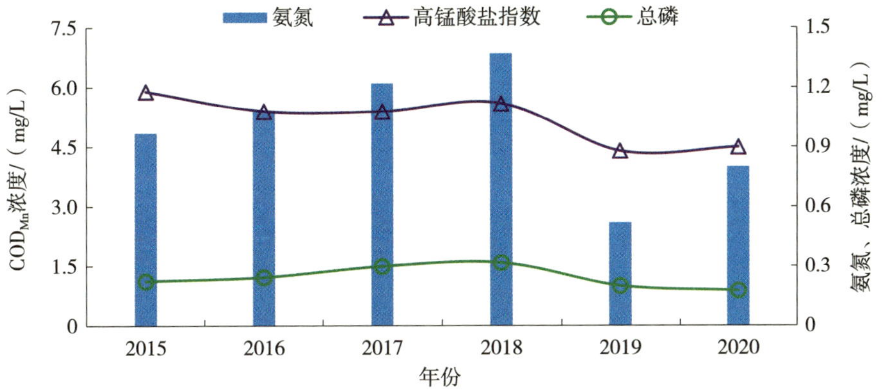

图 3-3-24 “十三五”期间新通扬运河主要污染物年均浓度变化趋势

第四节　城区主要河流

2020 年，开展例行监测的城区主要河流为濠河、任港河、海港引河。濠河是环绕南通内城区的一条景观河流，长 7.9 km，水域面积 0.66 km^2，属长江支流，濠河共设置 3 个监测断面，任港河和海港引河各设置 1 个监测断面，全年共进行 12 次监测。

一、2020 年水质状况

2020 年，濠河全水域符合地表水Ⅲ类标准，水质良好，3 个监测断面均达Ⅲ类。任港河任港桥断面符合Ⅱ类，水质为“优”。海港引河湾坝大桥断面符合Ⅲ类，水质为“良好”，见表 3-3-8。

表 3-3-8　2020 年城区主要河流各断面水质评价　　单位：mg/L

项目	濠河			任港河	海港引河
	北濠桥	三元桥	跃南桥	任港桥	湾坝大桥
溶解氧	8.1	7.4	7.4	8.6	7.1
高锰酸盐指数	2.4	2.6	2.5	2.3	2.8
五日生化需氧量	2.2	2.1	2.0	2.2	2.2
氨氮	0.15	0.44	0.42	0.03	0.51
化学需氧量	8.0	10.4	10.3	8.2	10.8
总磷	0.115	0.123	0.134	0.094	0.139
水质类别	Ⅲ类	Ⅲ类	Ⅲ类	Ⅱ类	Ⅲ类

二、“十三五”变化趋势分析

“十三五”期间，濠河、任港河、海港引河总体水质呈现持续好转趋势。Spearman 秩相关分析表明，5 年间 3 条河流主要监测指标除总磷均呈显著下降趋势，见表 3-3-9。

表 3-3-9 “十三五”期间城区主要河流水质状况 单位：mg/L

年份	濠河		任港河		海港引河	
	水质状况	总磷浓度	水质状况	总磷浓度	水质状况	总磷浓度
2016	轻度污染	0.220	良好	0.180	重度污染	0.401
2017	轻度污染	0.208	良好	0.112	中度污染	0.310
2018	良好	0.164	良好	0.117	轻度污染	0.203
2019	良好	0.137	良好	0.106	轻度污染	0.221
2020	良好	0.124	优	0.094	良好	0.139
r_s	持续好转	-1.0 ↓	持续好转	-0.9 ↓	波动好转	-0.9 ↓
“十二五”末	轻度污染	0.209	良好	0.182	中度污染	0.301
下降幅度	1 个级别	-40.7%	1 个级别	-48.4%	2 个级别	-53.8%

与“十二五”末相比，濠河、任港河水质总体有所好转，海港引河水质明显好转。从主要监测指标来看，濠河、任港河、海港引河总磷年均浓度分别下降 40.7%、48.4%、53.8%。

第五节　交界水体

南通市地处淮河流域和长江流域下游，客水在全市水资源中有较大占比。南通与泰州、盐城、上海等城市相邻，其中入境断面 2 个，均为与泰州市交界断面（新通扬运河朱楼桥断面、通扬运河崔母大桥断面）；2 个出境断面，为长江团结闸断面（与上海交界）、通榆河富安梁一大桥（与盐城交界）。主要跨县河流 19 条，共布设 36 个县界断面。每月开展监测，监测项目为《地表水环境质量标准》（GB 3838—2002）中规定的 24 项以及电导率、流向。

一、市界断面

2020 年，市界断面总体水质为良好，较 2019 年水质有所好转。2 个入境断面中朱楼桥断面水质为Ⅲ类（测次符合Ⅲ类的比例为75%，主要超标项目为总磷、氨氮、化学需氧量）；通扬运河崔母大桥断面年均水质为Ⅳ类（测次符合Ⅲ类比例为58.3%，主要超标项目为高锰酸盐指数、化学需氧量、总磷），总磷浓度为0.206 mg/L。2个出境断面中团结闸省界断面年均水质为Ⅱ类（测次符合Ⅲ类比例为91.7%，定类指标为总磷），富安梁一大桥年均水质为Ⅲ类（测次符合Ⅲ类比例为81.8%，主要超标项目为总磷、氨氮、化学需氧量）。

根据环境保护厅、财政厅《关于印发江苏省水环境区域补偿工作方案（试行）的通知》（苏环办〔2014〕241号）的有关要求，2014年10月起，江苏省在全省范围内试行实施水环境区域补偿制度，共涉及南通市市级交界断面2个，其中，入境断面和出境断面各1个（新通扬运河姜堰一号桥、通榆河古贲大桥断面），其中出境断面补偿盐城市。按照《江苏省水环境区域补偿工作方案》（苏环办〔2016〕341号）的有关要求，2017年1月起，全省开始实施全流域水环境区域补偿工作，南通市与他市交界生态补偿断面为3个，其中入境断面2个：均为与泰州市交界断面（新通扬运河姜堰一号桥断面、通扬运河崔母大桥断面）；出境断面1个：与盐城市交界断面（通榆河富安梁一大桥断面。根据省相关文件要求，南通市已于2018年9月底分别与泰州市、盐城市签署协议，并分别向省生态环境厅、财政厅进行了备案。根据省生态环境厅的通报结果，2014年10月至2020年6月，南通市累计受偿5 658.31万元。

二、县界断面

2016年12月，市政府办印发实施《关于调整全市水环境区域生态补偿断面的通知》，在原有5条河道10个断面的基础上，进一步扩大补偿范围，增加14条河流26个断面，考核断面累计达36个（包括10个省级补偿断面），覆盖到全市重要的清水通道、主要入海河流、入江支流和各市考以上断面所在的重点河流，涉及所有县级行政区域，有力地促进了相关地区强化水环境治理主体责任。

通过生态补偿制度的实施，倒逼属地强化水环境治理力度，近年来水环境质量逐年改善，补偿金额逐年减少。其中，2017年，全市各地生态补偿资金总额12 030.45万元，2018年，总补偿金额降至6 953.11万元，同比降幅达42.2%；2019年，总补偿金额降至872.1万元，同比降幅达87.5%。根据2020年结算情况，市级生态补偿资金为3 100余万元，与2017年相比，补偿金额下降近75%，充分说明各断面污染因子浓度大幅下降，水环境治理取得一定成效。

以县（市、区）为例，2017年实施全流域水环境区域补偿制度以来，如皋市、通州区一直为补偿大户，2017年净补偿资金分别达5 848.06万元、1 646.37万元；

2018 年净补偿资金分别降至 3 488.48 万元、857.59 万元；2019 年起开始扭亏为盈，两地净补偿转变为净受偿，净受偿资金分别为 10.06 万元、137.36 万元，在一定程度上调动了各责任县（市、区）政府在水环境治理工作方面的积极性。

第六节　地表水水质时空特征

2020 年，全市地表水环境质量状况呈明显向好态势，水质较上年改善明显，水质达到或优于Ⅲ类比例明显上升，全面消除劣Ⅴ类断面，各项主要污染物浓度均有不同程度的下降。但一些河流水质仍未得到根本性改善，部分时段水质出现“断崖式”下降，个别地区水质不升反降。

一、空间变化特征

从流域水质来看，长江流域水质仍优于淮河流域且水质改善幅度大于淮河流域。以地表水省级以上考核断面水环境质量为代表，全市省考以上断面总体水质符合Ⅲ类和劣Ⅴ类比例均达到并超过年度考核目标要求，但从流域达标情况来看，长江流域水质符合Ⅲ类比例为 100%，同比上升 8.7 个百分点，达到并高于 74.2% 的年度考核目标，淮河流域水质符合Ⅲ类的比例为 75.0%，同比上升 62.5 个百分点，踩线达年度考核目标；2 个年均水质不达标的断面均属于淮河流域，影响水质的首要污染物为总磷。从区域水质来看，南通市水环境质量仍呈“南优于北”的特征，以地表水省级考核断面水环境质量为代表，全市 CWQI 排名靠后的 2 个县（市、区）均位于如泰运河以北地区。受汛期等气象水文因素影响，北部（海安、如东）入海河道由于地处水系末梢，水质易受上游来水影响，加之基础设施建设相对滞后等原因，部分时段水质劣于Ⅴ类，水质仍有提升空间。

二、时间变化特征

2020 年，全市水环境质量明显好转，大致呈先升后降再升的变化特点，季度、水期变化特征较往年有所变化，7—9 月（夏季，丰水期）水质相对较差，水质出现“断崖式”下降，但 1—3 月（冬季，枯水期）受新冠肺炎疫情防控影响水质明显提升。

以省考以上断面为例，2020 年上半年，累计水质符合Ⅲ类比例一度上升至 96.8%，较 2019 年同期上升 25.8 个百分点，但夏季Ⅲ类比例“跳水”至 45.2%，直至9月才提升到正常水平，11—12月水质明显回升，12月改善尤为显著。

根据其逐月达标率变化情况分析：1季度：2—3月受新冠肺炎疫情影响，全市经济社会活动进程明显放缓，水质同比大幅改善。2月符合Ⅲ类的比例高达96.8%。2—3季度：随着复工复产的推进，叠加汛期降雨、地方环境基础设施能力不足、内源污染管控不到位等主客观因素影响，从4月开始水质出现下降，5月差于2019年同期，7月仅为45.2%左右，至9月有所回升，好于2019年同期。2020年10月开展“百日攻坚”以来：全市污染防控力度加大，省考以上断面水质改善明显，扭转了5月以来差于2019年同期的趋势，连续4个月同比改善。省考以上断面符合Ⅲ类的比例逐月变化趋势见图3-3-25。

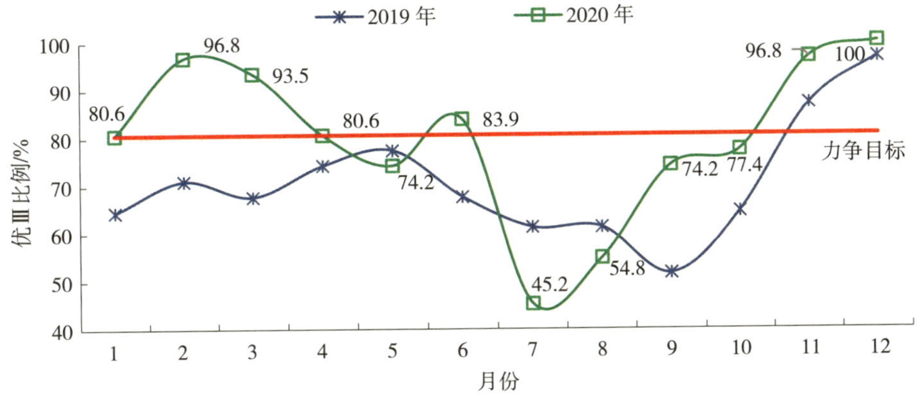

图3-3-25　2019—2020年南通市地表水省考以上断面水质类别比例月际变化趋势

第七节　水质自动监控预警及溯源监测

根据《江苏省水环境质量监测预警方案》（苏环办〔2020〕158号），南通环境监测中心2020年共计发送预警快报40期合86断面次，涉及水源地、入海及国考、省考断面等。全年共计进行加密监测20余次，形成加密监测报告22份。预警的断面中主要集中在入海断面及交界断面，其中北凌新闸预警14次，环东闸口断面11次，东安闸桥西断面预警9次，另外，省考断面袁庄水站预警达7次，与泰州交界断面崔母大桥、章郭大桥断面预警分别达5次、4次。

2020年进入汛期之后，北凌河北凌新闸断面水质呈现“断崖式”下降，自动站总磷浓度最高日均值达1.09 mg/L（6月19日、21日），氨氮最高值达2.82 mg/L（7月24日），见图3-3-26。

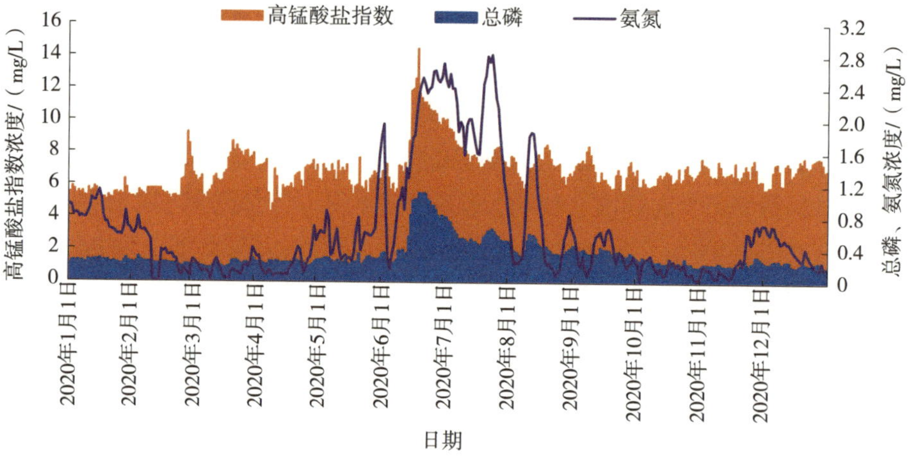

图 3-3-26 2020 年北凌河北凌新闸断面自动站高锰酸盐指数、总磷、氨氮浓度全年变化

针对上述重点不达标断面，为精准溯源研判，全面解析污染成因和来源，南通环境监测中心开展了多次溯源监测，形成了溯源监测报告 7 份，主要为《南通市梅雨期水环境质量变化情况分析》《南通市三季度部分水质考核断面溯源分析》《南通市三季度部分水质考核断面溯源分析》《掘苴河环东闸口入海断面水质状况调查报告》《2020 年南通市省考以上未达标水质断面溯源回顾评价》《如泰运河东安闸桥西断面水质污染溯源分析报告》《北凌河北凌新闸断面水质污染溯源分析报告》。

第八节　水环境功能区水质

南通市生态环境局与南通市水利局联合建立全市水环境功能区水质监测与通报制度，印发了《关于建立全市水功能区水质监测与通报制度的通知》（通环办〔2019〕41 号）。根据通知，2019 年 1 月起针对全市 187 个水环境功能区监测断面进行监测，其中饮用水水源保护区 15 个、渔业用水区 24 个、农业用水区 74 个、过渡区 11 个、工业用水区 52 个、景观娱乐用水区 5 个、工业农业用水区 6 个。187 个功能区中 31 个考核水功能区每月监测 1 次，其余水功能区单月监测 1 次，监测指标为 pH、溶解氧、高锰酸盐指数、化学需氧量、氨氮 5 个项目。按江苏省水环境功能区划制定的水质目标，采用单因子标准指数法进行评价。

一、监测结果评价

2020 年，南通市 187 个水环境功能区监测断面中，按照 2020 水质目标评价达标断面 169 个，达标率为 84.2%，主要污染物为氨氮、化学需氧量。

就地域分布而言，启东地表水环境功能区水质较好，达标率达 96.1%；如皋、如东、海门和通州次之，达标率均超过 80.0%；海安相对较差，为 67.3%，见表 3-3-10、图 3-3-27。

表 3-3-10　2020 年南通市水环境功能区断面达标率月际变化　　单位：%

地区	1 月	3 月	5 月	7 月	9 月	11 月	全年
市区	81.8	90.9	90.9	63.6	100.0	90.9	86.4
海安	96.0	96.0	80.0	12.0	32.0	88.0	67.3
如皋	89.2	89.2	91.9	27.0	94.6	97.3	81.5
如东	81.5	100	96.3	66.7	81.5	92.6	86.4
通州	86.2	93.1	96.6	55.2	86.2	96.6	82.8
海门	95.5	95.5	95.5	27.3	100	100	85.6
启东	96.7	96.7	96.7	93.3	96.7	96.7	96.1
全市	90.2	94.1	92.5	49.2	84.5	94.6	84.2

与 2019 年相比，功能区达标率提升 6.5 个百分点，除 7 月、9 月同比达标率有所下降外，其余时段均有不同程度的上升（图 3-3-27）。

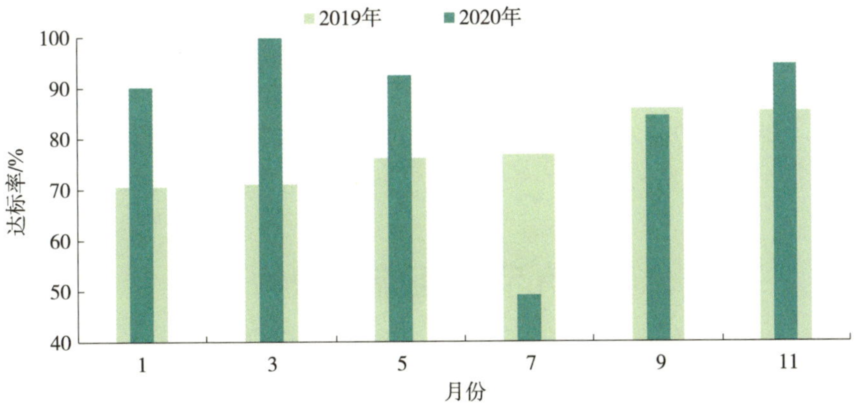

图 3-3-27　2020 年南通市水环境功能区考核断面达标率年际变化

二、考核水功能区评价

南通市共 31 个考核功能区，其中保护区 3 个，保留区 2 个，饮用水水源区 9 个，过渡区 6 个，工农业用水区 9 个，景观娱乐用水及排污控制区 2 个。2020 年全市 31 个考核水功能监测断面中，Ⅰ～Ⅲ类水质断面 29 个，达标率为 93.5%；Ⅳ

类 2 个，占比为 6.5%，其中新通扬运河海安工业、农业用水区及通启运河通州—海门工业、农业用水区未达标。

各水环境功能区达标率均在 80.0% 以上，其中过渡区、景观娱乐用水区、饮用水保护区、渔业用水区达标率为 100%；工业用水区共 11 个断面，达标率为 81.8%；农业用水区共 10 个断面，达标率为 80.0%，按达标率高低排序为过渡区 = 景观娱乐用水区 = 饮用水水源保护区 = 渔业用水区＞工业用水区＞农业用水区。

就区域分布而言，市区（不含通州区）、通州、如皋、如东、启东地表水环境功能区水质较好，达标率为 100%，其中如皋、如东较 2019 年有明显提升，海安和海门同比持平，达标率分别为 83.3% 和 75.0%，其中超标断面的主要污染物为高锰酸盐指数和氨氮。按达标率高低排序：市区（不含通州区）、通州、如皋、如东、启东＞海安＞海门，详见图 3-3-28。

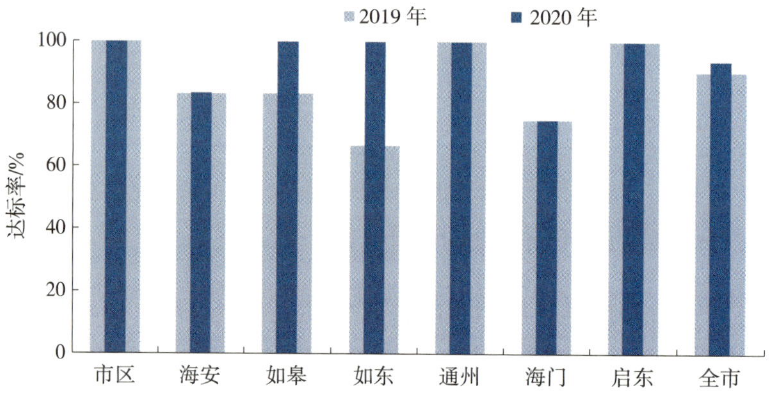

图 3-3-28　2020 年南通市水环境功能区考核断面达标率年际变化

第九节　河流沉积物

一、监测概况

“十三五”期间，南通市共布设 54 个河流沉积物监测点，其中市区（不含通州区）13 个，水源地 3 个（2017 年起新增），见图 3-3-29。每年监测一次，监测项目为总砷、总汞、总铬、总铅、总镉、总铜、总锌、pH、硫化物、有机质等。由于国家未出台统一的底质沉积物评价标准，参考《土壤环境质量　农用地土壤污染风险管控标准（试行）》（GB 15618—2018），采用其中的水田标准作为底质评价的参考标准。

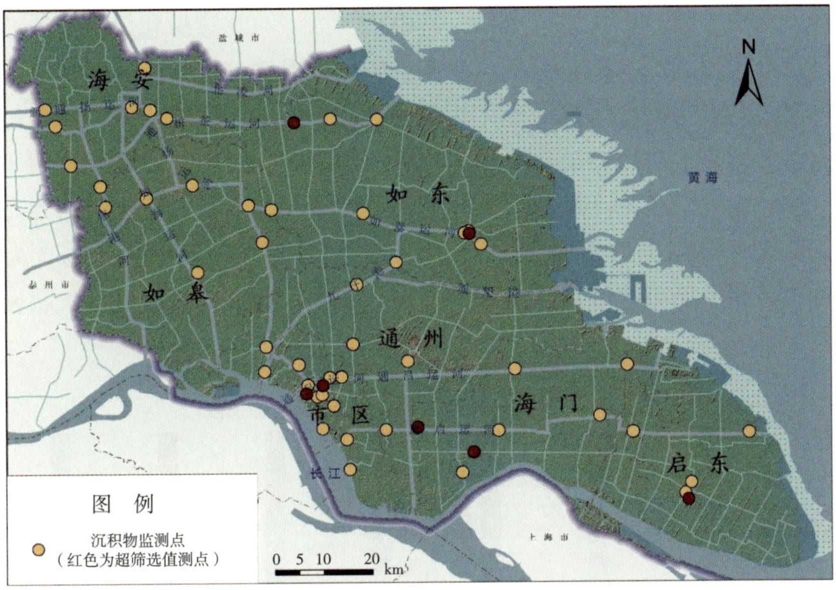

图 3-3-29　2020 年南通市河流沉积物测点分布

二、现状评价

2020 年，南通市监测的 54 个沉积物测点中，未超风险筛选值的测点比例为 87.0%，超风险筛选值的比例为 13.0%，无测点超风险管制值，见图 3-3-30。超风险筛选值的指标为锌（9.3%）、砷（3.7%）和汞（1.9%）。

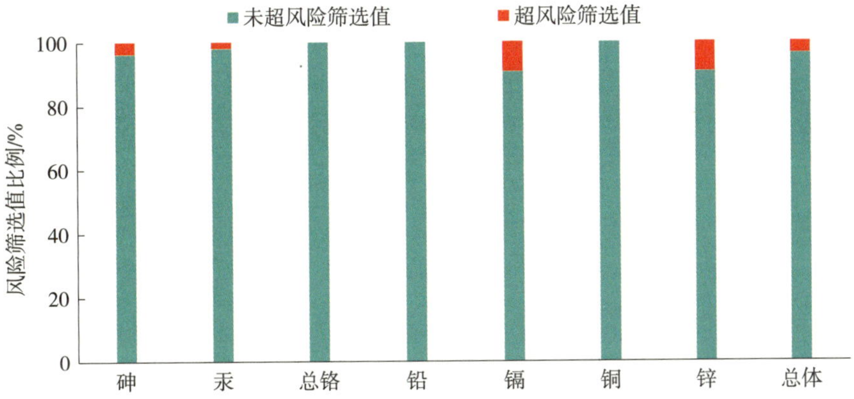

图 3-3-30　2020 年南通市河流沉积物主要监测指标级别比例

按地区分，南通市区（不含通州区）13 个底质测点中，未超风险筛选值的测点比例为 84.6%，超风险筛选值的比例为 15.4%，无测点超风险管制值。超风险筛选值的断面测点主要分布在城市内河，其中市区为濠河北濠桥和任港河任港桥：北濠桥超风险筛选值指标为砷、镉、锌，任港桥超风险筛选值指标为镉、锌。如东超风险筛选值的测点为掘苴河鸡场桥，其超风险筛选值指标为镉和锌。通州超风险筛选值的测点为通启运河川港镇北桥和金沙横河胜利桥，其中川港镇北桥超风险筛选值指标为锌；胜利桥超风险筛选值指标为镉。海门超风险筛选值的测点为海门河东洲大桥，其超风险筛选值指标为砷、汞和锌。启东超风险筛选值的测点为南城河和平南桥，其超风险筛选值指标为镉。海安、如皋内河沉积物测点均未超风险筛选值，见图 3-3-31。

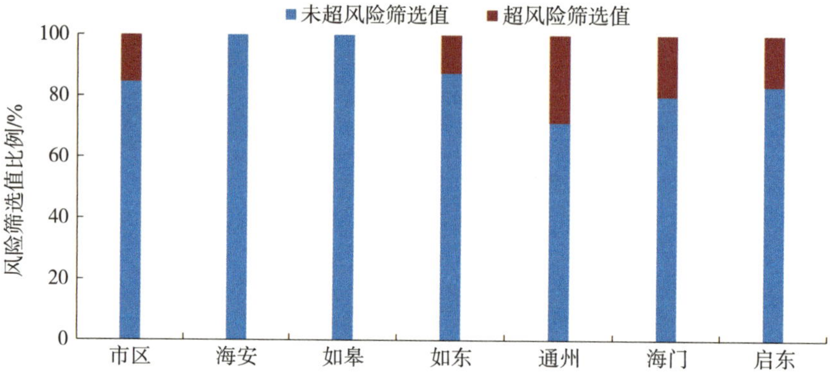

图 3-3-31　2020 年南通市各地区河流沉积物环境质量状况

三、“十三五”变化趋势

“十三五”期间，南通市河流沉积物污染状况总体略有好转。2016—2019 年，南通市内河沉积物超风险筛选值测点综合级别比例逐年下降，2020 年未超风险筛选值测点比例同比下降 6.3 个百分点，沉积物质量状况略有下降，见图 3-3-32。

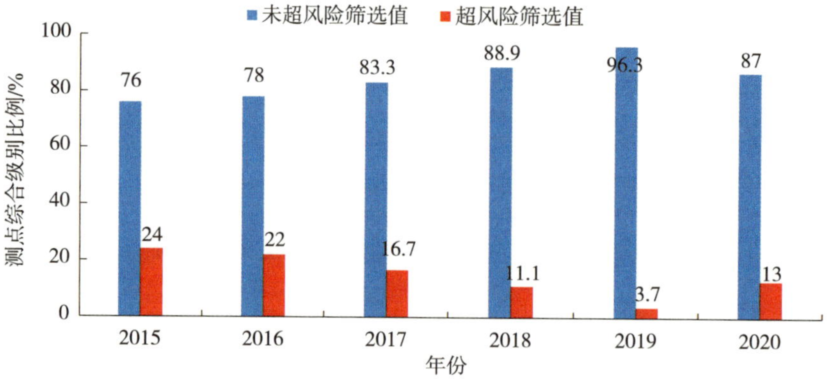

图 3-3-32　“十三五”期间南通市河流沉积物环境质量比例年际变化

与“十二五”末相比，南通市河流沉积物未超风险筛选值的测点比例上升 11 个百分点。开展监测的河流沉积物质量总体有所改善。

第十节　汛期水质下滑特征及原因分析

2020 年南通市 6 月 9 日“入梅”，偏早（常年 6 月 20 日）；7 月 22 日“出梅”，偏晚（常年 7 月 13 日）；梅雨期达 43 天，偏长（常年 23 天），为 1981 年以来“第三长”；全市梅雨量 384.3～688.4 mm，是常年的 1.7（如东）～2.9 倍（海门），位居 1981 年以来第 2（海门、启东）～5（如东）。梅雨期以过程性降水为主，共出现 11 次强降水过程，其中 6 月 13—15 日、6 月 28—29 日和 7 月 18—19 日出现区域性大到暴雨、局部大暴雨。

南通市“入梅”以后，特别是 2020 年 6 月 13 日起连续强降雨后，水环境质量明显下降，北凌河北凌新闸、栟茶运河小洋口闸、掘苴河环东闸口、如泰运河东安闸桥西、袁庄水站等断面的自动站数据显示，水质与上旬相比大幅下降，并持续为劣Ⅴ类，主要超标因子为总磷、溶解氧、氨氮等。7 月，全市 70 个市控以上断面符合Ⅲ类以上比例仅为 31.4%，见图 3-3-33。

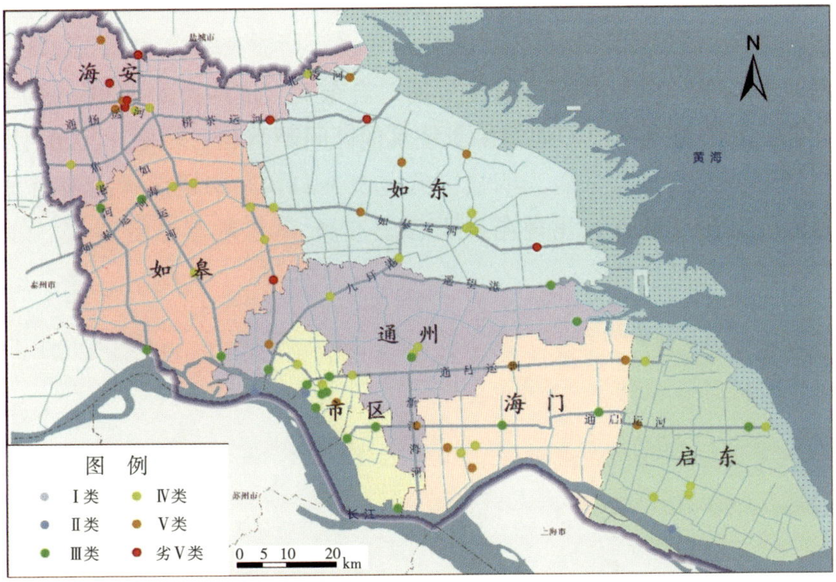

图 3-3-33　2020 年汛期（7 月）市控以上断面水质状况

一、汛期水质下滑特征

综合相关断面采测分离、自动站、例行监测等各类监测结果，汛期水质下滑呈现以下特征：

（一）梅雨前后整体水质下降明显，入海断面水质下降幅度更大

北部入海断面水质下降程度超过南部地区。从区域补偿监测、入海断面专项监测以及自动站监测结果来看，进入梅雨期后区域内监测断面水质普遍下降，大部分断面水质都从上旬的Ⅲ～Ⅳ类降至中旬的劣Ⅴ类。水质自动站平台显示（图 3-3-34）如泰运河入海断面东安闸桥西主要污染物高锰酸盐指数、氨氮、总磷呈现明显的降雨后升高特征。

6 个主要入海断面自北向南分别为北凌河北凌新闸、栟茶运河小洋口、掘苴河环东闸口、如泰运河东安闸桥西、通吕运河大洋港桥和通启运河塘芦港桥。对比 6 个断面自动站总磷和氨氮浓度变化趋势（图 3-3-35）可以发现，总磷和氨氮浓度值均大体呈现由北往南逐渐降低的趋势，水质由北向南逐渐转好。梅雨到来之后，北部入海断面水质下降程度超过南部地区，启东 2 个入海断面氨氮、总磷变化幅度相对较小。

（二）部分断面低溶解氧特征明显

根据“十三五”期间的例行监测数据，启东头兴港应急水源地、通启运河聚南大桥、部分入海河流入海断面溶解氧较其他区间断面相对较低。2020 年梅雨期，各断面自动站低溶解氧特征更为明显，见表 3-3-11。其中通启运河聚南大桥断面最低小时值仅为 0.91 mg/L，出现在 6 月 19 日凌晨。

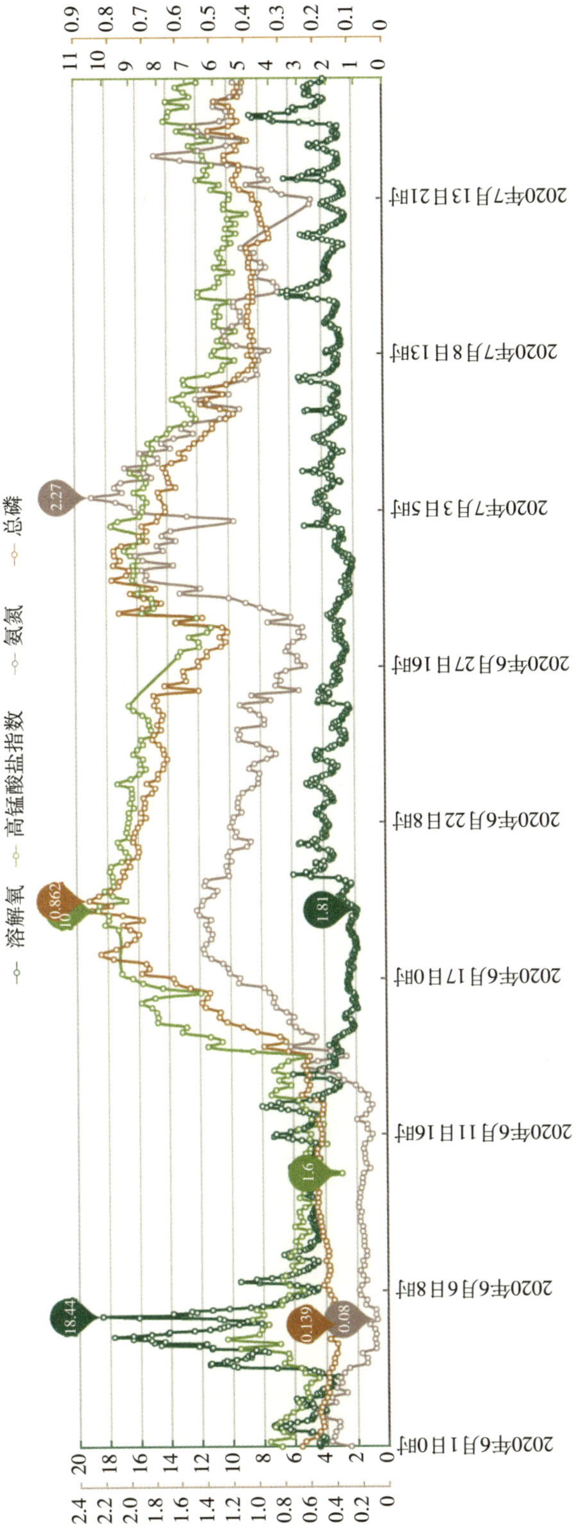

图 3-3-34　梅雨期如泰运河东安闸桥西断面自动站监测数据变化趋势

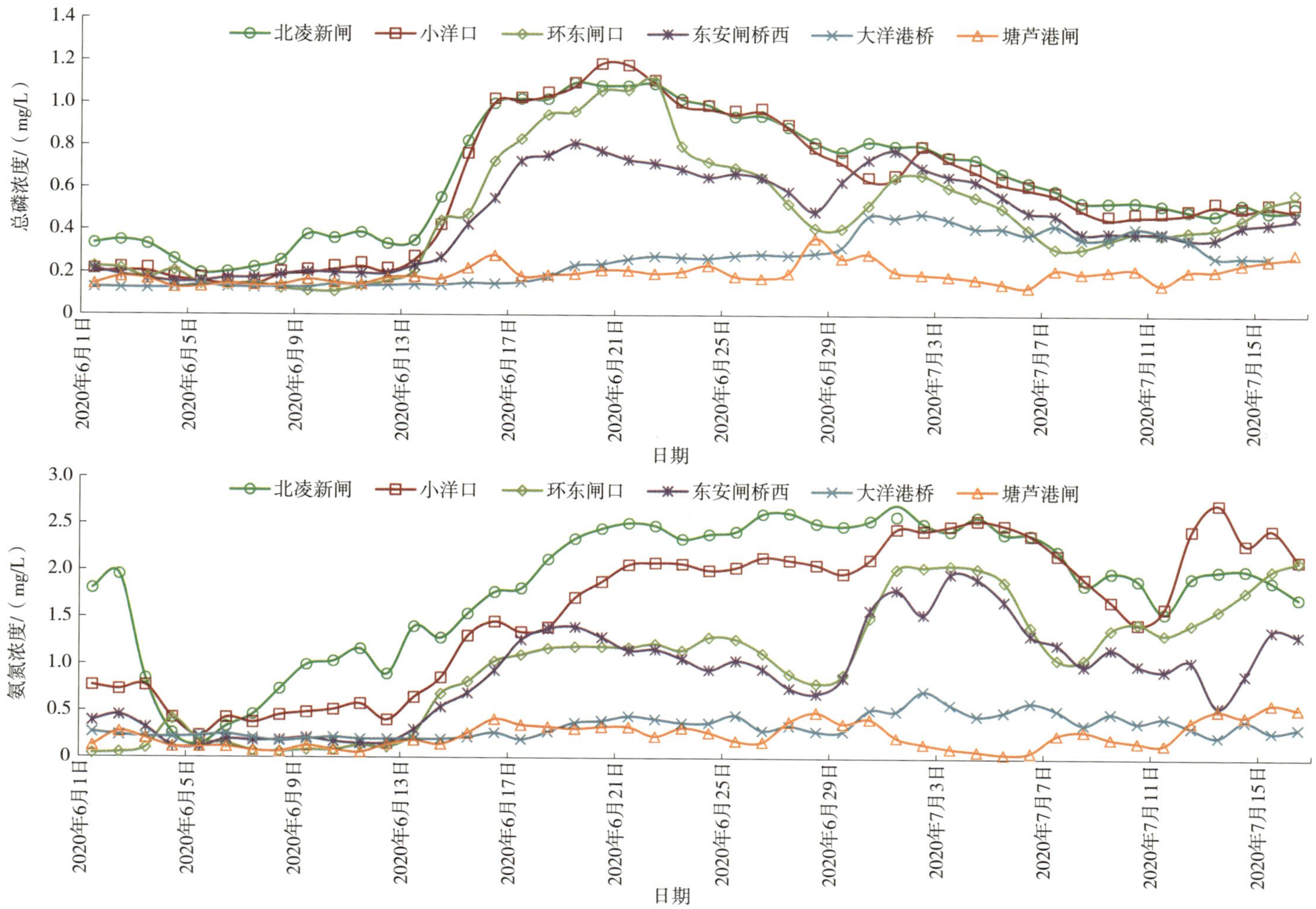

图 3-3-35　梅雨期 6 个入海断面总磷和氨氮浓度变化趋势对比

注：图例断面顺序为入海断面从北向南的空间方位顺序。

表 3-3-11 “入梅”前后部分断面自动站溶解氧数值对比 单位：mg/L

河流名称	断面名称	6 月上旬	6 月中旬	6 月下旬	7 月上旬
头兴港	头兴港应急水源地	4.89	3.55	2.53	2.87
通启运河	聚南大桥	5.24	2.23	2.42	2.17
北凌河	北凌新闸	3.26	1.18	1.81	2.76
掘苴河	环东闸口	6.81	3.23	2.43	2.20
通吕运河	大洋港桥	4.47	4.06	4.3	3.98

根据头兴港应急水源地自动站监测结果和附近的气象站逐日降水量对比分析，“入梅”后随着几轮强降雨，水体中浊度数据急剧增加，溶解氧数值有明显的下降趋势，以Ⅴ类为主。最低小时值仅为 1.13 mg/L，出现在 6 月 18 日清晨，见图 3-3-36。

二、梅雨期水质下降原因分析

针对南通市“入梅”前后水质整体变化情况，结合专项排查、加密监测结果以及相关资料分析，梅雨期水质下降的主要原因有以下几个方面：

（一）提早“入梅”与夏收夏种时间重叠，大量面源污染集中入河

南通市 2020 年“入梅”时间为 6 月 9 日，比往年提前 10 天，且历时较 2019 年明显更长。从气象部门提供的南通国家站降水量来看，“入梅”后雨量明显增加，6—7 月共发生 10 轮强降雨，其中 3 轮达到大暴雨级别。全市梅雨期雨量约为 2019 年同期的 2.7 倍之多，其中启东更是高达 4.7 倍。“入梅”初期恰逢夏收、夏种高峰，大面积水稻田正值灌溉、施肥和使用除草剂，机械化收割粉碎入田的秸秆经水浸泡、未及腐熟和土壤消纳。进行秸秆浸泡水污染物析出浓度试验，在 6 天的实验时间内，麦秆浸泡水最低总磷浓度为 6.48 mg/L，稻秆浸泡水最低总磷浓度为 10.6 mg/L。对稻田回归水采样检测，化学需氧量最高浓度达 200 mg/L、氨氮最高浓度达 3.58 mg/L、总磷最高浓度达 3.38 mg/L。高浓度农田回归水随降雨带入河道，导致断面水质下降。

（二）北部地区（海安、如皋、如东）种植结构与养殖结构导致其水质下降尤为明显

北凌河、栟茶运河、掘苴河、如泰运河等入海河流入海断面水质持续为劣Ⅴ类，氮、磷污染特征明显，主要与种植结构与养殖结构有关。南通市北部种植结构以水稻为主，南部地区多为旱作作物。根据农业部门提供的数据，汛期前南通北部地区

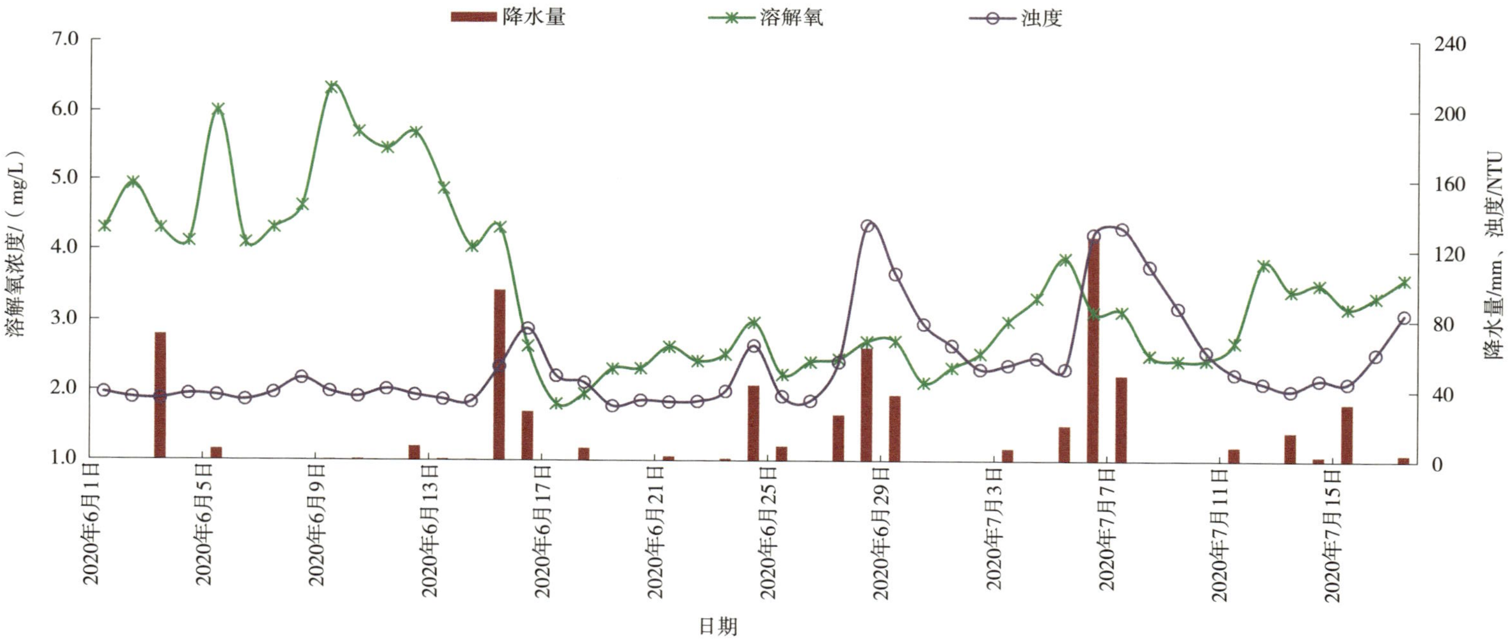

图 3-3-36　2020 年 6 月以来启东头兴港应急水源地自动站溶解氧随降水量和浊度数据变化趋势

水稻移栽后已施基肥、醒棵肥和发棵肥 3 次，第 3 次施肥约在 6 月底 7 月初，施肥总量 30～50 kg/ 亩复合肥以及 5～10 kg/ 亩的尿素。大量氮、磷元素被集中性强降雨冲刷，随地表径流进入周边水体，导致污染物质浓度上升。2020 年如皋、如东、海安家禽年出栏数合计约 6 699.39 万只，占全市家禽出栏总数的 77.8%；生猪年出栏数约 139.62 万头，占比 71.9%。南部启东、海门两地合计家禽年出栏数、生猪年出栏数分别仅占全市的 22.2% 和 16.4%。北部地区养殖负荷远大于南部地区，畜禽养殖业生产活动中产生的污染物，叠加影响了当地的地表水体污染程度。

（三）连续降雨加剧低溶氧特征

对梅雨期低溶解氧现象进行的现场溯源分析表明：

（1）水体中溶解氧依靠浮游植物的光合作用和水生生物呼吸作用此消彼长，受光照影响分层现象明显，测点深度对溶解氧测定值影响较大。晴好天气时头兴港应急水源地现场手工测定结果为表层溶解氧为 5.63 mg/L，50 cm 深度为 3.56 mg/L，1 m 深度降为 2.09 mg/L。

（2）水体流动性是影响水体中溶解氧的重要因素，流速对溶解氧影响较大。聚南大桥上游约 5 km 处通启河闸常年关闭，水体流动性差，自动站取水口处水体水深仅 1.6 m 左右。启东头兴港应急水源地自动站取水口位置位于港池内侧，采用拦网相对隔挡。两个断面水体流动交换性均相对较差，是其低溶解氧现象的影响因素之一。

（3）阴雨天气水体中溶解氧明显低于晴好天气。一方面，在水体分层底层缺氧的情况下，降雨淋洗大气后携带地表各种物质流入水体，底层低溶氧水体与表层水产生交换，造成表底层溶解氧含量差距缩小，表层溶解氧降低。同时，连续降雨形成的地表径流携带的有机物降解过程消耗了水体中部分溶解氧。另一方面，阴雨天气气压低、光照条件差、浊度升高，导致浮游植物光合作用强度较弱，水中溶解氧的补充量小。

（四）污水收集处置存在短板

如泰运河、栟茶运河、北凌河沿线污水收集处理能力不足，平时可采取临时应急措施，用吸污车定期将部分集镇生活污水运送至污水处理厂。暴雨期间，原有的应急措施远不能满足处置需求，大量生活污水外溢入河。

（五）输入性污染影响

南通市地处下游入海口，上游大量不达标来水汇入，进一步加剧水质恶化。梅雨期降水量大，水质波动大是一个区域性问题，进入梅雨期后，新通扬运河入境断面章郭大桥（总磷浓度最高为 0.95 mg/L，超标 3.8 倍）、通扬运河入境断面崔母大桥（总磷浓度最高为 1.1 mg/L，超标 4.5 倍），水质均为劣Ⅴ类。输入性污染给南通市的汛期水质也带来了较大压力。

三、降雨驱动下地表水氨氮、总磷影响过程

降雨驱动下的地表水氨氮、总磷浓度变化主要有 3 个方面：一是降雨中氨氮的直接贡献；二是地表径流携带入河的面源污染负荷；三是上游来水的污染物通量以及本地点源的排放影响。降雨对空气中的铵离子淋洗之后，部分在地表径流过程中吸附于地表表面，使得降雨中直接进入水体的氨氮减少。但同时，非点源污染在降水和径流的作用下，会导致流域水体污染负荷发生变化，其形成、转化和迁移与土地利用格局密切联系。另外，上游及周边水体给入海闸口带来的排涝压力增加了入海断面污染通量。以如泰运河东安闸桥西断面为例，断面氨氮、总磷浓度与降雨因素的响应关系初步分析如下：

（一）降雨中氨氮对地表水氨氮的直接贡献

降雨中氨氮对水体中氨氮的直接贡献包括两方面：一是直接落入河流及其支流水面的降水中的氨氮；二是降落在地表形成地表径流之前的氨氮。后者由于降雨中氨氮在地面的损耗以及与冲刷地表污染叠加过程难以区分，无法进行量化。降雨中氨氮总量均大于清洁下垫面初期径流氨氮总量，其原因是降雨中的氨氮在径流过程中会吸附于固体表面，使得氨氮总量减少。

大气中的氮沉降作为氮源纳入地表氮循环，氨氮是大气沉降的主要组成部分。大气颗粒物中二次水溶性离子 NH_4^+ 可通过降雨进入水体。南通环境监测中心对 6 月全市降水数据统计分析发现，部分降水样品中的氨氮浓度较高，降水样品中氨氮浓度在 0.32～3.31 mg/L，降雨强度、降雨历时和两次降雨间隔天数对降雨样品中氨氮数值有明显影响。2020 年梅雨期降水量普遍在 2019 年的 2～4 倍，各级河道的水量以降雨补充为主，经初步测算，截至 7 月 16 日，全市梅雨期降水补充量约 34 亿 m^3，降雨为水体中氨氮的重要来源，但其对水体中氨氮浓度的影响尚不能精确衡量。

（二）地表径流携带氨氮、总磷迁移入河

除降水淋洗外，降雨对地表水中氨氮、总磷的影响间接体现在地表径流产汇流过程对下垫面地表冲刷产生的污染。参照《室外排水设计规范》（GB 50014—2006）中的规定，给排水设计中雨水设计径流系数取值主要受集水区的地形、流域

特性因子、平均坡度、地表植被情况及土壤特性等的影响，旱地绿地的径流系数约为 0.15，城市建筑稀疏区的径流系数为 0.20～0.45。径流系数越大代表降雨较不易被土壤吸收，成为地表径流负荷。暴雨事件中污染物的迁移通量显著高于非暴雨事件。结合流量和浓度随时间的变化特点，查阅相关文献可得出以下结论：①氨氮浓度峰值滞后于径流量峰值；②径流过程中氨氮逐渐降低，而硝氮浓度逐渐升高；③径流后期，各种形态氮素浓度变化趋缓，逐渐达到稳定。降雨径流中磷形态相对稳定，对总磷浓度而言无明显差异。

主要原因在于：氮素形态不同的迁移方式决定了其迁移特征存在差异，硝氮主要以淋溶方式迁移，在壤中流和地下水中的含量较高，而氨氮主要随地表径流迁移。由于地表径流的汇集速度较快，在降雨径流前期，径流中地表径流中的比例较高，随着时间的推移，径流中壤中流和地下水的比例逐渐上升，因此在径流后期，氨氮的浓度逐渐下降，而硝氮的浓度逐渐上升。另外，氨氮在随径流的迁移过程中，会逐渐转化为硝氮，这也是造成径流后期氨氮逐渐降低，而硝氮浓度逐渐升高的原因。

（三）上游来水污染物通量及本地点源的排放影响

梅雨期降水量大，水质波动大是一个区域性问题，南通市主要入海断面地处水网末梢，上游来水污染给入海断面汛期水质带来了不小的压力。5—7 月东安闸排涝量分别为 1 728 万 m^3、10 424 万 m^3、11 676 万 m^3，6 月、7 月激增月排涝量接近汛期前的 7 倍，为 2019 年同期的 2 倍。暴雨期间，原有的应急措施远不能满足处置需求，大量生活污水外溢入河，另外，某些排污单位可能乘雨偷排、夜间偷排以及应对暴雨不力引发污染物外溢等，从而增加入河污染负荷。

（四）东安闸桥西断面氨氮、总磷贡献来源分析

以 2020 年 6—7 月为研究时段，分析降雨驱动下上游来水（以如皋入境曙光电灌站为例）、局地污染负荷对如泰运河入海断面东安闸桥西的污染贡献组成。6—7 月，如东气象站降水量为 439.5 mm，如皋气象站为 448.3 mm，其间有 3 个明显的集中降雨时段，相应形成了如泰运河水体中 3 个氨氮、总磷浓度峰值，见图 3-3-37、图 3-3-38。对比如泰运河入海断面东安闸桥西和上游如皋如东交界处曙光电灌站断面氨氮、总磷变化趋势图发现：

（1）降雨初期，水体中氨氮、总磷浓度在约 12 h 滞后之后均呈上升趋势；降雨后期降水中氨氮浓度减小，水体氨氮浓度继续上升。从 6 月 12—17 日的持续降雨过程来看，降雨中氨氮浓度从初期 1.20 mg/L 高值下降到 0.25 mg/L，断面水体中氨氮浓度同步由 0.25 mg/L 持续上升到 1.49 mg/L 并保持在Ⅲ类标准限值之上。

（2）第一个集中降雨过程（6 月 12 日 12:00 至 18 日 21:00），降水总量为东安闸桥西 150.5 mm，曙光电灌站 200 mm，水体中氨氮浓度由 0.25 mg/L 上升到约 1.50 mg/L 后开始下降，氨氮浓度峰值滞后降雨量峰值。第一轮降雨过程对两个断面水体中氨氮浓度的影响程度相当。

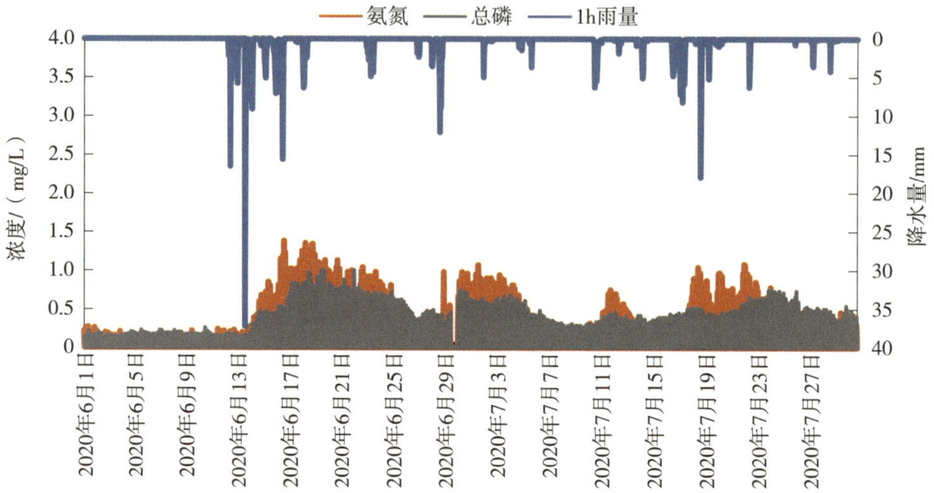

图 3-3-37 如泰运河曙光电灌站断面 6—7 月降水量与氨氮、总磷浓度逐时变化

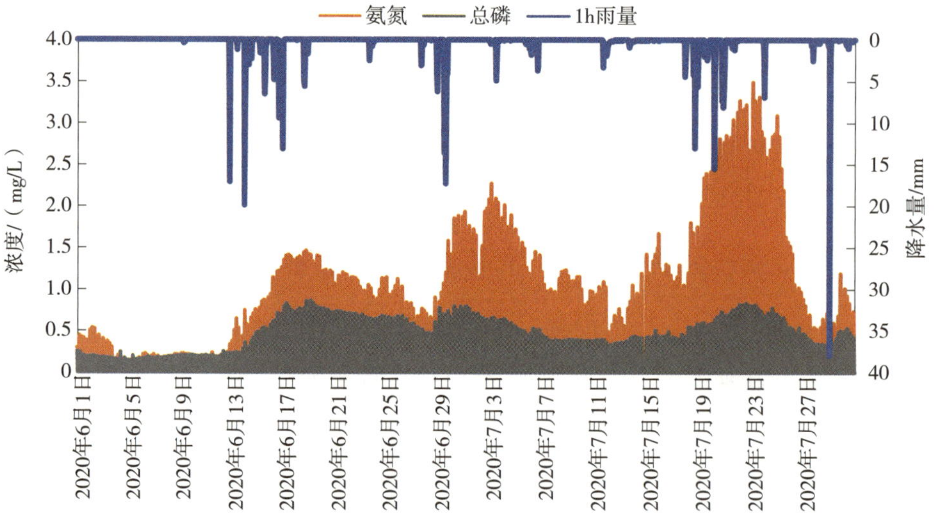

图 3-3-38 如泰运河东安闸桥西断面 6—7 月降水量与氨氮、总磷浓度逐时变化

（3）第二、三个集中降雨过程（6 月 23 日 9:00 至 7 月 23 日 13:00），两地的降雨量基本相同，分别为 236.4 mm（东安闸桥西）和 232.4 mm（曙光电灌站）；两地降雨样品中氨氮浓度也无明显差异，可以认为降雨中氨氮对两断面影响区别不大。但从两断面水体中氨氮浓度结果来看呈现明显的差异，东安闸桥西断面水体中的氨氮不断累积，峰值逐步提高，最高达 3.49 mg/L（7 月 22 日 15:00），曙光电灌站断面水体中的氨氮峰值则相对平稳，较第一峰值略有下降，最高峰值为 1.08 mg/L。

经上述分析可得，从如泰运河如皋—如东界的曙光电灌站自动站氨氮、总磷监测结果变化趋势来看，2020 年 6—7 月梅雨期间，上游入境断面氨氮、总磷污染对下游入海断面的通量压力非主导因素，而入海断面局地污染负荷才是入海断面氨氮增加值的主要来源。

降水驱动下的水体污染有较大的随机性、偶然性和广泛性。连续性大范围降雨在淋洗大气、冲刷地表携带污染物、农田径流以及上游排涝等方面的共同作用给地表水水质尤其是入海断面带来较大影响，但断面局地污染负荷是影响断面水质的主要因素。一方面应通过“源头减量—过程拦截—养分回用—生态修复”削减面源污染物，最终实现污染物总量削减与水质改善的总体目标；另一方面，科学安排汛期入海闸口排涝计划，及时预测精准调度提前预判，提前做好入海闸口内河汊支浜蓄积污水处置工作，降低降雨积累的入河负荷，才能有效提升水环境质量。

第十一节　小　结

“十三五”期间，南通市委、市政府高度重视，各相关部门以水污染防治工作计划为蓝本，多方协作，狠抓长江大保护，持续推进流域治理、黑臭水体整治、城镇污水处理厂提标改造及重点行业整治，推动产业结构调整和绿色转型，全面实施河长制和断面长制，深化农业面源污染治理，水污染防治工作取得了积极成效，水环境质量改善取得了历史最好成绩。

（1）水环境治理方面取得一定的成效，但水环境质量改善成效并不稳固，水环境提升成果仍较为脆弱。尤其是汛期，面源和支流污染影响较为严重，环境基础设施短板逐渐暴露出来，水环境质量出现明显滑坡，部分断面水质出现劣Ⅴ类，多次触及预警限值。“保水质”仍处于压力叠加、负重前行的关键期，稍有松懈就有可能出现反复。

（2）长江大保护成效明显，长江断面水质整体提升，但波动频繁，偶有超Ⅱ类现象。长江姚港、启东港断面逐月水质波动频繁，不能稳定达到考核目标，姚港断面总磷常年在Ⅱ类限值附近波动，启东港总磷、氨氮等指标部分时段超过Ⅲ类限值。

（3）部分入海断面虽实现消劣，距离目标要求尚有差距。南通市地处长江、淮河水系下游入海口，上游汇入来水的输入性污染给南通市入海断面水质带来了不小的压力。根据省生态环境厅通报水环境区域补偿结果，2014 年 10 月至 2020 年

6 月，南通市 2 个入境生态补偿断面（新通扬运河姜堰一号桥断面、通扬运河崔母大桥断面，均为与泰州市交界断面）累计受偿 5 658.31 万元。上游地区需担负起保障来水水质的责任，对主要污染物浓度叠加幅度相对较大的重点区段，要开展进一步的溯源排查，精准施策，多措并举提升水质。

（4）“十三五”期间，南通市河流沉积物污染状况总体略有好转。与“十二五”末相比，南通市河流沉积物超风险筛选值测点比例下降 11 个百分点。

专栏九 《水污染防治行动计划》实施情况

“十三五”以来，南通市认真贯彻落实《水污染防治行动计划》（国发〔2015〕17号）、《江苏省水污染防治工作方案》（苏政发〔2015〕175号）、《江苏省2020年水污染防治工作计划》（苏水治办〔2020〕2号）等有关要求，坚持以改善水环境质量为核心，系统推进水污染防治与水生态环境保护，坚决打好碧水保卫战。立足城镇和农村两大战场，围绕工业、农业、生活和服务业四大领域，抓重点、补短板、强弱项，着力解决水环境突出问题，推动全市水环境质量持续改善。坚持污染防治和生态保护“两手发力”，大力推动水污染治理、水生态修复、水资源保护“三水共治”。系统推进“水十条”重点水污染防治项目。

一、水环境质量改善情况

2020年，全市31个省考以上断面优Ⅲ类比例为96.8%，高于省定74.2%的考核要求，同比增加22.6个百分点，优Ⅲ类比例提升幅度居全省第一位；省考以上断面及主要入江、入海河流控制断面全面消除劣Ⅴ类，达到省定考核要求。省考以上断面达标率为100%，同比增加6.5个百分点。地表水考核功能区达标率为93.5%，高于省定82%的考核目标。2020年，全市总量用水39.74亿m^3，其中地下水为1 438.07万m^3，达到省下达用水总量控制目标（46.45亿m^3）和地下水用水总量控制目标（4 100万m^3）要求。

二、水污染防治重点工作完成情况

（一）工业污染防治

1. 严格环境准入

以空间结构、产业结构、能源结构、运输结构调整为重点，加快推进绿色发展转型升级。完善南通市“三线一单”，形成《南通市“三线一单”生态环境分区管控方案》，从空间布局约束等方面提出调控策略。严格执行“五位一体”环境准入机制，长江干支流1 km范围内停止审批新扩建化工项目。开展两轮“散乱污”企业专项治理，清理整治“散乱污”企业4 300余家。

2. 集中治理工业集聚区水污染

2020年以来，持续开展省级及以上工业园区污水治理设施专项行动，并按期完成整改任务。累计完成涉及园区管理、管网建设维护、污水收集等个性问题与城镇污水处理厂接管企业底数不清等问题共35个。经过专项整治，工业园区新增管网长度97 km。全市18家省级及以上工业园区（其中国家级6家、省级12家）

均自建污水处理设施或依托城镇污水处理设施，污水处理总规模达 152 万 t/d 左右，并实现与当地生态环境部门污染源自动监控软件平台联网，均稳定达标排放。

（二）城镇污染治理

1. 增强城镇生活污水收集处理能力

稳步推进水务一体化改革，积极构建供排水统一规划、统一建设、统一运行、统一监管的工作机制，推进污水基础设施项目建设。截至 2020 年年底，全市已完成新建配套污水管网 308 km，完成“一图一表”编制与“十个必接”接管数 2 025 处，完成开发区通盛排水有限公司三阶段和海门东洲污水处理厂 5 万 t/d 扩容工程、通州益民污水处理厂二分厂 2.3 万 t/d 扩建工程，乡镇污水厂运行效能和管网覆盖率大幅提升。

2. 城镇污水处理提质增效

出台《南通市城镇污水处理提质增效精准攻坚“333”行动实施方案》，深入开展城镇污水处理提质增效精准攻坚“333”行动。2020 年以来，全力推进 16 座乡镇污水处理厂提标改造工作。组织对全市 84 座县城和乡镇污水处理厂运行情况进行摸底排查，累计排查污水管网 857 km；消除管网空白区 14 个；消除污水直排口 308 个；完成达标区建设 7 个，合计 12.5 km^2；完成 5 座县城污水处理厂“一厂一策”方案编制；推进“六小行业”专项整治 10 200 处；对 32 个老旧小区实施管网改造。

3. 生态湿地进一步净化水质

利用生态湿地对城镇污水处理厂处理后的尾水进行再次净化是南通市的一个示范项目，其生态湿地分为进水表流区、水平潜流区及出水表流区 3 个工艺处理单元，并配套建设提升泵站、水质检测仪表间等配套设施。通过植物根系富集吸附和沸石、钢渣填料的截流吸附作用，进一步削减尾水中 COD、NH_3-N、TP，达到地表水Ⅲ类标准，补充河道生态景观需水。生态湿地以净化水质为主，以景观观赏为辅，丰富了生物多样性，形成了良性循环（图 1）。

图 1　生态湿地

4. 污泥处理处置

全市污水处理厂污泥处置遵循区域统筹、合理布局原则，按照“减量化、稳定化、无害化、资源化”要求，全部进行 100% 无害化处理。

5. 城市节水

巩固国家和省级节水型城市建设成果，建成市区“两圈八湖九脉”海绵基底示范项目，如皋市获批省级第一批海绵试点城市。组织开展公共供水管网改造，2020 年以来，市区完成新建供水管网 23.7 km，改造供水管网 14 km，完成 30 个小区二次供水泵房提升改造，3 万户居民水表更新改造及 90 栋居民老旧住宅楼供水设施改造，多措并举，降低了公共供水漏损率。

（三）农业农村污染防治

1. 防治畜禽养殖污染

坚持把农牧结合作为破解畜禽养殖污染难题的重要手段，努力打通畜禽粪污还田利用通道。坚持分类施策、“一场一策”，全面开展规模养殖场污染治理改造。推进畜禽粪污集中处理中心建设，实现“能储存、可利用、不直排”。扶持畜禽养殖废弃物收运服务体系建设，努力打通粪肥还田利用“最后一公里”问题。截至 2020 年年底，全市累计核查认定规模养殖场 1 946 家，全市畜禽粪污综合利用率达 97.9%，全市规模养殖场粪污处理设施装备配套率达 100%，规模养殖场治理率达 100%。

2. 农村环境综合整治

根据《全国农村环境综合整治“十三五”规划》要求，南通市行政村整治任务总数不少于 552 个。南通市将任务分解到各地，通州区（加通州湾示范区）完成项目总数不少于 105 个，其他各县（市、区）完成项目总数不少于 90 个。截至 2020 年年底，全市已完成整治的行政村达 1 064 个。

（四）船舶港口污染控制

1. 治理船舶污染

严格执行船舶污染物接收、转运、处置联合监管制度，各类转运处置单位全部接入长江干线船舶水污染物联合监管与服务信息系统，切实发挥多部门联合监管机制作用。制定《南通市淘汰内河单壳化学品船和单壳油船工作实施方案》《南通市内河单壳化学品船和单壳油船淘汰拆解工作要点及任务分工表》，明确目标和责任。淘汰注销船舶 9 艘，对 64 艘单壳船实施禁航停运，40 艘船办理并通过拆解申报手续，全市内河船型标准化工作取得显著成效。完成 400 总吨以上货运船舶生活污水防污设施改造 99 艘，100～400 总吨货运船舶生活污水防污设施改造 1 328 艘，超额完成省定计划。

2. 港口码头污染防治

修订发布南通市沿江沿海、内河港口和船舶污染物接收转运处置建设方案。所有港口企业通过自建船舶污染物接收设施或委托有资质的第三方接收等方式，全部具备了船舶污染物免费接收能力。建成运营中化南通、阳鸿石化两座洗舱站，提前半年完成建设任务，具备年洗舱 1 200 艘次的服务能力，交通运输部予以肯定。

专栏十 中心城区 66 km^2 “一控三自然”治水新实践

“治江先治河，治河先控污。”南通派江吻海，以河相连，江海互通，其中长江干流岸线 166 km，入江支流 53 条。南通市深入贯彻长江“共抓大保护、不搞大开发”战略部署，提出了“江河联治、水岸共治、全域防治”治水新理念。推行“系统化思维、片区化治理、精准化调度”的治理新思路；提出“濠河及周边主要河道达到Ⅲ类水标准”“主要入江入海河流全面消除劣Ⅴ类”的工作目标；开展中心城区 66 km^2 132 条河道水环境“一控三自然”治水新实践，让一泓清水从“毛细血管”流到入江支流、流向长江——“母亲河”，以满足人民对美好水环境的需求和期盼，奋力将南通打造成让人流连忘返的江海水乡。

一、转变治水思路，全面系统治水

重新审视以往治水历程，反思过去水环境治理的症结所在，转变治水思路，打破“九龙治水”的难题，跳出“就河治河”的窠臼，创造性地提出“系统化思维、片区化治理、精准化调度”等一系列治水新思路。一是在环节上，注意全面统筹截污、清淤、畅通、活水以及生态修复、景观提升等措施，做到标本兼治；二是在空间上，注意强化水岸同治、连片整治以及上下游、左右岸共治，系统解决结构性、流域性、区域性问题；三是在功能上，重点推动黑臭河道治理与防洪排涝、海绵城市建设等有机衔接，实现水环境、水安全、水生态、水景观、水文化的协同推进。

以此为指导，大力实施中心城区 66 km^2 132 条河道的水环境综合整治工程，以此为标杆，目前又向主城区 225 km^2 范围拓展，为长江支流提供了良好的水源，使长江干流水质得到有效保障。同时，围绕全面消除城市建成区黑臭水体目标，市区已整治黑臭水体 20 条，2019 年再整治最后 13 条水系（26 条河道）。

二、创新治水手段，注重提质增效

紧紧围绕市委、市政府提出的“到 2019 年年底，濠河及周边主要河道达到Ⅲ类水标准”及“主要入江入海河流全面消除劣Ⅴ类”的目标，按照“控源截污、水系连通、河道清淤、自然活水、生态修复”的技术路径，采取“一控三自然”的治理措施，创新治水手段，推动系统治理。

一是控源截污，提质增效。始终把控源截污、管网建设作为水环境治理的治本之策，创造性地采取“两高一低”的措施，即雨污管网高质量养护、沿河排口高标准截污、污水管网低水位运行，着力解决污水溢流、直排入河等污染问题。

目前，濠河核心区雨水管道清淤、检测、冲洗工作已完成，周边区域 171 km 雨水管网高质量养护已完成；对 132 处废弃排口进行了永久性封堵，86 处存在排污情况的问题排口已全部完成整治任务。同时，针对问题排口制定了末端截流方案 19 项，实现濠河周边区域 70 余 km 管网低水位运行。基本达到了“晴天污水零入河，雨天溢流污染得到高效控制”的治理目标。集中开展了“六小行业”截污整治和沿河环境专项整治，全面完成了 2 884 个问题排污点的整治及 56 条河道的沿河环境整治；全力实施污水处理提质增效工程，污水处理厂容量扩大 5 万 t，提升了市区污水处理能力并做到适度超前。大力推进污水管网改造和建设，有效避免了河水倒灌进污水管网，污水处理厂进水化学需氧量（COD）浓度提升了 10%。

二是因势利导，自然活水。借助长江潮汐动力，因势利导，将江水引入城市内部，实现江河联动。利用历史形成的水利分区和水位落差，通过水利工程的跨区联动，形成西引东排、北引南排的活水畅流格局，高效利用水资源。同时，通过拆除 100 多处影响水体流动的坝头坝埂，实施“拓扑导流墙”等水利“黑科技”，中心城区 44 条“断头河”全部贯通。全面打开并集中统一调度城区 100 多座涵闸等水利工程设施，中心城区 66 km^2 范围内的 120 多条河道得到解放，恢复了河道的自然流动属性，实现了互联互通、活水环绕，一个“全面活水、持续活水、按需活水、两利活水、高效活水、连片活水”的治水格局已初步形成。

三是生态修复，自然净化。引入海绵城市的建设理念，实施生态水利工程。南通一改传统的“固坡护岸，行洪排涝”的治理方式，创造性地引入海绵城市和生态修复理念，把山水林田湖草作为一个生命共同体来统筹实施，采用“生态水利工程 + 湿地公园”的方式，因地制宜，不仅创造条件，将中心城区 36 条“三面光”河堤硬质护岸重新恢复成自然河流形态，使昔日的“三面光”河道变成充满野趣、蜿蜒蛇行的自然河流，而且在五山地区，通过把原来的堤岸做成小块状的浅滩或树岛，将生态河道、海绵城市和湿地保护恢复有机结合，大幅提高了水体的自然净化能力。

三、坚持“开门”治水，接受公众监督

随着“一控三自然”整治措施的深入推进，在主城区 66 km^2 范围内布设 35 个监测断面，每周监测一次，指标为高锰酸盐指数、氨氮、总磷等 6 个主要因子，并通过《江海晚报》、“南通百通”等全媒体公布监测结果，接受群众监督，让群众广泛参与。南通市城市河道水质监测断面的密度、监测参数的数量、监测的频次均为全国之最。2019—2020 年监测结果显示，主城区河道水质各主要因子均达到或优于Ⅲ类。入江支流水质稳定提升为Ⅲ～Ⅳ类标准，河道污染物浓度大幅下降，中心城区水环境整治取得明显成效。

专栏十一 城市黑臭水体治理成效及监测评价

黑臭水体是群众身边的突出生态环境问题，习近平总书记强调，要把解决突出生态环境问题作为民生优先领域，基本消除城市黑臭水体。近年来，南通市委、市政府认真贯彻落实中央、省关于打好污染防治攻坚战的决策部署，坚持把黑臭水体整治工作摆在改善民生的重要位置，列为城市基础设施建设的重要内容。按照“控源截污、内源治理、疏浚活水、生态修复”的思路，精准施策、综合治理，用近 3 年的时间完成了市区建成区 33 个黑臭水体整治，2019 年顺利实现了“市区建成区基本消除黑臭水体”目标。2020 年推进县级城市建成区黑臭水体整治工作。完成海门区和如东县 5 个县级建成区存量黑臭水体整治，比省定目标提前一年，实现县级以上城市建成区基本消除黑臭水体的目标。2019 年 5 月，生态环境部水生态环境司张波司长来通调研，将南通市污水管网“两高一低”措施、拓扑导流技术、尾水生态湿地建设工作等推荐至生态环境部“光荣榜”。

一、实施“两高一低”，创新管网管控

一是雨污水管网高质量养护。先逐段封堵排口，采用高压冲洗车疏通，再使用内窥镜等方式检测管道，对发现的问题及时开展评估修复，实现管道高质量运行。二是沿河排口高质量截污。实施“截污 + 调蓄 + 生态处理”高水平截流改造，收集处理截流污水及初期雨水，实现“晴天无直排、雨天少溢流，面源污染得到有效控制”。三是污水管网低水位运行。通过统筹调度污水处理厂和提升泵站，有效降低污水管网运行水位，摸清地下水渗漏和河水倒灌等问题，有序开展管网非开挖修复，实现污水处理提质增效。

二、实施拓扑导流技术，实现“断头河”重生

一是死水河的水系连通。生活污水截污不彻底和水体长年滞流是导致部分城区水体黑臭的重要原因。水系内部分河流地理位置较近，具备实施水系连通的基础，连通后的水系有利于进一步改善水体水质。二是“断头河”的难题破解。通过采用“一种用于主河道一侧断头河水连通的拓扑导流墙”的技术（图 1～图 5），将“断头河”段一分为二，实现了主河与“断头河”的连通活水。三是水体流动的借势发力。水系内 7 条河道同处濠河水系高水位片区，相互之间自然水位落差不大，但与外围城区河道有 50 cm 左右的自然落差，是极为有利的水力条件。通过将干休所河的出口改接到文峰闸直通下游，巧借外势，因势利导，实现了水体永续自然流动。

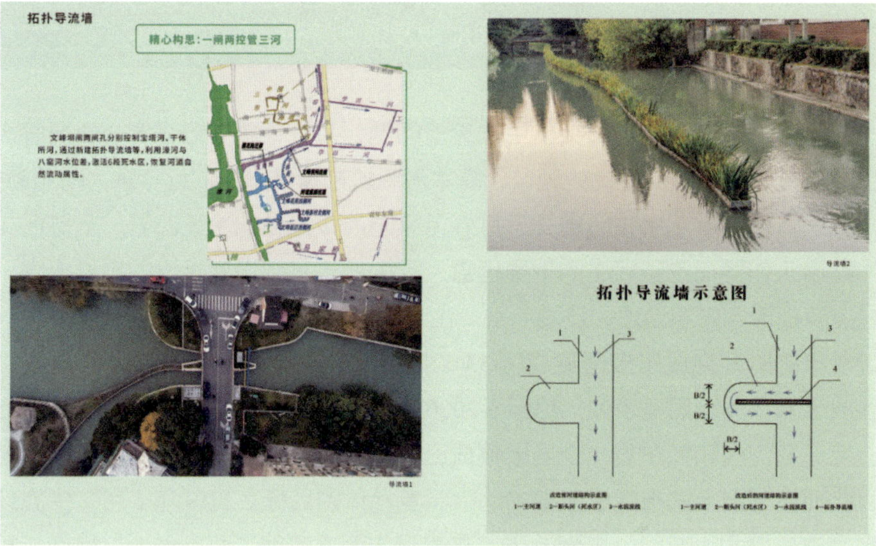

图 1　拓扑导流墙技术示意图

图 2　工农河整治前（2017 年 7 月 31 日）

图 3　工农河整治后（2020 年 10 月 23 日）

图 4　白龙庙河黑臭水体治理成效

图 5　西头总港黑臭水体治理成效

三、推进尾水生态湿地建设、水下森林鱼翔浅底

通州益民污水处理厂生态湿地以净化水质为主，以景观观赏为辅，主要选用芦苇等 10 余种水生植物，水中除野生鱼苗外，还养殖了部分锦鲤。良好的生态环境吸引了白鹭、野鸡等前来安家，丰富了生物多样性，形成良性循环。进一步净化水质，减轻污染；构建良好的水生生态系统，创造水清岸绿、鱼翔浅底的生态景观；污水经处理后水质大幅提升，回用范围扩大，能更为有效地提高用水效率，为缺水地区提供了借鉴。

监测评价：按照《2020 年江苏省生态环境监测方案》要求，根据黑臭水体监督监测名单（按治理情况动态更新），对已完成治理的城市黑臭水体开展了监测和评价工作。全年共开展 4 次监测，每季度 1 次，监测指标为透明度、溶解氧、氨氮、总磷、氧化还原电位（ORP）。第一季度实际开展监测的 33 个黑臭水体中，有 2 个为轻度黑臭，分别为尖闸南界河和白龙庙河，定类指标均为氧化还原电位。第二、第三、第四季度实际开展监测的 33 个、43 个、33 个黑臭水体全部非黑臭。采用单次黑臭即全年黑臭的判定准则，2020 年完成治理并纳入监督监测的黑臭水体中，实际监测 43 个，其中 2 个为轻度黑臭，占比为 4.6%，无重度黑臭水体。较 2019 年，黑臭率下降了 10.4 个百分点。

第四章　饮用水水源地水环境

“十三五”期间，南通市持续强化饮用水水源保护，深化饮用水水源地达标建设。按照“水量保证、水质达标、应急保障”的要求，加强饮用水水源地及应急水源达标建设。推进农村饮用水安全工程，加强农村饮用水水源保护，保障农村饮水安全。全域基本实现“双源供水”和自来水厂深度处理两个“全覆盖”。区域供水人口普及率超 99%，乡镇覆盖率达到 100%。全市居民普遍饮用长江水，应急保供体系基本形成，饮水水质、安全更有保障。

监测结果表明：2020 年，全市 4 个集中式饮用水水源地水质稳定在Ⅱ～Ⅲ类，取水总量 73 773 万 t，水源水量达标率为 100%。若不考虑启东市头兴港河应急水源地本底氯化物超标影响，4 个应急备用水源地水质均保持在Ⅲ类。“十三五”期间，长江南通段集中式饮用水水源地水质稳定在Ⅱ～Ⅲ类，水生态及饮用水安全得到有效保障。与“十二五”末相比，全市集中式饮用水水源地水质达标率保持 100%，应急备用水源地水质有所提升。

第一节　监测概况

南通市现有 5 座集中式饮用水水厂，日供水能力 250 万 t，分别为崇海水厂（日供水 80 万 t）、狼山水厂（日供水 60 万 t）、洪港水厂（东北片区域供水，日供水 60 万 t）、南通鹏鹞水务有限公司（西北片区域供水厂，日供水能力 40 万 t）、海门长江水厂（日供水 10 万 t），供水覆盖人口约 740 万人。水源均为长江水，其中崇海水厂和狼山水厂水源地共用长江狼山水源地，见图 3-4-1。根据江苏省水利厅文件《省水利厅关于公布取消长江南京大桥等一批集中式饮用水水源地名录的通知》（苏水资〔2016〕6 号），明确长江芦泾港水源地关闭不再使用。

根据原环境保护部规定的《城市集中式饮用水水源地水质监测、评价与公布方案》要求，“十三五”期间对全市 4 个集中式饮用水水源地实行逐月监测，监测项目为《地表水环境质量标准》（GB 3838—2002）表 1 中规定的所有 24 项基本项目、表 2 中补充项目 5 项，优选特定项目 34 项；另外，每年对 4 个集中式饮用水水源地开展一次 109 项全分析。饮用水评价方法与标准见附录。

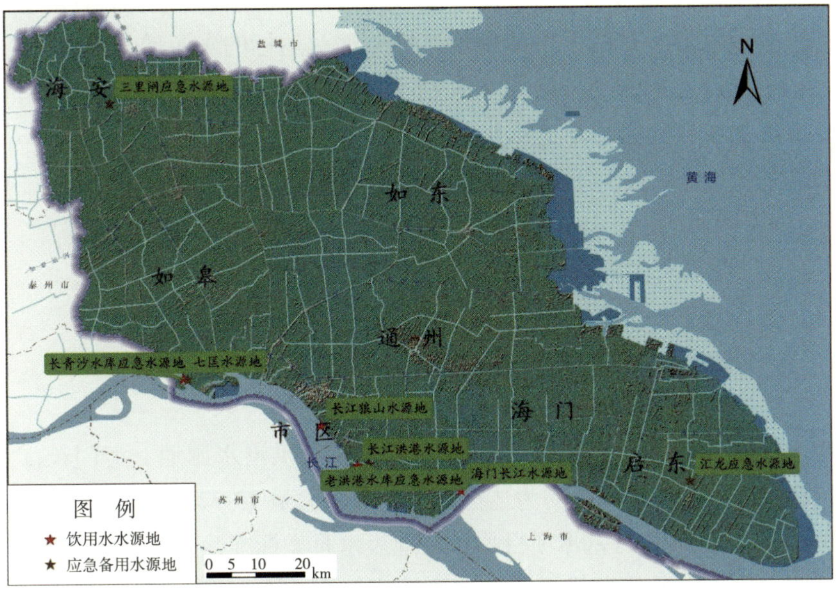

图 3-4-1　全市集中式饮用水水源地、应急备用水源地分布

另外，南通市现有 4 个应急备用水源地，分别为市区老洪港水库应急水源地、如皋市长青沙水库应急水源地、启东市头兴港河应急水源地、海安市新通扬运河应急水源地，见图 3-4-1。老洪港应急水库水源地位于南通经济技术开发区老洪港生态湿地公园内，由云湖和星湖两个水库组成，2014 年建成并投入使用，水库总有效库容为 285 万 m^3，应急供水规模 60 万 m^3/d，可同时向洪港水厂和崇海水厂供水，保障市区 3～5 天的应急供水。根据江苏省水利厅文件《省水利厅关于公布取消南京市长江夹江中等一批集中式饮用水水源地名录的通知》（苏水资〔2018〕40 号），核销南通市一批应急水源地，分别为启东市通吕运河吕四港镇应急水源地、如皋市如海运河如城水源地、通州区通吕运河金沙应急水源地。

根据江苏省环境质量监测方案，2016—2017 年、2018 年 1—4 月应急备用水源地监测频次为每季度监测一次，监测对象为启东市头兴港河应急水源地、海安市新通扬运河应急水源地。2018 年 5 月始监测频次增加为每月一次，监测项目同集中式饮用水水源地，同时增加监测老洪港水库应急水源地、如皋市长青沙水库应急水源地两个应急备用水源地。2017 年始对应急备用水源地每年开展一次 109 项全分析。根据《省生态环境厅关于优化调整备用型集中式饮用水水源地监测工作的通知》，2020 年 9 月起，调整监测方式，每季度开展一次手工监测，其余每月仅开展 5 项指标的自动监测或手工监测，监测项目为 pH、溶解氧、氨氮、总磷和高锰酸盐指数。

根据《水污染防治行动计划》及考核规定，饮用水水源地评价按《地表水环境质量评价方法（试行）》（环办〔2011〕22 号），若当月监测的全部指标的评价结果均为达标，则该水源当月的评价结果为达标，逐月达标的水源地本年度则为达标水源；反之，若当月监测的全部指标结果之一为不达标，则该水源当月的评价结果为不达标，该水源本年度亦为不达标水源。

第二节　集中式饮用水水源地

一、水源地达标情况

2020 年，南通市长江狼山水源地、南通市长江洪港水源地、海门长江水源地、如皋市长江长青沙七匡水源地均为达标水源，取水总量 73 773 万 t，水源水量达标率均为 100%。各水源地各月基本项目均符合地表水Ⅲ类标准，水质良好，见表 3-4-1。

自动监测结果：各集中式饮用水水源地均符合地表水Ⅲ类标准，水质良好。

表 3-4-1　2020 年南通市集中式饮用水水源地基本项目评价结果

项目	南通市长江狼山水源地	南通市长江洪港水源地	如皋市长江长青沙七匡水源地	海门长江水源地
水质类别	Ⅱ类	Ⅲ类	Ⅱ类	Ⅱ类
水质状况	优	良好	优	优
补充项目	达标	达标	达标	达标
取水量 / 万 t	39 579	15 761	14 989	3 444
水量达标率 /%	100	100	100	100

补充项目：按照《地表水环境质量标准》（GB 3838—2002）表 2 补充项目进行监测，各水源地达标率均为 100%。

细菌学指标：全市 4 个集中式饮用水水源地中粪大肠菌群各月监测值均符合Ⅲ类标准值（10 000 个 /L），达标率为 100%。

二、特定项目评价

2020 年，全市 4 个集中式饮用水水源地每月水质监测结果中 34 个优选特定项目中除硼、钡、钼、钴、镍、钒、锑外，其余均未检出，其中锑仅如皋市长青沙七匡水源地 10 月、11 月偶有检出，硼、钡、钼、钴、镍、钒各水源地各月份均有检出，检出结果均低于标准限值。

80 项特定项目中共有 7 项有检出，检出率为 8.75%，检出项目为硼、钡、钼、钴、镍、钒、钛，检出结果均低于标准限值，见表 3-4-2。按照 GB 3838—2002 表 3 中特定项目 80 项进行评价，全市集中式饮用水水源地均符合相应的标准。与每月的优选 34 项特定项目相比，检出项目基本相同，增加监测项目中钛有检出，偶有检出项目中锑全分析时未检出。

表 3-4-2　2020 年全市集中式饮用水水源地 80 项特定项目检出结果

序号	水源地	检出率 /%	检出项目
1	南通市长江狼山水源地	8.75	硼、钡、钼、钴、镍、钒、钛
2	南通市长江洪港水源地	8.75	硼、钡、钼、钴、镍、钒、钛
3	如皋市长江长青沙七匡水源地	8.75	硼、钡、钼、钴、镍、钒、钛
4	海门长江水源地	8.75	硼、钡、钼、钴、镍、钒、钛

三、“十三五”变化趋势

“十三五”期间，南通市长江洪港水源地、南通市长江狼山水源地、海门长江水源地、如皋市长江长青沙七匡水源地水质总体稳定，逐月达标率均为 100%，保持在优和良好水平。从水质类别来看，长江狼山水源地、海门长江水源地、如皋市长江长青沙七匡水源地水质均有所提升，长江洪港水源地无明显变化。与“十二五”末相比，除长江洪港水源地维持Ⅲ类外，其余 3 个集中式饮用水水源地年均水质均由Ⅲ类提升至Ⅱ类，长江生态保护成果显现。

基本项目：Spearman 秩相关分析表明（图 3-4-2、图 3-4-3），“十三五”期间市区 2 个集中式水源地氨氮和总磷年均值均呈下降趋势。如皋市长江长青沙七匡水源地总磷年均值呈下降趋势且有显著意义，氨氮呈上升趋势。海门长江水源地氨氮和总磷浓度均呈下降趋势且有显著意义，表明该饮用水水源地水质有所好转。与“十二五”末相比，各水源地氨氮、总磷浓度均有不同程度的降低，细菌学指标“十三五”期间均能达到地表水Ⅲ类标准要求。

补充项目：“十三五”期间，南通市集中式饮用水水源地补充项目达标率均为 100%。

34 项优选特定项目：“十三五”期间，各集中式饮用水水源地 34 项优选特定项目 2020 年检出率有所增加，同样由于分析方法的优化，检测能力提升从而检出限降低。参照原方法检出限，34 项优选特定项目检出率持平，钼、钴仍为未检出，但镍、钒等偶有检出，见表 3-4-3。

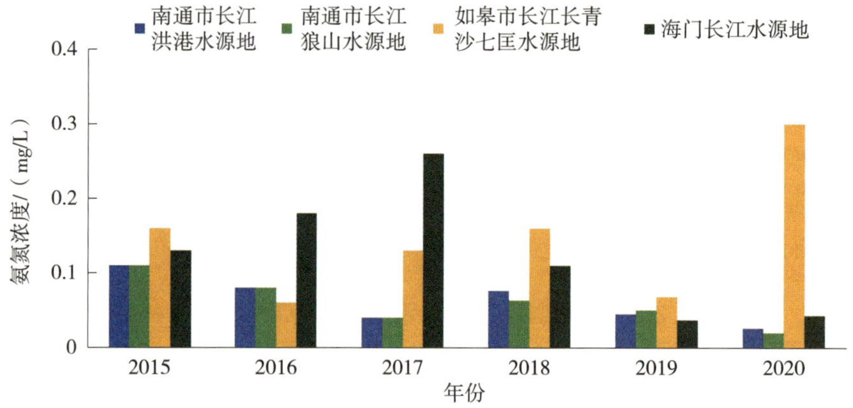

图 3-4-2 “十三五”期间集中式饮用水水源地主要污染指标氨氮浓度变化

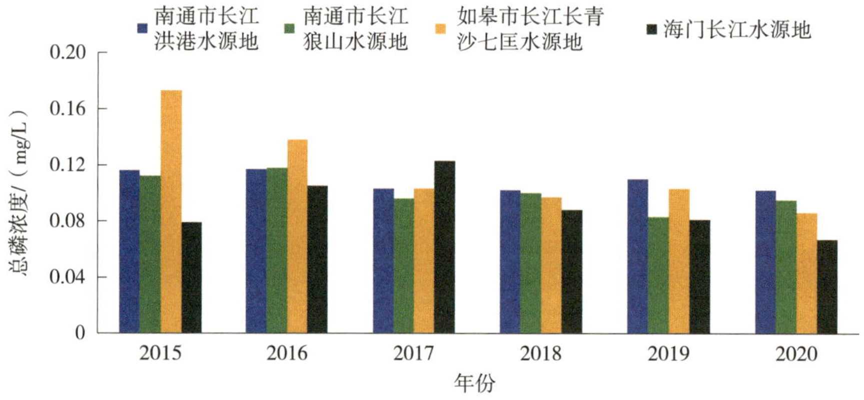

图 3-4-3 “十三五”期间集中式饮用水水源地主要污染指标总磷浓度变化

表 3-4-3 2016—2020 年南通市集中式饮用水水源地 34 项特定项目检出率统计

年份	南通市长江狼山水源地	南通市长江洪港水源地	如皋市长江长青沙七匡水源地	海门长江水源地
2016	硼、钡	硼、钡	钡	—
2017	硼、钡	硼、钡	硼、钡	硼、钡
2018	硼、钡	硼、钡	硼、钡	硼、钡
2019	硼、钡	硼、钡	硼、钡	硼、钡
2020	硼、钡、钼、钴、镍、钒	硼、钡、钼、钴、镍、钒	硼、钡、钼、钴、镍、钒、锑	硼、钡、钼、钴、镍、钒

80 项特定项目全分析：从集中式饮用水水源地 80 项特定项目的检出情况来看，“十三五”期间检出率有所提升，主要与金属离子分析方法的优化有关，因检

测能力提升检出限下降。但参照原检出限，2018 年长青沙七匡水源地甲醛、锑指标有检出，海门长江水源地二氯甲烷、活性氯有检出，2020 年各水源地镍、钒、钛有检出，检出结果均低于标准限值，见表 3-4-4。

表 3-4-4　2016—2020 年南通市集中式饮用水水源地 80 项特定项目检出结果

序号	水源地	年份	检出率 /%	检出项目
1	南通市长江狼山水源地	2016	2.50	硼、钡
		2017	2.50	硼、钡
		2018	2.50	硼、钡
		2019	2.50	硼、钡
		2020	8.75	硼、钡、钼、钴、镍、钒、钛
2	南通市长江洪港水源地	2016	2.50	硼、钡
		2017	2.50	硼、钡
		2018	2.50	硼、钡
		2019	2.50	硼、钡
		2020	8.75	硼、钡、钼、钴、镍、钒、钛
3	如皋市长江 长青沙七匡水源地	2016	2.50	硼、钡
		2017	2.50	硼、钡
		2018	5.00	硼、钡、甲醛、锑
		2019	2.50	硼、钡
		2020	8.75	硼、钡、钼、钴、镍、钒、钛
4	海门长江水源地	2016	1.25	钡
		2017	2.50	硼、钡
		2018	5.00	钡、钛、二氯甲烷、活性氯
		2019	2.50	硼、钡
		2020	8.75	硼、钡、钼、钴、镍、钒、钛

第三节　应急备用水源地

一、水源地达标评价

2020 年，如皋市长青沙水库应急水源地、海安市新通扬运河三里闸应急水源地、启东市头兴港河汇龙应急水源地以及南通市老洪港水库应急水源地基本项目全年各测次监测结果均达Ⅲ类。若不考虑头兴港河汇龙应急水源地补充项目氯化物本底超标情况，4 个应急备用水源地均为达标水源，见表 3-4-5。

表 3-4-5　2020 年南通市应急备用水源地基本项目评价结果

项目	如皋市长青沙水库应急水源地	海安市新通扬运河三里闸应急水源地	启东市头兴港河汇龙应急水源地	南通市老洪港水库应急水源地
水质类别	Ⅱ类	Ⅲ类	Ⅲ类	Ⅱ类
水质状况	优	良好	良好	优
补充项目	达标	达标	2 月、3 月氯化物超标	达标
取水量 / 万 t	0	0	0	0
水源达标率 /%	100	100	100（不考虑本底）	100

补充项目：对照《地表水环境质量标准》（GB 3838—2002）表 2，应急备用水源地补充项目监测结果除启东市头兴港河汇龙应急水源地氯化物偶有超标外，其余指标均达到相应的标准要求。氯化物在 2 月和 3 月出现超标，浓度分别为 270 mg/L、290 mg/L（标准为 250 mg/L），主要原因是枯水期受咸潮入侵影响。

根据南通大学编制的《启东市头兴港汇龙镇水源地地表水环境本底判定技术报告》及论证结果，头兴港应急水源地地表水为典型的 Na-Cl 型，氯化物超标基本可排除人为污染，造成该水源地氯化物超标的主要原因是水源地周边地表水和土壤中的本底值偏高所致（主要为枯水期海相因素入侵或倒灌等原因）。南通市生态环境局已根据《地表水和地下水环境本底判定技术规定》（环办监测函〔2019〕895 号）的相关要求，申请将氯化物不纳入头兴港水源地考核指标。

细菌学指标：全市 4 个应急备用水源地中新通扬运河三里闸应急水源地粪大肠菌群部分月份（1 月、2 月、8 月、9 月）超标，其余各应急备用水源地各月监测值均符合Ⅲ类标准值（10 000 个 /L）。该指标不参与水源地达标评价。

2020 年 6 月 9 日“入梅”以后，特别是 6 月 13 日起连续强降雨后，内河应急备用水源地水环境质量明显下滑。根据《江苏省水环境质量监测预警方案》，南通环境监测中心梅雨期发送预警快报涉应急备用水源地 8 断面次，其中老洪港应急水源地（云湖水库）1 次，狼山水源地 1 次，启东市头兴港河应急水源地 2 次，海安市新通扬运河应急水源地上游章郭大桥 4 次。

总体来看，汛期长江饮用水水源地基本项目稳定达标，内河应急备用水源地水质波动较大。狼山、洪港、如皋市长青沙、海门长江 4 个集中式饮用水水源地取水口水质稳定在Ⅱ～Ⅲ类。启东市头兴港河汇龙应急水源地、海安市新通扬运河三里闸应急水源地水质有所波动。海安市新通扬运河应急水源地未设自动站，从其上游 13.5 km 的章郭大桥水质自动站的水质监测结果来看，持续暴雨导致水体中污染物浓度大幅上升，总磷、氨氮、溶解氧均超Ⅲ类水质标准，6 月下旬起氨氮、总磷指标急剧上升，见图 3-4-4、图 3-4-5。启东头兴港应急水源地“入梅”后受溶解氧指标影响水质仅符合Ⅴ类，但氨氮、高锰酸盐指数等指标数值保持Ⅲ类。

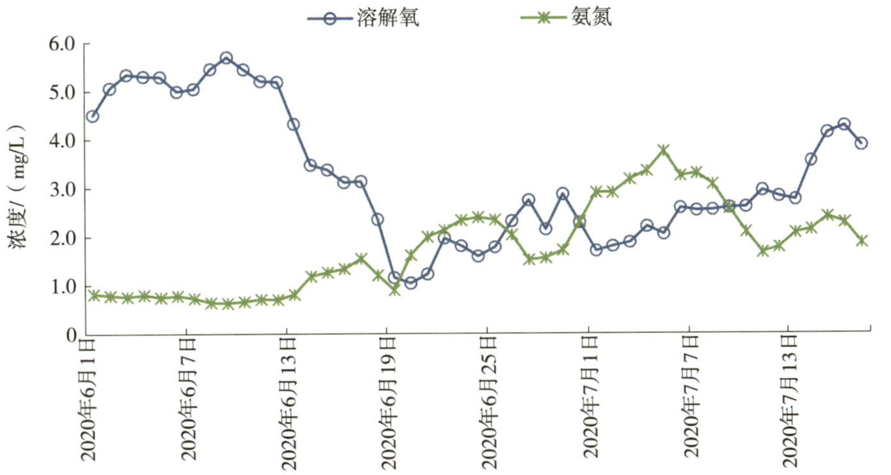

图 3-4-4　2020 年梅雨期海安应急水源地上游章郭大桥自动站溶解氧、氨氮浓度变化

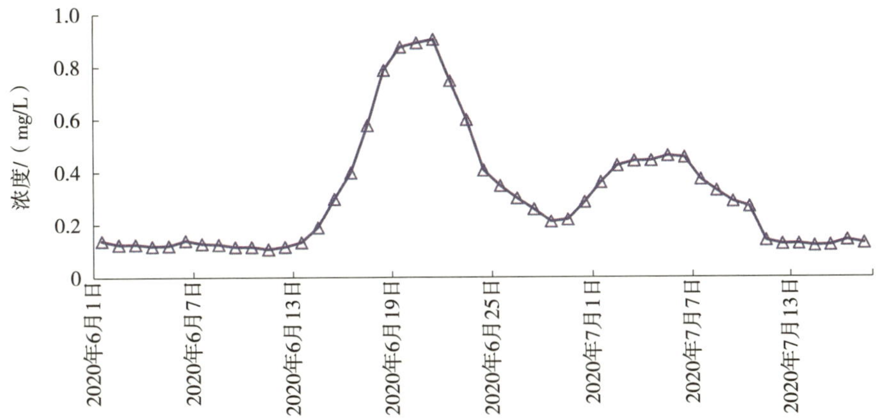

图 3-4-5　2020 年梅雨期海安应急水源地上游章郭大桥自动站总磷浓度变化

二、特定项目评价

2020 年，全市 4 个应急备用水源地每月水质监测结果中 34 个优选特定项目中除硼、钡、钼、钴、镍、钒、锑外，其余均未检出，GB 3838—2002 表 3 中前 35 项特定项目均为未检出。其中锑仅如皋市长青沙水库应急水源地 10 月偶有检出，硼、钡、钼、钴、镍、钒各水源地各监测月份均有检出，检出结果均低于标准

限值。

按照 GB 3838—2002 表 3 中特定项目 80 项进行评价，应急备用水源地 80 项指标全部达标。80 项特定项目的检出率均为 8.75%，4 个应急备用水源地的检出项目均为硼、钡、钼、钴、镍、钒、钛，检出结果均低于标准限值。与每月的优选 34 项特定项目相比，检出项目基本相同，增加监测项目中钛有检出，偶有检出项目中锑全分析时未检出。

三、“十三五”变化趋势

“十三五”期间，4 个应急备用水源地中，两个长江水源应急备用水源地（如皋市长青沙水库应急水源地、南通市老洪港应急水源地）自 2018 年 5 月开展监测以来，基本项目和补充项目各监测频次均达标，水源达标率为 100%，均为达标水源。两个内河应急备用水源地中，海安市新通扬运河三里闸应急水源地水质整体水质不佳，2017—2018 年水质仅符合Ⅴ类，2016 年、2019 年水质为Ⅳ类，同时还存在补充项目超标问题，该水源不能稳定满足饮用水水源要求。虽 2020 年水质提升至Ⅲ类，但汛期部分时段水质难以保证。启东市头兴港河汇龙应急水源地虽年均值符合Ⅲ类标准，但 2018—2019 年均为不达标水源；2018 年受化学需氧量、溶解氧、高锰酸盐指数影响，2019 年受溶解氧影响，水源均不能稳定达标；另受本底影响，枯水期氯化物近 3 年均出现超标现象。“十三五”期间，两个内河应急备用水源地达标率变化及超标项目情况见表 3-4-6、图 3-4-6。

表 3-4-6 2016—2020 年南通市内河应急备用水源地水源达标情况

水源地	年份	基本项目		补充项目出现超标项目	水源达标率 /%
		年均类别	出现超标项目		
海安市新通扬运河三里闸应急水源地	2016	Ⅳ类	总磷	—	75.0
	2017	Ⅴ类	总磷、氨氮、BOD_5、COD_{Cr}、COD_{Mn}	硫酸盐	0
	2018	Ⅴ类	总磷、氨氮、COD_{Cr}、COD_{Mn}	铁、锰、硫酸盐	8.33
	2019	Ⅳ类	总磷等	—	16.7
	2020	Ⅲ类	—	—	100
	“十二五”末	Ⅴ类	总磷、氨氮等	—	75.0

续表

水源地	年份	基本项目		补充项目出现超标项目	水源达标率/%
		年均类别	出现超标项目		
启东市头兴港河汇龙应急水源地	2016	Ⅲ类	—	—	100
	2017	Ⅲ类	—	—	100
	2018	Ⅲ类	总磷、DO、BOD_5、COD_{Cr}、COD_{Mn}	氯化物	66.7*
	2019	Ⅲ类	溶解氧	氯化物	83.3*
	2020	Ⅲ类	—	氯化物	100*
	“十二五”末	Ⅲ类	—	—	100

注：* 氯化物本底超标，不计入水源达标评价指标。

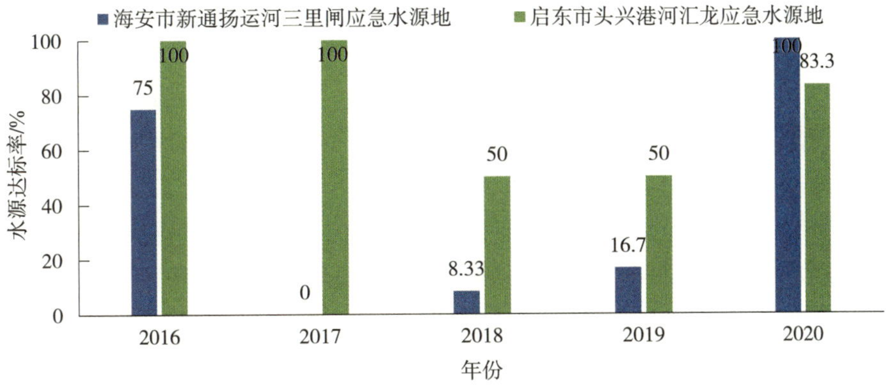

图 3-4-6 “十三五”期间内河应急备用水源地水源达标率变化

与“十二五”末相比，海安市新通扬运河三里闸应急水源地水质由Ⅴ类提升为Ⅲ类，启东市头兴港河汇龙应急水源地水质无明显变化。

基本项目：Spearman 秩相关分析表明，“十三五”期间，南通市老洪港水库应急水源地总磷年均值、如皋市长青沙水库应急水源地氨氮年均值均有所下降。启东市头兴港河汇龙应急水源地氨氮浓度总体呈下降趋势且有显著意义，总磷浓度呈上升趋势。海安市新通扬运河三里闸应急水源地氨氮、总磷浓度总体呈下降趋势但无显著意义。与“十二五”末相比，海安市新通扬运河三里闸应急水源地水质明显提升，启东市头兴港河汇龙应急水源地基本稳定。

补充项目：“十三五”期间，南通市应急备用水源地中，启东市头兴港河汇龙应急水源地 2018—2020 年氯化物均出现枯水期超标现象，海安市新通扬运河三里闸应急水源地 2017—2018 年出现铁、锰、硫酸盐超标现象，其余年份其他项目各水源地补充项目均符合相应的标准限值。

特定项目："十三五"期间，应急备用水源地特定项目检出率总体有所上升，主要与金属离子的分析方法的优化有关，检测范围和检测精度得到提升；参照原检出限，2020年各水源地检出率降低，检出项目为镍、钒、钛，偶有检出，检出结果均低于标准限值。

第四节 小 结

（1）总体来看，"十三五"期间，南通市长江集中式饮用水水源地水质稳定在Ⅱ～Ⅲ类，水生态及饮用水安全得到有效保障。

（2）2020年汛期，长江集中式饮用水水源地水质稳定达标，启东市头兴港应急水源地、海安市新通扬运河应急水源地等内河应急水源地水质有所波动。

（3）"十三五"期间，4个集中式饮用水水源地除洪港水源地水质无明显变化外，其余水质均有所提升，长江生态保护成果显现。应急备用水源地中启东市头兴港应急水源地2018年受化学需氧量、溶解氧、高锰酸盐指数影响，2019年受溶解氧影响，海安市新通扬运河应急水源地2016—2019年受总磷、氨氮、化学需氧量、铁、锰、硫酸盐等指标影响，均为不达标水源，2020年情况有所好转。

（4）受本底值偏高及地理环境影响，启东市内河水域氯化物指标普遍偏高，头兴港应急水源地氯化物指标呈现偏高态势，2018—2020年补充项目氯化物均出现枯水期超标现象。

第五章　地下水环境

南通市地下水主要用于工业用水及少量的农村生活用水。随着南通供水事业的发展以及地下水资源保护意识的提高，“十三五”期间，全市地下水的开采量逐年减少，地下水资源开发利用趋于理性有序，但地下水水质的改善仍需要长时间的努力。“十三五”期间，南通市地下水质以Ⅲ～Ⅳ类为主，水质符合Ⅲ类的监测井比例呈下降趋势。地下水水质不容乐观，需进一步加大防治力度。

第一节　地下水监测网络概况

南通市地下水类型主要为松散岩类孔隙水，赋存于第四系和新近系中，具有分布广、层次多、水量丰富、水质复杂等基本特征。根据含水层时代成因、埋藏条件及水力联系等因素，可将区内孔隙含水层自上而下划分为潜水、第Ⅰ承压、第Ⅱ承压、第Ⅲ承压、第Ⅳ承压 5 个含水层组。其中，由于受到海侵古咸水体残留、地层沉积残留、成井质量差引起的咸淡水串层等因素影响，部分地区浅部地下水（包括潜水、第Ⅰ承压、第Ⅱ承压等）往往为咸水，而第Ⅲ承压含水层组分布广、富水性良好、水质优异，是南通市集中开采的淡水含水层组。第Ⅲ承压含水层组由早更新世长江古河道沉积砂层组成，埋藏分布规律明显受古河道发育规律控制。据大量井孔资料分析，区内大部分地区都曾接受过河床相沉积，厚度多在 30 m 以上，岩性以中细砂、含砾中粗砂为主，富水性良好，顶板埋深一般为 180～240 m，西南部沿江地段较浅，为 180～200 m，趋北东沿海方向渐深，在海安东部和如东县西北部最深，顶板埋深达 260～270 m。2000 年以来，南通市中东部地区第Ⅲ承压地下水由于长期以来大量或过量开采，已经形成了区域性水位降落漏斗，并引发了地面沉降、水质咸化等环境地质问题。为防治地质灾害，保护地质环境，南通市对地下水进行了长期的动态监测。经过多年的治理和实施，南通市第三承压水水位埋深呈现中部深、东部及西部浅，且水位漏斗中心区域呈缩小趋势。水位漏斗分别以南通市市区、海门三厂—临江以及如东岔河为中心，分布范围正在逐年缩小。

“十三五”以来，南通市对地下水水位和水质进行了长期动态监测。监测点位逐步增加，在增加承压水点位的同时，同步增加了潜层水点位，目前南通市共设有66个地下水监测点位，包含6个国控点位、20个省控点位、40个市控点位，由原国土部门监测体系与生态环境监测体系双轨并行监测，其中6个国控点位和40个市控点位由原国土部门组织监测（图3-5-1），20个省控测点由生态环境部门监测（图3-5-2）。2020年起，省控点、市控点均由生态环境部门开展监测。

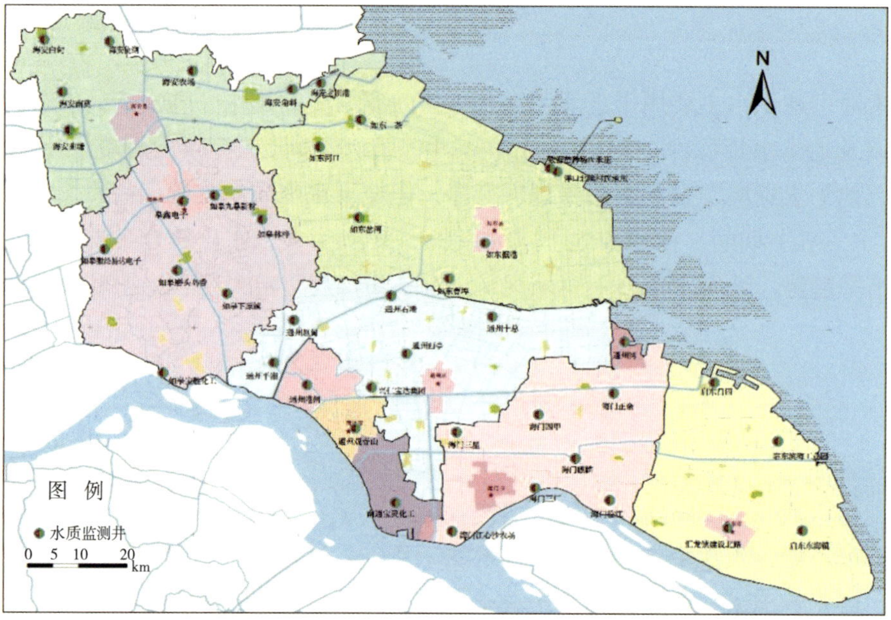

图3-5-1 “十三五”期间南通市国控、市控地下水点位设置

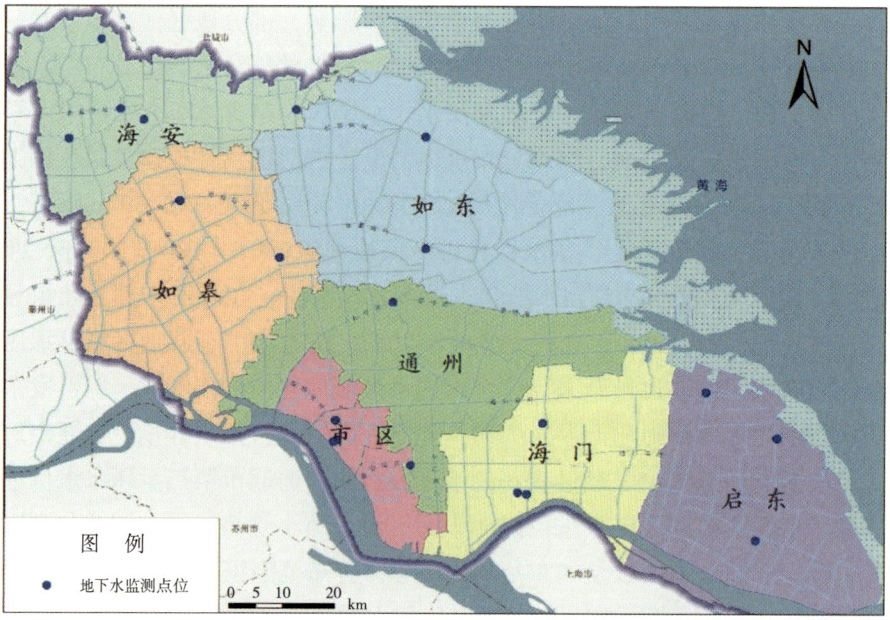

图3-5-2 “十三五”期间南通市省控地下水点位设置

生态环境部门负责的20口省控监测井中，含潜水监测井4口，第一承压层监测井1口，第三承压层水质监测井15口。监测频次为每年2次，分别于枯水期和丰水期采样。由于《地下水质量标准》（GB 14848—2017）于2017年进行了修订，前四年水质监测项目主要为pH、氨氮、硝酸盐氮、亚硝酸盐氮、挥发酚、氰化物、砷、汞、六价铬、总硬度、铅、氟、镉、铁、锰、铜、锌、硒、阴离子表面活性剂、高锰酸盐指数、硫酸盐、氯化物、总大肠菌群等23项。2020年监测指标增加，监测项目为《地下水质量标准》（GB/T 14848—2017）表1中感官性状及一般化学指标、微生物指标、毒理学指标等除放射性指标外的37项指标。水质评价依据《地下水质量标准》（GB/T 14848—2017）进行。

原国土部门地下水监测指标为pH、总硬度、溶解性总固体、挥发性酚类、高锰酸盐指数、氨氮、铬（六价）、砷、汞、铁、锰、铅、镉、氟化物、氯化物、硝酸盐、亚硝酸盐、硫酸盐、氰化物、总大肠菌群20项指标。监测频次为枯水期、平水期、丰水期各1次。

第二节　地下水总体状况

一、总体状况

2020年，南通市共对66口井中的63口开展了地下水监测，其中启东市汇龙啤酒厂、通州区兴仁布厂、海门区三星自来水厂3口井的承压水未监测。监测结果表明，水质达到Ⅲ类的井有17口，占27.0%；属于Ⅳ类、Ⅴ类的井分别为35口、11口，分别占55.6%、17.5%，见图3-5-3。从污染指标来看，总大肠菌群、氨氮和铁3项指标超Ⅲ类比例最高，分别为30.2%、28.6%和22.2%。与2019年相比，地下水水质总体有所改善，水质符合Ⅲ类的比例增加23.6个百分点，Ⅴ类比例减少8.7个百分点。63个点位中，有11个点位（4个省考点位、7个市考点位）水质属于Ⅴ类，主要超标因子为总大肠菌群、氯化物，见图3-5-4。

从地区分布来看，水质达到Ⅲ类、占比前三名的分别为海门（55.6%）、如皋（50%）、海安（42.9%），水质为Ⅴ类的点位中通州占比最高，为50%，见图3-5-5。

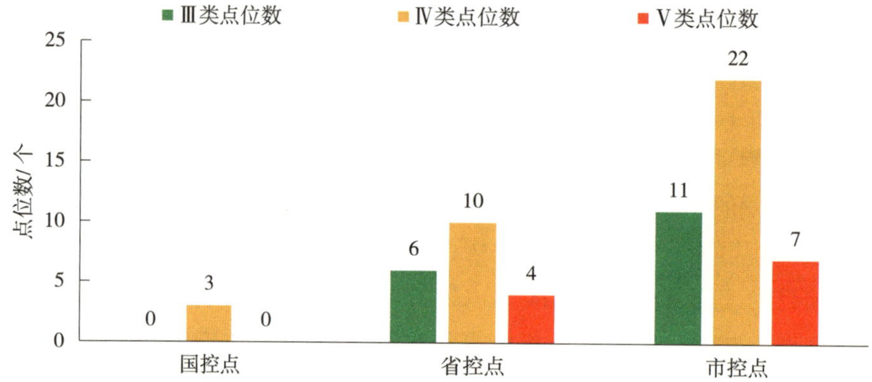

图 3-5-3　2020 年南通市国控、省控、市控地下水水质类别

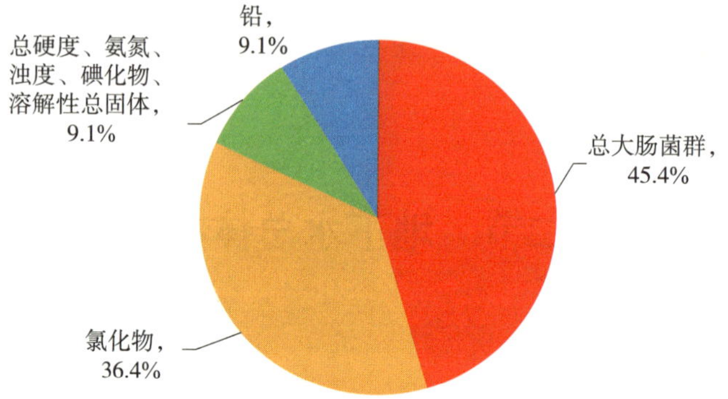

图 3-5-4　2020 年南通市Ⅴ类点位超标因子占比情况

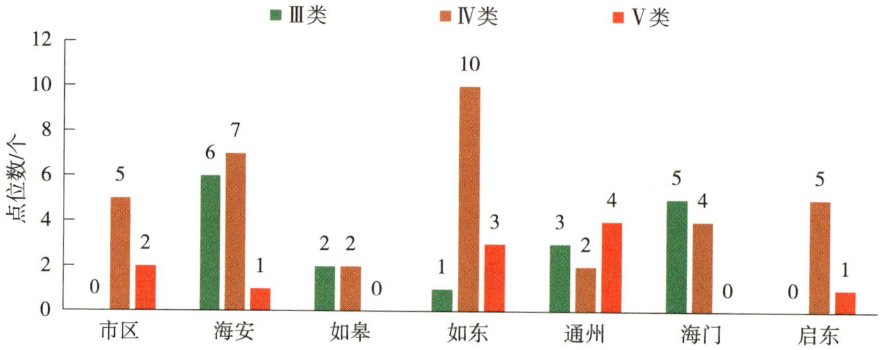

图 3-5-5　2020 年南通市各地区地下水水质类别

2020 年南通市各地地下水一般化学指标、毒理学指标单指标质量等级分布见图 3-5-6、图 3-5-7。

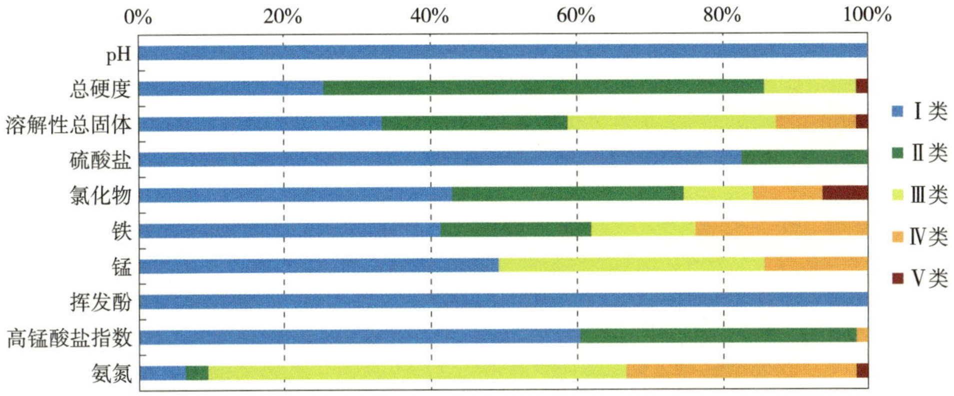

图 3-5-6 2020 年南通市各地一般化学指标单指标质量等级分布

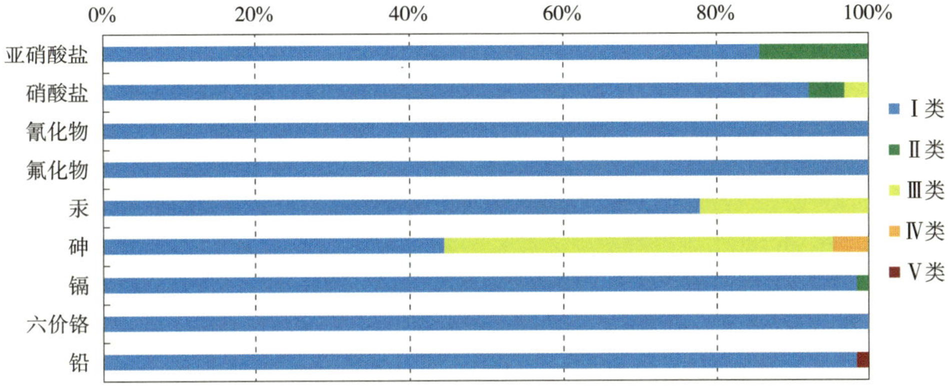

图 3-5-7 2020 年南通市各地毒理学指标单指标质量等级分布

二、省控点水质状况及变化趋势

2020 年，20 口省控监测井中，水质达到Ⅲ类的有 6 口，占 30.0%；属于Ⅳ类、Ⅴ类的分别为 10 口、4 口，分别占 50.0%、20.0%。从污染指标来看，总大肠菌群、浊度和氨氮 3 项指标超Ⅲ类比例最高，分别为 40.0%、40.0% 和 35.0%。与 2019 年相比，地下水水质总体有所改善，水质符合Ⅲ类的比例增加 5 个百分点，Ⅴ类比例减少 10 个百分点。

“十三五”期间，南通市地下水水质总体较差，达Ⅲ类测井比例由于评价体系纳入总大肠菌群呈下降趋势，2020 年达标比例有所回升。Ⅴ类测点比例前 4 年逐年上升，2020 年Ⅴ类测井数有所下降。与“十三五”期末相比，达Ⅲ类水质的监测井数下降 40 个百分点，达Ⅳ类、Ⅴ类水质的监测井数分别上升 30 个百分点和 10 个百分点，见图 3-5-8。

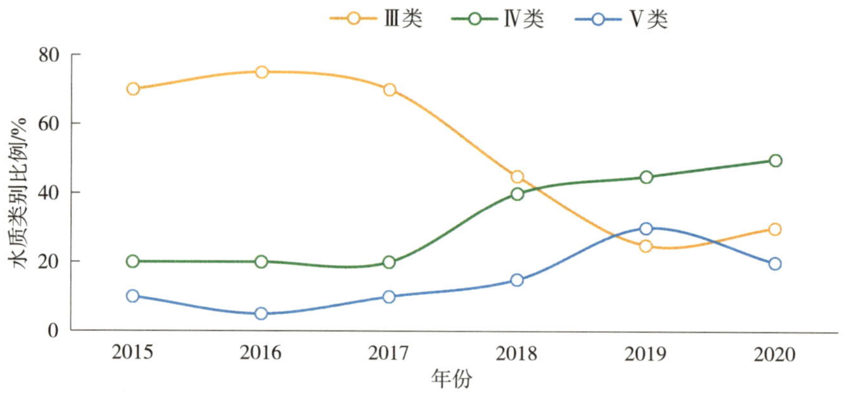

图 3-5-8　2015—2020 年南通市地下水水质类别变化

第三节　潜　水

一、水质现状

2020 年共监测 5 口潜水井，其中如东长沙三民村为国控测点，其余均为省控测点。5 口潜水监测井中，水质属于Ⅳ类的有 2 口（海门、如东各 1 口），其余 3 口（市区、海安、启东各 1 口）仅符合地下水Ⅴ类标准。市区和海安潜水主要污染物为总大肠菌群和浊度；海门和启东潜水主要污染指标为总大肠菌群。如东国控测点水质符合Ⅳ类标准，主要污染物为总大肠菌群、溶解性总固体。与 2019 年相比，潜水水质有 1 口（井江滨季士昌）由Ⅴ类好转为Ⅳ类，其他 4 口维持不变，砷污染问题得以改善，见表 3-5-1。

表 3-5-1　2020 年南通市潜水水质情况

地区	考核点位	断面属性	水质等级	主要污染物
市区	礼巷 1 号	省控	Ⅴ类	总大肠菌群、浊度
海安	范雪琴潜井	省控	Ⅴ类	总大肠菌群、浊度
如东	长沙三民村	国控	Ⅳ类	总大肠菌群、溶解性总固体
海门	江滨季士昌	省控	Ⅳ类	总大肠菌群
启东	永阳村 70 号	省控	Ⅴ类	总大肠菌群

二、省控点“十三五”变化趋势

“十三五”期间，全市潜水水质明显下降，潜水测次达标率前 3 年保持在 60% 以上，后两年达标率则为 0。总大肠菌群是影响潜水水质的主要因子。其中市区潜水水质除 2016 年符合地下水Ⅳ类标准外，其他年份水质仅符合Ⅴ类，海安潜水水质明显下降，2016 年、2017 年符合地下水Ⅲ类标准，2018 年水质下降为Ⅳ类，2019 年、2020 年水质下降为Ⅴ类。海门、启东潜水水质有所下降，海门水质前 3 年达标，2019 年水质下降为Ⅴ类，2020 年水质符合Ⅳ类标准。启东水质前 3 年达标，后 2 年下降为Ⅴ类，见表 3-5-2。

表 3-5-2　2015—2020 年南通市地下水水质达标率评价　　单位：%

地下水类型	地区	测次达标率					
		2015 年	2016 年	2017 年	2018 年	2019 年	2020 年
潜水	市区	0	0	0	0	0	0
	海安	100	100	100	50	0	0
	海门	50	50	100	100	0	0
	启东	100	100	100	100	0	0
汇总		62.5	62.5	75	62.5	0	0

与“十二五”末相比，各地区潜水水质均有所下降。因采用新的评价标准，主要超标因子为总大肠菌群，见图 3-5-9。

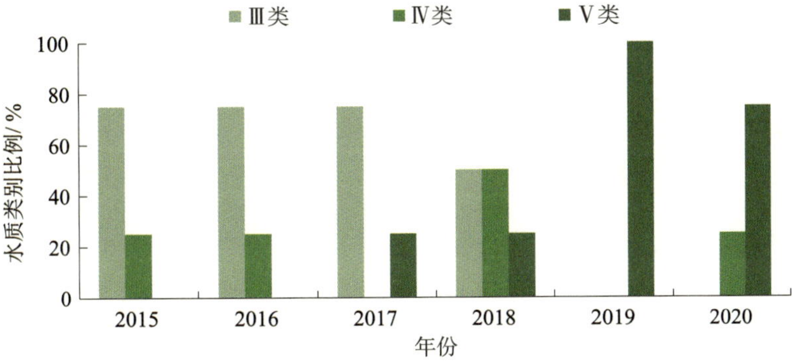

图 3-5-9　2015—2020 年南通市潜水水质类别变化

第四节　承压水

一、水质现状

（一）总体状况

开展监测的 58 口承压井中，水质达到Ⅲ类的有 17 口，占 29.3%，属于Ⅳ类、Ⅴ类的分别为 33 口、8 口，分别占 56.9%、13.8%。主要污染指标氨氮、总大肠菌群和铁，超Ⅲ类比例分别为 31.0%、24.1% 和 24.1%。与 2019 年相比，地下水水质总体有所改善，水质符合Ⅲ类的比例增加 26.9 个百分点，Ⅴ类比例减少 12.4 个百分点。从地区分布来看，海门水质达到Ⅳ类的比例最高，为 62.5%。通州Ⅴ类比例最高，为 44.4%，承压型地下水水质相对较差，见表 3-5-3。

表 3-5-3　2020 年南通市承压水水质综合评价

地区	不同水质类别测井数 / 口			Ⅲ类比例 /%
	Ⅲ类	Ⅳ类	Ⅴ类	
市区	0	5	1	0
海安	6	7	0	46.2
如皋	2	2	0	50.0
如东	1	9	3	7.7
通州	3	2	4	33.3
海门	5	3	0	62.5
启东	0	5	0	0
全市	17	33	8	29.3

2 个国控承压水测点（如皋市岛香食品有限公司和如东县长沙北渔冷冻食品厂）地下水水质均符合Ⅳ类，定类因子分别为氨氮和溶解性总固体。

（二）省控承压水水质

全市仅在市区设置 1 口第一承压层监测井。2020 年，市区第一承压层水质仅符合地下水水质Ⅴ类标准，水体中氨氮、总硬度、高锰酸盐指数、碘化物、钠、锰、砷、浊度、溶解性固体和总大肠菌群 10 项超Ⅲ类水质标准。氨氮、总硬度、高锰酸盐指数、碘化物、钠、锰、砷，其年均值分别超地下水Ⅲ类标准

30.0 倍、1.4 倍、1.0 倍、6.8 倍、2.8 倍、1.0 倍、0.7 倍，与 2019 年相比，第一承压层水质类别维持在Ⅴ类。

全市第三承压层水质类别以Ⅲ～Ⅳ类为主，Ⅲ类占 40.0%，Ⅳ类占 60.0%。主要污染指标氨氮、浊度和总大肠菌群，超Ⅲ类比例分别为 40.0%、33.3% 和 20.0%。从地区分布来看，市区符合Ⅳ类，主要污染物为浊度，在 3.12～3.80 NTU，平均值为 3.46 NTU，超标 0.2 倍。海门 2 个测井水质均达到Ⅲ类，达Ⅲ类比例为 100%。如皋、如东、通州次之，达Ⅲ类比例均为 50%，海安达Ⅲ类比例为 25%，超Ⅲ类指标为氨氮和总大肠菌群等。启东达Ⅲ类比例最低为 0，主要污染物为总大肠菌群、铁和浊度，铁含量最高为 1.39 mg/L，浊度最高为 8.50 NTU，见表 3-5-4。与 2019 年相比，市区第三承压层水质由Ⅲ类下降为Ⅳ类，各地区除启东达Ⅲ类比例下降外，其余均有不同程度的上升。

表 3-5-4　2020 年南通市第三承压层水质综合评价

地区	不同水质类别测井数 / 口			Ⅲ类比例 /%
	Ⅲ类	Ⅳ类	Ⅴ类	
市区	0	1	0	0
海安	1	3	0	25.0
如皋	1	1	0	50.0
如东	1	1	0	50.0
通州	1	1	0	50.0
海门	2	0	0	100
启东	0	2	0	0
全市	6	9	0	40.0

二、省控点“十三五”变化趋势

（一）第一承压层

“十三五”期间，南通市区第一承压层水质未有改观，一直处于Ⅴ类。与“十二五”末相比，水质无变化。由表 3-5-5 可见，“十三五”期间，市区第一承压层中氯化物年均浓度值呈显著下降趋势，高锰酸盐指数呈显著上升趋势，其余超标因子上升或下降均呈不显著趋势。

表 3-5-5 2015—2020 年市区第一承压层主要污染物趋势分析

年份	氨氮 /（mg/L）	砷 /（mg/L）	总硬度 /（mg/L）	铁 /（mg/L）	锰 /（mg/L）	高锰酸盐指数	氯化物 /（mg/L）	总大肠菌群 /（MPN/100 mL）
2016	9.62	0.003	1 122	ND	0.31	3.9	1 025	26
2017	13.3	0.010	971	ND	0.03	5.2	1 205	2
2018	10.8	0.051	874	1.10	0.09	5.0	985	68
2019	10.4	0.032	977	1.10	0.30	5.8	973	24 000
2020	15.5	0.017	1 100	0.09	0.20	6.0	173	424
r_s	0.60	0.60	−0.10	0.65	−0.10	0.90	−0.90	0.80
“十二五”末	13.6	0.017	1 140	ND	0.14	5.8	1 440	12

注：ND 表示未检出。

（二）第三承压层

“十三五”期间，全市第三承压层测次达标率在 30%～70% 波动，水质在Ⅲ～Ⅳ类波动，水质测次达标率呈显著下降趋势，见表 3-5-6。其中，市区第三承压层水质前 4 年维持在Ⅲ类水平，2020 年水质下降为Ⅳ类，主要污染物为新增的监测因子浊度，见图 3-5-10。

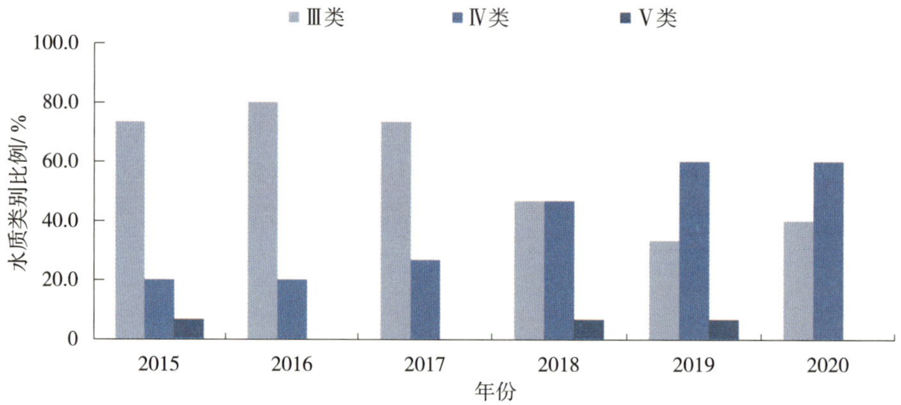

图 3-5-10 2015—2020 年南通市第三承压层地下水水质类别变化

“十三五”期间，全市第三承压层中主要污染物为氨氮、总大肠菌群。随着监测因子的增加，浊度成为影响地下水水质类别的污染物之一。个别地区砷、铁、锰和氯化物偶有超标。各地区氨氮年均浓度值变化不显著。与“十二五”末相比，通州第三承压层水质有所好转，市区、如皋和启东水质变差，其他地区水质无明显变化。

表 3-5-6　2015—2020 年南通市地下水水质达标率评价　单位：%

地下水类型	地区	测次达标率					
		2015 年	2016 年	2017 年	2018 年	2019 年	2020 年
第一承压层		0	0	0	0	0	0
第三承压层	市区	100	100	50	50	100	0
	海安	100	75	100	0	0	12.5
	如皋	25	0	25	0	33.3	50
	如东	100	100	0	50	75	66.7
	通州	0	25	25	25	50	25
	海门	75	100	100	100	50	75
	启东	100	100	100	100	25	0
	全市	73.3	70.0	63.3	40.0	37.0	31.0

第五节　地下水污染成因分析

地下水的污染成因很复杂，根据对南通市地下水的污染现状以及各测井的水文地质环境综合分析，初步判断南通市地下水的污染成因有两个方面：

（1）南通市特定的地质环境条件决定了本区地下水上咸下淡这一基本特征。规模较大的超量开采（目前本市已有 1 500 多口承压井），形成了较大区域的水位降落漏斗，改变了深层地下水的径流补给和排泄条件，从而加剧了越流补给和侧向径流补给，促进了上、下含水层之间的水力联系，受污染的浅层水就直接通过“水文地质天窗”进入另一含水层，这是本区承压含水层遭受污染的主要原因。

（2）各种结构不合理的废井、遭受破坏的老井以及质量差的成井也为污染水的越流打开“天窗”。污染物进入潜水层，就会通过“天窗”而污染承压水。成井过程中滤料回填不到位、止水不严等质量问题，无疑好似人工开凿的“天窗”，人为串通了咸、淡水层之间的联系，不利于第三承压层淡水资源的保护。

此外，沿海地带为发展养殖业而盲目开采深层地下水，造成东部海域侧向补给，导致海水入侵等可能，这也可能是东部地带深层地下水逐年变差的原因之一。

第六节　小　结

2020 年，南通市地下水监测网国控、省控、市控测井监测结果表明，水质达到Ⅲ类的有 17 口，占 27.0%；属于Ⅳ类、Ⅴ类的分别为 35 口、11 口，分别占 55.6%、17.5%。与 2019 年相比，地下水水质总体有所改善，水质符合Ⅲ类的比例增加 23.6 个百分点，Ⅴ类比例减少 8.7 个百分点。有 11 个点位（4 个省控、7 个市控）水质属于Ⅴ类，主要超标因子为总大肠菌群和氯化物。“十三五”期间，南通市省控地下水水质总体较差，因采用新的评价标准，达Ⅲ类测井比例有所下降，主要超标因子为总大肠菌群，2020 年达标比例有所回升。

第六章　海洋环境

“十三五”期间，南通市按照近岸海域环境质量监测工作方案要求，由江苏省环境监测中心统一安排，对辖区内近岸海域海水水质、海洋沉积物、海洋生物和主要入海河流河口水质开展监测。监测结果表明，“十三五”期间，南通市近岸海域海水水质总体良好，较“十二五”末达标面积比例有所上升，少数测点受无机氮等因素影响，水质劣于二类。主要入海河流河口水质有所好转，优三类比例逐年上升，全面消除劣五类断面；海洋沉积物质量有所上升，“十三五”下半期均已达标；海洋垃圾平均密度有所增加；海洋生态环境质量良好。

第一节　海水水质

一、监测概况

“十三五”期间，随着机构职能的调整，原国家海洋环境监测中心转隶至生态环境部，南通市海洋生态环境监测网发生了相应调整，监测点位和监测项目逐步增加。2020 年，南通市近岸海域共布设监测点位 39 个，其中水质目标考核点位 5 个，见图 3-6-1。近岸海域海水水质必测项目包括水文及气象指标：风向、风速、天气现象、水温、水色、水深、透明度、海况；化学指标：盐度、pH、溶解氧、化学需氧量、活性磷酸盐、亚硝酸盐氮、硝酸盐氮、氨氮、石油类、叶绿素 a、悬浮物质、总氮、总磷、重金属（铜、锌、总铬、汞、镉、铅、砷）。近岸海域监测频次为 3 次 /a，于春季（5 月）、夏季（7 月）和秋季（10 月）进行。近岸海域水质评价标准执行《海水水质标准》（GB 3097—1997）。

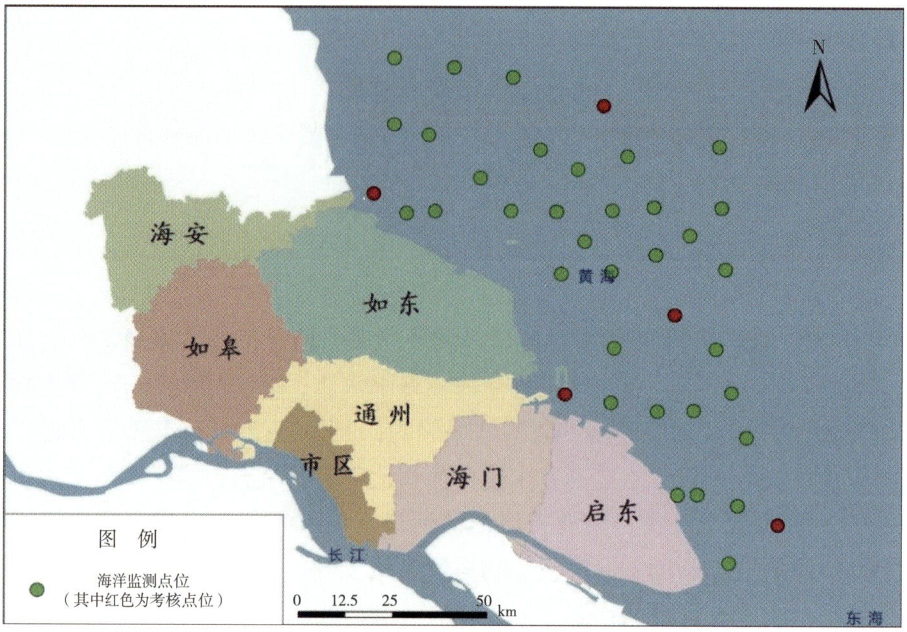

图 3-6-1　2020 年南通市近岸海域监测点位分布

二、海水水质状况

（一）面积比例法评价

2020 年，南通近岸海域国控水质监测点位年均水质优良面积比例为 62.7%，三类面积比例为 16.8%，四类面积比例为 13.8%，劣四类面积比例为 6.7%。与 2019 年同比，优良面积比例下降 26.4 个百分点，劣四类面积比例上升 6.2 个百分点。

（二）类别比例法评价

2020 年，南通市近岸海域 39 个测点中，一类、二类、三类、四类、劣四类海水水质比例分别为 28.2%、28.2%、17.9%、17.9%、7.8%，见图 3-6-2，劣四类测点共 3 个，出现在 JSH06002、JSH06004、JSH06018 点位，分别位于如东、通州、启东近岸海域。与 2019 年相比，一类、二类水质比例分别下降 10.3 个百分点、2.6 个百分点，三类、四类、劣四类海水水质比例分别上升 2.5 个百分点、6.4 个百分点、4.0 个百分点，近岸海域水质有所下降。近岸海域海水中主要超标指标为无机氮，测点超标率达 41.0%，各测点年均浓度范围为 0.021～0.599 mg/L，最高浓度出现在 JSH06002 测点。1 个测点的活性磷酸盐、石油类各出现 1 次超标，超标率为 2.6%。与 2019 年相比，无机氮测点超标率上升 25.6 个百分点，活性磷酸盐测点超标率下降 12.8 个百分点，石油类测点超标率上升 2.6 个百分点，见表 3-6-1。

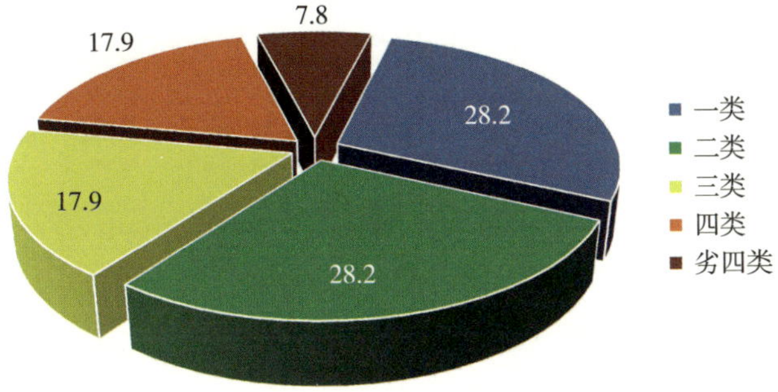

图 3-6-2　2020 年南通市近岸海域水质类别统计

表 3-6-1　2020 年南通市近岸海域水质超标点位情况

测点编号	对应“十三五”点位编号	2020 年水质类别	超二类标准项目	2019 年水质类别	水质变化
JSH06002	JS0602	劣四类	无机氮、活性磷酸盐	四类	下降
JSH06004	JS0604	劣四类	无机氮	一类	下降
JSH06006	JS0606	三类	无机氮	一类	下降
JSH06008	H32YQ058	三类	石油类	一类	下降
JSH06010	H32YQ063	四类	无机氮	二类	下降
JSH06013	H32YQ066	四类	无机氮	三类	下降
JSH06015	H32YQ073	三类	无机氮	三类	持平
JSH06016	H32YQ074	三类	无机氮	一类	下降
JSH06017	H32YQ076	四类	无机氮	一类	下降
JSH06018	H32YQ078	劣四类	无机氮	一类	下降
JSH06021	“十四五”新增	四类	无机氮	—	—
JSH06022	“十四五”新增	四类	无机氮	—	—
JSH06023	“十四五”新增	三类	无机氮	—	—
JSH06029	“十四五”新增	四类	无机氮	—	—
JSH06030	“十四五”新增	三类	无机氮	—	—
JSH06032	“十四五”新增	四类	无机氮	—	—
JSH06033	“十四五”新增	三类	无机氮	—	—

（三）水质目标考核点位

2020 年，南通市 5 个海水水质目标考核点位中，年均值优良点位比例和劣四类点位比例分别为 60.0%、40.0%。与 2019 年同比，优良点位比例下降 20.0 个百分点，劣四类点位比例上升 40.0 个百分点。

以海水水质二类标准为达标评价标准，2020 年南通市近岸海域国考核点位主要超标因子为无机氮，近两年各测点年均浓度值及变化情况见图 3-6-3。

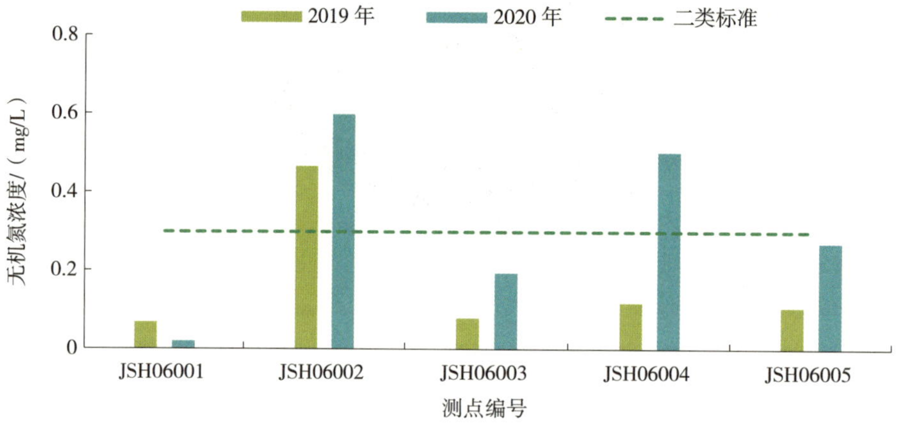

图 3-6-3　2019—2020 年南通市近岸海域考核点位无机氮浓度对比

三、“十三五”期间变化状况

（一）面积比例法评价

按面积比例法评价，“十三五”期间，南通近岸海域水质状况总体呈上升趋势，2016—2020 年优良海水面积比例分别为 57.1%、63.2%、43.7%、89.1%、62.7%，平均优良海水面积比例为 63.2%。与“十二五”末相比，2020 年优良海水面积比例上升 34.5 个百分点，见图 3-6-4。

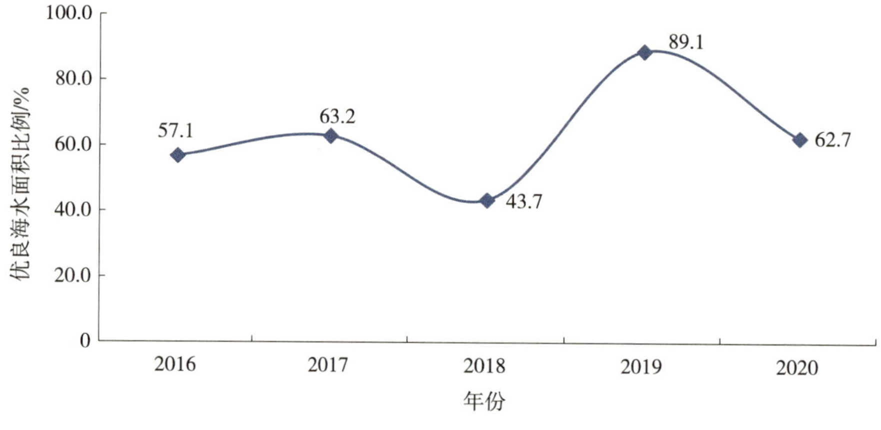

图 3-6-4　2016—2020 年南通近岸海域优良海水面积比例变化

（二）水质目标考核点位

“十三五”以来，近岸海域海水水质总体保持稳定，2020 年全市 5 个近岸海域水质目标考核点位优良率为 60%，海水中主要污染物指标为无机氮和活性磷酸盐。从“十三五”期间的变化趋势来看，近岸海域目标考核点水质有所波动，优良比例呈波动上升趋势，近岸测点水质明显劣于远岸测点，见图 3-6-5。

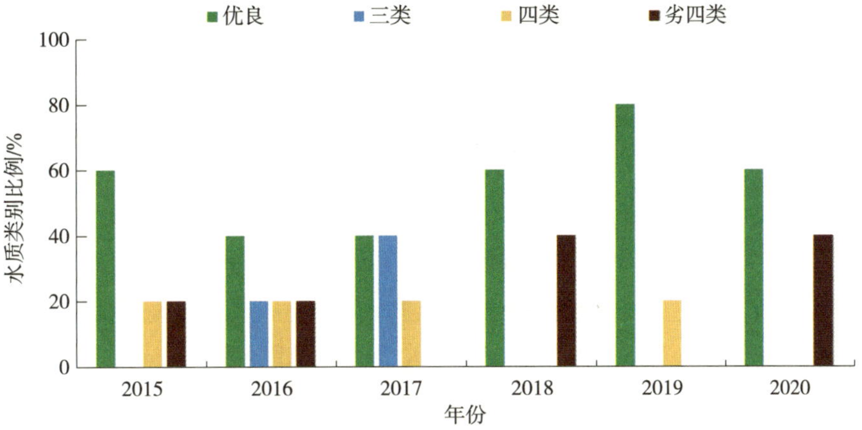

图 3-6-5　2015—2020 年南通市近岸海域水质目标考核点位水质类别变化情况

第二节　入海河口水质

南通市在 6 条主要入海河流的入海口上分别设置了监测断面，分别为如泰运河东安闸桥西、栟茶运河小洋口（六总闸）、掘苴河环东闸口、北凌河北凌新闸、通吕运河如意村（大洋港）、通启运河塘芦港闸，见图 3-6-6，每月监测一次。监测项目为水文参数、pH、溶解氧、高锰酸盐指数、氨氮、总氮、总磷、铜、镉、铅、石油类、氯化物、悬浮物等。评价标准按《地表水环境质量标准》（GB 3838—2002）评价，主要污染指标超标倍数按Ⅲ类标准计算。

一、2020 年入海河口水质状况

2020 年，南通市 6 个主要入海河口监测断面中，2 个断面平均水质符合Ⅲ类标准，水质为良好；4 个断面符合Ⅳ类标准，水质为轻度污染，主要污染指标为总磷、高锰酸盐指数、化学需氧量。

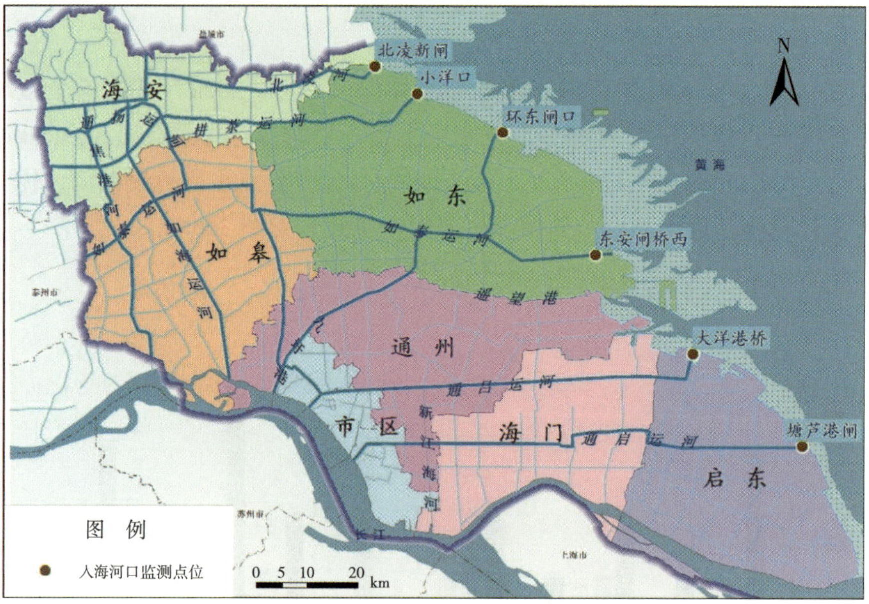

图 3-6-6　南通市主要入海河口测点位置示意

2020 年，入海河流优Ⅲ类比例为 33.3%，无劣Ⅴ类断面，与上年相比，入海河口优Ⅲ类比例持平，环东闸口断面水质由Ⅴ类上升为Ⅳ类，无劣Ⅴ类断面，见表 3-6-2。

表 3-6-2　2020 年南通市主要入海河口水质评价

断面名称	所在河流	水质目标	2020 年水质类别	主要污染和超标倍数	2019 年水质类别	水质变化
如意村（大洋港）	通吕运河	Ⅱ类	Ⅲ类	—	Ⅲ类	持平
塘芦港闸	通启运河	Ⅳ类	Ⅲ类	—	Ⅲ类	持平
东安闸桥西	如泰运河	Ⅲ类	Ⅳ类	总磷（0.26）	Ⅳ类	持平
小洋口（六总闸）	栟茶运河	Ⅳ类	Ⅳ类	总磷（0.10）	Ⅳ类	持平
环东闸口	掘苴河	Ⅲ类	Ⅳ类	总磷（0.13）、高锰酸盐指数（0.08）、化学需氧量（0.02）	Ⅴ类	上升
北凌新闸	北凌河	Ⅲ类	Ⅳ类	总磷（0.28）、高锰酸盐指数（0.07）	Ⅳ类	持平

二、“十三五”期间变化状况

“十三五”期间，南通市6条主要入海河流河口水质质量总体有所下降，优Ⅲ断面比例在16.7%～83.3%波动，以2017年最高，后呈下降趋势；“十三五”末期基本消除劣Ⅴ类断面，2019年、2020年连续两年未出现劣Ⅴ类断面。

与“十二五”末相比，入海河口断面水质优Ⅲ比例上升了33.3个百分点，已消除劣Ⅴ类断面，见图3-6-7。

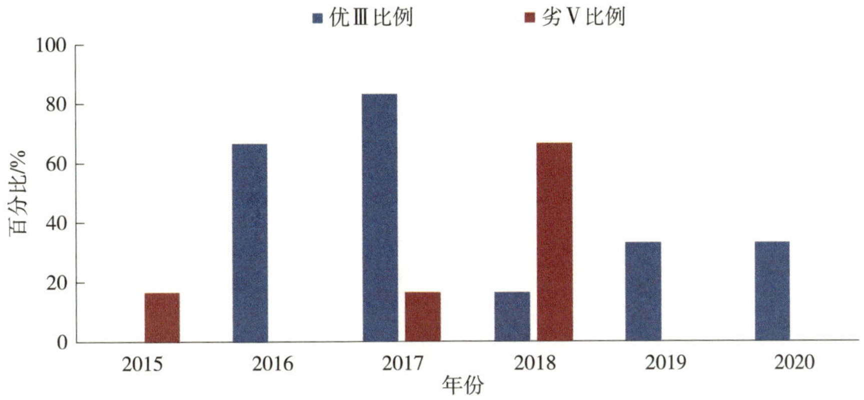

图3-6-7 “十三五”期间南通市主要入海河口水质类别变化

以2016—2020年每年的入海河口断面水质优Ⅲ类比例进行相关性分析，计算出其秩相关系数为-0.6，小于95%置信水平下的临界值（0.9），表明“十三五”期间入海河口断面水质优Ⅲ类比例呈下降趋势，但下降趋势不明显。

第三节　近岸海域沉积物

2016—2018年，南通市在近岸海域水质测点同时开展沉积物监测，每年监测一次。2019年，江苏省生态环境监测计划调整，南通市近岸海域沉积物改为偶数年一测，同时，因近岸海域水质测点增加，选择其中11个点位开展沉积物监测。监测项目为石油类、硫化物、有机碳等常规指标，以及重金属、有机氯农药、有机磷农药、多氯联苯等。评价标准按《海洋沉积物质量》（GB 18668—2002）评价。

一、2020年近岸海域沉积物状况

2020年，南通市11个测点的沉积物全部符合《海洋沉积物质量》（GB 18668—

2002）中一类标准，各指标统计情况见表 3-6-3。

表 3-6-3　2020 年南通市近岸海域沉积物评价

项目	最大值	最小值	平均值	类别评价
有机碳 /%	0.65	0.10	0.28	一类
石油类 /10^{-6}	3.40	ND（2）	0.32	一类
硫化物 /10^{-6}	64.8	1.15	14.6	一类
镉 /10^{-6}	0.194 0	0.060 7	0.122 4	一类
铅 /10^{-6}	24.0	10.5	16.5	一类
铬 /10^{-6}	47.5	23.2	34.8	一类
砷 /10^{-6}	8.33	4.56	6.00	一类
铜 /10^{-6}	20.7	11.3	17.1	一类
锌 /10^{-6}	87.0	35.0	60.8	一类
总汞 /10^{-6}	0.071 3	0.003 42	0.019 7	一类
DDT/pg	0.00 096 8	ND（39）	0.00 025 8	一类
多氯联苯 /pg	0.00 069 4	ND（59）	0.00 022 9	一类

注：表中 ND 表示未检出，括号内为检出限。

二、“十三五”期间变化状况

“十三五”期间，南通市近岸海域沉积物质量总体良好，2016 年一类比例为 75.0%，自 2017 年起，一类比例稳定保持在 100%。以每年一类比例进行相关性分析，计算出其秩相关系数为 0.8，小于 95% 置信水平下的临界值（0.9），表明“十三五”期间南通市近岸海域沉积物质量呈上升趋势，但上升趋势不明显。与“十二五”末相比，南通市近岸海域沉积物质量一类比例上升了 20.0 个百分点，见表 3-6-4。

表 3-6-4　“十三五”期间南通市近岸海域沉积物达标状况

项目	2015 年	2016 年	2017 年	2018 年	2020 年
一类比例	80.0%	75.0%	100%	100%	100%
主要超标项目和超标比例	砷（20%）	铬（37.5%） 砷（20%） 铜（20%）	—	—	—

第四节　海洋生物

一、监测概况及评价方法

2020 年，南通市共设置 20 个海洋生物监测点位，其中近岸海域监测点位 16 个，潮间带监测点位 4 个，见图 3-6-8。于春季（5 月）、夏季（7 月）各开展一次监测。监测项目包括浮游植物种类组成、密度；浮游动物种类组成、密度、总生物量（湿重）；浅海底栖生物种类组成、密度、生物量；潮间带生物种类组成、密度、生物量。海洋生物多样性采用 Shannon-Wiener 生物多样性指数进行评价。

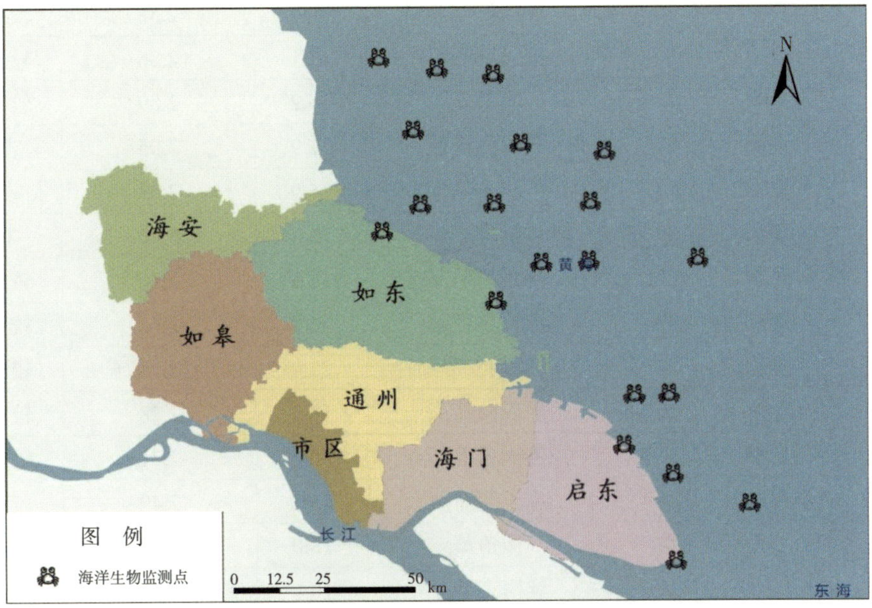

图 3-6-8　2020 年南通市海洋生物监测点位

二、海洋生物生态现状

（一）浮游植物

浮游植物共鉴定出 7 门 126 种，其中硅藻门 99 种，占全部种类的 78.6%，处于绝对优势，主要优势种为中肋骨条藻、加拉星杆藻、琼氏圆筛藻等，其次为甲藻门 17 种，占全部种类的 13.5%；浮游植物平均密度为 8.11×10^3 个 /m^3。

浮游植物多样性指数在 1.62～3.25，平均值为 2.72，处于一般至较丰富水平，其中较丰富测点的比例为 81.3%，丰富测点的比例为 15.6%，见表 3-6-5。

表 3-6-5　2020 年南通市近岸海域浮游植物监测结果与多样性评价

点位代码	监测时间	物种种数 / 种	优势种	优势度 / %	Shannon-Wiener 生物多样性指数	多样性评价级别
JSH06005	春季	26	中肋骨条藻	62.9	1.62	一般
	夏季	28	夜光藻	20.5	2.84	较丰富
JSH06006	春季	25	琼氏圆筛藻	34.1	2.33	较丰富
	夏季	27	单角盘星藻	28.5	2.82	较丰富
JSH06008	春季	27	琼氏圆筛藻	13.1	2.93	较丰富
	夏季	43	束毛藻	32.5	2.69	较丰富
JSH06009	春季	31	具槽直链藻	15.2	2.96	较丰富
	夏季	26	佛氏海毛藻	30.7	2.58	较丰富
JSH06011	春季	30	虹彩圆筛藻	17.1	2.86	较丰富
	夏季	22	海链藻	15.2	2.89	较丰富
JSH06012	春季	27	具槽直链藻	11.9	3.05	丰富
	夏季	27	夜光藻	15.9	3.03	丰富
JSH06013	春季	39	加拉星杆藻	22.8	3.04	丰富
	夏季	22	佛氏海毛藻	16.5	2.80	较丰富
JSH06014	春季	32	加拉星杆藻	45.9	2.42	较丰富
	夏季	24	尖刺伪菱形藻	22.4	2.79	较丰富
JSH06015	春季	28	琼氏圆筛藻	18.3	2.78	较丰富
	夏季	26	劳氏角毛藻	30.4	2.71	较丰富
JSH06016	春季	24	琼氏圆筛藻	25.7	2.49	较丰富
	夏季	24	梭角藻	18.0	2.78	较丰富
JSH06021	春季	30	具槽直链藻	10.6	3.25	丰富
	夏季	31	中肋骨条藻	17.6	2.87	较丰富
JSH06022	春季	29	加拉星杆藻	20.6	2.81	较丰富
	夏季	23	锤状中鼓藻	26.2	2.34	较丰富
JSH06023	春季	34	中肋骨条藻	28.2	2.63	较丰富
	夏季	28	中肋骨条藻	39.1	2.35	较丰富
JSH06028	春季	26	中肋骨条藻	21.2	2.69	较丰富
	夏季	25	中肋骨条藻	11.6	3.00	丰富
JSH06036	春季	27	中肋骨条藻	26.7	2.46	较丰富
	夏季	25	优美旭氏藻矮小变型	22.9	2.56	较丰富
JSH06038	春季	25	琼氏圆筛藻	23.2	2.72	较丰富
	夏季	22	威利圆筛藻	8.6	2.96	较丰富

（二）浮游动物

共鉴定出浮游动物 15 大类 72 种，其中腔肠动物种类最多，有 19 种，占全部种类的 26.4%，其次为桡足类 15 种，占全部种类的 20.8%，优势种见表 3-6-6、表 3-6-7。

表 3-6-6　2020 年南通市近岸海域大型浮游动物（Ⅰ型网）监测结果与多样性评价

点位代码	物种种数 / 种	优势种	优势度 / %	Shannon-Wiener 生物多样性指数	多样性评价级别
JSH06005	21	小齿海樽	61.0	1.63	一般
JSH06006	28	长尾类溞状幼体	13.7	2.69	较丰富
JSH06008	23	磷虾类节胸幼体	30.6	2.16	较丰富
JSH06009	12	中华哲水蚤	69.7	1.52	一般
JSH06011	20	中华哲水蚤	67.1	1.32	一般
JSH06012	18	中华哲水蚤	88.1	0.77	贫乏
JSH06013	31	真刺唇角水蚤	39.6	1.49	一般
JSH06014	14	真刺唇角水蚤	55.2	1.51	一般
JSH06015	24	太平洋纺锤水蚤	40.9	2.31	较丰富
JSH06016	17	太平洋纺锤水蚤	53.9	1.97	一般
JSH06021	6	太平洋纺锤水蚤	33.3	1.52	一般
JSH06022	20	中华哲水蚤	83.9	0.76	贫乏
JSH06023	21	真刺唇角水蚤	74.8	0.78	贫乏
JSH06028	28	腹足类幼体	30.7	2.22	较丰富
JSH06036	28	中华哲水蚤	35.1	2.34	较丰富
JSH06038	24	小齿海樽	56.7	1.45	一般

表 3-6-7　2020 年南通市近岸海域中小型浮游动物（Ⅱ型网）监测结果与多样性评价

点位代码	物种种数 / 种	优势种	优势度 / %	Shannon-Wiener 生物多样性指数	多样性评价级别
JSH06005	23	洪氏纺锤水蚤	18.5	2.89	较丰富
JSH06006	27	拟长腹剑水蚤	31.4	3.04	丰富
JSH06008	16	拟长腹剑水蚤	43.6	2.43	较丰富
JSH06009	24	小拟哲水蚤	54.0	2.95	较丰富
JSH06011	24	小拟哲水蚤	26.8	2.95	较丰富
JSH06012	21	洪氏纺锤水蚤	24.8	2.78	较丰富
JSH06013	27	纺锤水蚤属	31.1	3.04	丰富

续表

点位代码	物种种数 / 种	优势种	优势度 / %	Shannon-Wiener 生物多样性指数	多样性评价级别
JSH06014	18	小拟哲水蚤	48.6	2.58	较丰富
JSH06015	29	纺锤水蚤属	31.3	3.13	丰富
JSH06016	21	洪氏纺锤水蚤	42.3	2.71	较丰富
JSH06021	17	洪氏纺锤水蚤	70.0	2.67	较丰富
JSH06022	16	洪氏纺锤水蚤	46.8	2.60	较丰富
JSH06023	29	纺锤水蚤属	31.9	3.13	丰富
JSH06028	17	小拟哲水蚤	55.6	2.59	较丰富
JSH06036	15	近缘大眼剑水蚤	57.2	2.34	较丰富
JSH06038	30	小拟哲水蚤	36.1	3.22	丰富

大型浮游动物密度平均值为 28 个 /m^3，中小型浮游动物密度平均值为 4.4×10^2 个 /m^3。大型浮游动物生物量平均值为 207.1 mg/m^3。大型浮游动物（Ⅰ型网）生物多样性指数在 0.76～6.29，平均值为 1.65，处于贫乏至较丰富水平，其中级别为一般、较丰富的测点比例分别为 50.0%、31.3%。中小型浮游动物（Ⅱ型网）生物多样性指数在 2.34～3.22，平均值为 2.81，处于较丰富至丰富水平，其中级别为较丰富、丰富的测点比例分别为 68.8%、31.3%。

（三）底栖动物

共鉴定出底栖动物 10 大类 42 种，其甲壳动物种类最多，有 13 种，占全部种类的 31.0%，其次为软体动物类 12 种，占全部种类的 28.6%，主要优势种见表 3-6-8。

表 3-6-8　2020 年南通市近岸海域底栖生物监测结果与多样性评价

点位代码	物种种数 / 种	优势种	优势度 / %	Shannon-Wiener 生物多样性指数	多样性评价级别
JSH06005	7	彩虹明樱蛤	18.2	1.89	一般
JSH06006	3	小荚蛏	55.6	1.00	贫乏
JSH06008	1	长吻沙蚕	100	0.00	极贫乏
JSH06009	1	红线黎明蟹	100	0.00	极贫乏
JSH06011	0	—	—	0.00	极贫乏
JSH06012	3	短吻铲荚蛤	33.3	1.10	一般
JSH06013	0	—	—	0.00	极贫乏

续表

点位代码	物种种数 / 种	优势种	优势度 / %	Shannon-Wiener 生物多样性指数	多样性评价级别
JSH06014	1	纽虫	100	0.00	极贫乏
JSH06015	0	—	—	0.00	极贫乏
JSH06016	2	艾氏活额寄居蟹	94.7	0.21	贫乏
JSH06021	0	—	—	0.00	极贫乏
JSH06022	3	短吻铲荚蛰	50.0	1.04	一般
JSH06023	0	—	—	0.00	极贫乏
JSH06028	1	长吻沙蚕	100	0.00	极贫乏
JSH06036	1	滩栖阳遂足	100	0.00	极贫乏
JSH06038	4	不倒翁虫	61.5	0.69	贫乏

底栖动物平均栖息密度为 16.9 个 /m^2，平均生物量为 11.7 g/m^2。底栖生物多样性指数在 0～1.89，平均值为 0.37，处于极贫乏至一般水平，其中级别为贫乏、一般的测点比例均为 18.5%。

（四）潮间带生物

共鉴定出潮间带生物 35 种，主要优势种为泥螺、文蛤、托氏蜎螺。潮间带生物平均密度为 29 个 /m^2，平均生物量为 70.64 g/m^2。潮间带生物多样性指数在 1.57～1.77，平均值为 1.67，生物多样性评价级别均为一般，见表 3-6-9。

表 3-6-9　2020 年南通市近岸海域潮间带生物监测结果与多样性评价

点位代码	物种种数 / 种	优势种	优势度 / %	Shannon-Wiener 生物多样性指数	多样性评价级别
A1H32YQ567	21	泥螺	23.0	1.77	一般
A1H32YQ568	21	文蛤	17.6	1.77	一般
A1H32YQ569	21	托氏蜎螺	26.2	1.58	一般
A1H32YQ570	11	泥螺	29.3	1.57	一般

三、变化趋势

海洋浮游植物物种数 2015—2018 年变化不大，2019—2020 年有显著增多的趋势。海洋浮游动物 2015—2016 年较为贫瘠，2017—2020 年稳定在 80 种左右，见图 3-6-9。海洋底栖生物年际变化较大，主要原因为南通近岸海域为铁板沙底质，底栖动物较为贫乏，物种分布时空差异较大。

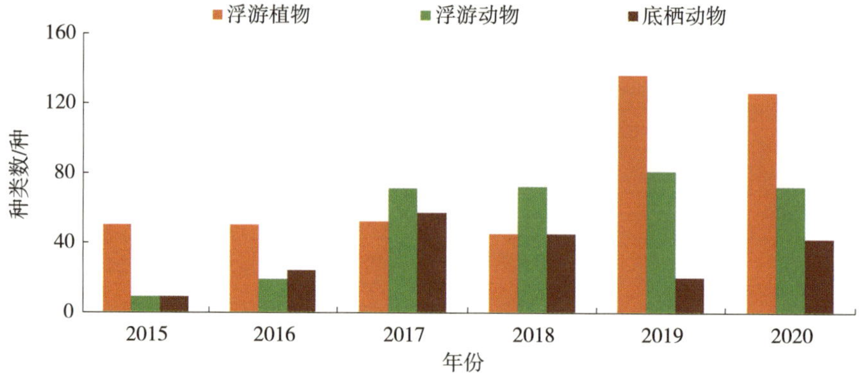

图 3-6-9　2015—2020 年南通市海洋浮游物种种类数变化

第五节　海洋垃圾

根据国家及江苏省近岸海域环境监测方案，南通市在如东洋口闸西海域开展海洋垃圾监测，包括海面漂浮垃圾和海滩垃圾监测，监测内容包括各类垃圾的种类、数量、重量、来源，见表 3-6-10，监测过程和评价参照《海洋垃圾监测与评价技术规程（试行）》。2020 年海洋垃圾监测点位见图 3-6-10。

表 3-6-10　2020 年南通市海洋垃圾监测结果统计

项目		监测面积 /m^2	种类	数量	块数百分比 /%	重量 / g	折算平均个数 /（个 /km^2）	折算平均密度 /（kg/km^2）
海洋漂浮垃圾	大块漂浮垃圾	800 000	木制品	2	50	—	5	—
			聚苯乙烯塑料	2	50	—		—
	中、小块漂浮垃圾	20 000	塑料	1	100	147	50	7.35
海滩垃圾		500	木质	2	50	910	80 00	3 330
			聚苯乙烯塑料	1	25	115		
			玻璃类	1	25	640		

调查表明，海面漂浮垃圾主要来源于陆上，与海产品生产和人类休闲活动相关。海滩垃圾主要来源于渔业生产和人类的休闲活动。

图 3-6-10 “十三五”期间南通市海洋垃圾监测点位

以 2016—2020 年每年的海洋垃圾平均密度进行相关性分析，计算其秩相关系数，其中海滩垃圾秩相关系数为 0.8，漂浮垃圾秩相关系数为 0.7，均小于 95% 置信水平下的临界值（0.9），表明“十三五”期间海洋垃圾平均密度呈上升趋势，但上升趋势不明显，见图 3-6-11。

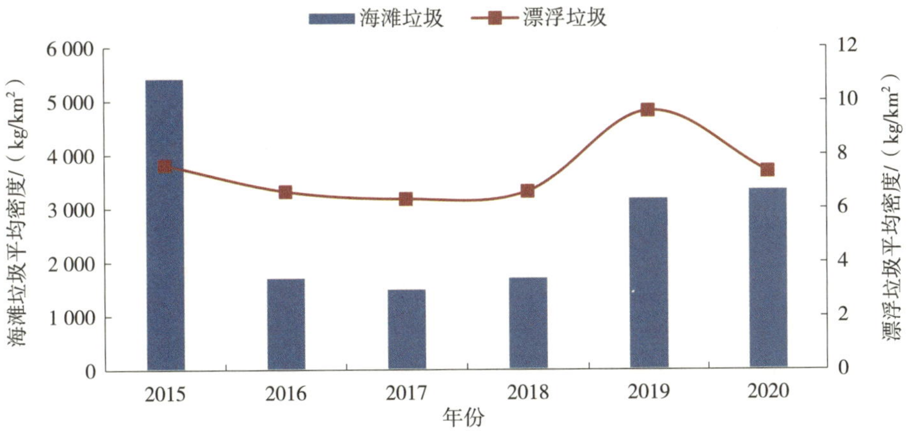

图 3-6-11 2015—2020 年南通市海洋垃圾平均密度变化

第六节　赤潮与浒苔

一、赤潮

据国家海洋局南通海洋环境监测中心站相关资料，南通沿海赤潮发生频率不高，平均发生频率在 1 次 /a 以下，年发生频率并没有明显的趋势性变化。多发生在 5—9 月，其中 5 月发生频率最高，7 月次之，具有显著的季节特征。据历年赤潮监测有关资料统计，南通赤潮主要发生在如东外海，距离海岸较远，浮游植物种类多为硅藻，主要为中肋骨条藻和日本星杆藻。1997 年以来，南通海域赤潮主要发生在南通以东海域，离岸距离较远。2020 年，黄海海域共发现赤潮次数为 3 次，累计面积小于 1 km^2，但 2019 年、2020 年江苏海域全年未发生赤潮。

二、浒苔绿潮

南通沿海浒苔绿潮主要发生在如东沿海，通常与盐城、连云港的绿苔绿潮连片发生。2016 年 5 月 11 日，浒苔在南通、盐城近海岸海域出现，6 月 9 日，浒苔绿潮在盐城、连云港部分海域登滩。2017 年 5 月 13 日，首次在南通、盐城近岸海域发现浒苔绿潮，至 7 月 24 日最后一次在盐城近岸海域监测到零星浒苔，全年浒苔绿潮持续时间为 73 天，单次最大覆盖面积为 90 km^2。6 月上中旬，盐城、连云港部分区域出现浒苔登滩现象，与 2016 年相比，浒苔绿潮暴发规模明显减小，持续时间明显缩短。根据 2017 年 4 月 29 日 HJ-1A 卫星图像（30 m 分辨率）监测结果，在江苏海域疑似大型藻类的分布面积约为 1 800 km^2，其中江苏管辖海域约为 45 km^2，最近距岸约为 33 km，见图 3-6-12。2018 年 4 月 25 日在江苏南通近海首先发现零星漂浮浒苔，6 月 29 日绿潮分布面积和覆盖面积达到最大，7 月 23 日后绿潮完全漂浮至 35°N 以北海域，随后分布面积不断减小进入消亡期，8 月中旬完全消失，持续时间 110 余天。

2020 年 4—7 月，绿潮灾害影响我国黄海海域，4 月 4 日首次在南通海域（121°25.802′E，32°31.403′N）附近发现零星浒苔，附着于马尾藻上，覆盖面积约 0.03 km^2；7 月中下旬江苏管辖海域内浒苔绿潮逐渐消亡。引发大面积绿潮的主要藻类为浒苔。与近 10 年相比，2020 年浒苔绿潮具有消亡时间早、分布面积和覆盖面积小的特点。浒苔绿潮消亡时间提前至 7 月中下旬，略晚于 2017 年；最大分布面积和最大覆盖面积均为最低值。

“十三五”期间，黄海海域浒苔发生情况总体呈波浪形变化趋势。从发生次数和面积来看，2019 年浒苔发现次数为近年最多；从暴发规模来看，2019 年最大覆盖面积仅次于 2016 年，略低于 2015 年水平，见图 3-6-13。

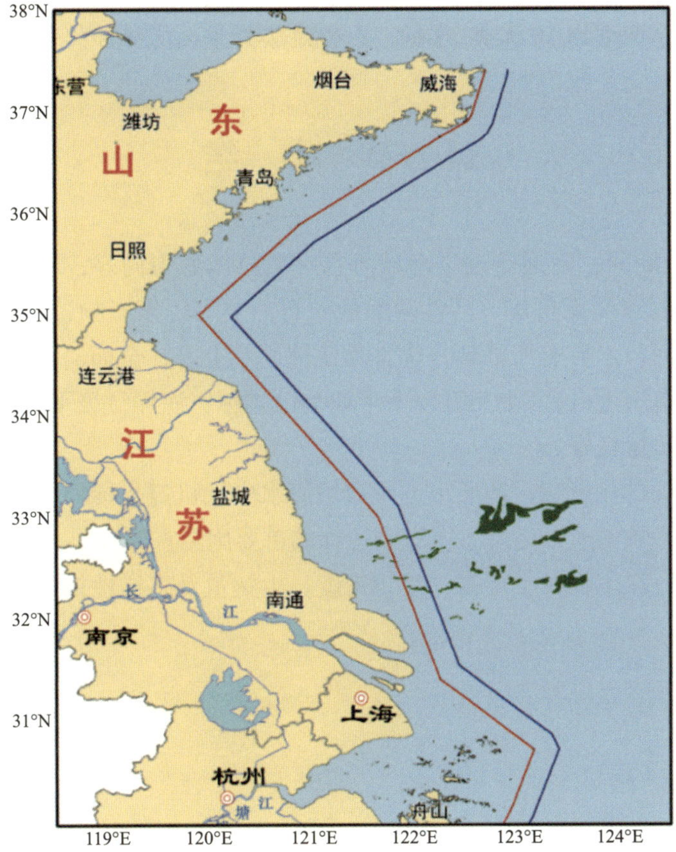

图 3-6-12　2017 年南通外海绿潮卫星遥感监测结果

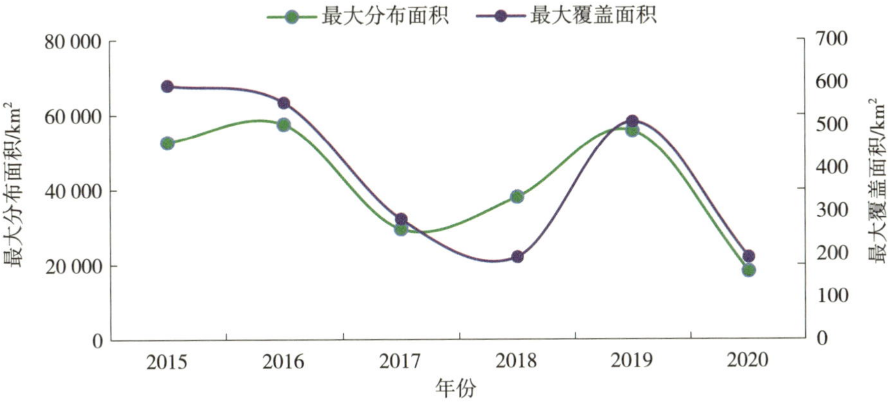

图 3-6-13　2015—2020 年黄海海域浒苔发生情况变化趋势

为更好地了解南黄海绿潮分布区浮游生物群落结构及环境现状，国家海洋局南通海洋环境监测中心站于 2019 年春季（3 月）对如东等南黄海近岸海域浮游生物样品进行了分析。结果表明，浮游植物共鉴定出 4 门 34 属 63 种，以硅藻为主，优势种共 6 种；浮游动物 10 大类 21 种，以桡足类为主，优势种共 7 种。

第七节 小 结

“十三五”期间，南通市近岸海域海水水质总体稳中向好，较“十二五”末有所上升，少数测点受无机氮、活性磷酸盐、石油类等因素影响，尚不能稳定达标。主要入海河流河口水质有所好转，优Ⅲ类比例逐年上升，全面消除劣Ⅴ类断面；海洋沉积物质量有所上升，“十三五”下半期均已达标；海洋垃圾平均密度有所增加；海洋生态环境质量良好。

受陆源污染排放影响，南通市近岸海域海水中无机氮指标的浓度和超标率居高不下，已成为影响南通市近岸海域海水达标的首要因素。

近岸海域海洋生物种类丰富，生物密度、生物量及多样性指数较高，海洋生态环境状况良好。

专栏十二 开阔海洋生态环境监管视野，完成 438 个入海排口监测溯源

南通市滨江临海，区位优势突出，长期以来，海洋以丰富的“蓝色资源”有力支撑了沿海区域经济社会的快速发展。作为高质量发展战略要地，掌握海洋生态环境基础性数据，保持海洋生态环境总体稳定，是高质量发展的重要内容。近岸海域水质是海洋生态环境的重要表征，其影响因素不仅是海洋工程、船舶作业污染，最重要的是与陆源污染排放息息相关。据统计，南通市共有 16 条入海河流，这 16 条“主动脉”上分布广泛、为数众多的各类入海排口。对入海排口监测溯源工作是入海排口整治的重要环节，只有精准溯源，同时根据排污口水质水量的监测结果分析掌握排污口污染排放状况、特点、规律等，才能有的放矢，实施分类整治。

南通市于 2019 年 12 月通过无人机遥感、人工勘察相结合的方式，覆盖面积 660 km^2，完成了全市沿海地区 1 336 个疑似入海排口的排查建档，见图 1。2020 年 8 月，印发《南通市 2020 年入海排口监测溯源整治工作方案》。9 月 7 日，全市举行了入海排口监测溯源整治培训会议，监测溯源工作全面展开。综合运用现场探查、调研座谈、图纸作业等手段进行溯源，现场予以核实确认，查清了污水来源，掌握了污水来源的责任单位。根据排污口的合法性、排入水体环境质量、日常管理要求，重点完成部分取缔类和规范类的整治任务。

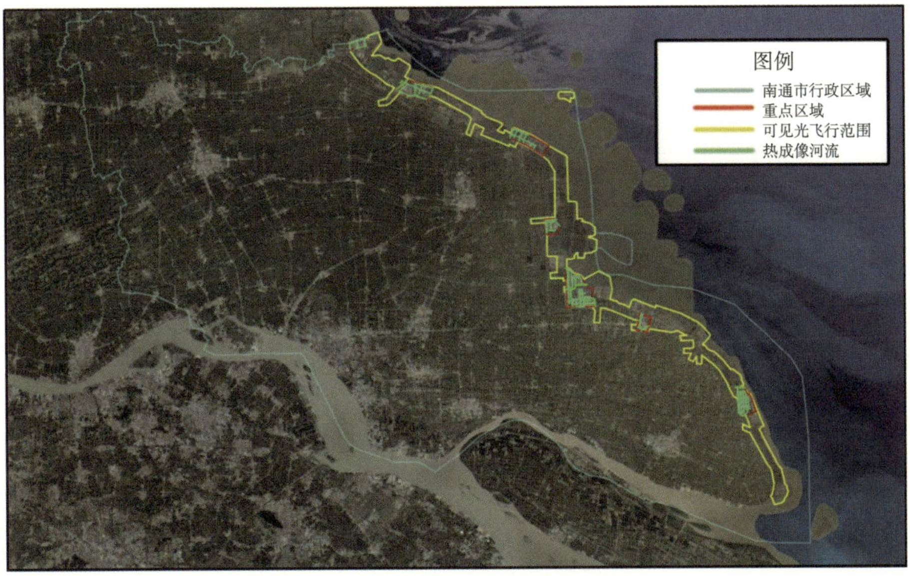

图 1　无人机航空遥感及排查范围

经过努力，至2020年年底，全市已完成438个疑似入海排口的溯源工作，并完成了其中165个排污口（其中取缔类20个，规范类145个）的整治工作，溯源和整治工作进度分别为33%和12.4%，超额完成江苏省生态环境厅下达的“2020年年底前，各设区市完成不低于20%的监测溯源工作，完成不低于10%的整治工作”的目标任务，见表1。为进一步查清并整治各类入海排口，推动构建权责清晰、监控到位、管理规范、动态更新的入海排放监管体系积累了宝贵经验，奠定了坚实基础。

表1 2020年南通市入海排污口溯源整治进度统计

地区	排污口总数 / 个	年度溯源数 / 个	溯源已完成 / 个	完成占比	年度整治数 / 个	整治已完成 / 个	完成占比
海安	47	45	45	100%	8	12	100%
如东	515	125	126	100%	48	50	100%
通州湾*	299	70	70	100%	40	39	97.5%
海门	70	70	70	100%	15	15	100%
启东	405	127	127	100%	49	49	100%
全市	1336	437	438	100%	160	165	100%

注：*通州湾属市本级。

第七章　声环境

“十三五”期间，南通市开展了功能区声环境、区域声环境和道路交通声环境质量监测。全市共布设功能区噪声监测点位46个，区域噪声监测点684个，道路交通噪声监测点174个。监测结果表明，“十三五”期间南通市声环境质量总体保持良好，各县（市、区）声环境质量总体优于市区（含通州）。功能区噪声夜间达标率相对较低；全市昼间区域声环境质量总体为二级（较好）水平；道路交通声环境质量昼间总体达到一级（好）水平，但噪声超标路段仍占一定比例。与“十二五”末相比，南通全市区域声环境质量保持稳定，功能区噪声昼夜间达标率有所上升，道路交通声环境质量保持稳定，超标路段比例大幅下降。

第一节　功能区声环境

一、监测概况

“十三五”期间，南通市共设置功能区噪声监测点位46个，监测覆盖面积221.6 km^2。其中1类区（居住、文教区）14个，2类区（居住、商业、工业混杂区）12个，3类区（工业区）9个，4a类区（城市交通干线两侧区域）11个。按国家环境监测方案要求，每季度开展一次连续24 h的城市功能区声环境监测。评价标准依据《声环境质量标准》（GB 3096—2008）和《环境噪声监测技术规范　城市声环境常规监测》（HJ 640—2012）。评价方法详见附录。

二、功能区声环境现状

2020年，南通市1类功能区（居住、文教区）、2类功能区（居住、商业、工业混杂区）、3类功能区（工业区）、4a类功能区（城市交通干线两侧区域）昼、夜间等效声级值均符合《声环境质量标准》（GB 3096—2008）相应功能区标准。市区（含通州）除4a类功能区夜间等效声级值超过标准3.1 dB（A）外，其余各类区各时段均符合相应的功能区标准。各县（市、区）中，除如皋1类、2类功能区声环境质量出现超标外，其余均符合相应功能区标准，见表3-7-1。

表3-7-1　2020年南通市功能区噪声平均等效声级值　单位：dB（A）

城区	1类区（居住、文数区）		2类区（居住、商业、工业混杂区）		3类区（工业区）		4a类区（城市交通干线两侧区域）	
	昼间 L_d	夜间 L_n	昼间 L_d	夜间 L_n	昼间 L_d	夜间 L_n	昼间 L_d	夜间 L_n
市区（含通州）	50.6	44.9	52.6	44.9	54.7	51.2	67.4	58.1
海安	51.1	41.8	54.8	43.9	60.8	50.6	61.8	51.5
如皋	55.8	45.6	60.3	52.7	59.0	49.9	62.6	53.6
如东	52.4	43.1	53.0	45.2	58.1	48.8	60.8	48.8
海门	51.5	42.7	56.0	48.1	58.8	51.3	62.0	51.1
启东	54.3	42.1	57.7	46.2	61.7	51.0	64.1	53.1
全市	52.6	43.4	55.4	46.6	58.3	50.5	63.6	53.5
标准限值	55	45	60	50	65	55	70	55

注：通州区撤市并区后，噪声点位和市区统一设置，“十二五”“十三五”期间噪声评价涵盖通州区。

2020年，南通市声环境功能区昼间达标率为94.6%，夜间达标率为83.2%。与2019年相比，昼间达标率上升3.6个百分点，夜间达标率上升4.4个百分点。其中，市区（含通州）声环境功能区昼间达标率为97.7%，夜间达标率为68.2%。与2019年相比，昼间达标率上升4.5个百分点，夜间达标率上升4.6个百分点，见图3-7-1。

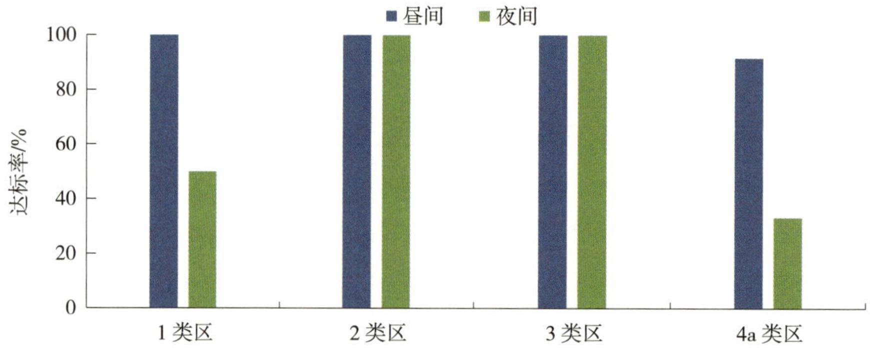

图3-7-1　2020年南通市区（含通州）声环境功能区昼夜达标率

1类区（居住、文教区）：全市1类区昼、夜间噪声平均等效声级分别为

52.6 dB（A）和 43.4 dB（A），与 2019 年相比，平均等效声级值分别下降了 0.5 dB（A）和 0.2 dB（A）。市区（含通州）1 类区昼、夜间噪声平均等效声级值分别为 50.6 dB（A）和 44.9 dB（A），与 2019 年相比，平均等效声级值分别下降了 1.8 dB（A）和 0.7 dB（A）。各县（市、区）1 类区昼间平均等效声级值在 51.5～55.8 dB（A），夜间平均等效声级值在 41.8～45.6 dB（A）。

全市昼间测次达标率为 91.1%，夜间达标率为 76.8%。与 2019 年相比，昼间达标率上升了 3.6 个百分点，夜间达标率维持不变。市区（含通州）昼间测次达标率为 100%，夜间达标率为 50%，与 2019 年相比，昼间达标率上升了 16.7 个百分点，夜间达标率上升了 8.3 个百分点。各县（市、区）城区昼间噪声除海安、如东外，均出现测次超标；夜间噪声除启东外均出现测次超标。

2 类区（居住、商业、工业混杂区）：全市 2 类区昼、夜间噪声平均等效声级值分别为 55.4 dB（A）和 46.6 dB（A），与 2019 年相比，平均等效声级值分别下降了 1.8 dB（A）和 1.1dB（A）。市区（含通州）2 类区昼、夜间噪声平均等效声级值分别为 52.6 dB（A）和 44.9 dB（A），与 2019 年相比，昼间平均等效声级值下降了 2.1 dB（A），夜间平均等效声级无变化。各县（市、区）2 类区昼间平均等效声级值在 53.0～60.3 dB（A），夜间平均等效声级值在 43.9～52.7 dB（A）。

全市昼间测次达标率为 91.7%，夜间达标率为 89.6%。与 2019 年相比，昼、夜间达标率分别上升了 10.4 个百分点和 8.3 个百分点。市区（含通州）昼、夜间测次达标率均为 100%，与 2019 年相比，昼间达标率保持稳定，夜间达标率上升了 8.3 个百分点。各县（市、区）城区中如皋昼、夜间噪声均出现测次超标。

3 类区（工业区）：全市 3 类区昼、夜间噪声平均等效声级值分别为 58.3 dB（A）和 50.5 dB（A），与 2019 年相比，平均等效声级值分别下降了 0.8 dB（A）和 0.3 dB（A）。市区（含通州）3 类区昼、夜间噪声平均等效声级值分别为 54.7 dB（A）和 51.2 dB（A），与 2019 年相比，昼间平均等效声级值下降了 1.8 dB（A），夜间平均等效声级值上升了 0.8 dB（A）。各县（市、区）3 类区昼间平均等效声级值在 58.1～61.7 dB（A），夜间平均等效声级值在 48.8～51.3 dB（A）。

全市昼间测次达标率均为 100%，与 2019 年相比，昼、夜间达标率分别上升了 2.8 个百分点和 5.6 个百分点。市区（含通州）昼、夜间达标率均为 100%，与 2019 年相比，昼间达标率上升了 12.5 个百分点，夜间达标率保持稳定。各县（市、区）城区中昼、夜间噪声均达标。

4a 类区（城市交通干线两侧区域）：全市 4 类区昼、夜间噪声平均等效声级值分别为 63.6 dB（A）和 53.5 dB（A），与 2019 年相比，平均等效声级值分别下降了 0.7 dB（A）和 1.4 dB（A）。市区（含通州）4 类区昼、夜间噪声平均等效声级值分别为 67.4 dB（A）和 58.1 dB（A），与 2019 年相比，昼间平均等效声级值分别下降了

0.3 dB（A）和2.4 dB（A）。各县（市、区）4类区昼间平均等效声级值在60.8～64.1 dB（A），夜间平均等效声级值在48.8～53.6 dB（A）。

全市昼间测次达标率为97.7%，夜间达标率为70.5%，与2019年相比，昼间达标率下降了2.3个百分点，夜间达标率上升了4.5个百分点。市区（含通州）昼间达标率为91.7%，夜间达标率为33.3%，与2019年相比，昼间达标率下降了8.3个百分点，夜间达标率保持稳定。各县（市、区）昼间达标率保持稳定，夜间海安、如皋、海门出现超标，见表3-7-2。

表3-7-2　2020年南通市各类功能区噪声昼、夜间测次达标率　　单位：%

城区	1类区（居住、文数区）		2类区（居住、商业、工业混杂）		3类区（工业区）		4a类区（城市交通干线两侧区域）		总体情况	
	昼间	夜间	昼间	夜间	昼间	夜间	昼间	夜间	昼间	夜间
市区（含通州）	100	50.0	100	100	100	100	91.7	33.3	97.7	68.2
海安	100	87.5	100	100	100	100	100	87.5	100	92.9
如皋	75.0	50.0	50.0	37.5	100	100	100	62.5	78.6	57.1
如东	100	87.5	100	100	100	100	100	100	100	96.4
海门	87.5	87.5	100	100	100	100	100	87.5	96.4	92.9
启东	83.3	100	100	100	100	100	100	100	92.9	100
全市	91.1	76.8	91.7	89.6	100	100	97.7	70.5	94.6	83.2

三、“十三五”声环境变化趋势

“十三五”期间，南通市各类功能区平均等效声级值变化不大。除4a类区昼间平均等效声级值显著下降外，其余各类功能区各时段上升或下降趋势均不明显，见表3-7-3。

表3-7-3　2015—2020年南通市功能区声环境平均等效声级值　　单位：dB（A）

年份	1类区（居住、文数区）		2类区（居住、商业、工业混杂）		3类区（工业区）		4a类区（城市交通干线两侧区域）	
	昼间	夜间	昼间	夜间	昼间	夜间	昼间	夜间
2016	52.1	42.1	56.5	47.2	60.2	52.0	64.6	55.5
2017	52.5	41.6	56.6	46.5	58.6	50.8	64.5	55.6
2018	52.5	42.0	56.1	46.6	58.6	50.1	64.4	54.0

续表

年份	1 类区（居住、文数区）		2 类区（居住、商业、工业混杂）		3 类区（工业区）		4a 类区（城市交通干线两侧区域）	
	昼间	夜间	昼间	夜间	昼间	夜间	昼间	夜间
2019	53.1	43.5	57.2	47.7	59.1	50.8	64.3	54.9
2020	52.6	43.4	55.4	46.6	58.3	50.5	63.6	53.5
r_s	0.9	0.6	−0.3	−0.1	−0.7	−0.6	−1.0	−0.8
“十二五”末	52.5	42.3	57.6	47.4	60.1	51.7	65.2	54.8

“十三五”期间，南通市功能区声环境质量测次达标率昼间基本保持稳定，个别年份有小幅波动，昼间达标率一直在 90% 以上，夜间达标率在 80% 左右波动。总体来看，昼间达标率高于夜间。市区（含通州）功能区声环境质量测次达标率昼间在 97.7% 左右波动，夜间在 70% 左右波动。各县（市、区）城区中，海安功能区噪声昼间达标率除 2019 年为 96.4%，其余各年份均保持在 100%，夜间达标率前四年保持在 100%，2020 年下降至 92.9%。如皋前四年昼间达标率维持在 60% 左右，2020 年达标率上升到 78.6%；夜间达标率在 30%～60% 波动。如东功能区噪声达标率昼间始终保持在 100%，夜间达标率前三年保持在 100%，后两年降为 96.4%。海门昼间达标率除在 2016 年和 2020 年有小幅下降外，其他年份昼间达标率均保持在 100%，夜间达标率前三年从 82.1% 逐年上升至 92.9%，2019 年降至 89.3%，2020 年又上升至 92.9%。启东昼间达标率在 92.9%～100% 波动，夜间达标率后四年稳定在 100%，见表 3-7-4。

表 3-7-4　2016—2020 年南通市功能区噪声达标情况　　单位：%

城区	2016 年		2017 年		2018 年		2019 年		2020 年	
	昼间	夜间	昼间	夜间	昼间	夜间	昼间	夜间	昼间	夜间
市区（含通州）	97.7	75.0	97.7	77.3	100	70.5	93.2	63.6	97.7	68.2
海安	100	100	100	100	100	100	96.4	100	100	92.9
如皋	64.3	39.3	60.7	60.7	67.9	50	57.1	32.1	78.6	57.1
如东	100	100	100	100	100	100	100	96.4	100	96.4
海门	85.7	82.1	100	85.7	100	92.9	100	89.3	96.4	92.9
启东	100	96.4	96.4	100	100	100	96.4	100	92.9	100
全市	91.8	81.5	92.9	86.4	95.1	84.2	90.8	78.8	94.6	83.2

“十三五”期间，南通市各类功能区噪声昼夜达标率总体保持稳定。夜间达标

率低于昼间达标率。5年间各类功能区除2016年、2017年4a类夜间超标外，其他各类功能区昼间、夜间噪声等效声级值均符合《声环境质量标准》（GB 3096—2008）中环境噪声限值的要求，4a类区的夜间达标率相对较低（图3-7-2）。市区（含通州）5年间各类功能区除4a类夜间及2019年1类区夜间超标外，其他各类功能区昼间、夜间噪声等效声级均符合相应的限值要求，1类区、4a类区的夜间达标率相对较低。

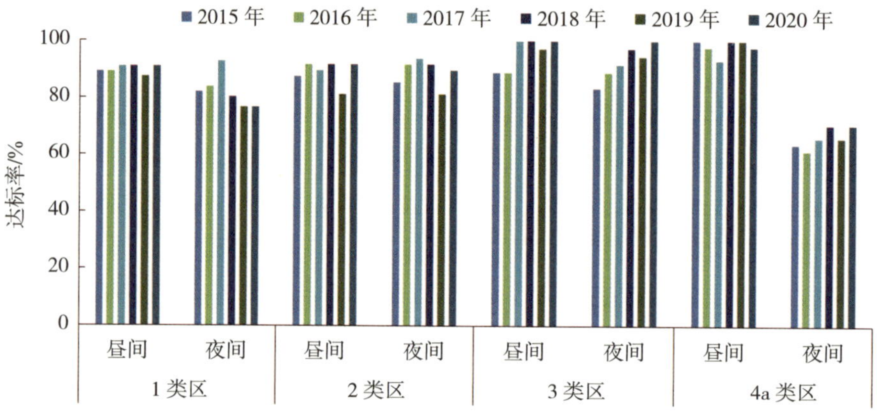

图3-7-2 2015—2020年南通市功能区噪声昼夜达标率变化

与“十二五”末相比，南通市功能区声环境质量测次达标率总体略有上升。昼、夜间达标率分别上升3.6个百分点和4.3个百分点。按各功能区分，1类区昼间达标率上升1.8个百分点，但夜间达标率下滑了5.4个百分点。2类区昼、夜间达标率均上升了4.2个百分点。3类区昼、夜间达标率分别上升11.1个百分点和16.7个百分点。4a类区昼间达标率下降2.3个百分点，夜间达标率上升了6.8个百分点。与“十二五”末相比，市区（含通州）功能区昼夜间达标率分别上升2.2个百分点和4.6个百分点。

按各功能区分，1类区昼间达标率上升16.7个百分点，但夜间达标率下滑了16.7个百分点。2类、3类区昼间达标率维持在100%，夜间达标率分别上升16.7个百分点和25.0个百分点。4a类区昼间达标率下降8.3个百分点，夜间达标率维持不变。

1类区（居住、文教区）：“十三五”期间，南通市1类区昼间达标率在87.5%～91.1%波动，夜间达标率2016年为83.9%，2017年上升为92.9%，2018年下降到80.4%，2019年、2020年为76.8%。市区（含通州）1类区昼间达标率前两年稳定保持在91.7%，2018年上升至100%，2019年下降至83.3%，2020年恢复至100%。夜间达标率在波动中下降，2019年下降至41.7%，到2020年略有提升，至50%。

“十三五”期间，南通市1类区昼、夜间噪声平均等效声级值均符合《声环境质量标准》（GB 3096—2008）中环境噪声限值的要求。市区（含通州）2019年夜间噪声平均等效声级值超过噪声限值 0.6 dB（A）。各县（市、区）城区中，如皋 2019 年及 2020 年昼、夜间噪声平均等效声级值超过规定限值。与“十二五”末相比，南通市昼间噪声平均等效声级值上升 0.1 dB（A），夜间噪声平均等效声级值上升 1.1 dB（A），见图 3-7-3。

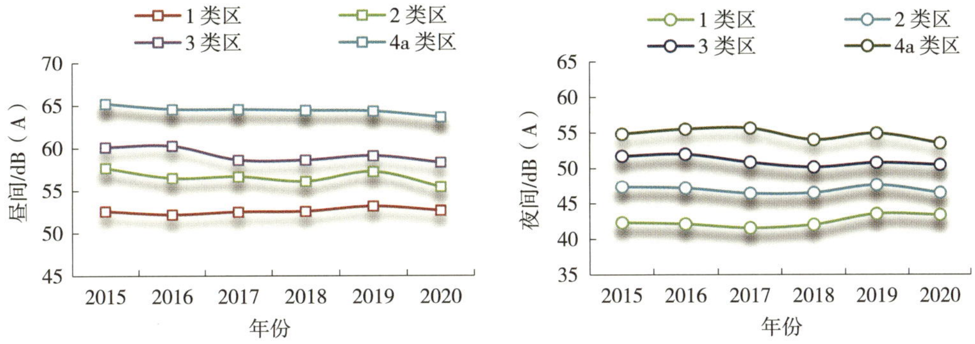

图 3-7-3　2015—2020 年南通市功能区噪声平均等效声级变化

2 类区（居住、商业、工业混杂区）：“十三五”期间，南通市 2 类区昼间达标率在 81.3%～91.7% 波动，夜间达标率 2016 年在 81.3%～93.8% 波动。市区（含通州）昼间达标率稳定保持在 100%，夜间达标率除 2019 年下滑至 91.7%，其他各年份达标率保持在 100%。

“十三五”期间，南通市 2 类区昼、夜间噪声平均等效声级值均符合《声环境质量标准》（GB 3096—2008）中环境噪声限值的要求。市区（含通州）及各县（市、区）城区中，如皋在各年份昼、夜间噪声平均等效声级值均出现超标。与“十二五”末相比，南通市昼间噪声平均等效声级值下降 2.2 dB（A），夜间噪声平均等效声值下降 0.8 dB（A）。

3 类区（工业区）：“十三五”期间，南通市 3 类区昼间达标率 2017 年为 88.9%，2016 年、2018 年上升至 100%，2019 年下滑至 97.2%，2020 年上升至 100%。夜间达标率从 2016 年的 88.9% 逐年上升至 2018 年的 97.2%，2019 年下降至 94.4%，2020 年上升至 100%。市区（含通州）昼间达标率除 2019 年下滑至 87.5%，其他各年份达标率均保持在 100%，夜间达标率稳定保持在 100%。

“十三五”期间，南通市 3 类区昼、夜间噪声平均等效声级值均符合《声环境质量标准》（GB 3096—2008）中环境噪声限值的要求。市区（含通州）及各县（市、区）城区中，如皋 2019 年昼、夜间，2017 年夜间噪声平均等效声级值均出现超标。与“十二五”末相比，南通市昼间噪声平均等效声级值下降 1.8 dB（A），夜间噪声平均等效声级值下降 1.2 dB（A）。

4a 类区（城市交通干线两侧区域）：“十三五”期间，南通市 4a 类区昼间达标率2016年为97.7%，2017年下降至93.2%，2018年、2019年上升至100%，2020年下降至97.7%。市区（含通州）昼间达标率前四年保持在100%，2020年下降至91.7%；夜间达标率2016年为41.7%，2017—2020年一直为33.3%。

“十三五”期间，南通市4a类区昼间噪声平均等效声级值符合《声环境质量标准》（GB 3096—2008）中环境噪声限值的要求。2016年、2017年4a类区夜间噪声平均等效声级值分别超过噪声限值0.50 dB（A）、0.6 dB（A）。市区（含通州）每年夜间噪声平均等效声级均超出限值。各县（市、区）城区中，2016年海门、2016年及2017年如皋夜间噪声平均等效声级值均出现超标。与“十二五”末相比，南通市昼间噪声平均等效声值下降1.6 dB（A），夜间噪声平均等效声值下降1.3 dB（A）。

第二节　区域声环境

一、监测概况

“十三五”期间，南通市共布设区域声环境质量监测点684个，监测覆盖面积221.6 km^2。根据《环境噪声监测技术规范　城市声环境常规监测》（HJ 640—2012），昼间监测每年开展1次，夜间监测每5年开展1次，在“十三五”的2018年开展了夜间监测工作。评价方法依据中国环境监测总站《声环境监测常规监测暂行技术规定》，详见附录。

二、区域环境噪声现状

（一）平均等效声级

2020年，南通市昼间区域声环境质量平均等效声级值为52.3 dB（A），处于二级（较好）水平。其中，市区（含通州）声环境质量一般，平均等效声级为56.1 dB（A），达到昼间区域环境噪声三级水平。各县（市、区）城区昼间平均等效声级值在47.6～55.7 dB（A）。海门昼间区域声环境质量为三级（一般）水平，启东昼间区域声环境质量为一级（好）水平，其余各县（市、区）昼间区域声环境质量均达到二级（较好）水平。

与2019年相比，南通市昼间区域声环境等级未发生变化，昼间平均等效声级值较2019年下降1.7 dB（A）。其中，市区（含通州）昼间区域声环境等级未发生变化，平均等效声级值较2019年下降1.6 dB（A）。各县（市、区）城区昼间区域声环境等级均发生变化。海安昼间区域声环境等级由三级水平上升为二级水平。如皋昼间区域声环境等级由一级水平下降为二级水平。如东和启东昼间区域声环境等级由二级水平上升为一级水平。海门昼间区域声环境等级由二级水平下降为三级水平。

从夜间区域声环境质量来看，2018 年南通市夜间声环境质量一般，平均等效声级值为 45.1 dB（A），处于夜间区域环境噪声三级水平。市区（含通州）夜间区域声环境平均等效声级值为 46.5 dB（A），属于三级（一般）水平。各县（市、区）城区夜间区域声环境质量除海安、启东夜间平均等效声级值超过 45 dB（A），属于三级（一般）水平外，其他各地均达到二级（较好）水平。与 2013 年（夜间 5 年监测 1 次）相比，南通市夜间区域声环境平均等效声级值下降 0.8 dB（A），市区（含通州）平均等效声级值下降 3.4 dB（A），如皋和海门平均等效声级值分别下降 3.7 dB（A）和 1.4 dB（A），海安和如东平均等效声级值分别上升 4.1 dB（A）和 0.2 dB（A），启东保持不变，见图 3-7-4。

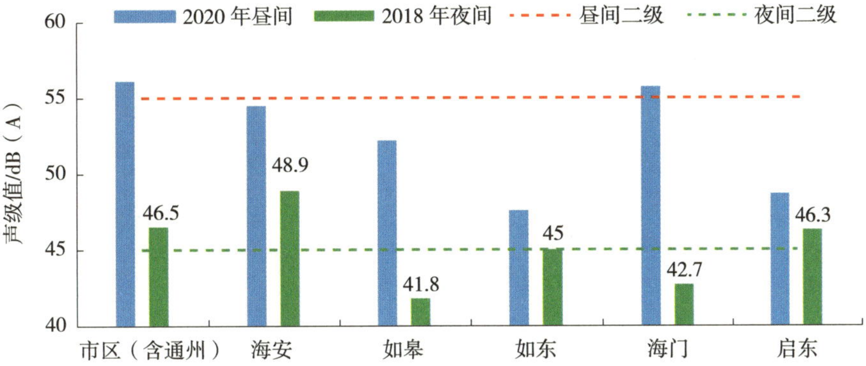

图 3-7-4　2020 年昼间、2018 年夜间区域环境噪声平均等效声级

（二）声源结构和强度

城市区域环境噪声按其来源分为交通噪声、工业噪声、施工噪声、社会生活噪声四大类。2020 年，影响南通市区（含通州）昼间声环境质量的主要声源是交通噪声和社会生活噪声，其在昼间所有声源中分别占比 51.8% 和 40.2%，其余依次为工业噪声和施工噪声，分别占比 6.3% 和 1.8%（图 3-7-5）。按声源强度排序，从高到低依次为施工噪声［57.8 dB（A）］、交通噪声［57.6 dB（A）］、工业噪声［55.3 dB（A）］、生活噪声［54.3 dB（A）］。除生活噪声质量等级为二级（较好）水平外，其他声源强度噪声均处于三级水平。从各城镇声源分布结构来看（图 3-7-6），生活噪声在城市中影响面最广，如皋、海安和海门以社会生活噪声为主，占比分别为 75.4%、67.3% 和 61.3%，如东和启东以工业噪声为主，占比分别为 45.0% 和 44.5%。

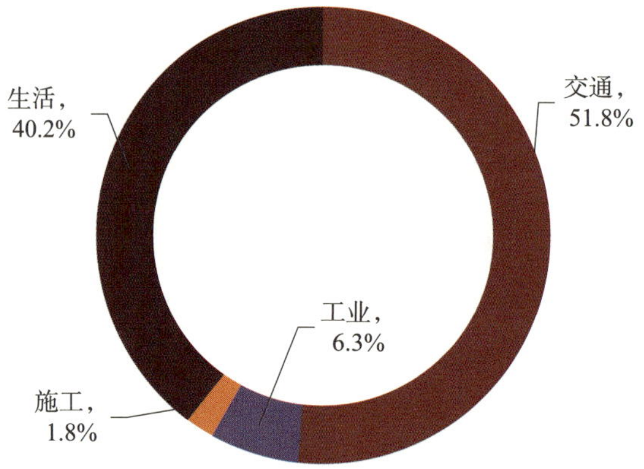

图 3-7-5　2020 年市区昼间区域噪声声源构成

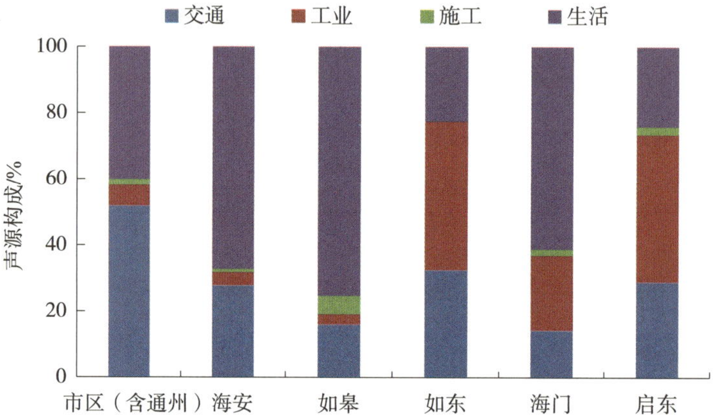

图 3-7-6　2020 年全市昼间各城区声源构成

与 2019 年相比，市区（含通州）昼间主要声源结构未发生变化。各县（市、区）城区中，除启东生活源占比由 58.6% 下降为 24.2%，工业源占比由 22.6% 上升为 44.5% 外，其他各县（市、区）声源结构均未发生明显变化。

从 2020 年昼间声源强度上看，南通市区（含通州）交通噪声声源强度较 2019 年的 59.9 dB（A）下降了 2.3 dB（A）；工业噪声、施工噪声、社会生活噪声分别下降了 3.5 dB（A）、0.8 dB（A）、0.3 dB（A）。

从夜间监测情况看，2018 年南通市区（含通州）夜间区域噪声主要声源为社会生活噪声，占比为 48.2%，与同年昼间社会生活噪声占比相比，上升 7.1 个百分点。交通噪声 49.5 dB（A）是夜间声强排序第一的声源。从各县（市、区）声源分布结构来看，如皋、海安、海门和启东以生活噪声为主，占比分别为 83.3%、69.4%、60.4% 和 58.6%。

生活噪声虽然声级强度最低，但由于其声源分布广泛，影响作用不容忽视。交通噪声声源所占比例（36.6%）居第二位，但其声级较高，对城市声环境冲击较大，是影响城市区（含通州）声环境质量的主要因素。施工噪声尽管所占比例最小，但因其位置往往临近居住区，引发扰民纠纷最多。

（三）声环境健康评价

2020 年，市区（含通州）区域噪声声级主要集中为 50.1～60.0 dB（A），覆盖面积占监测区域总面积的 83.0%，覆盖人口占总人口的 80.9%（表 3-7-5）。按照《声环境监测常规监测暂行技术规定》评价，南通市区（含通州）有 32.3% 的人口生活在“好”及“较好”的声环境中，18.3% 的人口暴露在“较差”的声环境中，0.9% 的人口暴露在“差”的声环境中。

表 3-7-5　2020 年南通市各城镇暴露在不同声级下的面积和人口分布状况　　单位：%

地区	占监测区域面积百分比					占监测区域人口百分比				
	≤50.0 dB（A）	50.1～55.0 dB（A）	55.1～60.0 dB（A）	60.1～65.0 dB（A）	>65.0 dB（A）	≤50.0 dB（A）	50.1～55.0 dB（A）	55.1～60.0 dB（A）	60.1～65.0 dB（A）	>65.0 dB（A）
市区（含通州）	8.9	28.6	45.5	16.1	0.9	5.9	26.4	48.6	18.3	0.9
海安	10.9	55.4	20.8	12.9	0	12.9	59.3	20.9	6.9	0
如皋	36.5	41.3	12.7	8.7	0.8	32.2	43.5	17.9	5.8	0.6
如东	64.9	27.0	8.1	0	0	64.9	27.0	8.1	0	0
海门	6.6	42.5	34.0	14.2	2.8	7.2	46.3	33.1	12.1	1.5
启东	57.8	28.9	10.2	3.1	0	59.7	28.5	9.8	2.0	0

就声级分布而言，各县（市、区）中按覆盖面积评价，各城镇暴露在“好”及“较好”的声环境面积占比为 49.1%（海门）～86.7%（启东）。按覆盖人口评价，暴露在“好”及“较好”的声环境人口占比为 54.3%（海门）～88.2%（启东）。

三、“十三五”声环境变化趋势

区域环境噪声状况与城市的整体布局，包括居住、工业、商业、交通状况等因素直接相关。“十三五”期间，南通市昼间区域环境噪声平均等效声级值为 52.3～54.2 dB（A）波动，区域声环境质量总体均处于较好水平，见图 3-7-7、图 3-7-8。

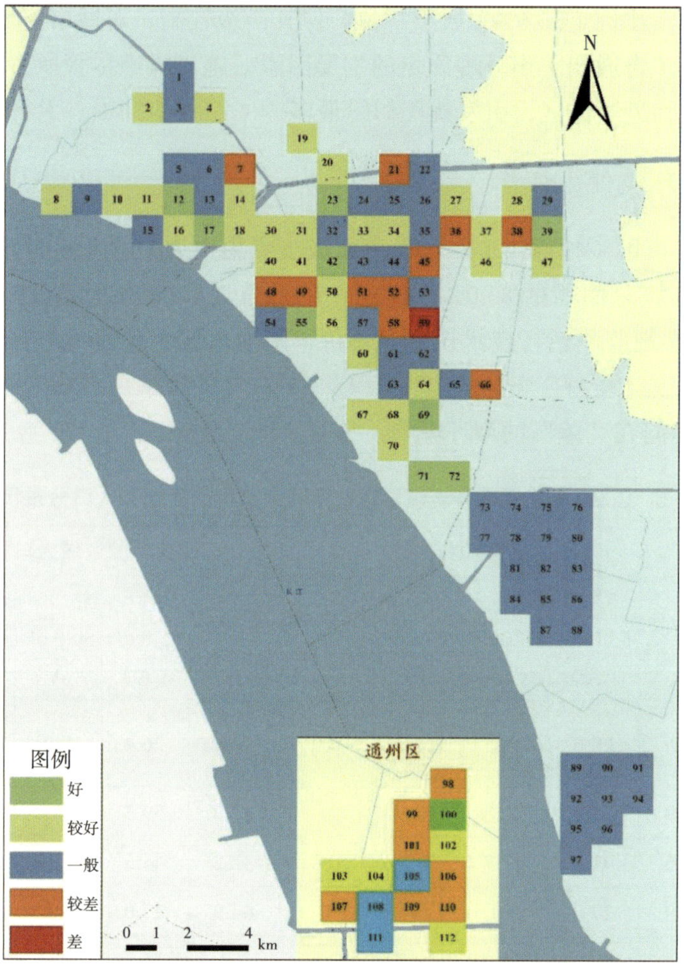

图 3-7-7　南通市市区（含通州）昼间区域环境噪声网格分布

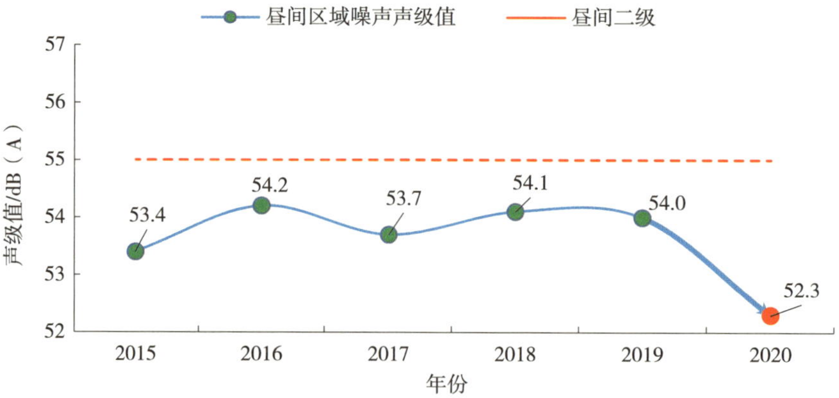

图 3-7-8　2015—2020 年南通市昼间区域环境噪声平均等效声级变化

与“十二五”末相比，全市昼间区域环境噪声平均等效声级值下降 1.1 dB（A），污染程度有所减轻。市区（含通州）昼间区域环境噪声平均等效声级值下降 1.6 dB（A）。各县（市、区）中启东、海安和如皋平均等效声级值分别下降 5.7 dB（A）、0.9 dB（A）和 0.3 dB（A），如东和海门平均等效声级值分别上升 1.0 dB（A）和 1.8 dB（A）。

“十三五”期间，南通市区（含通州）昼间区域声环境质量总体仅达到三级（一般）标准。受轨道交通施工、主干道阔道、基础建设范围扩大、老旧小区改道、机动车保有量快速增加等影响，平均等效声级值一直处于 55 dB（A）以上，处于一般水平。各县（市、区）中海安声环境质量在二级、三级之间波动；海门昼间区域环境噪声前四年保持在二级水平，2020 年下降为三级。其他城镇昼间区域声环境质量在一级、二级之间波动，见图 3-7-9。

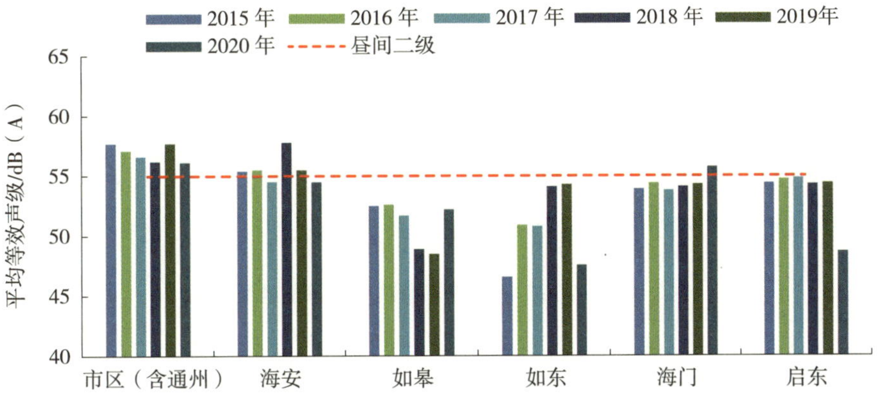

图 3-7-9　2015—2020 年南通市各城镇昼间区域环境噪声平均等效声级变化

从声源结构变化来看，“十三五”期间，市区（含通州）仍以交通源和生活源为主，生活源所占比例一直保持在 40% 以上，交通源前两年所占比例保持在 40%，后三年所占比例一直保持在 50% 以上。各县（市、区）中除启东 2020 年声源构成变化较大，其他各城区均无明显变化。

第三节　道路交通声环境

一、监测概况

全市共布设道路交通噪声测点 174 个，共监测道路长度 467 km。根据《环境噪声监测技术规范　城市声环境常规监测》（HJ 640—2012）要求，每年开展道路交通噪声监测 1 次，监测在昼间正常工作时段内进行，同时依据“夜间监测每 5 年 1 次，在每个规划的第三年监测”要求，在 2018 年开展了夜间道路交通噪声监测工作。评价方法依据中国环境监测总站发布的《声环境监测常规监测暂行技术规定》，详见附录。

二、道路交通噪声现状

2020 年，南通市昼间道路交通声环境质量达到一级（好）水平。其中市区（含通州）城市道路交通噪声昼间平均等效声级值为 65.3 dB（A），交通噪声强度为一级，声环境质量为好。各县（市、区）城区城市道路交通噪声昼间平均等效声级值为 62.8～67.6 dB（A），噪声强度均为一级，处于“好”水平。

监测路段中共有 14.7 km 的路段昼间平均等效声级超出道路交通噪声强度昼间二级限值［70 dB（A）］，占监测总路长的 3.1%。其中市区（含通州）超标路段长度为 11.6 km，占总路段的 5.5%。除如皋、海门外，其余县（市、区）均有路段超标，超标率范围为 1.5%（如东）～8.9%（启东）。从车流量来看，全市主要交通干道昼间平均车流量为 1 355 辆 /h，市区（含通州）平均车流量为 829 辆 /h，各县（市、区）车流量为 778～2 918 辆 /h，详见表 3-7-6。

表 3-7-6　2020 年南通市道路交通噪声监测结果

城区	总路长 / km	平均路宽 /m	平均车流量 /（辆 /h）	*Leq*/［dB（A）］	强度等级	质量等级	超标路长 /km	超标路长占比 /%
市区（含通州）	210.1	41.1	829	65.3	一级	好	11.6	5.5
海安	28.7	33.2	1 236	64.2	一级	好	0	0
如皋	33.5	34.1	778	62.8	一级	好	0.0	0
如东	91.1	27.8	2 918	66.6	一级	好	1.4	1.5
海门	84.6	48.5	1 054	65.8	一级	好	0	0
启东	19.0	21.0	2 219	67.6	一级	好	1.7	8.9
全市	467.0	36.4	1 355	65.5	一级	好	14.7	3.1

与 2019 年相比，全市昼间道路交通噪声平均等效声级下降 1.5 dB（A），超标路段比例下降 10.8 个百分点。市区（含通州）昼间道路交通噪声等效声级下降 2.9 dB（A），噪声等级强度由二级（较好）转为一级（好），超标路段比例下降 25.4 个百分点。其他各县（市、区）道路交通声环境等级均维持在一级（好）。

从 2018 年夜间道路交通噪声监测情况来看，全市夜间道路交通声环境状况评价为好，平均等效声级值为 53.7 dB（A），强度等级为夜间一级。市区（含通州）夜间道路交通噪声等效声级值为 54.8 dB（A），处于夜间一级水平。监测路段中市区（含通州）有 1.2% 的路段平均等效声级值超过夜间二级限值［60 dB（A）］。与同年昼间相比，夜间平均等效声级强度和平均车流量明显下降，但对市民正常生产生活影响程度要大于昼间。各县（市、区）城区夜间道路交通噪声环境质量均处于一级（好）水平。

与 2013 年（夜间道路交通噪声 5 年监测 1 次）相比，市区（含通州）夜间道路交通噪声质量等级由二级上升为一级，评价等级由较好上升为好。各县（市、区）夜间道路交通噪声质量保持一级（好）水平。

三、“十三五”声环境变化趋势

“十三五”期间，南通市昼间道路交通环境质量均为“好”，昼间平均等效声级值前四年逐年上升，2020 年有所下降，见图 3-7-10；超标路段前三年在 10% 左右，2019 年略有上升，2020 年超标路段下降至 3.1%，见图 3-7-11。与“十二五”末相比，全市道路交通噪声平均等效声级值下降 0.5 dB（A），超标路段比例大幅下降，由 19.4% 下降到 3.1%。

图 3-7-10　2015—2020 年道路交通噪声等效声级

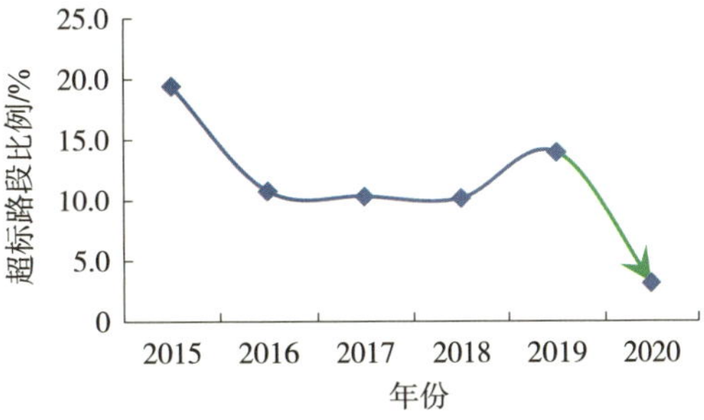

图 3-7-11　道路交通噪声超标路段比例

“十三五”期间，市区（含通州）除 2019 年 68.2 dB（A）外，其余年份昼间道路声环境质量处于一级（好）水平。各县（市、区）除海门昼间道路交通噪声 2018 年为二级外，其他县（市、区）平均等效声级值虽有起伏，但噪声强度始终保持在一级处于好水平，详见图 3-7-12。

与“十二五”末相比，市区（含通州）昼间道路交通噪声等级值由二级上升为一级，声环境质量由较好提升至好水平，其他各县（市、区）平均等效声级值保持在一级，评价等级为好。

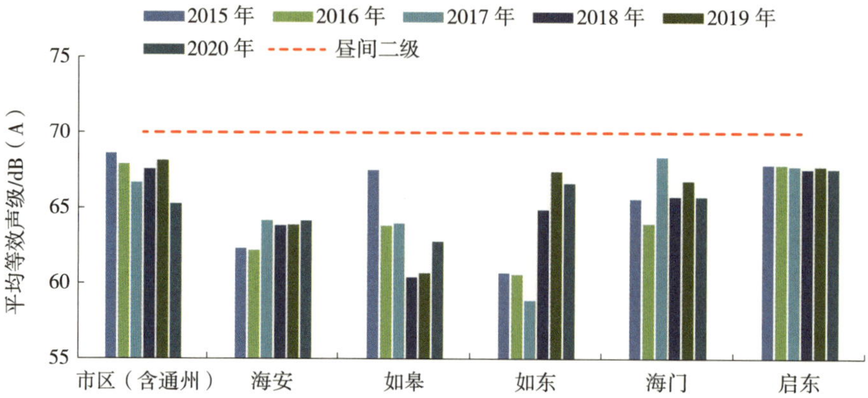

图 3-7-12　2015—2020 年南通市各城区昼间道路交通噪声年均等效声级对比

第四节　城市噪声污染特征及成因分析

“十三五”期间，南通各城区声环境质量优于市区（含通州）。随着人口的增加及交通路网建设的发展，人类活动较为集中的 2 类区（居住、商业、工业混杂区），夜间声环境质量出现波动或略有下降。

一、区域分布特征

南通市区声环境质量总体略低于各县（市、区），夜间差距更为明显。主要体现在：

（1）市区 1 类区、4a 类区噪声夜间达标率明显低于各县（市、区）。特别是 4a 类功能区，2020 年市区（含通州）夜间达标率较县（市、区）低 51.1 个百分点。除 1 类、2 类区噪声夜间等效声级值低于县（市、区）级市，3 类区、4a 类区噪声等效声级值市区（含通州）分别高于县（市、区）级市 1.0 dB（A）、6.3 dB（A），其中市区（含通州）4a 类夜间噪声平均等效声级值达到 58.1 dB（A），超过环境功能区限值，见图 3-7-13、图 3-7-14。

（2）市区区域噪声平均等效声级较各县（市、区）高，交通噪声和生活噪声对声环境影响更大。以 2020 年为例，市区昼间区域噪声平均等效声级值较各县（市、区）高 0.4～8.5 dB（A）。交通噪声和生活噪声合计占比为 92.0%，较县（市、区）高 18.3 个百分点。2018 年市区（含通州）夜间区域噪声平均等效声级值总体较县（市、区）高 1.6 dB（A），见图 3-7-15、图 3-7-16。

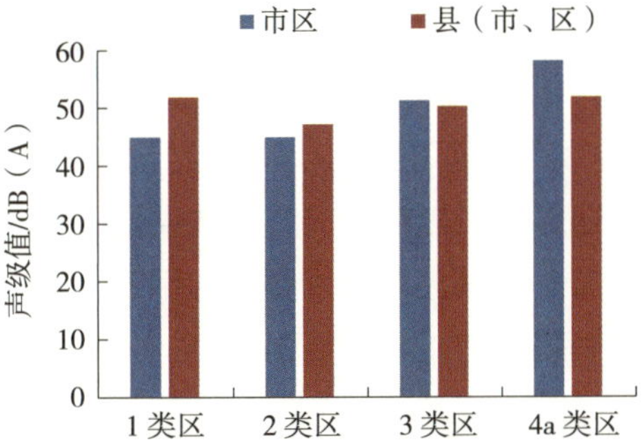

图 3-7-13　2020 年各地夜间功能区噪声声级值对比

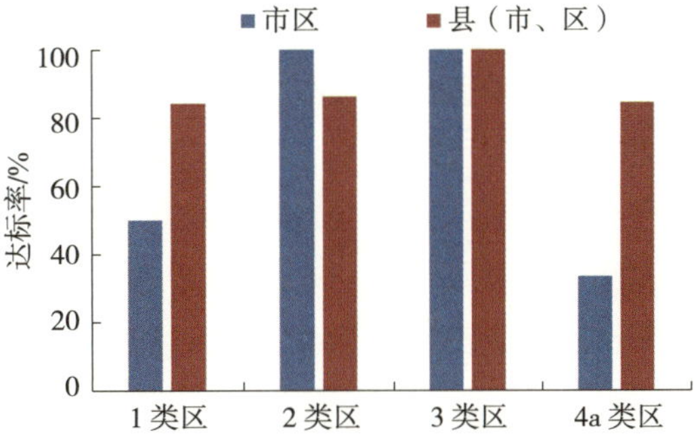

图 3-7-14　2020 年各地夜间功能区达标率对比

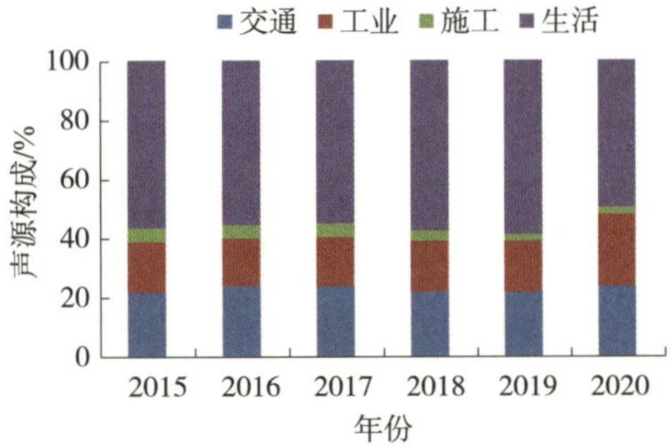

图 3-7-15　2020 年南通市市区（含通州）昼间区域噪声声源构成

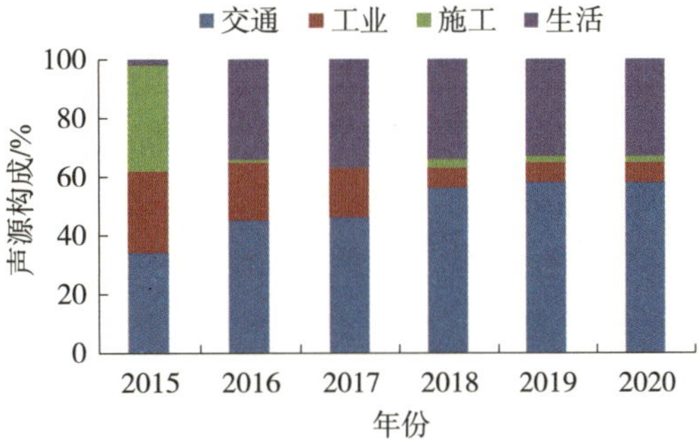

图 3-7-16　2020 年南通市县（市、区）昼间区域噪声声源构成

二、时间变化特征

市、区（含通州）环境噪声平均等效声级表现出与城市日常生产、生活和作息规律相似的变化特征，8:00—18:00 平均等效声级维持在较高水平，18:00—22:00 平均等效声级逐步减弱，1:00—3:00 降至谷底，5:00—8:00 噪声声级又逐步攀升。各类功能区变化规律基本一致，最大平均等效声级分别出现在：1 类区 9:00［51.2 dB（A）］、2 类区 8:00［54.5 dB（A）］、3 类区 9:00［56.2 dB（A）］、4a 类区 8:00［68.5 dB（A）］，见图 3-7-17。

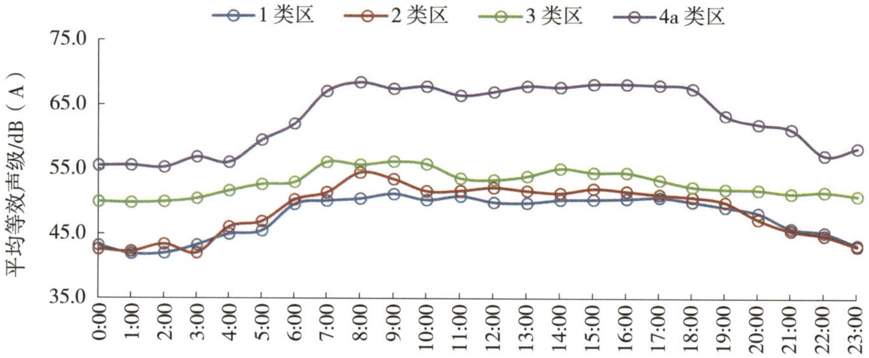

图 3-7-17 2020 年南通市区（含通州）功能区噪声平均等效声级时段分布

第五节 小 结

2020 年，南通市区域声环境质量总体保持稳定，交通噪声和生活噪声仍然是南通市区域噪声的主要声源。南通市区（不含通州区）4a 类区夜间达标率仅为 0；市区（含通州区）夜间，如皋昼、夜间达标率仍处于较低的水平。其他各地功能区声环境质量达标率基本保持稳定。市区（含通州）道路交通声环境质量总体呈好转趋势。各县（市、区）噪声强度等级稳定保持在一级（好）。

（1）各类功能区昼间、夜间声环境质量相对稳定，夜间达标率相对较低。“十三五”期间，各类功能区除 4a 类夜间及 2019 年 1 类区夜间，其他各功能区对应的昼间、夜间噪声等效声级值均符合《声环境质量标准》（GB 3096—2008）中环境噪声限值的要求。从达标率来看，昼间达标率保持在 90% 以上，夜间达标率基本在 70% 以上，表现出“昼间优于夜间”的特点。2020 年，南通市各类功能区噪声声环境质量昼间达标率为 94.6%，夜间达标率为 83.2%。从不同功能区分析，各类功能区昼、夜间达标率无明显差异，总体稳定，1 类区、4a 类区的夜间达标率相对较低。

（2）昼间区域声环境质量总体较好，声源结构无太大变化。2020 年，全市昼间区域声环境质量总体较好，昼间平均等效声级值为 52.3 dB（A），处于二级（较好）水平。其中启东声环境质量为一级，市区（含通州）和海门为三级，其他县（市、区）均为二级，处于较好水平。“十三五”期间，南通市昼间区域环境噪声平均等效声级值在 52.3～54.2 dB（A）波动，区域声环境质量总体均处于较好水平。从声源结果及强度分析，市区（含通州）生活源和交通源占比一直保持在 40% 以上，交通源和生活源是影响市区（含通州）昼间声环境质量的主要声源。各县

（市、区）除启东 2020 年声源构成发生变化外，其他各地均无明显变化。

（3）昼间道路交通噪声强度为一级，声环境质量较好，但仍有少量比例路段存在超标现象。2020 年南通市昼间道路交通声环境质量较好，噪声强度为一级，平均等效声级值为 65.3 dB（A）。市区（含通州）及各县（市、区）均处于一级（好）水平。“十三五”期间，市区（含通州）除 2019 年，其余年份昼间道路声环境质量处于一级（好）水平。各县（市、区）中，除海门昼间道路交通噪声 2018 年为二级外，其他各地平均等效声级值虽有起伏，但噪声强度始终保持在一级，处于一级（好）水平。全市有 3.1% 的监测路段昼间平均等效声级值超过 70 dB（A）。其中市区（含通州）有 5.5% 的监测路段平均等效声级值超过 70 dB（A）。到 2020 年，超标路段比例下降明显。

（4）噪声污染与人类日常生产、生活及城市发展水平密切相关，呈现出明显的时空变化特征。南通市城市噪声平均等效声级表现出与日常生产、生活和作息规律相似的变化特征，6:00—8:00 平均等效声级上升明显，8:00—18:00 平均等效声级维持在较高水平，18:00—21:00 平均等效声级逐渐减弱，且各类功能区时间变化规律基本一致。从 2018 年开展的区域和道路交通噪声夜间监测结果分析，全市夜间区域噪声污染状况明显重于昼间，虽其声强低于昼间，但达标率普遍低于昼间，对市民夜间休息影响较大。道路交通噪声昼夜间差异不大。从区域分布分析，市区（含通州）声环境质量总体略低于各县（市、区），夜间更为明显，这在某种程度上与经济发展水平等因素相关。市区（含通州）各类功能区噪声夜间达标率均低于各县（市、区），区域噪声平均等效声级总体较各县（市、区）高，城市道路交通噪声超标路段占比均高于各县（市、区）。

第八章　生态环境

南通市利用生态遥感监测、生态地面试点监测手段，在“十三五”期间对全市生态景观变化、生态环境质量状况进行了深入分析与全面评价，结果表明：全市生态景观总体稳定，局部区域受到人为干扰，变化较为明显；生态环境状况总体处于良好状态。

第一节　生态景观格局

“十三五”期间，利用Landsat-TM、Landsat-8、ZY-02C、GF-1等遥感影像数据，对南通市地表植被覆盖和土地利用情况等进行了高精度解译，并利用这些解译数据，结合年度环境统计资料，依据代表性、全面性、综合性、简明性、方便性和适用性等原则，采用生物丰度指数、植被覆盖指数、水网密度指数、土地胁迫指数、污染负荷指数和环境限制指数五个指标分析全市生物、植被、水网、土地以及环境污染等五个方面的情况，对全市生态环境质量状况及动态趋势进行综合评价。生态评价方法和标准见附录一。

一、生态景观现状

根据2020年南通市生态环境遥感解译结果，全市林地面积115.88 km^2，草地面积26.69 km^2，水域湿地面积1 377.93 km^2，耕地面积6 772.4 km^2，建设用地面积1 274.17 km^2，分别占全市面积的1.21%、0.28%、14.40%、70.79%、13.32%。2020年南通市各利用类型土地面积见表3-8-1、图3-8-1。

表 3-8-1　2020 年南通市土地分类　　单位：平方公里

土地利用类型		市区	海安	如东	启东	如皋	通州	海门	南通市
林地	有林地	11.91	5.40	10.90	1.26	45.23	3.34	7.85	85.89
	灌木林地	0.00	0.00	0.00	0.00	0.00	0.01	0.00	0.01
	疏林地	0.00	0.00	0.07	0.00	0.00	0.00	0.00	0.07
	其他林地	10.39	1.51	10.53	2.09	3.46	0.51	1.42	29.91
草地	高覆盖草地	3.07	1.00	1.21	1.22	7.51	5.20	7.06	26.27
	中覆盖草地	0.13	0.00	0.27	0.02	0.00	0.00	0.00	0.42
水域湿地	河渠	181.37	55.50	88.73	209.26	78.75	52.16	75.99	741.76
	水库坑塘	60.07	31.14	112.79	67.45	18.23	22.48	32.91	345.07
	滩涂	41.93	0.09	67.13	3.58	0.00	0.00	0.00	112.73
	滩地	15.44	4.92	34.54	55.20	2.48	8.32	13.71	134.61
	海域	6.65	0.00	29.80	7.31	0.00	0.00	0.00	43.76
耕地	水田	334.44	894.95	1 546.75	960.43	1 217.23	924.29	818.56	6 696.65
	旱地	9.49	3.01	7.82	47.55	2.10	2.49	3.29	75.75
建设用地	城镇用地	136.59	45.94	56.89	33.22	50.16	65.13	49.77	437.70
	农村居民点	40.13	82.98	44.45	51.67	97.23	65.41	60.80	442.67
	其他建设用地	79.32	35.91	78.75	81.81	43.97	40.75	33.29	393.80
未利用地	其他	0.00	0.07	0.00	0.00	0.00	0.00	0.00	0.07

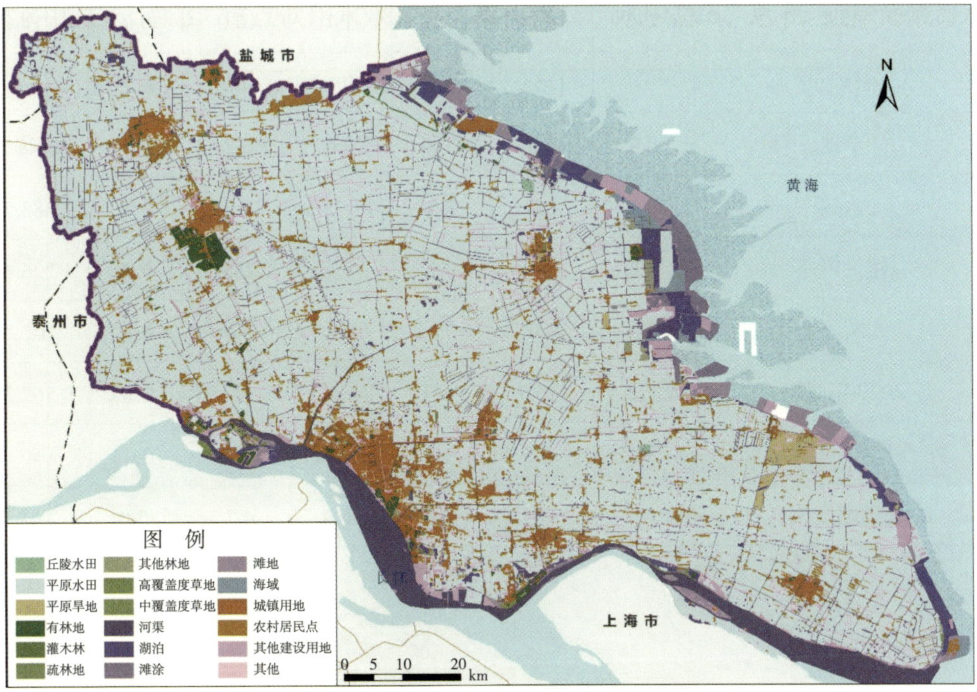

图 3-8-1　2020 年南通市土地利用类型

二、生态景观变化分析

2015—2020 年生态景观分布遥感解译结果表明，全市生态景观变化见表 3-8-2，生态景观分布变化见图 3-8-2。景观变化主要显现出以下几方面特征：

（1）生态景观总体稳定，局部地区变化较为明显。有 0.5% 的面积生态景观类型发生了变化，全市耕地、林地、草地及水域湿地面积均有小幅减少，仅建设用地面积有所增加。

（2）耕地面积持续下降。减少的耕地主要转变为建设用地，其中转化为建设用地的面积约为 40.0 km^2。

（3）林地和草地面积无明显变化。与 2015 年相比，全市林地和草地面积分别减少 0.5 km^2 和 0.2 km^2。

（4）水资源保护良好，但水域面积有所减少，2015—2020 年，全市水域面积减少 7.9 km^2。

表 3-8-2　2015—2020 年南通市生态景观变化矩阵　　单位：km^2

变化前类型 \ 变化后类型	耕地	林地	草地	水域	建设用地	未利用地	2015 年面积
耕地	6 772.3	0.0	0.0	1.7	40.0	0.0	6 814.0
林地	0.0	115.9	0.0	0.0	0.5	0.0	116.4
草地	0.0	0.0	26.6	0.0	0.2	0.0	26.8
水域	0.0	0.0	0.0	1 375.6	7.9	0.0	1 383.5
建设用地	0.1	0.0	0.1	0.6	1 225.6	0.0	1 226.4
未利用地	0.0	0.0	0.0	0.0	0.0	0.1	0.1
2020 年面积	6 772.4	115.9	26.7	1 377.9	1 274.2	0.1	9 567.2
较“十二五”末变化	−50.5	−0.5	−0.1	−5.9	57.0	0.0	—
变化幅度 /%	−0.7	−0.5	−0.3	−0.4	4.7	25.0	—

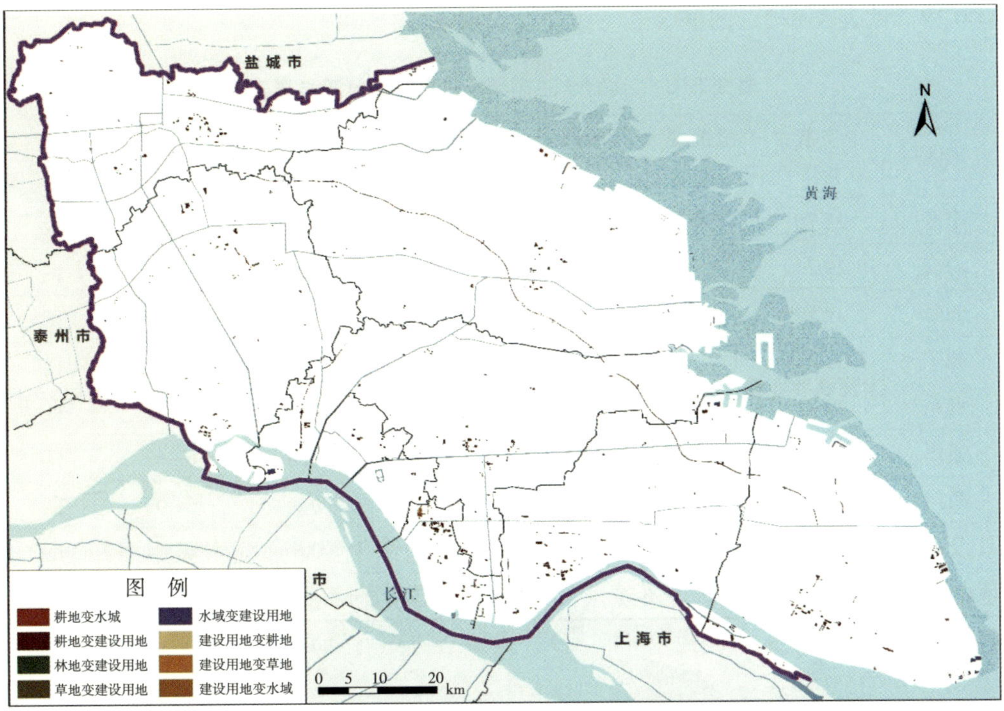

图 3-8-2　南通市生态景观分布变化

第二节　生态环境质量

依据《生态环境状况评价技术规范》（HJ 192—2015），利用多源遥感数据，地理信息数据，环境质量和污染物排放数据，统计年鉴等数据资料，结合遥感技术对全市生物丰度指数、植被覆盖指数、水网密度指数土地胁迫指数以及污染负荷指数进行定量分析，综合评价全市生态环境状况。

一、生态环境质量现状

2020 年南通市生态环境状况指数为 65.34，级别为良。各县（市、区）的生态环境状况均处于良级。2020 年南通各县（市、区）生态环境状况指数介于 61.65～66.91。市区土地胁迫指数和污染负荷指数最高，分别为 13.21 和 1.40，其生物丰度指数和植被覆盖指数最低，分别为 25.70 和 59.10；如东生物丰度指数最高为 32.73，土地胁迫指数最低为 4.10；市区水网密度指数最高为 100，通州水网密度指数最低为 66.58；海安植被覆盖指数最高为 84.07；如东污染负荷指数最低为 0.28，见表 3-8-3、图 3-8-3。

表 3-8-3 2020 年生态环境状况指数计算结果表

地区	生物丰度指数	植被覆盖指数	水网密度指数	土地胁迫指数	污染负荷指数	生态环境状况指数	级别
市区	25.70	59.10	100.00	13.21	1.40	61.65	良
海安	29.70	84.07	76.88	6.82	0.48	66.87	良
如皋	31.82	82.30	69.73	5.89	0.61	66.23	良
如东	32.73	77.51	78.10	4.10	0.28	66.91	良
启东	29.42	66.71	95.38	5.34	0.57	65.42	良
通州	29.62	73.43	66.58	6.98	0.46	62.62	良
海门	30.16	68.55	82.53	6.39	0.88	64.03	良
全市	30.32	74.47	80.92	6.43	0.61	65.34	良

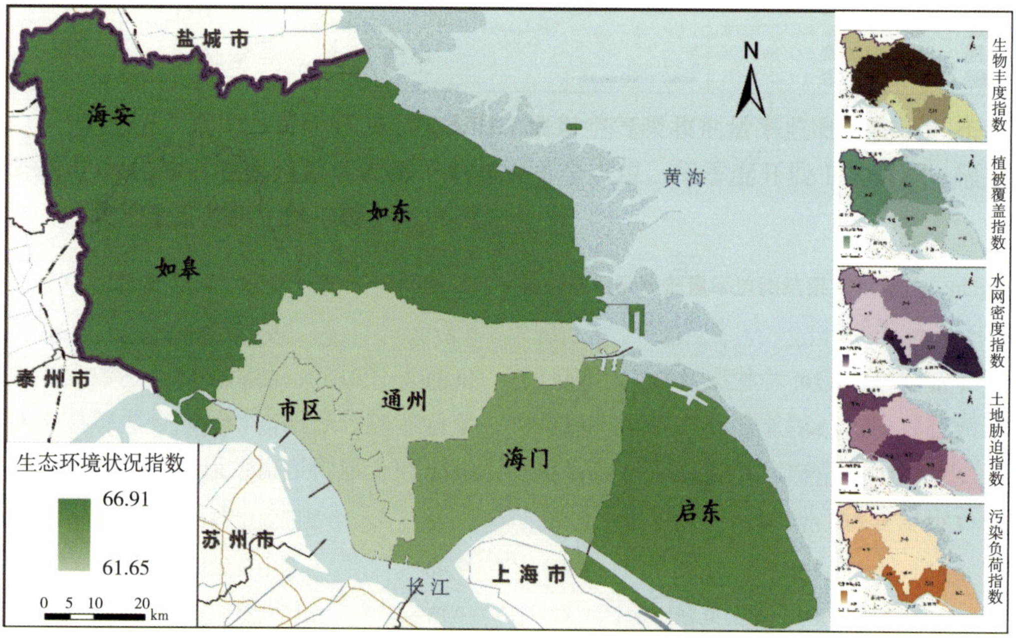

图 3-8-3 2020 年南通市生态环境状况指数分布情况

二、生态环境质量变化

（一）总体变化趋势

生态环境质量指数是指评价区域内生态环境质量的总体优劣程度的指数。根据生物丰度指数、水网密度指数、植被覆盖指数、土地胁迫指数、污染负荷指数的重要性分别赋以不同的权重进行计算。生态环境质量指数分为五级，即优、良、一般、较差和差。根据生态环境质量变化幅度，将生态环境质量变化度分为4级，即无明显变化、略有变化（好或差）、明显变化（好或差）、显著变化（好或差）。

2015—2020年全市生态环境状况指数分布在65.10～67.97，生态环境状况总体保持稳定，并处于良好状态。生态环境状况指数变化范围在-0.64～1.52，基本保持稳定，并处于良好状态。各县（市、区）生态环境质量指数也基本保持稳定。较“十二五”末相比无明显变化，见表3-8-4。

表3-8-4　2015—2020年南通市生态环境质量指数情况

区域	2015年	2016年	2017年	2018年	2019年	2020年	级别
市区	63.00	62.86	61.90	60.42	60.31	61.65	良
海安	68.23	69.61	67.34	66.50	66.04	66.87	良
如皋	68.40	69.13	67.21	67.00	66.11	66.23	良
如东	68.47	68.97	68.28	66.90	66.45	66.91	良
通州	65.59	67.48	64.72	64.12	63.49	62.62	良
海门	66.57	66.56	65.37	64.80	63.99	64.03	良
启东	67.65	67.05	66.64	66.05	65.72	65.42	良
全市	67.33	67.97	66.45	65.67	65.10	65.34	良

（二）各分指数变化

2015—2020年全市生态环境状况各分指数变化情况见表3-8-5，图3-8-4。

表3-8-5　2015—2020年南通市生态环境状况分指数

年份	生态环境状况指数	生物丰度指数	植被覆盖指数	水网密度指数	土地胁迫指数	污染负荷指数
2015	67.33	30.61	79.66	85.53	6.05	2.26
2016	67.97	30.59	76.93	93.94	6.08	1.48
2017	66.45	30.55	80.54	77.43	6.15	0.73
2018	65.67	30.52	76.64	78.73	6.18	0.56
2019	65.10	30.44	77.54	73.71	6.29	0.51
2020	65.34	30.32	74.47	80.92	6.43	0.61

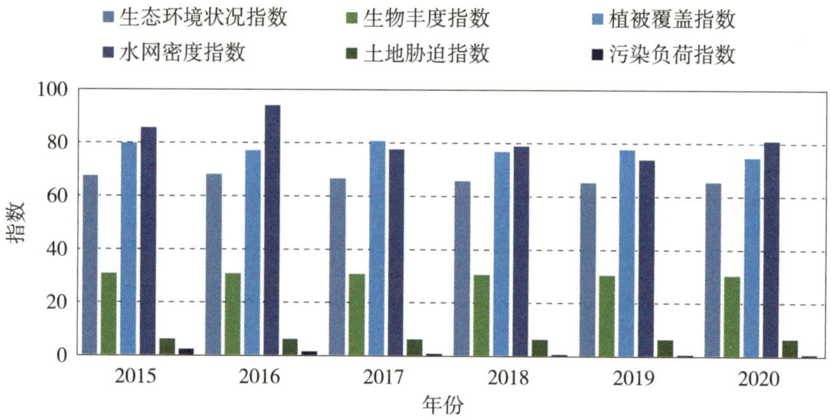

图 3-8-4　2015—2020 年南通市生态环境质量分指数波动情况

总体如下："十三五"期间南通市各县（市、区）生物丰度指数变化在 0.02～0.12，无显著变化；植被覆盖指数变化在 -3.61～3.9，主要受降水量、气候变化影响，稍有波动；水网密度指数受水资源量变化影响较大，变化在 -8.41～16.51；土地胁迫指数变化在 -0.14～0.03，无明显变化；污染负荷指数变化在 -0.1～0.78，环境污染问题得到明显改善，见图 3-8-5。

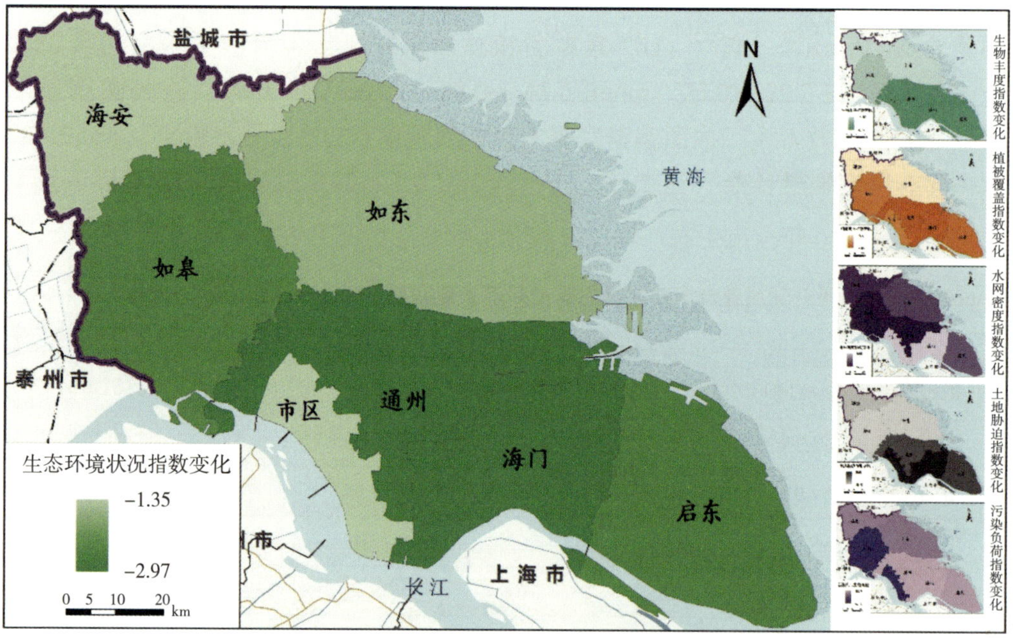

图 3-8-5　2015—2020 年南通市生态环境质量指数变化情况

第三节　生态环境遥感监测试点

按照《江苏省生态环境遥感监测试点工作方案》（苏环办〔2019〕115 号）要求，南通市开展了生态保护红线区遥感监测、水环境遥感监测（黑臭及劣Ⅴ类水体、饮用水水源地遥感监测）以及秸秆焚烧火点遥感监测（见第二篇第一章第三节）等工作。

一、生态红线区遥感监测

生态红线保护区指在保持流域、区域生态平衡，防止和减轻自然灾害，具有重要生态服务功能和保护价值，在维护区域生物多样性和生态安全等方面有重要作用，依照规定程序划定，有明确界线，需要实施严格保护的自然地域。

根据《江苏省国家级生态保护红线规划》（苏政发〔2018〕74 号）、《江苏省生态空间管控区域规划》（苏政发〔2020〕1 号），南通市划定生态空间保护区域 56 块，面积为 1 624.5 km^2（扣除重叠面积），占全市国土空间总面积的 17.14%，低于全省平均水平（22.49%）。其中，国家级生态保护红线面积 103.19 km^2，生态空间管控区面积 1 532.21 km^2，分别占全市国土空间总面积的 1.09% 和 16.17%。图 3-8-6 为南通市生态空间管控区域规划示意图，含国家红线区和省级红线区。

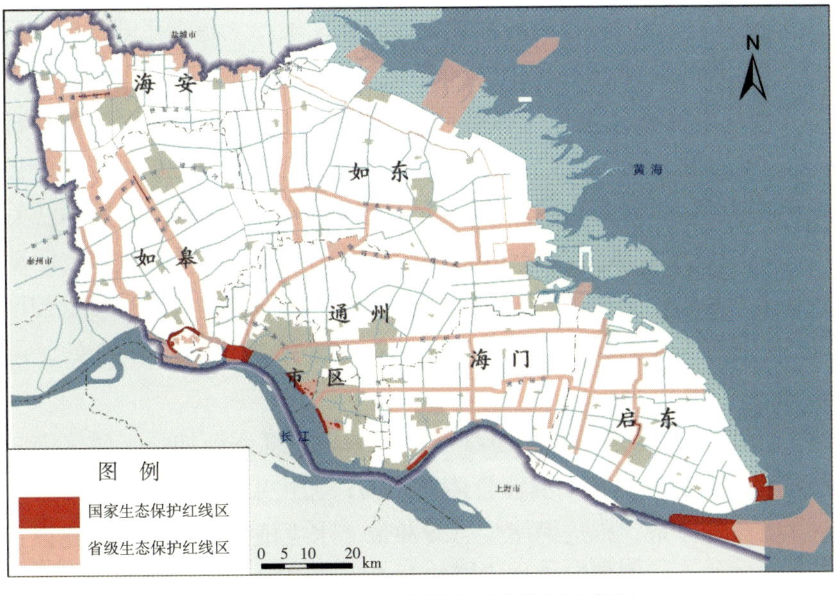

图 3-8-6　生态空间管控区域规划示意图

根据江苏省环境监测中心下达的《江苏省生态环境遥感监测试点工作方案》，2020 年对南通市生态保护红线区进行遥感监测，利用高分辨率卫星遥感影像对国家级和省级生态保护红线区面积、性质、功能现状及与变化情况进行监测评估，及时上报红线区内存在的人类活动和违法建设等问题。

2020 年对南通市生态红线区内的总体情况进行分析，2014—2020 年，根据省中心下发的卫星影像及现状矢量图解译及计算后，省级红线区内各土地利用类型变化量见表 3-8-6。

表 3-8-6　2014—2020 年省级红线区内各土地利用类型变化量　　单位：km^2

土地利用类型	2014 年	2020 年	变化量
林地	44.70	44.73	0.03
草地	5.27	5.34	0.07
水域湿地	266.88	266.96	0.09
建设用地	183.21	185.70	2.49
耕地	983.74	981.06	-2.68

由表 3-8-6 可知，“十三五”期间变化量最大的是建设用地和耕地，建设用地增加了 2.49 km^2，耕地减少了 2.68 km^2。在对卫星图片解译过程中发现的疑似违法建设进行地面人工核查后，发现南通市生态红线内存在以下几类问题：一是个别备用水源二级管控区范围内存在矿砂散货装卸作业现象；二是清水通道维护区二级管控区有非法占用清水通道情况，少数河道岸边有黄砂、石子、钢丝绳堆放，河边垃圾较多；三是沿海生态公益林二级管控区边缘有堆场，河边无围堰，砂石露天堆放。在核查中也发现部分问题已经得到整改，一是清水通道维护区二级管控区原有厂房已按要求拆除，二是清水通道维护区二级管控区禁养区内某养殖场已关闭。

2020 年，对位于省级生态保护红线区内的狼山森林公园内的人类活动进行了四期遥感监测，利用遥感解译和无人机核查发现，狼山森林公园一级管控区内新增 2 处建筑，集中在滨江公园内；二级管控区拆除 8 处建筑，新增 13 处，主要在啬园附近及居民小区内。

“十三五”期间，南通市对生态红线区的保护力度逐渐加强，建议进一步强化执法监管力度，加快网格化环境监管体系建设；加快生态环境保护基础设施建设，完善生态红线监管体系；推进河岸生态缓冲带、水生植物群落、湿地建设，增强河道自我生态修复能力，因地制宜地进行绿色水岸建设；加强宣传教育，鼓励全社会参与。

二、饮用水水源地遥感监测

2020 年，南通环境监测中心利用高分辨卫星遥感数据，对南通市主要饮用水水源地狼山水厂取水口进行了四期遥感监测，重点关注饮用水水源地水色异常及人类活动干扰情况。

经遥感分析发现，狼山饮用水水源地一级保护区内，除天然水体外还存在公园及水上船只 2 种风险源；在二级保护区内，除天然水体外共有 6 种风险源类型，分别是度假村、港口码头、公园、滩涂、其他工业用地和水上船只，见图 3-8-7。

图 3-8-7　2020 年狼山水源地水色异常监测

经过一年的遥感监测，发现狼山水源地容易出现疑似异常水体的地方为图中红圈标示的上游船只停泊的港池和下游中间部分，其余水质状况良好。在遥感影像上查看异常水体对应区域，发现水色较其他地区略深，但总体仍属于正常天然水体。

在遥感影像上发现在码头附近发现有工地正在建设，且面积较大，利用无人机外业核查时发现狼山饮用水水源地周边码头正在拆除，减少了船只停靠带来的水质污染风险。但工地存在较多的堆土及材料，可能导致水质变浑浊，存在一定的潜在风险。建议相关部门加强管理，做好周边的扬尘防治工作，避免给水源地水质带来影响。

三、黑臭河道遥感监测

为提升南通市城市内河的水环境质量，打好污染防治攻坚战，2020 年南通环境监测中心利用 2 m 分辨率的“高分一号”卫星遥感影像，采用“天眼看，地面查”的工作方式，通过“卫星遥感监测 + 人工外业核查”的方法，对南通市 13 条省考城市黑臭河道及劣Ⅴ类水体开展监测。

省考黑臭河道分布在崇川区、港闸区、开发区、苏通园区及通州区，共计 13 条。在对遥感影像进行黑臭水体反演，并组织人员进行黑臭水体外业核查后，发现其中几条河道疑似黑臭。

经过同时段黑臭河道人工监测分析结果对比分析，这 13 条河道水质指标均已消除黑臭。但城市内河河面污染物最大的来源是生活污水的排放及生活垃圾的倾倒，见表 3-8-7，如不加以控制，仍有恶化成为黑臭河流的可能性，应提高环保宣传力度，加强城市内河保洁，防止水质变差。

表 3-8-7　2020 年省控黑臭河道外业核查结果

区域	河流名称	存在的问题
崇川区	金通河水系	局部水域存在垃圾袋漂浮现象，可能会导致水体受到一定程度的影响
港闸区	幸福镇区水系	水面存在垃圾袋、油脂等漂浮物，疑似居民把生活垃圾倒入其中
开发区	新开苑河	水面存在较多颗粒物漂浮，可能是生活污水排入，水体受到一定程度的污染
苏通园区	江海镇区南北河	多处存在生活垃圾漂浮，如塑料袋、饮料瓶、油脂漂浮物等
通州区	十五总港	水体浑浊，呈现绿色，可能为工业废水排入
	西头总沟	岸边存在少量黑色带状水体，可能是水体受污染所致

第四节　小　结

“十三五”期间，南通市总体生态环境状况为良，生态环境保持较为稳定的状态。生态环境状况指数变化幅度小的主要原因是土地利用方面部分耕地变更为建设用地，水资源和降水量出现较大波动，工业企业排放量降低引起污染负荷指数减小等。全市对生态红线区的整治管控还有待加强，应尽快按规定停止违建活动和拆除违章建筑；对水源地的保护应建立长效机制，减少人类活动对水源地水质的影响；对完善黑臭水体整治长效机制，防止出现黑臭反弹现象也应尽早提出预防措施和应对措施。总之，南通市生态环境保护工作仍需深入推进：一是优化土地空间开发格局，推动自然资源合理利用与保护；二是加快经济转型升级，推进工业结构转型，发展现代农业，构建绿色服务业；三是进一步改善生态环境质量，深入推进污染减排，打好水、大气、土壤污染防治三大战役；四是积极培育生态文化，构建南通特色生态文化体系，加强生态文明宣传教育，深入推进生态文明公众参与，倡导低碳文明的生活方式。牢固树立“绿水青山就是金山银山”理念，多措并举地加强生态环境保护工作，实现美丽南通绿色发展。

专栏十三 “三线一单”生态分区管控激活绿色发展新动能

“三线一单”是指生态保护红线、环境质量底线、资源利用上线，生态环境准入清单。南通市 2018 年 5 月启动划定工作，经全面梳理，形成南通市“三线一单”研究报告，并不断完善，发布《南通市“三线一单”生态环境分区管控方案》（以下简称《方案》）。

一、划定 420 个环境管控单元

《方案》从空间布局约束、污染物排放管控、环境风险防控、资源利用效率 4 个维度，划定全市 420 个环境管控单元，分为优先保护单元、重点管控单元和一般管控单元三类，实施分类管控。其中，优先保护单元 90 个，其中陆域 69 个、海域 21 个，主要包括生态保护红线和生态空间管控区域，以生态功能保护为主；重点管控单元 247 个，主要包括人口密集的中心城区和各级各类产业园区；一般管控单元 83 个，指优先保护单元和重点管控单元之外的其他区域。《方案》规定，市人民政府发布重点管控单元中省级以上产业园区的生态环境准入清单。各县（市、区）于 2020 年制定并发布本地区分区管控总体要求、其他重点管控单元及一般管控单元的生态环境准入清单，见图 1。

图 1 南通市环境管控单元

二、激活绿色发展新动能

按照“守底线、优格局、提质量、保安全”的总体思路，以改善生态环境质量为核心，建立覆盖全市的“三线一单”生态环境分区管控体系，确保生态功能不退化、水土资源不超载、排放总量不突破、准入门槛不降低、环境安全不失控，推动全市生态文明建设迈上新台阶。《方案》提出，到 2025 年，全市生态环境质量持续改善，产业结构不断调整优化，绿色发展和绿色生活水平明显提高，生态环境治理体系和治理能力现代化水平显著提升。到 2035 年，全市生态环境质量实现根本好转，节约资源和保护生态环境的空间格局、产业结构、生产方式、生活方式总体形成，生态文明全面提升，率先实现生态环境领域治理体系和治理能力现代化。全市生态系统结构合理、生态功能分工明确、生态安全格局稳定。地表水国考以上断面达到或优于Ⅲ类水质比例达到 100%。2020 年全市 $PM_{2.5}$ 平均浓度为 34 $\mu g/m^3$，全面消除重污染天气。土壤环境风险得到全面有效管控。

三、“三线一单”成最直观管控地图

通过“三线”划框子，框住各类空间利用格局和开发强度；通过“一单”定规则，规范各环境管控单元的开发行为和准入要求，可操作性尤为重要。就用途而言，“三线一单”的作用可以形象地归纳为“四本书”。具体来说，这是一本管理工具书，融合了现有的生态红线管控要求、环境要素目标要求、资源利用约束条件，是现行政策、规定的集成，可成为各级政府部门的管理工具书。这是一本环境交底书，将资源环境底线和标准，落到管控单元里、固化在图上，为地方各级政府提供清晰的环境管理要求。这是一本投资说明书，对于投资主体来说，生态环境准入清单既设立了产业限制条件，又指明了投资方向。这是一本社会参考书，“三线一单”成果将向全社会公开，接受社会监督，实现社会共享，成为公众参与环境管理、表达环境诉求、追求生态环境高质量的参考书。

为更好地推进“三线一单”的实施应用，南通市建立了动态调整机制，“三线一单”将根据国民经济和社会发展五年规划，同步更新调整发布，同时还安排了专项财政资金，保障方案实施、评估、更新调整、数据应用和维护等工作。

专栏十四 国家森林城市创建

南通是首批沿海开放城市之一，地处江苏省东南部、东临黄海、南依长江，与上海隔江相望，2020年成功迈入GDP万亿元城市，先后获得全国文明城市、国家历史文化名城、国家森林城市、全国绿化模范城市等称号。南通陆域面积8 001 km^2，海域面积8 701 km^2，户籍人口759.8万人。2016年以来，南通市委、市政府深入贯彻落实习近平总书记“着力开展森林城市建设”的重要指示精神，秉承“让森林走进城市、让城市拥抱森林”的宗旨，成立市委书记、市长“双组长”挂帅的领导小组，在江海大地蓬勃开展“大地植绿、心中播绿”的森林城市建设，依城植树、傍水造林、荒滩育苗、见缝插绿、林田共建，探索走出了一条平原地区建设森林城市的南通之路。2020年，习近平总书记视察南通五山地区时，对南通构建生态绿色廊道的做法表示肯定，曾经“脏乱差”的环境发生了沧桑巨变，成为人们流连忘返的滨江生态公园（图2）。

图2　滨江生态公园

一、崇尚绿色，继往开来起新程

（一）秉承深厚底蕴

说南通，自然离不开一人，那就是中国近代实业家、教育家张謇。习近平总书记指出，张謇是中国民营企业家的先贤和楷模。其中也包括张謇对中国林业及森林城市建设的特殊贡献。在他任农商总长期间，主导颁布我国最早的《森林法》等，并将每年清明节定为植树节。他选择南通规划建设“一城三镇”，开启了早期森林城市建设探索，由此诞生了全国知名的“一山”“一水”“一城”，分别是“狼山”“濠河”和“中国近代第一城”。

（二）具备良好基础

南通属平原地区，造林绿化以大江大海为骨架，以沿路沿水为脉络，以公园游园为点位，生态网络、生态产业、生态文化独具特色。沿海防护林建设、盐土绿化走在全国前列。南通是全国知名的“中国花木之乡”“中国湖桑之乡”，红木雕刻产业占江苏的半壁江山，通派盆景跻身中国盆景八大流派，市花——菊花无论规模还是品质均居全国前列。

（三）肩负时代使命

南通认真贯彻落实习近平总书记视察江苏重要指示精神，勇当江苏“两争一前列”排头兵，奋力打造长三角一体化沪苏通核心三角强支点城市，推进森林城市建设、实现绿色发展是题中要义。长三角森林城市群、崇明世界级生态岛、扬子江城市群等建设，南通都身在其中、责无旁贷，助力经济社会高质量发展，更是建设美丽中国的具体实践。

二、深耕绿色，砥砺奋进谱新篇

（一）坚持规划引领

在国土空间规划统筹下，以《南通市国家森林城市建设总体规划（2016—2025 年）》为总领，系统化推进森林城市建设。同时，南通城市双修专项规划、城市绿线规划等相互衔接、共同发力，通盘考虑生态空间格局、自然要素配置。国家林草局领导盛赞，南通是平原森林城市建设的典范。

（二）突出重点区域

南通忠实践行“共抓大保护”的重要指示精神，统筹推进沿江地区产业退、港口移、城市进、生态保，着力打造城区五山及沿江地区生态保护和修复工程，关停并转“散乱污”企业 203 家，清理小杂船 162 条，拆除各类违建 6.5 万 m^2，腾退修复岸线 5.5 km，新增森林面积约 6 km^2，建成国内少有的城市型森林公园——狼山国家森林公园（图 3），年削减二氧化碳 1.8 万 t。

（三）狠抓系统治理

南通滨江临海，奋力推进沿江沿海生态防护林建设，努力构建人与自然和谐共生新画卷。组织实施《长江（南通段）沿岸造林绿化规划方案》，累计新增沿江造林 2 万余亩。贯彻落实省委“向海发展战略”，全线贯通 428 km 的沿江沿海生态景观带，统筹协调沿江沿海生态景观、特色城镇和美丽乡村建设，着力打造美丽江苏“南通样板”。

图 3　狼山国家森林公园

三、拥抱绿色，创新共享惠民生

（一）推进身边增绿

“十三五”期间，南通累计新增造林面积 35.7 万亩，修复湿地面积 2.2 万亩，城市人均公园绿地面积超 18 m^2，市民出行“300 m 见绿、500 m 见园”，百余个城市公园绿地、小游园等均免费开放。《南通市濠河风景名胜区条例》《南通市城市绿化管理条例》《狼山国家森林公园管理条例》等地方性法规，为绿色生态“量身定制”个性化保障。

（二）推进产业富民

南通坚持走“生态产业化、产业生态化”的发展道路，现有花木、湖桑、经济林果、林下经济等产业面积超百万亩，年产值超 220 亿元。南通大力推进花木盆景产业规模化、产业化、外向化发展，目前已成为全国花木盆景重要生产基地、主要出口基地，成为乡村振兴的“支柱产业”，百姓致富的“绿色银行”。

（三）推进文化同行

创新建设国家、省、市、县四级“互联网 + 全民义务植树”基地，广泛开展全民义务植树活动。连续成功举办 31 届菊花展、各类花木盆景艺术节，成为通城百姓的重要花文化活动。成功举办 2019 中国森林旅游节，树立“南通样板”。公众对森林城市建设的支持率、满意度均超过 95%。

（四）森林城市，风华正茂

南通是“长寿之乡”，也正开启“美丽宜居城市”建设。全市将站在历史的高度，始终坚持以人民为中心，更加注重绿色发展，更加融入城市生活，不断把南通的森林城市建设提高到新的水平，努力绘就山水人城和谐相融新画卷。

第九章　生物环境

“十三五”期间，南通市开展了水生生物、微生物、生物毒性和生物效应等专项监测工作，并对全市生物环境状况进行了系统分析与综合评价。结果表明，水生态环境质量状况以健康为主；水生生物多样性整体状况一般，但逐年有所好转；水中微生物指标有向好趋势，但个别区域污染仍较严重；城市空气中微生物以清洁为主，保持稳定；饮用水水源地生物毒性保持全达标；环境空气污染的生物效应变化不大；主要水产品个别指标略有下降。

第一节　水生生物

2020年，对长江南通段、主要入海河流、濠河等重要河流断面开展了生物监测，其中长江南通段布设3个点位，入海河流布设6个点位，监测项目为底栖动物和着生藻类；濠河布设1个点位，监测项目为浮游植物、浮游动物、底栖动物，见图3-9-1。监测频次为上、下半年各一次。

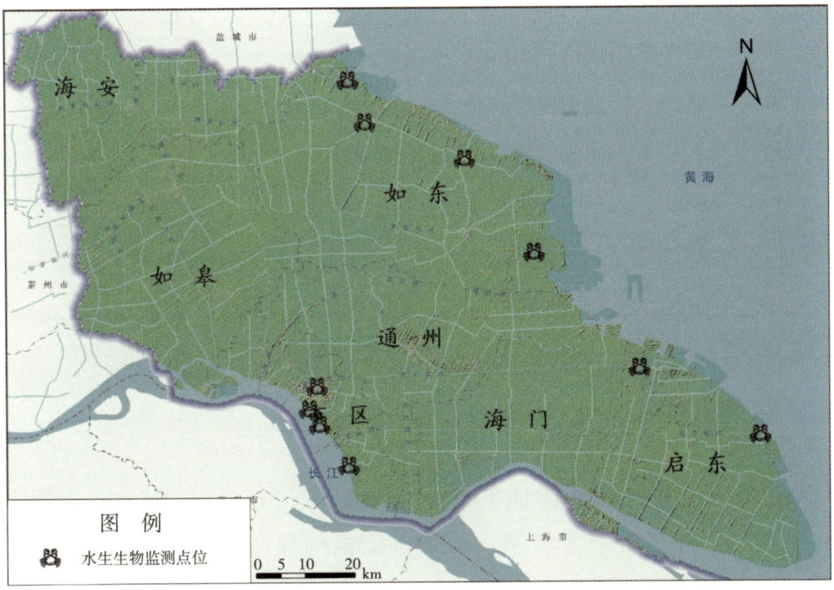

图3-9-1 “十三五”期间南通市水生生物监测点位

2020 年南通市水生态环境整体向好，生物多样性有增多趋势。

一、底栖动物

长江南通段（含饮用水水源地）共有 3 个点位，分别为姚港、狼山水源地、洪港水源地，单个点位物种数为 4～6 种，主要优势种为河蚬、圆锯齿吻沙蚕等，Shannon-Wiener 生物多样性指数为 1.23，处于一般状态，同比有较大提高。

主要入海河流共布设 6 个点位，分别为如泰运河东安闸桥西、通吕运河大洋港桥、通启运河塘芦港闸、栟茶运河小洋口、掘苴河环东闸口、北凌河北凌新闸，单个点位物种数为 5～8 种，主要优势种为河蚬、克拉伯水丝蚓等，Shannon Wiener 生物多样性指数为 1.07～1.62，处于一般状态，同比有较大提高。

城市内河布设 1 个点位，为濠河北濠桥，Shannon-Wiener 生物多样性指数为 1.51，处于一般状态，采集到 5 种物种，主要优势种为铜锈环棱螺、梨形环棱螺，同比变化不大，见表 3-9-1。

表 3-9-1 2020 年南通市主要河流底栖动物监测结果与评价

点位名称	物种种数 / 种	优势种	Shannon-Wiener 生物多样性指数	多样性评价级别
姚港	6	无齿螳臂相手蟹、河蚬	1.09	一般
狼山水源地	6	圆锯齿吻沙蚕	1.31	一般
洪港水源地	4	河蚬、齿吻沙蚕属某种	1.28	一般
塘芦港闸	8	河蚬、单叶沙蚕属某种	1.62	一般
大洋港桥	7	水丝蚓属某种、多足摇蚊属某种	1.53	一般
东安闸桥西	8	圆田螺属某种、克拉伯水丝蚓	1.34	一般
环东闸口	5	水丝蚓属某种、长臂虾科某种	1.07	一般
小洋口	8	齿吻沙蚕属某种、背角无齿蚌	1.67	一般
北凌新闸	7	中华绒螯蟹、霍甫水丝蚓	1.15	一般
北濠桥	5	铜锈环棱螺、梨形环棱螺	1.51	一般

二、着生藻类

长江南通段（含饮用水水源地）布设 3 个点位，Shannon-Wiener 生物多样性指数为 1.10～2.88，处于较丰富状态，单个点位物种数在 21～22 种，主要优势种为菱形藻属、舟形藻属等，同比变化不大。

主要入海河流共布设6个点位，Shannon-Wiener生物多样性指数为1.34～3.12，单个点位物种数为19～31种，主要优势种为舟形藻属、菱形藻属等，见表3-9-2。

表3-9-2　2020年南通市主要河流着生藻类监测结果与评价

点位名称	物种种数/种	优势种	Shannon-Wiener生物多样性指数	多样性评价级别
姚港	21	舟形藻属某种	2.88	较丰富
狼山水源地	22	菱形藻属某种、细鞘丝藻属某种	1.10	一般
洪港水源地	22	菱形藻属某种、假鱼腥藻属某种	2.55	较丰富
塘芦港闸	25	舟形藻属某种	2.54	较丰富
大洋港桥	19	菱形藻属某种、谷皮菱形藻	2.87	较丰富
东安闸桥西	24	桥弯藻属某种、菱形藻属某种	3.12	丰富
环东闸口	27	舟形藻属某种、假鱼腥藻属某种	1.41	一般
小洋口	31	桥弯藻属某种、毛枝藻属某种	1.34	一般
北凌新闸	26	舟形藻属某种、土生假鱼腥藻	1.91	一般

三、浮游动植物

2020年，在城市内河开展浮游动植物监测，共检出浮游植物22种，Shannon-Wiener生物多样性指数为较丰富；浮游动物8种，Shannon-Wiener生物多样性指数为一般，同比变化不大，见表3-9-3。

表3-9-3　2020年南通市浮游动植物监测结果与评价

点位名称	监测项目	物种种数/种	优势种	Shannon-Wiener生物多样性指数	多样性评价级别
北濠桥	浮游植物	22	直链藻属某种、微囊藻属某种	2.02	较丰富
	浮游动物	8	拟铃虫属某种、针簇多肢轮虫	1.61	一般

四、水生态环境质量状况

将水化学指标、水生物指标、生境指标进行生态完整性综合评价，分别对各点位的水质类型、Shannon-Wiener生物多样性指数、生境情况进行赋分后，计算综合评价指数（WQI），得到水生态环境质量状况。结果显示，除北凌新闸、环东闸口、小洋口点位水生态环境质量状况为轻度受损外，其余点位均为健康，见表 3-9-4。

表 3-9-4　2020 年南通市水生态环境质量状况综合评价

点位名称	水质类别	赋分	底栖动物 Shannon-Wiener 生物多样性指数	赋分	藻类 Shannon-Wiener 生物多样性指数	赋分	生境分值（HS）	赋分	综合指数（WQI）	水生态环境质量状况
姚港	Ⅱ类	4	1.09	3	2.88	4	122	4	3.8	健康
狼山水源地	Ⅱ类	4	1.31	3	1.10	3	149	4	3.6	健康
洪港水源地	Ⅲ类	3	1.28	3	2.55	3	148	4	3.2	健康
北凌新闸	Ⅳ类	2	1.62	3	2.54	3	118	3	2.6	轻度受损
大洋港桥	Ⅲ类	3	1.53	3	2.87	3	127	4	3.2	健康
东安闸桥西	Ⅳ类	2	1.34	3	3.12	4	139	4	3	健康
环东闸口	Ⅳ类	2	1.07	3	1.41	3	120	4	2.8	轻度受损
塘芦港闸	Ⅲ类	3	1.67	3	1.34	3	136	4	3.2	健康
小洋口	Ⅳ类	2	1.15	3	1.91	3	144	4	2.8	轻度受损
北濠桥	Ⅲ类	3	1.51	3	2.02	4	139	4	3.4	健康

五、变化趋势

（一）底栖动物

底栖动物生物多样性有逐年向好趋势，主要原因是水生态环境持续向好，2018—2020 年增加了 6 个入海河流点位，更新了监测方法与技术，监测到流域底栖动物物种数增多，整体代表性更强；底栖动物物种组成以环节动物门、软体动物门为主，见图 3-9-2、图 3-9-3。

（二）浮游动物

2016—2018 年，浮游动物多样性基本稳定，2019—2020 年浮游动物多样性有所减少，主要原因是由于 2018 年下半年省生态环境监测中心进行了点位调整，监测点位由原来的 3 个减少到 1 个；浮游动物物种组成以原生动物门、轮虫纲为主，见图 3-9-4、图 3-9-5。

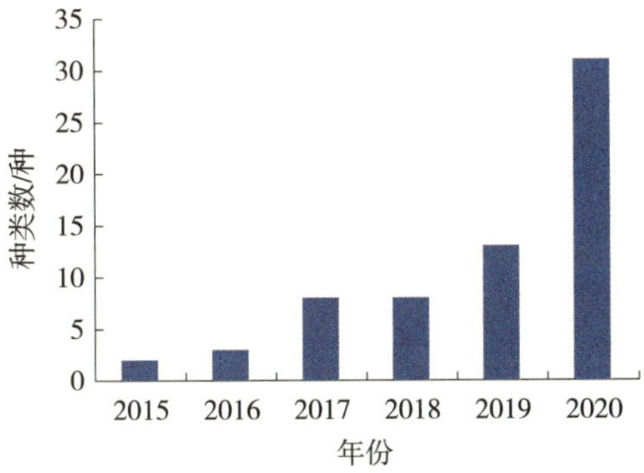

图 3-9-2 “十三五”期间底栖动物物种种类数

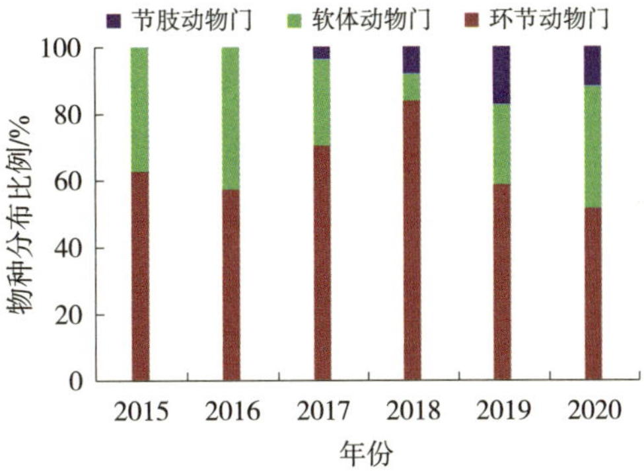

图 3-9-3 “十三五”期间底栖动物物种分布

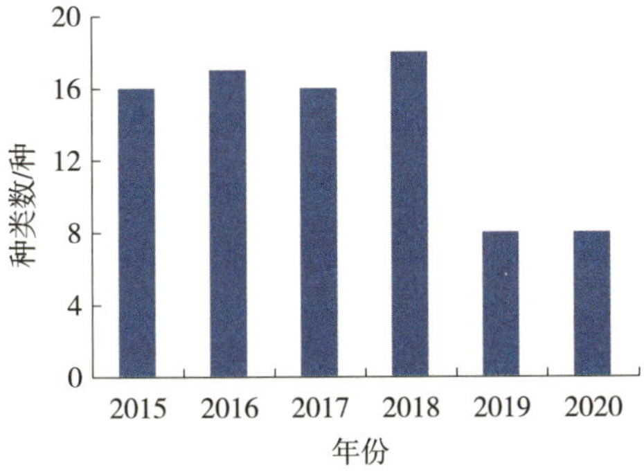

图 3-9-4 “十三五”期间浮游动物物种种类数

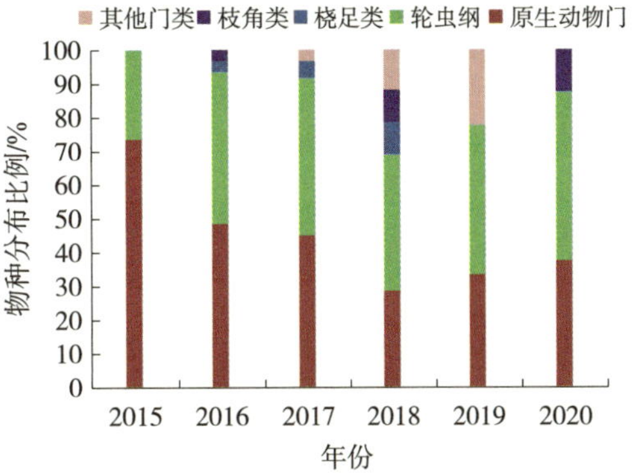

图 3-9-5 “十三五”期间浮游动物物种分布

（三）浮游植物与着生藻类

2016—2019 年，藻类物种种类数变化不大，2020 年检出物种种类数明显增多，一是表明水环境质量向好转变；二是 2018—2020 年更新监测设备与方法，检出的藻类种类数更加具有代表性和科学性；藻类组中组成以硅藻门、绿藻门、蓝藻门为主，见图 3-9-6、图 3-9-7。

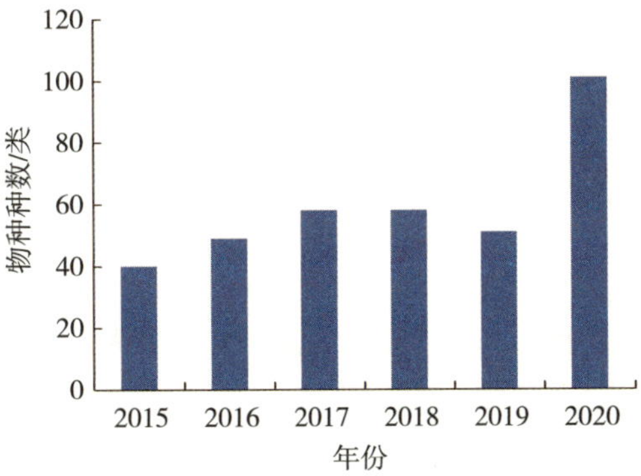

图 3-9-6 “十三五”期间藻类物种种类数

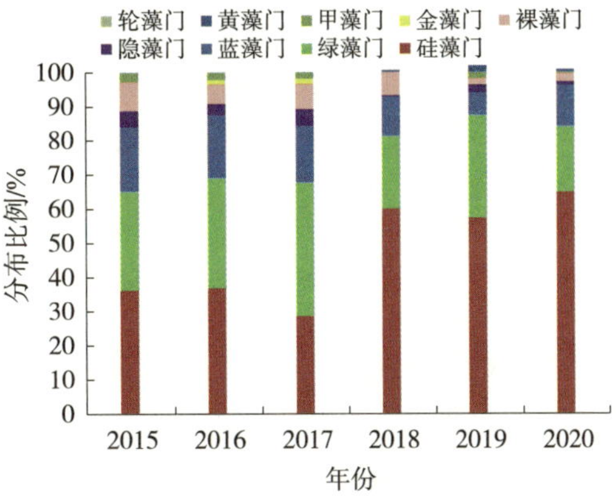

图 3-9-7 “十三五”期间藻类物种分布

第二节　微生物

“十三五”期间，南通市在 8 个饮用水水源地、4 个长江水断面、48 个地表水断面开展粪大肠菌群监测，每月 1 次；22 个地下水点位监测细菌总数、总大肠菌群，上、下半年各 1 次；5 个环境空气监测点位开展空气中的细菌、霉菌含量状况监测，上、下半年各 1 次。

一、饮用水水源地微生物

2020 年除海安备用水水源地出现 2 次超标外，其余饮用水水源地粪大肠菌群全部达标，见表 3-9-5。

表 3-9-5　2020 年南通市饮用水水源地粪大肠菌群监测结果

点位	Ⅲ类水质达标率 /%
狼山水厂水源地	100
洪港水厂水源地	100
老洪港水库	100
如皋鹏鹞水源地	100
如皋长青沙备用水水源地	100
海门长江水厂水源地	100
启东备用水水源地	100
海安备用水水源地	60.0（共监测 5 次）

二、长江水微生物

2020 年，共在长江南通段 4 个断面监测粪大肠菌群指标，除启东港断面有 1 个测次未达到Ⅲ类标准外，其余测次均达Ⅲ类标准。

三、地表水微生物

2020 年，在 48 个点位开展粪大肠菌群监测，每月 1 次，点位达标率为 56.3%（达地表水Ⅲ类标准），超标点位主要集中在受人为干扰较大的、流经城镇的河段。粪大肠菌群指标随季节变化波动较大，夏季汛期超标现象较普遍，9 月达标率仅 14.3%。

四、地下水微生物

2020 年，在 22 个点位开展地下水微生物监测，监测项目为细菌总数、总大肠菌群，按《地下水质量标准》（GB/T 14848—2017）评价，Ⅲ类地下水达标率较低，见表 3-9-6。

表 3-9-6　2020 年南通市地下水微生物监测结果

时间	总大肠菌群达标率 /%	细菌总数达标率 /%
5 月	50.0	45.5
10 月	59.1	45.5

五、城市环境空气微生物

2020 年，在 5 个测点开展空气中细菌总数、霉菌总数的测定，细菌总数污染级别为较清洁、清洁，霉菌总数为较清洁、轻微污染和污染，见表 3-9-7。

表 3-9-7　2020 年南通市城市空气微生物监测结果统计

点位名称	细菌总数 /（CFU/m^3）	污染级别	霉菌总数 /（CFU/m^3）	污染级别
南郊公园	1 019	较清洁	529	较清洁
星湖花园	778	清洁	1 249	污染
二附	1 153	较清洁	1 008	污染
紫琅学院	1 248	较清洁	953	轻微污染
虹桥子站	1 124	较清洁	771	轻微污染

六、变化趋势

（一）饮用水水源地、长江水、地表水微生物

“十三五”期间，饮用水水源地粪大肠菌群指标总体状况良好，仅海安备用水水源地个别月份出现超标。长江水粪大肠菌群总体状况良好，2018 年全部达标，除启东港断面 2019 年 10 月、2020 年 8 月出现超标外，其余点位 2019—2020 年全部达标。地表水粪大肠菌群指标不容乐观，但有向好趋势，达标率由 2016 年的 28.0% 提升至 2020 年的 56.3%，上升 28.3 个百分点，见图 3-9-8。

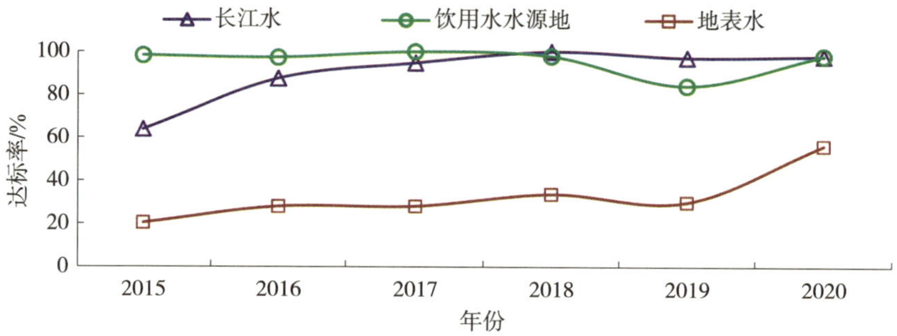

图 3-9-8 “十三五”期间地表水粪大肠菌群监测结果统计

（二）地下水微生物

地下水中总大肠菌群、细菌总数达标率较低，见图 3-9-9。

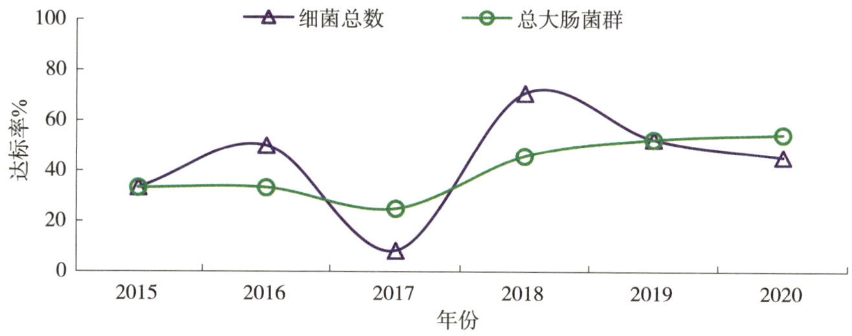

图 3-9-9 “十三五”期间地下水微生物监测结果

（三）城市环境空气微生物

空气中细菌总数指标趋势稳定，“十三五”期间全部为较清洁及以上，较 2015 年有了明显的提升，见图 3-9-10。霉菌总数指标质量较差，以轻微污染、污染为主，见图 3-9-11。

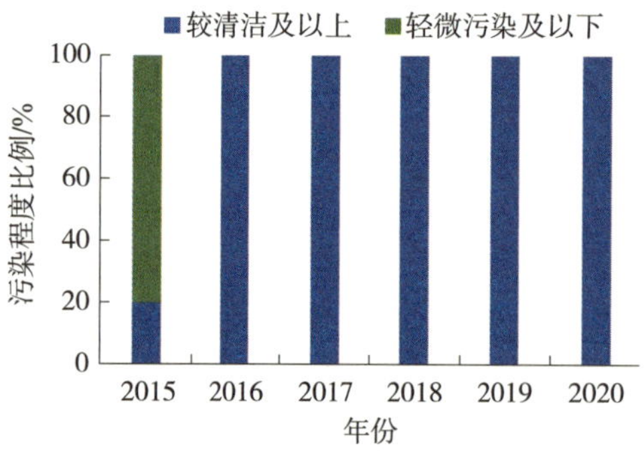

图 3-9-10 “十三五”空气中细菌总数监测结果

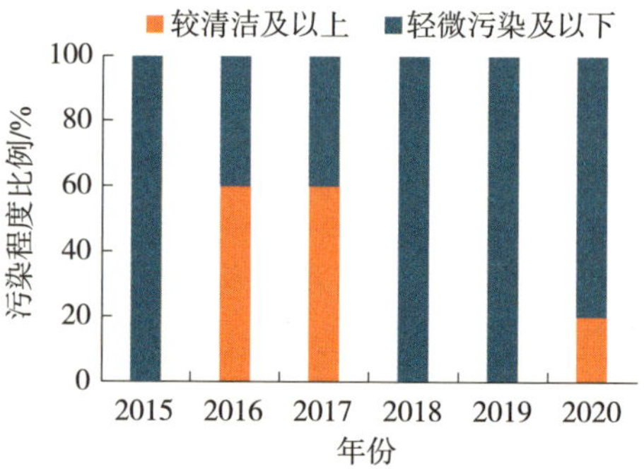

图 3-9-11 “十三五”空气中霉菌总数监测结果

第三节　生物毒性与生物效应

一、主要饮用水水源地水质生物毒性

主要饮用水水源地和备用水源地水质生物毒性按《水质急性毒性试验（发光细菌法）的分级标准》评价均为低毒。

二、水产品残毒残留

2020 年，开展水产品残毒残留监测分析 1 次，分别为鱼类（鲳鱼）、蚌类（文蛤）、虾类（金钩虾），监测结果显示，吕四海域、洋口海域产的蚌类（文蛤）中镉、砷指标符合《海洋生物质量标准》（GB 18421—2001）第二类标准，其他品种的全部监测指标均符合第一类标准，见表 3-9-8。

表 3-9-8　2020 年南通市海产品生物体内污染物残留量监测结果　单位：mg/kg（湿重）

区域	类别	镉	总铬	铅	汞	铜	砷
吕四海域	鲳鱼	ND	0.16	0.05	0.010	ND	0.48
	金钩虾	ND	ND	0.02	0.025	4.80	0.91
	文蛤	0.272	0.14	0.07	0.005	1.89	2.12
洋口海域	鲳鱼	ND	0.13	ND	0.008	ND	0.40
	金钩虾	0.047	0.11	0.03	0.010	2.68	0.84
	文蛤	0.23	0.16	0.04	0.008	1.47	1.89
第一类		≤0.2	≤0.5	≤0.1	≤0.05	≤10	≤1.0
第二类		≤2.0	≤2.0	≤2.0	≤0.10	≤25	≤5.0

注：ND 表示未检出。

三、城市空气污染生物效应

2020 年，布设 5 个环境空气污染物植物监测点位，监测植物为雪松，监测叶片中含硫量、含氟量，以揭示环境空气污染程度及污染物在植物体内的蓄积情况。根据各监测点测定结果与清洁对照点（南郊公园）比较，应用污染指数法评价空气污染程度，见表3-9-9。

表3-9-9 2020年南通市城市空气污染植物监测结果统计

采样地点	树种	叶片含硫量/（g/kg）			叶片含氟量/（mg/kg）		
		浓度	污染指数	污染程度	浓度	污染指数	污染程度
南郊公园	雪松	0.85	1.00	—	8.2	1.00	—
星湖花园	雪松	0.98	1.15	清洁	5.6	0.68	清洁
城中子站	雪松	1.05	1.24	轻度污染	5.4	0.66	清洁
紫琅学院	雪松	0.92	1.08	清洁	5.1	0.62	清洁
虹桥子站	雪松	1.04	1.22	轻度污染	5.8	0.71	清洁

2020年，南通市空气质量总体良好。根据植物叶片含硫量评价，城中子站、虹桥子站测点为“轻度污染”，初步研判原因为其测点位于主城区，通风廊道被堵，不利于污染物扩散，其余测点均为“清洁”。根据叶片含氟量评价，测点均为“清洁”。

四、变化趋势

（一）主要饮用水水源地水质生物毒性

“十三五”期间，全市主要饮用水水源地和备用水源地水质生物毒性监测结果全部为低毒。

（二）水产品残毒残留

“十三五”期间，鱼类（鲳鱼、金钩虾）体内污染物残留指标均达第一类标准；蚌类（文蛤）体内污染物残留指标中2016—2017年镉超第一类标准，2018年锌超第一类标准，2019年铅超第一类标准，2020年镉、砷超第一类标准，其余均达第一类标准。

（三）城市空气污染生物效应

植物叶片含硫量以清洁为主，仅2018年有1个测次为轻度污染，2020年有2个测次为轻度污染，其他均为清洁，见图3-9-12。含氟量整体以清洁为主，2016年全部为清洁，2017—2019年有下降趋势，有7个测次轻度污染，2020年好转，全部为清洁，见图3-9-13。

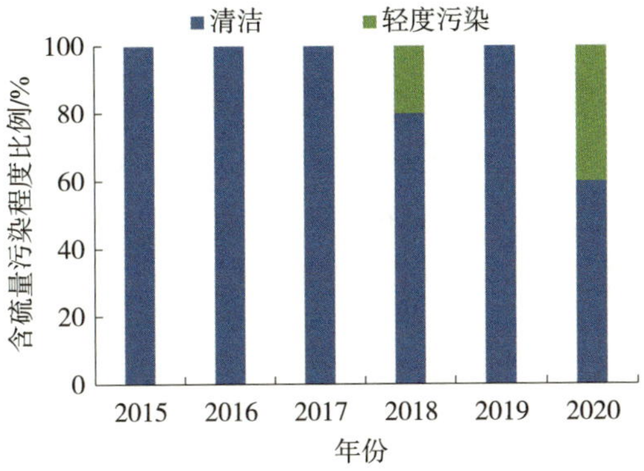

图 3-9-12 “十三五”植物叶片含硫量结果

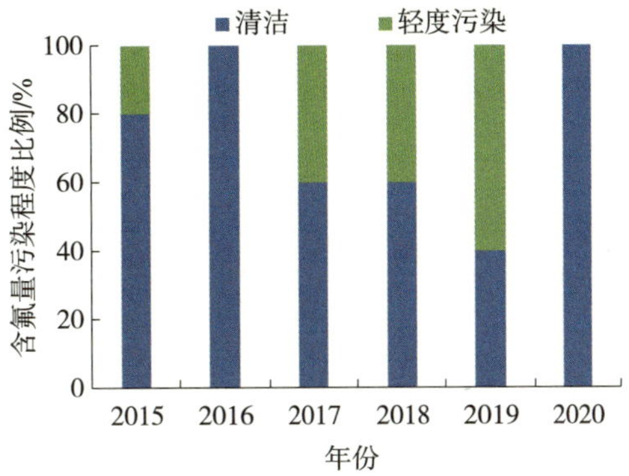

图 3-9-13 “十三五”植物叶片含氟量结果

专栏十五 启东长江口（北支）湿地省级自然保护区生物多样性观察记录

启东长江口（北支）湿地省级自然保护区分南区和北区，由原启东县兴隆沙鸟类自然保护区扩建而成。总面积为 214.91 km^2，其中核心区 75.15 km^2，缓冲区 74.44 km^2，实验区 65.32 km^2。境内湿地生态环境保存较好，鸟类、鱼类等水生生物种类较为丰富，是迁徙鸟类特别重要的越冬地和栖息地，以及鱼类等水生生物产卵、索饵和洄游的重要场所，并具有良好的自然属性。

一、植物资源

长江口（北支）湿地面积广阔，水文、地貌等自然因素变化多样，再加上近几十年来的人为干扰的影响，决定了湿地植被分布状况具有较大差异。调查结果表明，长江口（北支）湿地共有 21 科 54 属共计 69 种植被。主要由野生植物和人工引种的植物组成。人工引种的物种主要是用于促淤造陆和作为牧草的植物，如芦苇、大米草等。长江口（北支）湿地典型的湿地植物群落有海三棱藨草群落、藨草群落、芦苇群落和大米草群落，它们分布广，面积大，生物量高。

二、鸟类资源

长江口（北支）湿地滩涂辽阔，食源丰富，初级生产力高，位于东亚—澳大利西亚鸟类迁徙路线的中部，是亚太候鸟迁徙通道的重要驿站，是过境候鸟和越冬候鸟栖息、觅食和补充营养的不可多得的良好场所。保护区共记录到鸟类 19 科 55 属 104 种。湿地的优势类群主要是鸻鹬类、雁鸭类、鹭类和鸥类，共 71 种。栖息在长江口（北支）湿地的重要保护鸟类中，有列入《国家重点保护野生动物名录》的国家二级保护鸟类 5 种；列入《中国濒危动物红皮书》的鸟类 8 种；列入《中日保护候鸟类及其栖息环境的协定》中的鸟类 58 种；列入《中澳保护候鸟类及其栖息环境的协定》的鸟类有 23 种。从种类上看，重要保护鸟类共计 66 种，占鸟类种数的 63.5%，长江口（北支）湿地濒危和珍稀鸟类种类较多。

三、水生生物资源

底栖动物：长江口（北支）湿地自然保护区的大型底栖动物主要有甲壳类 17 种、软体类 1 种和珊瑚类 1 种。其中泥螺（*Bullacta exarata*）和文蛤（*Meretrix meretrix* L）出现频次较高，可认为是优势种。

浮游动物：共鉴定出浮游动物 15 种，以桡足类为主，有 10 种，糠虾类 3 种，毛颚类 1 种，幼体 1 种。长江口（北支）湿地优势种为针刺拟哲水蚤、小拟哲水蚤、真刺唇角水蚤、四刺窄腹剑水蚤、太平洋纺锤水蚤。

浮游植物：共鉴定出浮游植物 25 种，主要为硅藻门和甲藻门，其中硅藻门 21 种，占总物种种数的 84%，甲藻门 4 种，占总物种种数的 16%。

鱼类资源：根据调查数据，结合资料记载和走访当地渔民，夏季在保护区水域已知分布有鱼类 44 种，为长江口鱼类（记载为 117 种）的 37.61%。这些鱼类隶属 12 目 23 科，以鲤形目为主，在科的水平上，以鲤科为最多，共 10 种，占 22.73%；银鱼科 4 种，占 9.09%；鳀科、石首鱼科和鲀科均为 3 种，各占 6.82%；其余各科均为 1～2 种。

四、其他生物资源

两栖动物在其生活史中既保留着适应水中生活的特征，又出现了开始适应陆地生活的特征。长江口（北支）保护区的两栖类主要是无尾目。长江口（北支）保护区的爬行类主要是龟鳖目和蛇目。长江口（北支）湿地的两栖类和爬行类动物的种类和数量比较少。其中两栖类 3 种，分别为黑斑侧褶蛙、大蟾蜍和泽蛙。爬行类 5 种，分别为赤链蛇、红点锦蛇、中华鳖、乌梢蛇和中华草龟。

兽类资源：江苏省启东长江口（北支）湿地自然保护区位于长江入海口，行政区划位于江苏省启东市和上海市崇明县之间的喇叭形区域。这里滩涂辽阔，食物资源丰富，拥有大面积的水域、芦苇带、潮间带泥滩，是生物多样性丰富、生产力较高和最具生态价值的自然景观类型之一。根据调查数据，同时结合历史资料和走访当地居民发现，保护区内兽类共有 7 种，总计为 5 目 5 科 7 种。较常见的为刺猬、黄鼬、小家鼠、褐家鼠等。

近年来，南通市全面加强长江段以及保护区渔业生态修复工作，着力修复重点水域鱼类生境，全面开展长江口水生生物调查。累计在长江口自然保护区等水域，增殖放流黑鲷、青蛤等鱼苗超过 36 万尾。此外，南通市利用无人机对长江口（北支）自然保护区核心区域开展生物监测和巡护巡查，通过无人机低空遥感、3G 设备视频图像信息传输、GPS 定位显示等手段，可以实时监测长江口自然保护区的生物、地形地貌以及入海河口变化情况，并对目标进行实时识别和定位，杜绝死角、盲点，有力加强了长江口（北支）自然保护区生物多样性生态保护监管，确保了长江水域生态环境安全。

第十章　农村环境

“十三五”期间，南通市根据《全国农村环境综合整治“十三五”规划》以及《南通市环境保护与生态建设“十三五”规划》，加大农村生态环境治理力度，实施农村污水、垃圾集中处理等工程，农村生态环境得到持续改善。

为准确掌握农村环境质量变化，南通市按照全省生态环境监测方案及《农村环境质量综合评价技术规定（试行）》要求，开展农村环境质量监测分析工作，逐年提升监测力度，2016—2019 年每年在下辖 6 个县（市、区）中选取 4 个地区，每个地区选择 3 个不同类型的典型村庄进行监测，2020 年，对下辖 6 个县（市、区）各选 3 个典型村庄开展监测，村庄布设见图 3-10-1。监测指标包括空气环境质量、饮用水水源地和村庄河流水质以及土壤环境质量。

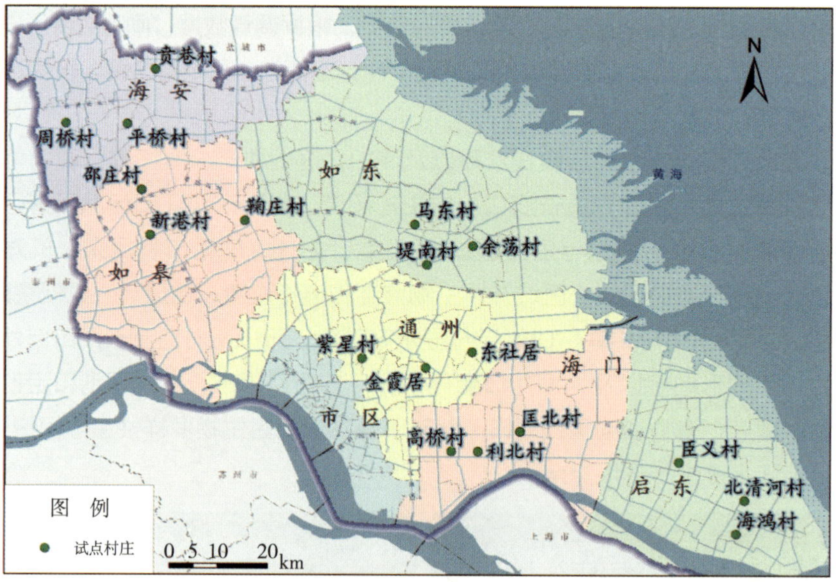

图 3-10-1　2020 年南通市农村环境空气试点村庄布设示意图

监测结果表明，“十三五”期间，南通市农村环境质量总体呈上升趋势，南通市农村环境质量综合指数保持为“良”，农村生态环境质量良好。

第一节 农村环境空气

一、监测概况

2020 年，南通市对下辖 6 个县（市、区）各选 3 个典型村庄监测环境空气，见表 3-10-1。监测项目：二氧化硫（SO_2）、二氧化氮（NO_2）、臭氧（O_3）、一氧化碳（CO）、可吸入颗粒物（PM_{10}）和细颗粒物（$PM_{2.5}$）。监测频次为每季度监测 1 次，全年监测 4 次，每次连续监测 5 天。评价标准和评价方法依据《环境空气质量标准》（GB 3095—2012）和《环境空气质量评价技术规范（试行）》（HJ 663—2013）。

表 3-10-1 2020 年农村环境监测选定村庄

地区	村庄名称	村庄类型	村庄主体经济	村庄主要污染来源
海安	平桥村	其他类型	商业、种植业	农业、生活、商业
	贲巷村	种植型	种植业	农业、生活
	周桥村	种植型	种植业	农业、生活
如皋	邵庄村	其他类型	种植业	农业、生活
	新港村	种植型	种植业	农业、生活
	鞠庄村	种植型	种植业	农业、生活
如东	马东村	种植型	种植业	农业、生活
	余荡村	种植型	种植业	农业、生活
	堤南村	种植型	种植业	农业、生活
通州	金霞居	旅游型	商业旅游	生活
	东社居	种植型	农业	农业、生活
	紫星村	种植型	农业	农业、生活
海门	利北村	其他类型	工业、种植业	工业、农业、生活
	高桥村	种植型	种植业	农业、生活
	匡北村	种植型	种植业	农业、生活
启东	北清河村	种植型	种植	农业
	臣义村	种植型	种植	农业
	海鸿村	种植型	种植	农业

2020 年，南通市 18 个试点村庄合计有效监测天数为 360 天，统计结果表明，试点村庄环境空气质量总体良好，合计 AQI 优 189 天，良 165 天，轻度污染 5 天，

中度污染 1 天，达标率为 98.3%。首要污染物的天数分别为臭氧 106 天、PM_{10} 50 天、$PM_{2.5}$ 11 天、NO_2 4 天。

影响村庄空气质量的主要污染物为臭氧和 $PM_{2.5}$，合计有 5 天因臭氧超标，1 天因臭氧和 $PM_{2.5}$ 超标。按《环境空气质量标准》（GB 3095—2012）二级标准进行评价，细颗粒物日均浓度范围为 5～76 μg/m³，有效监测天数中，达二级标准天数的比例为 99.6%，最大超标倍数为 0.01；臭氧日最大 8 h 平均浓度范围为 30～230 μg/m³，有效监测天数中，达二级标准天数的比例为 97.5%，最大超标倍数为 0.44，见表 3-10-2。

表 3-10-2　2020 年农村环境空气监测结果统计

监测项目	累计有效监测天数 /d	达标率 /%	浓度范围 /（μg/m³）（CO 为 mg/m³）	空气质量二级标准 /（μg/m³）（CO 为 mg/m³）
SO_2	360	100	1～19	150
NO_2	360	100	3～64	80
PM_{10}	360	100	8～126	150
$PM_{2.5}$	240	99.6	5～76	75
O_3-8h	240	97.5	30～230	160
CO	240	100	0.2～1.2	4

依据《农村环境质量综合评价技术规定（试行）》，从环境空气指数来看，全市各县域环境空气质量指数范围为 84.2～94.0，海安最低，如皋最高。

二、“十三五”期间变化趋势①

“十三五”期间，南通市农村环境监测村庄监测指标保持一致，全市试点村庄环境空气质量总体保持良好，合计 AQI 达标率为 90.4%～99.6%，以 2017 年最高，见图 3-10-2。与“十二五”末相比，在不考虑村庄及数量变化的情况下，2020 年农村 AQI 达标率下降了 1.7 个百分点。

2016—2020 年，南通市试点村庄环境空气中主要污染物为臭氧、PM_{10}、$PM_{2.5}$，平均浓度总体呈波动下降趋势，其中臭氧下降幅度相对较小，臭氧污染天数占比相对升高，空气污染逐渐呈复合型污染特征。

① “十三五”期间，各县（市、区）农村环境监测村庄点位和数量不一致，本节农村空气、农村环境质量综合指数仅罗列“十三五”期间评价结果，不作趋势性评价。

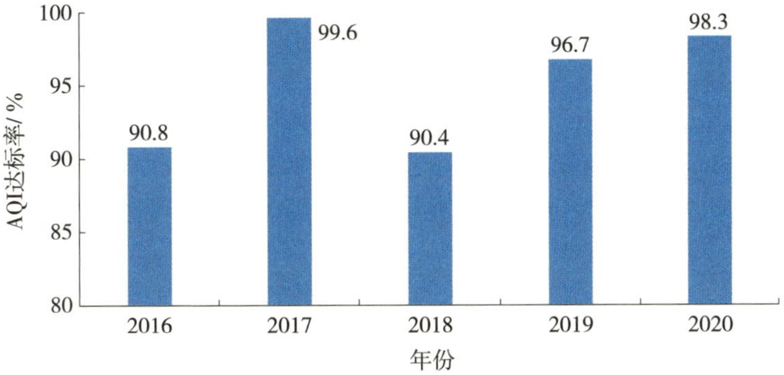

图 3-10-2 “十三五”期间南通市农村环境空气达标率情况

第二节 农村地表水

一、监测概况

2020 年，在选定试点村庄范围内选择最大河流开展地表水监测，包括如泰运河、通启运河、焦港河、通榆河、新通扬运河、通吕运河 6 条河流，在河流出入境处设监测断面，合计布设 11 个监测断面。监测项目为《地表水环境质量标准》（GB 3838—2002）表 1 中基本项目（共 24 项），每季度监测 1 次，全年监测 4 次。断面评价参照 GB 3838—2002。

监测结果表明，2020 年，11 个农村地表水断面中，有 10 个断面水质达到或优于Ⅲ类，占 90.9%；1 个断面为Ⅳ类（如东县域如泰运河出境断面东安闸，定类指标为总磷），占 9.1%；无Ⅴ类或劣Ⅴ类断面。从测次情况来看，11 个断面 32 个测次水质以Ⅲ类为主，定类指标主要为总磷、氨氮、化学需氧量等。按照县（市、区）进行评价，除如东外，其余 5 个县（市、区）地表水断面水质均达到或优于Ⅲ类，见表 3-10-3。

表 3-10-3 2020 年农村地表水监测结果统计 单位：mg/L

地区	断面名称	溶解氧	化学需氧量	高锰酸盐指数	五日生化需氧量	氨氮	总磷	水质类别
海安	新通扬运河朱楼桥（入）	7.36	14.3	4.4	2.9	0.61	0.183	Ⅲ类
	通榆河古贲大桥（出）	8.65	13.1	4.3	2.7	0.49	0.170	Ⅲ类

续表

地区	断面名称	溶解氧	化学需氧量	高锰酸盐指数	五日生化需氧量	氨氮	总磷	水质类别
如皋	焦港河焦港桥（入）	8.51	6.9	2.6	2.1	0.05	0.098	Ⅱ类
	焦港河夏堡北大桥（出）	8.17	7.3	2.8	2.2	0.07	0.120	Ⅲ类
如东	如泰运河张家堡桥（入）	5.24	10	4.1	2.6	0.48	0.183	Ⅲ类
	如泰运河东安闸（出）	7.58	17.8	5.2	3.0	0.32	0.229	Ⅳ类
通州	通吕运河通富大桥（入）	7.85	6.9	2.5	2.2	0.16	0.125	Ⅲ类
	通吕运河货隆大桥（出）	同海门入境断面						Ⅲ类
海门	通吕运河货隆大桥（入）	6.01	12.4	3.4	3.0	0.28	0.173	Ⅲ类
	通吕运河天西大桥（出）	6.21	9.9	3.7	2.6	0.29	0.195	Ⅲ类
启东	通启运河聚南大桥（入）	6.78	15	4.3	1.8	0.12	0.099	Ⅲ类
	通启运河塘芦港闸（出）	7.08	15.5	4.5	1.9	0.26	0.161	Ⅲ类
《地表水环境质量标准》（GB 3838—2002）Ⅲ类标准		5	20	6	4	1	0.2	—

二、“十三五”期间变化趋势

“十三五”期间，各县（市、区）农村地表水断面设置和监测指标保持一致，全市农村地表水断面优Ⅲ类比例为25.0%～90.9%，2020年最高。与“十二五”末相比，2020年农村地表水断面优Ⅲ类比例上升了40.9个百分点，见图3-10-3。2017年、2018年各出现一个劣Ⅴ类断面，其余年份均无劣Ⅴ类断面。

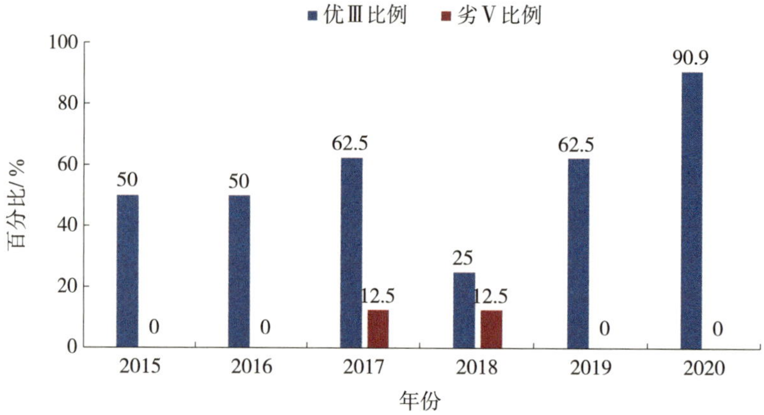

图3-10-3 “十三五”期间南通市农村地表水断面水质变化

第三节　农村饮用水

南通市全域采用区域集中供水，农村试点村庄分别由南通洪港水厂、如皋鹏鹞水务有限公司、海门长江水厂3家水厂供水，水源地均为长江。“十三五”期间，对各水厂水源地水质进行监测，监测项目为《地表水环境质量标准》（GB 3838—2002）表1中基本项目（共24项）以及表2中5个补充项目，每季度监测1次，全年监测4次。断面评价参照GB 3838—2002。

根据2020年南通市饮用水水源地监测结果，各水源地基本项目指标均符合《地表水环境质量标准》（GB 3838—2002）表1中Ⅱ～Ⅲ类标准，补充项目均符合GB 3838—2002中表2标准。水源地水质优Ⅲ类比例为100%，水质良好，见表3-10-4。

表3-10-4　南通市农村饮用水水源监测情况

区域	供水水厂	水源地	水质类别
通州、如东、启东	南通市洪港水厂	长江	Ⅱ～Ⅲ类
如皋、海安	如皋鹏鹞水务有限公司	长江	Ⅱ～Ⅲ类
海门	海门长江水厂	长江	Ⅱ～Ⅲ类

“十三五”期间，南通市农村饮用水水源地水质均为Ⅱ～Ⅲ类，达标率为100%。与“十二五”末相比，2020年农村饮用水水源地水质保持良好。

第四节　农村土壤

2020年，南通市对选定的18个村庄布设土壤监测单元，分别在基本农田、园地（果园、茶园、菜园等）等区域布设5个点，共布设90个点，按照《土壤环境监测技术规范》（HJ/T 166—2004）要求开展监测。评价标准执行《土壤环境质量 农用地土壤污染风险管控标准（试行）》（GB 15618—2018）。

监测结果表明，其中84个测点各项目均低于农用地风险筛选值，测点达标率为93.3%，6个测点镉超风险筛选值，主要出现在如东县余荡村和堤南村，浓度最高点位于余荡村，超风险筛选值0.35倍，余荡村点位均值超风险筛选值0.20倍，见表3-10-5。

依据《农村环境质量综合评价技术规定（试行）》，从土壤环境指数来看，全市各县域指数范围为93.3～100，如东最低。

“十三五”期间，南通市农村环境监测村庄监测指标保持一致，全市农村土壤环境质量等级总体维持在尚清洁水平，与“十二五”末相比，在不考虑村庄及数量变化的情况下，2020 年农村土壤测点达标率略有下降。

表 3-10-5　2020 年南通市农村土壤监测情况

地区	村庄名称	村庄类型	超风险筛选值倍数
海安	平桥村	其他类型	—
	贲巷村	种植型	—
	周桥村	种植型	—
如皋	邵庄村	其他类型	—
	新港村	种植型	—
	鞠庄村	种植型	—
如东	马东村	种植型	—
	余荡村	种植型	镉（0.20）
	堤南村	种植型	镉（0.02）
通州	金霞居	旅游型	—
	东社居	种植型	—
	紫星村	种植型	—
海门	利北村	其他类型	—
	高桥村	种植型	—
	匡北村	种植型	—
启东	北清河村	种植型	—
	臣义村	种植型	—
	海鸿村	种植型	—

第五节　农村环境质量综合指数评价

根据《农村环境质量综合评价技术规定（试行）》规定，农村环境质量评价采用综合指数法，对环境质量状况和生态环境状况分别进行评价，再将评价结果按权重进行叠加，得出综合评价指数，用以评价农村环境综合状况。

一、2020 年农村环境质量综合指数评价

（一）农村环境状况指数

按照《农村环境质量综合评价技术规定（试行）》，选用环境空气质量指数（权

重 0.35）、饮用水水源地水质指数（权重 0.2）、地表水水质指数（权重 0.2）和土壤环境质量指数（权重 0.25）加权求和得到的农村环境状况指数，对全市进行县域农村环境状况评价。

评价结果显示，2020 年全市农村环境状况指数为 86.1，整体环境状况处于“良”。与 2019 年相比，全市县域农村环境状况指数增加 4.1，按照其变化度分级，为无明显变化。全市各县域农村环境状况指数范围为 78.8～92.9，如皋最高，处于“优”水平，其余均为“良”。

（二）农村生态状况指数

生态状况根据南通市生态景观遥感解译结果计算，计算结果显示，2020 年全市农村生态状况指数为 59.0，整体生态环境状况处于“良”。与 2019 年相比，全市县域农村生态环境状况指数减少 0.8，按照其变化度分级，为无明显变化。全市各县域农村生态状况指数范围为 55.8～62.0，均为“良”。

（三）农村环境质量综合指数

依据《农村环境质量综合评价技术规定（试行）》，选取农村环境状况指数（权重 0.6）和农村生态状况指数（权重 0.4）加权求和计算环境质量综合指数，对全市进行县域农村环境质量综合评价，依据数值大小分为优、良、一般、较差和差 5 级。

评价结果显示，2020 年全市县域农村环境质量综合指数为 75.3，处于“良”水平。与 2019 年相比，农村环境质量综合指数上升 2.2，按照其变化度分级，为无明显变化。各县城农村环境质量综合指数为 71.3～79.0，均处于“良”水平，见表 3-10-6、图 3-10-4。

表 3-10-6　2020 年南通市农村环境质量综合指数评价

区域	地区	农村生态状况指数*	农村环境质量综合指数	分级评价
海安	88.5	58.2	76.4	良
如皋	92.9	58.0	79.0	良
如东	78.8	60.0	71.3	良
通州	83.6	55.8	72.4	良
海门	85.2	57.7	74.2	良
启东	85.6	62.0	76.1	良
全市县域	86.1	59.0	75.3	良

注：* 因农村范围不包括城区，各县域农村生态状况指数与第八章生态环境状况指数结果有所不同。

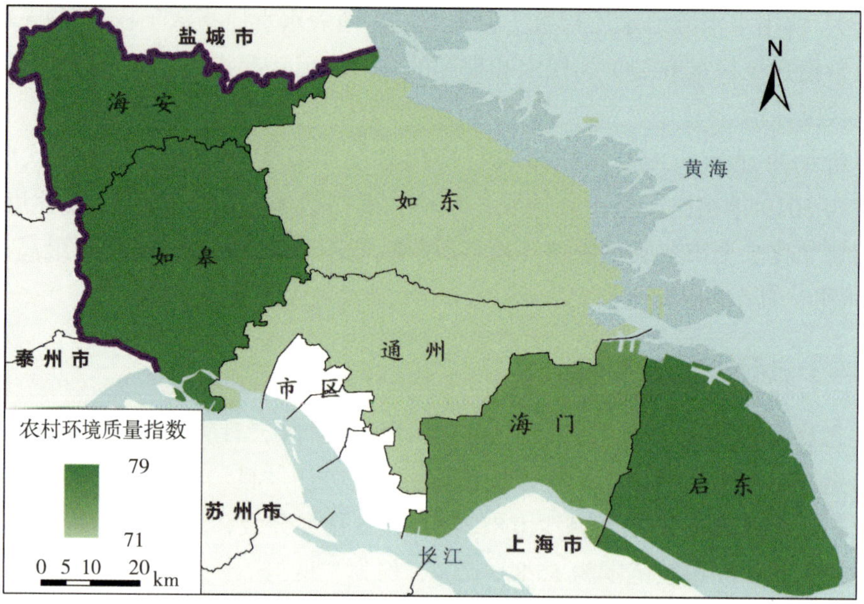

图 3-10-4　2020 年南通市各地区农村环境质量综合指数对比

二、“十三五”变化趋势①

“十三五”期间，全市农村环境状况总体处于“良”水平，生态环境良好，可满足农村生产、生活需求。与“十二五”末相比，农村环境状况指数上升 13.7，生态状况指数下降 1.5，农村环境质量综合指数上升 7.7，按照农村环境质量综合状况变化度分级，总体环境明显好转，见表 3-10-7、图 3-10-5。

表 3-10-7　“十三五”期间南通市农村环境质量综合指数统计

年份	农村环境状况指数	农村生态状况指数	农村环境质量综合指数	分级评价
2015	72.4	60.5	67.6	良
2016	76.7	61.9	70.8	良
2017	80.9	63.0	73.8	良
2018	79.0	60.4	71.6	良
2019	82.0	59.8	73.1	良
2020	86.1	59.0	75.3	良

① “十三五”期间，各县（市、区）农村环境监测村庄点位和数量不一致，本节农村空气、农村环境质量综合指数仅罗列“十三五”期间评价结果，不作趋势性评价。

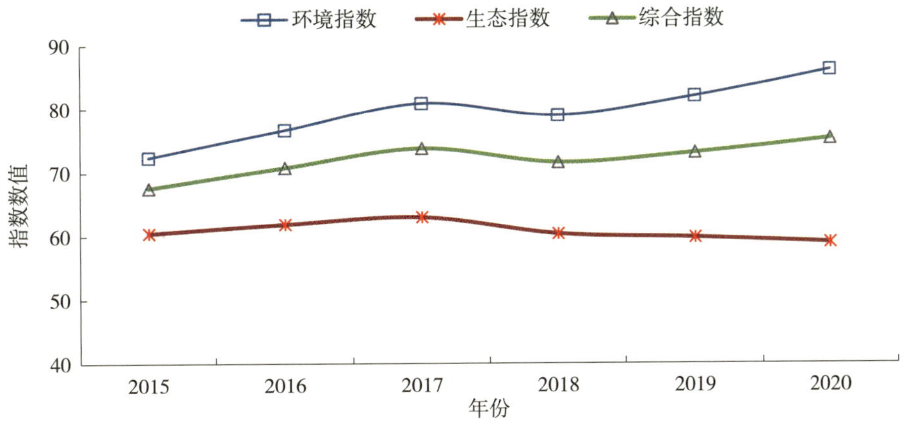

图 3-10-5 “十三五”期间南通市农村环境指数评价

第六节 农村专项监测

一、村庄污水处理设施监测

2020 年，针对开展“以奖促治”及“全省覆盖拉网式农村环境综合整治试点”项目村庄，对全市县域日处理能力 20 t 及以上农村生活污水处理设施出水水质进行监测，排放标准执行《农村生活污水处理设施水污染物排放标准》（DB 32/3462—2020）。2020 年上、下半年各监测一次，上半年选择农村生活污水处理设施 126 套，下半年新增 22 套农村生活污水处理设施，合计 148 套。所选择的农村生活污水处理设施处理工艺主要为“物化 + 生化处理”工艺，其次为 A^2/O、生物转盘等工艺，由于农村地区土地相对充裕，部分农村污水处理设施采用“人工湿地 + 氧化塘”进行尾水处理。2020 年上半年 126 套设施中 5 套因不运行或未排水未测，其余 121 套正常监测；下半年 148 套设施中 20 套因不运行或未排水未测，其余 128 套正常监测，全市农村污水处理设施合计有效测次 249 次。

监测结果表明，农村生活污水处理设施主要监测项目为化学需氧量和氨氮，全年村庄污水处理设施合计有效测次 249 次，其中 34 个测次化学需氧量或氨氮指标超过相应排放标准限值，达二级标准比例为 86.3%，较上年同期下降 6.4 个百分点；其中化学需氧量超标 8 次（最大超标倍数为 1.27），氨氮超标 32 次（最大超标倍数为 3.56），主要集中在如皋市村庄污水处理厂。

“十三五”期间，南通市逐年加大农村污水处理设施建设力度，农村污水处理设施数量迅速增加，相应的监测对象从 2016 年的 1 家增加到 2020 年的 148 家，随着监测范围的扩大，对农村污水处理设施运行情况有了更加全面的了解，排水达标率基本达到现阶段农村环境管理要求，但仍有部分污水设施不能稳定达标，主要污染物化学需氧量和氨氮仍偶有超标，见表 3-10-8。

表 3-10-8　2016—2020 年南通市农村污水处理设施监测情况

年份	监测时段	选择设施数 / 套	实际监测数 / 套	全年测次达标率	超标污染物和最大超标倍数
2016	上半年	1	0（设施停运）	—	—
	下半年	1	1	100%	—
2017	上半年	1	1	100%	—
	下半年	1	0（设施停运）	—	—
2018	未监测	1	0（设施停运）	—	—
2019	上半年	54	51（3 套停运或未排水）	92.7%	氨氮（5.48） 化学需氧量（1.62）
	下半年	54	45（9 套停运或未排水）		
2020	上半年	126	121（5 套停运或未排水）	86.3%	氨氮（3.56） 化学需氧量（1.27）
	下半年	148	148（20 套停运或未排水）		

二、农田灌溉水监测

自 2019 年起，南通市在全市规模以上农田灌区中布设 5 个测点，对农田灌溉水水质进行监测，根据当地主要灌溉作物的用水时间，每半年监测 1 次，全年监测 2 次。参照《农田灌溉水质标准》（GB 5084—2005）进行评价。

监测结果表明，2019 年，海安红星灌区和如东马丰灌区均出现粪大肠菌群指标超标；2020 年，海安红星灌区出现粪大肠菌群、全盐量指标超标，如东马丰灌区全部指标均达标，见表 3-10-9。

表 3-10-9　南通市农田灌溉水监测情况

地区	农田灌区名称	点位名称	监测时间	达标情况	超标项目
海安	红星灌区	东西红星河灯塔北桥	2019 年上半年	达标	—
			2019 年下半年	不达标	粪大肠菌群
			2020 年上半年	不达标	粪大肠菌群
			2020 年下半年	达标	—

续表

地区	农田灌区名称	点位名称	监测时间	达标情况	超标项目
海安	红星灌区	东西红星河红旗桥	2019 年上半年	达标	—
			2019 年下半年	不达标	粪大肠菌群
			2020 年上半年	不达标	全盐量、粪大肠菌群
			2020 年下半年	达标	—
		东西红星河三星 4 组桥	2019 年上半年	达标	—
			2019 年下半年	不达标	粪大肠菌群
			2020 年上半年	不达标	全盐量、粪大肠菌群
			2020 年下半年	达标	—
		东西红星河王墩桥	2019 年上半年	达标	—
			2019 年下半年	不达标	粪大肠菌群
			2020 年上半年	不达标	全盐量、粪大肠菌群
			2020 年下半年	达标	—
如东	马丰灌区	马丰河凌西大桥	2019 年上半年	不达标	粪大肠菌群
			2019 年下半年	不达标	粪大肠菌群
			2020 年上半年	达标	—
			2020 年下半年	达标	—

三、农田回归水监测

2020 年汛期，南通市北部地区（海安、如皋、如东）水质下降尤为明显，北凌河、栟茶运河、掘苴河、如泰运河等入海河流入海断面水质持续为劣Ⅴ类，氮磷污染特征明显，主要与种植结构和养殖结构有关。北部种植结构以水稻为主，南部地区多为旱作作物。“入梅”初期恰逢夏收夏种高峰，大面积水稻田正值灌溉、施肥和使用除草剂，机械化收割粉碎入田的秸秆经水浸泡、未及腐熟和土壤消纳。南通市开展了对稻田回归水和秸秆浸泡水采样监测，化学需氧量最高浓度 200 mg/L、氨氮最高浓度 3.58 mg/L、总磷最高浓度 3.38 mg/L。对比梅雨不同时期农田回归水监测结果发现，回归水水质随着降水量的冲刷大体呈现浓度降低的趋势，但其中由于继发性施肥等因素影响存在波动。高浓度农田退水随支流进入骨干河道，导致断面水质急剧下降，见表 3-10-10。

表 3-10-10　2020 年汛期海安、如东农田回归水水质监测结果　　单位：mg/L

地区	日期	采样位置	项目			
			氨氮	总磷	高锰酸盐指数	化学需氧量
海安	2020-06-08	白甸镇邹冯村稻田水（未下雨）	2.68	0.43	—	200
	2020-06-16	高新区平桥村稻田水	3.58	0.69	11	52
		高新区平桥村稻田水	3.8	1.72	13	58
如东	2020-06-17	栟茶镇稻田水（旱田已插秧）	0.508	0.33	14.0	—
		岔河镇稻田水	0.132	0.95	9.8	—
		河口镇稻田水（水田未插秧）	1.93	3.38	31.5	—
		掘港镇稻田水	1.92	0.75	8.3	—
		马塘镇稻田水	0.062	1.29	16.0	—
		双甸镇稻田水	0.578	0.40	4.2	—
		洋口镇稻田水（水田已插秧）	1.78	2.44	18.4	—
如东	2020-06-27	洋口镇稻田退水	1.59	0.89	—	78.5
		洋口镇稻田退水	2.13	0.72	—	32.6

四、秸秆浸泡水污染物析出浓度实验

秸秆还田期间经常会出现强降雨过程，经浸泡过的降水会将农作物、秸秆内析出的污染物排入周边水体，2020 年汛期出现季节性水环境质量下降的情况。南通市进行小麦和水稻秸秆的连续不间断浸泡实验，对农作物秸秆污染物含量，特别是总磷含量进行了分析。

（一）实验材料与方法

（1）实验材料：桶 3 只，麦秆 0.4 kg，稻秆 0.4 kg，泥土各 0.8 kg，实验用纯水各 4.8 L。

（2）天气情况：基本为多云到晴好天气，室温为 18～20℃。

（3）实验方法：控制变量法。在麦秆、稻秆和泥土重量固定的情况下，每 24 h 取 150 ml 的水量，检测观察水样中的总磷浓度。

（4）研究指标：观察麦秆、稻秆浸泡水污染物中总磷浓度变化趋势。

（二）实验数据分析

（1）浸泡时长：麦秆、稻秆加泥土浸泡水共 6 天，泥土单独浸泡水共 2 天。

（2）浸泡析出总磷浓度情况分析，见表 3-10-11。

表 3-10-11　秸秆浸泡水总磷实验结果　　单位：mg/L

样品名称	1 d	2 d	3 d	4 d	5 d	6 d
麦秆	8.19	9.70	7.93	7.86	7.47	6.48
稻秆	10.60	11.70	12.30	15.60	14.90	11.20
仅泥土	0.49	0.48	—	—	—	—

注：由于泥土中析出总磷浓度较低，该实验结果中忽略不计。

麦秆浸泡析出总磷浓度在 6～10 mg/L 波动。随着时间的推移，第二天麦秆浸泡水析出总磷浓度上升达到峰值，从第三天开始，水溶液总磷浓度呈稳定下降的趋势。可以得出，随着浸泡时间的延长，麦秆浸泡水析出总磷浓度逐步降低。

稻秆浸泡析出总磷浓度在 10～16 mg/L 波动。随着时间的推移，稻秆浸泡水析出总磷浓度呈逐步升高的趋势，第四天达到峰值，然后稻秆浸泡水析出总磷浓度开始下降。可以看出，稻秆中含总磷浓度较高，影响浸泡水析出总磷周期较长。

在相同条件下，稻秆浸泡水析出总磷比麦秆高。可以得出，稻秆含总磷量比麦秆高，稻秆影响水质周期比麦秆周期长。根据最大浓度测算，0.4 kg 麦秆和 0.4 kg 稻秆最大析出的磷元素质量分别为 46.56 mg 和 59.04 mg，即每千克麦秆和稻秆至少析出 116.4 mg 和 147.6 mg 磷元素。

（3）氨氮、化学需氧量析出浓度情况。在没有扣除土壤自带污染物的情况下，第六天测得氨氮 / 化学需氧量：1.86/1 120/ 麦秆，7.48/2 260/ 稻秆。这说明农作物秸秆浸泡后的常规污染物较高。

（三）结论与建议

（1）农作物秸秆总磷含量较高。在 6 天的实验时间内，麦秆浸泡水最低总磷浓度为 6.48 mg/L，稻秆浸泡水最低总磷浓度为 10.6 mg/L。通过推算，每千克麦秆析出总磷含量至少达到 116.4 mg，每千克稻秆析出总磷含量至少 147.6 mg。如果通过纯净水稀释，每千克表明麦秆和稻秆分别需要 582 kg 和 738 kg，才能达到Ⅲ类水质，表明大量麦秆和稻秆长时间浸泡对水质影响较大。

（2）含磷污染物出现沉淀现象。通过整个秸秆析出实验可以看出，麦秆和稻秆的总磷浓度均存在一个达到峰值后逐渐下降的过程。因本次实验过程中未新补加过纯水，可以认为浸泡水中总磷含量存在一个析出到沉淀的过程。随着时间的推移，沉淀的总磷量逐渐增加。从 6 天实验数据分析情况来看，麦秆沉淀度至少达到 33.2%，而稻秆沉淀度至少达到 28.2%。

（3）稻秆总磷含量比麦秆高。通过推算，稻秆总磷含量是麦秆的 1.6 倍。另外，由于水稻和小麦种植方式不同，水稻种植需要大量的灌溉用水，施用农药、化肥导致灌溉水中总磷浓度比较高，灌溉退水入河会导致河水中水质变差。全年来看，水稻种植生长季水质比小麦种植生长季水质差。

（4）河道底泥含磷量高对水质有一定影响。土壤在充分浸泡后，水溶液中总磷浓度基本处于稳定状态，达到 0.48 mg/L 左右（实验条件：0.8 kg 土壤、4.8 L 纯水，浸泡时间为 2 天）。根据南京水利科学院 2018 年对海安市河道底泥进行的取样分析，表层底泥含量范围在 575.60～1 287.30 mg/kg，底泥磷污染较为突出，磷含量显著高于太湖富营养底泥（均值约为 450 mg/kg）。这说明如若河道底泥含磷量较高，含磷污染物就会持续释放，影响河道水质。

建议加强农作物秸秆收储和利用的监管。引导农民在秸秆还田的同时，采取有效措施加强管控，减少降雨浸泡退水入河。严格禁止秸秆抛河，包括居民家前屋后呆塘和各级支流，确保各类水体不受农作物秸秆浸泡产生各种污染物的影响。

第七节　小　结

（1）2020 年南通市农村环境质量良好。近年来南通市通过实施农村环境连片综合整治工作，农村地区的环境面貌得到明显改观。2020 年，南通市农村环境空气质量总体良好，空气质量日平均达标率为 98.3%；实施区域供水后，全市均能使用长江水源的饮用水，饮用水水源达标率为 100%；农村地表水断面优Ⅲ比例为 90.9%，无劣Ⅴ类断面；村庄土壤环境质量较好，测点达标率为 93.3%。2020 年全市农村环境质量综合指数为 75.3，处于“良”水平，与 2019 年相比无明显变化。

（2）“十三五”期间南通市农村环境总体有所好转。“十三五”期间，南通市农村环境质量状况指数呈显著上升趋势，生态状况指数呈显著下降趋势，农村环境质量综合指数呈波动上升趋势，上升趋势不显著。农村环境总体处于“良”水平，生态环境良好。

（3）农村环境治理需持续进行。南通市农村环境质量现状总体良好，但个别农村地区污染现象仍然存在，主要存在以下原因：一是农村自身污染，包括生活污染（污水和生活垃圾）、工业污染、种植业污染、养殖污染等，当前农村污染处理设施尚未能覆盖全域，个别已建成设施的运行和管理尚有欠缺，农村污染未得到根本控制；二是受农村地理和交通等客观因素限制，难以有效进行环境监管。因此，应持续开展农村环境污染治理，加强环境基础设施建设，完善农村环境污染长效管理机制，明确相关职责，齐抓共管，持续改善农村人居环境、生态环境状况。同时，通过加强宣传，提高农村环境污染防治意识，多措并举，加大农村环境综合治理力度，共建美好乡村环境。

专栏十六　农村黑臭水体排查整治成效明显

"十三五"以来，南通市一直将黑臭水体整治列入政府为民办实事项目，2019年，为全面推进农村黑臭水体整治，巩固提升全市农村水环境质量，南通市制定下发了《南通市农村黑臭水体整治工作实施方案》（通河长办〔2019〕28号），在全省率先组织开展了以"属地负责、河长统领、部门协同"为工作责任制的农村黑臭水体治理工作，以集镇区及农村人居环境整治示范村为重点，全面启动农村黑臭河道治理，确定"突出控源截污、加快清淤清障、加强垃圾治理、提升水系活力、开展生态修复、建立长效机制"六大工作任务，并列入河长制三项重点工作任务扎实推进。2019年全市共下达年度治理任务1 725条，实际完成1 738条，经过整治的黑臭水体基本"消劣除黑"。

2020年，根据中央、省关于农村黑臭水体治理工作的决策部署，南通市各部门联合下发《关于进一步加快农村黑臭水体排查治理工作的通知》（通河长办〔2020〕6号），各县（市、区）积极编制治理方案，建立名录清单，实施分类治理。2020年全市共排查出农村黑臭水体1 216条，纳入年度整治工作计划的农村黑臭水体共有1 158条，截至2020年年底，全市共完成整治农村黑臭水体2 896条，基本消除集镇区（含撤并前老镇区）、农村人居环境整治示范村、农村集中居住区（含沿河集中居住区）的黑臭水体，见图1。

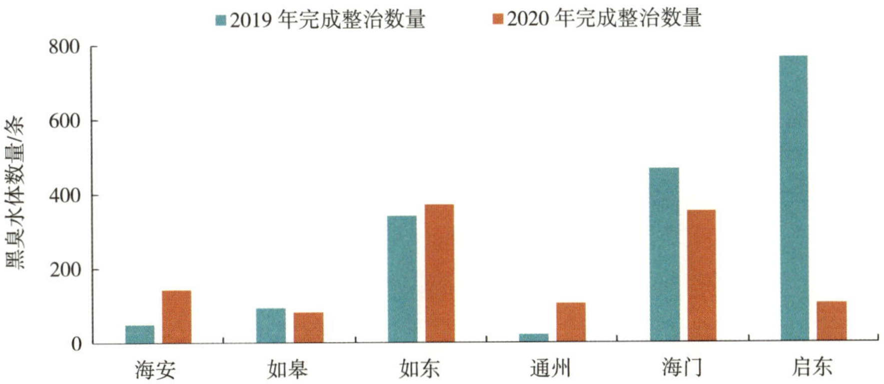

图1　2019—2020年南通市农村黑臭水体排查整治情况

一、组织农村黑臭水体排查识别

2020年，南通市在2019年全面整治等级河道的基础上，按照"排全、排细、排实"的要求，通过"村级排查、镇级复查、县级核查、市级抽查""四步走”的方式全面组织对农村黑臭水体进行排查，将治理工作继续向居民房前屋后的小微水体延伸，充分听取沿河群众的意见并发动群众广泛参与，最终建立名录清单。

二、分类推进农村黑臭水体综合治理

在查明黑臭成因的基础上，按照“控源截污、内源治理、生态修复、畅流活水、长效管护”的治理思路综合整治。针对造成河道或水体黑臭的不同成因，分类制定相应的治理方案，主要措施：①取缔关闭直排河道的养殖场，对其影响的河段（河塘）进行清淤疏浚，畅通活水。②对于直排入河的工业企业督促其截污纳管或自行处理达标排放，未能按照要求整改的责令限期关停。③各区镇规划建设小型村庄污水处理设施以及分散农户生活污水生态化治理设施。④各地镇区对污水处理厂进行提标改造和管网配套，拆除河道两岸的违章建设，敷设污水收集管网。⑤加强对沿河小餐饮、洗车、沐浴、美容美发、洗涤、小旅馆“六小行业”的水污染整治。对治理后的河道及水体加强长效管护，制作农村黑臭河道水体长效管护公示牌，明确管护主体及管护保洁人员，落实管护经费，实行常态长效管护保洁。

三、强化农村黑臭水体治理保障

2020年6月，南通市将农村黑臭水体治理纳入《2020年度南通市河长制重点工作专项考核奖补办法》，以确保农村黑臭水体治理出成效，农村河道长效管护落到实处。各地区黑臭水体名录及治理的目标、方案、措施、完成时限在新闻媒体、政府网站、公示栏进行公开公示，自觉接受社会公众的监督。各地相关部门对农村黑臭水体治理工作进行指导协调，实行月检查、季督查、年度考核，及时总结推广各地好的经验和做法，同时建立农村黑臭水体治理信息报送、信息公开、工作督查与督办等工作制度，及时掌握各地治理工作动态。

2021年是实施“十四五”规划和开启现代化建设新征程的开局之年。为推进南通市农村污水综合治理，实现2021年年底前基本消除农村黑臭河道的目标，2021年南通将进一步加大工作力度，加快治理力度。一是稳步推进农村黑臭河道治理。开展农村黑臭水体整治，将水体面积大、污染程度重、居民反映强烈、靠近生态敏感区的农村黑臭水体纳入重点监管清单，实行“拉条挂账、逐一销号”，推动农村水环境持续向好。结合农村人居环境整治，完成357条农村黑臭河道治理任务。集中连片治理农村河网水系，逐步消除断头沟、污水塘。建立健全农村河道“五位一体”长效管护模式，严控农村生产生活垃圾和污水入河。推动镇村污水处理能力提升，到2021年年底，全市农村生活污水治理设施正常运行率达

95%。二是加强农村水环境综合治理。贯彻落实《江苏省农村水利条例》，建立健全农村河道轮浚及长效管护机制，完善管护责任体系，压实乡村河长责任，加快推进农村生态河道建设，着力改善农村水生态环境。加大对农业面源污染的管控，减少对水体环境的直接影响。组织各地积极申报农村黑臭水体省级治理试点，实施一批治理项目，到 2021 年年底，形成有区域特色的可复制、可推广的治理模式。

第十一章　土壤环境

“十三五”期间，按照《江苏省生态环境监测方案》的要求以及省环境监测中心的统一部署，南通市共布设国控网和省控网土壤监测点位 159 个，包括基础点位 122 个（其中耕地 84 个、林地 2 个、“菜篮子”基地 8 个、畜禽养殖场 14 个、饮用水水源地 9 个、风险监控对照点 5 个），背景点位 8 个，重点源风险点位 29 个，开展土壤环境质量、土壤环境背景和土壤风险监控等监测工作。5 年内对所有国家网点位完成一轮监测，见图 3-11-1。

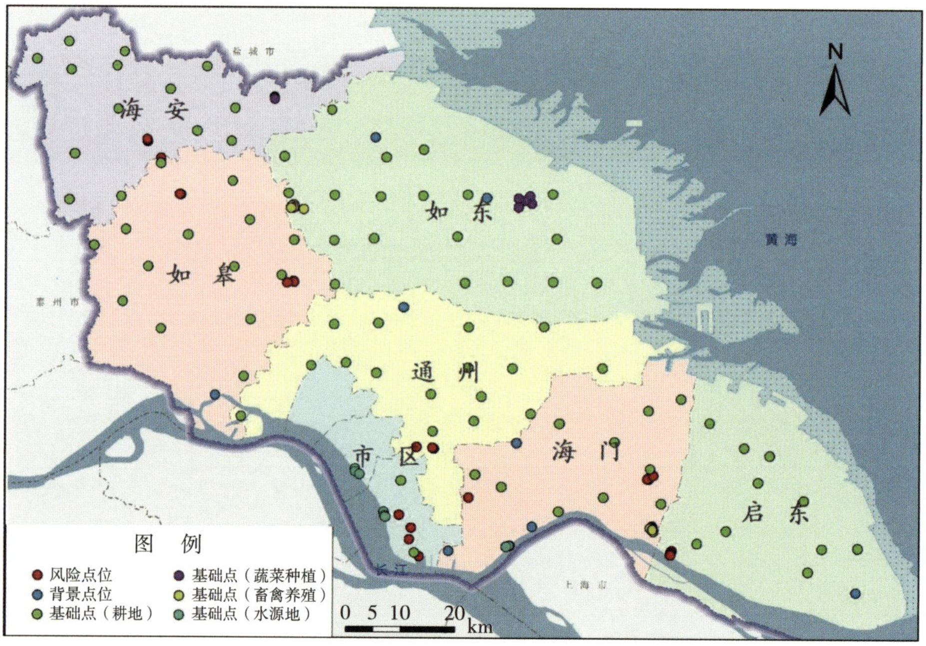

图 3-11-1　南通土壤环境监测点位分布示意图

监测结果表明：全市 122 个基础点位中，119 个点位污染物含量未超过风险筛选值，占比为 97.5%；3 个点位污染物含量超过风险筛选值（不超过风险管制值），占比为 2.5%；全市无超过风险管制值的点位。

第一节 监测概况

“十三五”期间，南通市共开展了122个基础点位（2016年5个、2017年74个、2019年18个、2020年25个）、背景点位8个（2018年）和风险监控点29个（2016年和2019年）监测工作。其中，8个背景点位与基础点位的土地利用类型相同。因此，为全面评价近年来土壤环境质量状况，本章将综合所有基础点位和8个背景点位（共计130个）进行分析评价。各县（市、区）点位数量详见表3-11-1。

表3-11-1 南通市土壤监测基础点位数 单位：个

	市区	海安	如皋	如东	通州	海门	启东	合计
点位数	14	20	14	30	13	20	11	122

土壤基础点位和背景点位的监测指标均包括三大类，分别为理化指标：土壤pH、有机质含量和阳离子交换量；无机污染物：砷、镉、铬、铜、汞、镍、铅、锌8种元素；有机污染物：有机氯农药（六六六和滴滴涕）和多环芳烃15项（苊烯、苊、芴、菲、蒽、荧蒽、芘、苯并［*a*］蒽、䓛、苯并［*b*］荧蒽、苯并［*k*］荧蒽、苯并［*a*］芘、茚并［1,2,3-*c*,*d*］芘、二苯并［*a*,*h*］蒽和苯并［*g*,*h*,*i*］苝）。此外，在无机污染物指标监测上，背景点位比基础点位另增加53项指标，见表3-11-2。

表3-11-2 南通市土壤基础点位和背景点位监测指标

指标分类	土壤类型	监测指标
理化指标	基础点+背景点	土壤pH、有机质含量和阳离子交换量
无机污染物	基础点+背景点	砷、镉、铬、铜、汞、镍、铅、锌
	背景点	钴、氟、硒、矾、锌、锂、钠、钾、铷、铯、银、铍、镁、钙、锶、钡、硼、铝、镓、铟、铊、钪、钇、镧、铈、镨、钕、钐、铕、钆、铽、镝、钬、铒、铥、镱、镥、钍、铀、锗、锡、钛、锆、铪、锑、铋、钽、碲、钼、钨、溴、碘、铁
有机污染物	基础点+背景点	六六六、滴滴涕、苊烯、苊、芴、菲、蒽、荧蒽、芘、苯并［*a*］蒽、䓛、苯并［*b*］荧蒽、苯并［*k*］荧蒽、苯并［*a*］芘、茚并［1,2,3-*c*,*d*］芘、二苯并［*a*,*h*］蒽和苯并［*g*,*h*,*i*］苝）

评价标准依据《土壤环境质量 农用地土壤污染风险管控标准（试行）》（GB 15618—2018），其中适用范围为农用地陆地表层能够生长植物的疏松多孔物质层及表层土壤。159个土壤测点中130个为农用地类型（其中92个为耕地类型），可以

依据该标准进行评价；可评级指标为砷、镉、铬、铜、汞、镍、铅、锌8种重金属和六六六总量、滴滴涕总量、苯并［*a*］芘3项有机污染物。

第二节　基础点位土壤环境质量

一、总体情况

依据《土壤环境质量　农用地土壤污染风险管控标准（试行）》（GB 15618—2018），对159个土壤点位中的122个基础点位进行评价，其中8种重金属和3项有机物含量均未超过风险筛选值的点位有119个，占比为97.5%；有3个点位含量超过风险筛选值，海安、如皋和如东各1个，占比为2.5%；全市无超过风险管制值的点位。

8种重金属元素中，镉、铜、锌含量超过风险筛选值的点位数据各1个，各占农用地点位总数的0.8%，砷、铬、汞、镍、铅5种重金属含量均未超过风险筛选值。

有机污染物中，有2个点位出现滴滴涕含量超过风险筛选值的情况，占农用地的1.7%，如皋和如东各1个，见表3-11-3。

表3-11-3　南通市基础点位土壤监测评价项目超风险筛选值统计

监测项目	浓度范围 /（mg/kg）	超筛选值点位数 / 个	占比	主要分布地区
镉	0.06 ～ 1.00	1	0.8%	海安
汞	0.011 ～ 0.258	0	0	—
砷	2.91 ～ 21.7	0	0	—
铅	11.9 ～ 89.8	0	0	—
铬	34 ～ 154	0	0	—
铜	9.5 ～ 289	1	0.8%	海安
镍	12.6 ～ 113.9	0	0	—
锌	42.2 ～ 279	1	0.8%	海安
六六六	0.000 7 ～ 0.001 5	0	0	—
滴滴涕	0.021 5 ～ 0.145	2	1.7%	如皋、如东
苯并［*a*］芘	0.000 4 ～ 0.037	0	0	—

二、理化性质

全市 122 个基础点位 pH 范围在 6.17～9.17，算术平均值为 8.20。各县（市、区）中海安平均 pH 相对较低，为 7.85，市区、如皋、如东、通州、海门、启东土壤 pH 分别为 8.29、8.22、8.21、8.26、8.35 和 8.37。按照酸碱度情况分析，土壤呈酸性、中性、碱性、强碱性的点位比例见表 3-11-4。

表 3-11-4　南通市基础点位土壤酸碱度统计

土壤酸碱度	pH 范围	点位数 / 个	占比 /%
酸性	5.5 ～ 6.5	2	1.6
中性	6.5 ～ 7.5	9	7.4
碱性	7.5 ～ 8.5	82	67.2
强碱性	>8.5	29	23.8

土壤阳离子交换量范围在 0.84～16.4 cmol（+）/kg，平均值为 8.62 cmol（+）/kg。土壤有机质含量在 1.3～58.6 g/kg，平均值为 16.9 g/kg。

三、评价结果

（一）农用地土壤单因子评价结果

依据《土壤环境质量　农用地土壤污染风险管控标准（试行）》（GB 15618—2018），对 122 个基础点位进行评价。8 种重金属元素中，镉、铜、锌含量超过风险筛选值的点位数各占农用地点位总数的 0.8%，砷、铬、汞、镍、铅 5 种重金属含量均未超过风险筛选值。有机污染物中，2 个点位出现滴滴涕含量超过风险筛选值的情况，占农用地的 1.7%，见表 3-11-5。

表 3-11-5　南通市农用地土壤超过筛选值的点位

<table>
<tr><th>超出风险筛选值项目</th><th>位置 / 编号</th><th>土壤类型</th><th>土壤利用类型</th><th>测定值 /（mg/kg）</th></tr>
<tr><td>镉</td><td rowspan="3">海安南莫镇校林村 / 32062102000 6101</td><td rowspan="3">暗棕壤</td><td rowspan="3">耕地－水田</td><td>1.00</td></tr>
<tr><td>铜</td><td>289</td></tr>
<tr><td>锌</td><td>279</td></tr>
<tr><td rowspan="2">滴滴涕</td><td>如皋白蒲镇前进村 / 32068202000 9101</td><td>水稻土</td><td>耕地－水田</td><td>0.130</td></tr>
<tr><td>如东掘港镇九总村 / 32062302001 5101</td><td>水稻土</td><td>耕地－旱田</td><td>0.245</td></tr>
</table>

镉：农用地土壤镉含量范围为0.06～1.00 mg/kg。海安1个点位土壤镉含量为1.00 mg/kg，超过风险筛选值，但未超过风险管制值，占比为0.8%。土壤类型为暗棕壤，土地类型为耕地－旱田。

汞：农用地土壤汞含量范围为0.011～0.258 mg/kg，未超过风险筛选值。

砷：农用地土壤砷含量范围为2.91～21.7 mg/kg，未超过风险筛选值。

铅：农用地土壤铅含量范围为11.9～89.8 mg/kg，未超过风险筛选值。

铬：农用地土壤铬含量范围为34～154 mg/kg，未超过风险筛选值。

铜：农用地土壤铜含量范围为9.5～289 mg/kg，海安1个点位土壤铜含量为289 mg/kg，超过风险筛选值，但未超过风险管制值，占比为0.8%。土壤类型为暗棕壤，土地类型为耕地－旱田。

镍：农用地土壤镍含量范围为12.6～113.9 mg/kg，未超过风险筛选值。

锌：农用地土壤锌含量范围为42.2～279 mg/kg。海安1个点位土壤锌含量为279 mg/kg，超过风险筛选值，但未超过风险管制值，占比为0.8%。土壤类型为暗棕壤，土地类型为耕地－旱田。

六六六：农用地土壤六六六含量范围为0.000 7～0.001 5 mg/kg，未超过风险筛选值。

滴滴涕：农用地土壤滴滴涕含量范围为0.021 5～0.245 mg/kg。如皋和如东各有1个点位超过风险筛选值，占比为1.7%。

苯并［*a*］芘：农用地土壤苯并［*a*］芘含量范围为0.000 4～0.037 mg/kg，未超过风险筛选值。

（二）农用地土壤综合评价结果

依据《土壤环境质量　农用地土壤污染风险管控标准（试行）》（GB 15618—2018），对全市159个土壤点位中的122个农用地点位进行评价；其中8种重金属和3项有机物含量均未超过风险筛选值的点位有119个，占比为97.5%；全市无超过风险管制值的点位，见图3-11-2。

（三）耕地土壤评价结果

122个基础点位中，属于耕地的点位共计84个。130个农用地测点中所有出现超风险筛选值的点位均位于耕地中。从污染指标单因子评价结果来看，耕地土壤中砷、镉、铬、铜、汞、镍、铅、锌、六六六、滴滴涕、苯并［*a*］芘含量的评价结果均与农用地评价结果一致。

综合来看，84个耕地土壤点位中，污染指标含量超过风险筛选值，但不超过风险管制值的点位共计3个，占比为3.6%，分布在海安、如皋和如东；所有的耕地点位土壤污染指标含量均未超过风险管制值。

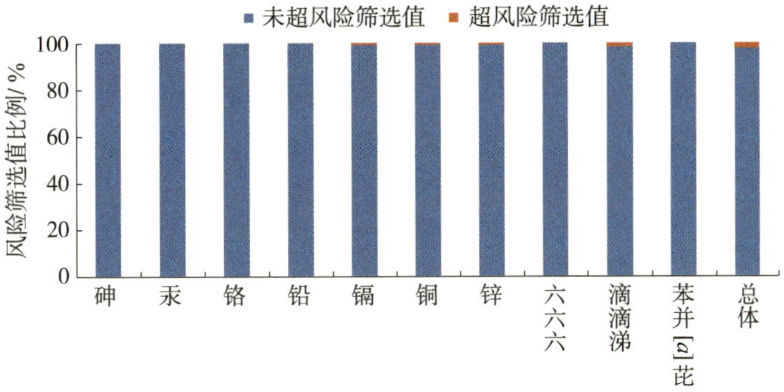

图 3-11-2 南通市农用地土壤质量评价结果

（四）蔬菜基地土壤评价结果

122 个基础点位中有 8 个属于蔬菜种植基地测点，分布于 2 个蔬菜种植基地（海安李堡镇光明村、如东苴镇金凤村）周边。“十三五”期间，南通市对 8 个测点土壤质量开展监测。2019 年在海安李堡镇光明村抽取 3 个地块，在每个监测地块的中心部位布设 1 个采样点。2020 年在如东苴镇金凤村抽取 5 个地块，在每个监测地块的中心部位布设 1 个采样点。共布设蔬菜种植基地土壤监测点位 8 个。

监测结果显示，南通市蔬菜种植基地土壤 pH 范围在 7.82～8.96，算术平均值为 8.36，处于碱性范围。土壤阳离子交换量范围在 6.4～6.6 cmol（+）/kg，算术平均值为 6.5 cmol（+）/kg。土壤有机质含量在 1.3～18.7 g/kg，算术平均值为 10.9 g/kg。2 个蔬菜种植基地土壤无超筛选值情况，土壤环境质量相对较好。具体结果见表 3-11-6。

表 3-11-6 “十三五”期间南通市蔬菜基地土壤环境质量监测情况统计结果

监测项目	浓度范围	平均值
pH（无量纲）	7.82 ～ 8.98	8.36
阳离子交换量 /［cmol（+）/kg］	6.4 ～ 6.6	6.5
有机质 /（g/kg）	1.3 ～ 18.7	10.9
镉 /（mg/kg）	0.10 ～ 0.18	0.13
汞 /（mg/kg）	0.012 ～ 0.054	0.03
砷 /（mg/kg）	4.0 ～ 7.0	4.9
铅 /（mg/kg）	14.2 ～ 22.6	17.7

续表

监测项目	浓度范围	平均值
铬 /（mg/kg）	49.9 ～ 79.4	61.6
铜 /（mg/kg）	10.3 ～ 18.2	14.1
镍 /（mg/kg）	18.9 ～ 31.8	23.6
锌 /（mg/kg）	54.5 ～ 81.4	65.1
六六六 /（mg/kg）	0.00 069 ～ 0.00 146	0.00 099
滴滴涕 /（mg/kg）	0.02L	0.02L
苯并［a］芘 /（mg/kg）	0.000 4 ～ 0.004 2	0.001 3

（五）畜禽养殖场周边土壤评价结果

122 个基础点位中，属于畜禽养殖场周边土壤的点位为 14 个，主要分布于 2 个畜禽养殖周边（海门京海集团元菊鸡场、如东双甸镇曙光村南通鑫盛生猪养殖有限公司）。“十三五”期间，南通市对 9 个测点土壤环境质量进行监测。海门元菊鸡场 2019 年布设 3 个采样点，2020 年布设 5 个采样点，共计 8 个点位。南通鑫盛生猪养殖有限公司 2020 年布设 5 个采样点，并在附近布设 1 个采样点作为对照，共计 6 个点位。

监测结果显示，南通市共计 14 个畜禽养殖场土壤测点 pH 范围在 6.17～8.74，算术平均值为 8.00，其中，酸性土 1 个，中性土 2 个，碱性土 11 个。土壤阳离子交换量范围在 6.7～14.6 cmol（+）/kg，算术平均值为 9.5 cmol（+）/kg。土壤有机质含量在 7.61～51.1 g/kg，算术平均值为 21.4 g/kg。2 个畜禽养殖场周边土壤无超风险筛选值点位，土壤环境质量相对较好。具体结果见表 3-11-7。

表 3-11-7 “十三五”期间南通市畜禽养殖场周边土壤监测各项污染物评价结果汇总

监测项目	浓度范围	平均值
pH（无量纲）	6.17 ～ 8.74	8.00
阳离子交换量 /［cmol（+）/kg］	6.7 ～ 13.4	9.5
有机质 /（g/kg）	7.61 ～ 51.1	21.4
镉 /（mg/kg）	0.07 ～ 0.28	0.16
汞 /（mg/kg）	0.038 ～ 0.173	0.070
砷 /（mg/kg）	3.26 ～ 9.35	5.74
铅 /（mg/kg）	15.8 ～ 27.8	20.6
铬 /（mg/kg）	62.1 ～ 103.6	83.4

续表

监测项目	浓度范围	平均值
铜 /（mg/kg）	10.6 ～ 30.5	19.6
镍 /（mg/kg）	18.1 ～ 35.7	25.9
锌 /（mg/kg）	53.1 ～ 87.3	69.0
六六六 /（mg/kg）	0.02L	0.02L
滴滴涕 /（mg/kg）	0.01 ～ 0.15	0.02L
苯并［*a*］芘 /（mg/kg）	0.000 8 ～ 0.012 0	0.003 9

与 2015 年相比，畜禽养殖场周边土壤环境明显改善。海门京海集团元菊鸡场 2015 年出现 4 个点位的铬和镍超标，2019 年和 2020 年铬、镍浓度远低于 2015 年监测结果，低于 2018 年标准风险筛选值。

（六）集中式饮用水水源地周边土壤评价结果

122 个基础点位中，属于饮用水水源地的点位为 9 个。2020 年，南通市对狼山水厂、洪港水厂和海门长江水厂水源地周边土壤环境质量进行了调查监测。3 个水源地周边布设 3 个采样点，共计 9 个点位。

监测结果显示，南通市 9 个集中式饮用水水源地周边土壤测点 pH 范围在 7.93～8.81，算术平均值为 8.47，处于碱性范围。土壤阳离子交换量范围在 3.6～11.7 cmol（+）/kg，算术平均值为 6.9 cmol（+）/kg。土壤有机质含量在 3.34～33.1 g/kg，算术平均值为 12.3 g/kg。3 个集中式饮用水水源地周边土壤无超风险筛选值点位，土壤环境质量相对较好。具体结果见表 3-11-8。

表 3-11-8　2020 年南通市集中式饮用水水源地周边土壤环境质量监测情况统计结果

监测项目	浓度范围	平均值
pH（无量纲）	7.93 ～ 8.81	8.47
阳离子交换量 /［cmol（+）/kg］	3.6 ～ 11.7	6.9
有机质 /（g/kg）	3.34 ～ 33.1	12.3
镉 /（mg/kg）	0.06 ～ 0.56	0.20
汞 /（mg/kg）	0.013 ～ 0.086	0.042
砷 /（mg/kg）	2.91 ～ 12.0	5.83
铅 /（mg/kg）	11.9 ～ 28.0	20.4
铬 /（mg/kg）	57.2 ～ 135.7	91.6
铜 /（mg/kg）	10.1 ～ 40.5	22.5

续表

监测项目	浓度范围	平均值
镍 /（mg/kg）	19.9 ～ 39.1	27.7
锌 /（mg/kg）	45.6 ～ 94.7	68.0
六六六 /（mg/kg）	0.02 L	0.02 L
滴滴涕 /（mg/kg）	0.02 L	0.02 L
苯并［a］芘 /（mg/kg）	0.001 6 ～ 0.009 6	0.005 0

与“十二五”监测结果相比，3 个集中式饮用水水源地周边土壤环境质量总体上未发生明显变化。

第三节　背景点位土壤环境质量

2017 年，南通市对 8 个国家土壤环境监测网背景点位开展了监测。2018 年，在 2017 年表层（0～20 cm）土壤监测的基础上，在原址开展背景点位剖面采样，每个点位采集的土壤样品分别为 A 层（表层，腐殖质淋溶层）、B 层（亚层，淀积层）、C 层（风化母岩层，母质层）。依据《土壤环境质量　农用地土壤污染风险管控标准（试行）》（GB 15618—2018）风险筛选值对 8 个土壤背景点位表层土即 A 层进行评价；评价项目覆盖砷、镉、铬、铜、汞、镍、铅、锌 8 种重金属和六六六总量、滴滴涕总量、苯并［a］芘 3 项有机污染物。监测评价结果表明，全市 8 个土壤背景点位均未超土壤风险筛选值，土壤环境背景点未受到污染。

一、监测结果评价

“十三五”期间，南通市 8 个背景点表层土壤 pH 范围在 7.60～8.82，算术平均值为 8.36，处于碱性范围。土壤阳离子交换量范围在 2.06～20.1 cmol（+）/kg，算术平均值为 12.6 cmol（+）/kg。土壤有机质含量在 6.4～25.9 g/kg，算术平均值为 15.0 g/kg。

8 个土壤背景点位中无超风险筛选值点位，土壤环境质量相对较好。砷、镉、铬、铜、汞、镍、铅、锌 8 种金属含量均未超过风险筛选值。六六六总量、滴滴涕总量、苯并［a］芘 3 项有机污染物含量均未超过风险筛选值。具体结果见表 3-11-9。

表 3-11-9 “十三五”期间南通市土壤环境背景值

监测项目	浓度范围	平均值
pH（无量纲）	7.60 ～ 8.82	8.36
阳离子交换量 /［cmol（+）/kg］	2.06 ～ 20.1	12.6
有机质 /（g/kg）	6.4 ～ 25.9	15.0
镉 /（mg/kg）	0.09 ～ 0.37	0.18
汞 /（mg/kg）	0.020 0 ～ 0.183 0	0.067 9
砷 /（mg/kg）	5.43 ～ 17.2	11.6
铅 /（mg/kg）	14.4 ～ 76.0	32.8
铬 /（mg/kg）	42 ～ 336.2	85.8
铜 /（mg/kg）	9.6 ～ 77.3	32.2
镍 /（mg/kg）	12.3 ～ 55.0	32.3
锌 /（mg/kg）	44.8 ～ 137	82.7
六六六 /（mg/kg）	0.001 3 ～ 0.004 5	0.003 2
滴滴涕 /（mg/kg）	0.002 5 ～ 0.066 0	0.007 6
苯并［*a*］芘 /（mg/kg）	0.002 5L	0.002 5L

二、与历史监测结果对比

（一）与 2017 年情况相比

2017 年，南通市对 8 个背景点位 0～20 cm 表层土壤开展了一次监测，监测项目包括 8 种无机元素（砷、镉、铬、铜、汞、镍、铅、锌）和 3 项有机项目（六六六总量、滴滴涕总量、苯并［*a*］芘）。采用《土壤环境质量　农用地土壤污染风险管控标准（试行）》（GB 15618—2018）风险筛选值评价，并与 2018 年监测结果进行对比。

从监测项目对比情况来看，2018 年与 2017 年 8 种常规元素（重金属）平均浓度差值在 0.017～16.5 mg/kg，其中镉、汞、镍、锌 4 种元素 2018 年平均浓度高于 2017 年，其余 4 种元素则低于 2017 年（图 3-11-3）。有机项目除 2017 年 1 个点位滴滴涕有检出外，其余均未检出。

2017 年与 2018 年的 8 个土壤背景点位的两次监测结果表明，均处于无污染水平，均未超过风险筛选值。

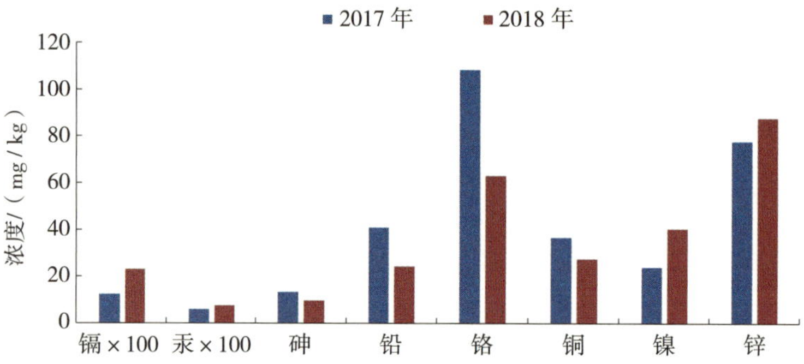

图 3-11-3　2017 年、2018 年南通市土壤背景点位常规元素含量比较

（二）与 1986 年情况相比

1985—1986 年，南通环境监测中心对南通市耕层土壤的砷、镉、铬、铜、汞、铅、锌的背景值开展了一次大调查。从平均浓度来看，2018 年土壤背景点汞、砷、铬、铜、锌 5 种元素平均值分别较 1986 年上升了 661%、66.7%、10.5%、0.6%、14.1%。镉、铅 2 种元素含量则有所下降，分别下降了 58.3%、3.2%，见图 3-11-4。

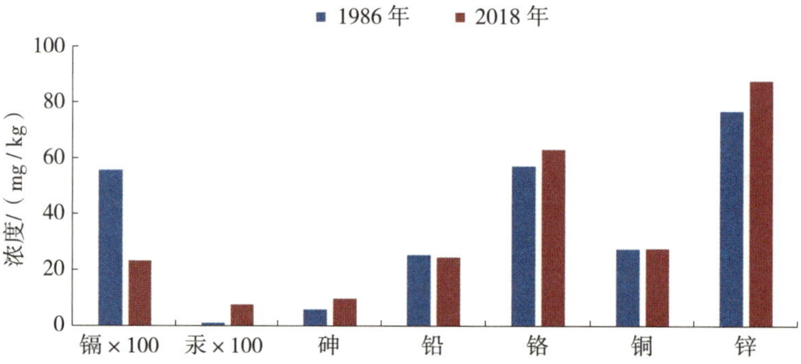

图 3-11-4　1986 年、2018 年南通市土壤背景点常规元素含量比较

第四节　风险点位土壤环境质量

“十三五”期间，南通市在 8 家企业（园区）周边地区的污染场地开展监测，共布设监测点位 34 个，重点监测污染场地周边土壤环境中的重金属含量，其中监测评价点位 29 个，对照点 5 个。主要涉及纺织、金属表面处理和固体废物集中处理等行业，包括如皋经济开发区表面处理园、启东市滨江精细化工园区、南通经

济开发区、联发纺织、恒发印花、泰尔特染整、正章染整等园区和企业。监测项目包括 pH、阳离子交换量、有机质、砷、镉、铬、铜、汞、镍、铅、锌、苯并［*a*］芘，以及选测项目六六六、滴滴涕。监测评价结果表明，全市 29 个风险点位土壤全部未超土壤风险筛选值，土壤环境未受到污染。

“十三五”期间，29 个纺织、金属表面处理和固体废物集中处理等行业国家重点源周边风险点位土壤样品 pH 范围在 7.79～8.71，算术平均值为 8.35，处于碱性范围。土壤阳离子交换量范围在 6.0～26.5 cmol（+）/kg，算术平均值为 10.7 cmol（+）/kg。土壤有机质含量在 6.0～26.5 g/kg，算术平均值为 17.7 g/kg。

29 个风险点位土壤中无超风险筛选值点位，土壤环境质量相对较好。砷、镉、铬、铜、汞、镍、铅、锌 8 种重金属含量均未超过风险筛选值。六六六总量、滴滴涕总量、苯并［*a*］芘 3 项有机污染物含量均未超过风险筛选值。具体结果见表 3-11-10。

表 3-11-10 “十三五”期间南通市国家重点源周边土壤环境质量监测情况统计结果

监测项目	浓度范围	平均值
pH（无量纲）	7.79 ～ 8.71	8.35
阳离子交换量 /［cmol（+）/kg］	6.0 ～ 26.5	10.7
有机质 /（g/kg）	2.3 ～ 48.3	17.7
镉 /（mg/kg）	0.04 ～ 0.42	0.18
汞 /（mg/kg）	0.016 ～ 0.152	0.08
砷 /（mg/kg）	3.8 ～ 17.2	8.64
铅 /（mg/kg）	11.9 ～ 89.4	26.7
铬 /（mg/kg）	35 ～ 105	62.24
铜 /（mg/kg）	10.2 ～ 92.6	28.67
镍 /（mg/kg）	22.6 ～ 144	61.9
锌 /（mg/kg）	21.4 ～ 116	56.9
六六六 /（mg/kg）	0.000 06L	0.000 06L
滴滴涕 /（mg/kg）	0.000 09L	0.000 09L
苯并［*a*］芘 /（mg/kg）	0.000 8 ～ 0.428	0.038 1

第五节 小 结

南通市土壤环境质量状况总体良好，局部地区出现重金属和有机污染。与“十二五”相比，土壤环境质量未发生明显变化。

（1）全市土壤环境质量总体良好，各类型土壤在风险筛选值以下的占比为95%以上。“十三五”期间，开展监测的基本农田、耕地、“菜篮子”基地、畜禽养殖场、饮用水水源地、背景点位、重点源风险点位周边土壤环境质量在风险筛选值以下的占比分别为97.5%、96.4%、100%、100%、100%、100%和100%，土壤环境质量总体良好。“十三五”期间，南通市超风险筛选值的土壤均出现在耕地中，重金属污染、有机污染均存在，可能与不同的污染来源有关。

（2）重金属含量变化不大。与“十二五”期间土壤环境质量调查结果相比，南通市土壤中重金属含量总体无明显差异。与背景值调查结果相比，重金属含量亦无明显增加。这表明南通市土壤中重金属的累积较相对缓慢。

（3）基本农田与蔬菜基地土壤环境质量状况基本稳定。通过多年的农田基本建设和无公害生产基地的创建，土壤污染状况基本保持平稳。蔬菜基地土壤中无机物和有机物的含量均低于基本农田土壤中的筛选值。与“十二五”期间调查结果相比，基本农田、蔬菜基地土壤中的无机物含量和有机物含量基本持平，处于同一范围。

（4）饮用水水源地土壤环境质量好于“十二五”质量调查结果。饮用水水源地周边土壤中的重金属含量均较低，除铬外，其他重金属含量均略高于背景值。有机污染方面，3项有机污染物有2项未检出，苯并［*a*］芘含量略高于背景值。水源地设置保护区对土壤环境起到了一定的保护作用。

（5）规模化畜禽养殖对周边土壤环境质量未产生明显影响。养殖场周边土壤中8种重金属含量与耕地土壤无明显变化。有机污染方面，除滴滴涕含量略高于背景值外，其他2项指标与背景值接近。与“十二五”期间相比，畜牧养殖场周边土壤中汞、铬、镍等金属浓度明显下降，低于2018年标准风险筛选值。有机物含量无明显变化。畜禽养殖场对周边土壤环境质量未产生明显影响。

专栏十七 《土壤污染防治行动计划》落实情况

“十三五”以来，南通市委、市政府高度重视土壤生态环境治理体系和治理能力现代化建设，严格按照国家、省“土十条”要求，以人大土壤污染防治法执法检查为契机，扎实推进污染攻坚净土保卫战。2020 年，全市深入开展重点行业企业用地土壤污染状况调查，重点企业地块信息核实 1 884 个，现场采样地块 183 个，初步建立污染地块优先管控名录。完成重点单位地下储罐信息排查备案 62 家，土壤和地下水自行监测并公开 325 家。推进危险废物处置专项整治行动，建成如东、海门两个危险废物处置设施，新增危险废物处置能力 4 万 t/a，累计处置能力达 30.1 万 t/a，实现产废、处废平衡。对照国家和省“土十条”以及有关目标责任书要求，南通市全面完成了土壤污染防治年度工作任务，超额完成土壤污染防治“十三五”终期目标。全市土壤环境质量总体保持稳定，未发生因耕地土壤污染导致农产品质量超标且造成不良社会影响的事件，未发生因疑似污染地块或污染地块再开发利用不当且造成不良社会影响的事件。

一、土壤污染防治目标完成情况

（一）受污染耕地安全利用率

根据农用地土壤污染状况详查与土壤环境质量类别划分结果，南通市划定优先保护类耕地 666.83 万亩，占全市耕地总面积的 99.986%；安全利用类耕地 830 亩，占比为 0.013%，分布在海安市、通州区、海门区；严格管控类耕地 68 亩，占比为 0.001%，分布在海安市。为保障农业生产环境安全，海安市、通州区、海门区分别制定了受污染耕地安全利用实施方案，采取施用土壤调理（钝化）剂、喷施叶面阻隔剂、深翻、水分调节、种植低积累品种、休耕等方式，安全利用技术覆盖率达到 100%。农产品质量达标率为 100%，受污染耕地安全利用率为 100%。

（二）污染地块安全利用率

依据生态环境部办公厅、自然资源部办公厅《关于印发〈2020 年污染地块安全利用率核算方法〉的通知》（环办土壤〔2020〕28 号）要求，市生态环境、自然资源和规划部门在全市污染地块再开发利用情况摸底调查的基础上，进一步排查全市疑似污染地块、污染地块开发建设情况，核实有关地块建设工程规划许可证发放、土壤污染状况调查评估等情况。地块土壤污染调查评估与治理修复相关材料均按要求上传至全国污染地块土壤环境管理信息系统并向社会公开。通过空间比对，上述地块再开发利用总面积为 102 154.5 m^2，其中符合相应规划用地土壤环境质量要求的面积 101 914.5 m^2，即南通市污染地块安全利用率为 99.77%。

二、土壤污染防治重点工作完成情况

依据江苏省土壤防治工作协调小组办公室《关于印发江苏省土壤污染防治工作方案实施情况评估考核办法（试行）的通知》（苏土治办〔2018〕4 号），土壤污染防治重点工作完成情况如下。

（一）扎实推进土壤污染状况详查

根据江苏省环境保护厅办公厅《江苏省重点行业企业用地土壤污染状况调查组织实施方案》（苏环办〔2018〕192 号）、南通市生态环境局《关于印发南通市重点行业企业用地土壤污染状况调查工作实施方案的通知》（通环土〔2019〕15 号）以及有关技术规定，深入实施土壤污染状况详查，强化组织推进和质量控制，全面完成详查各项任务，基本摸清全市土壤环境质量底数。一是完成农用地土壤污染状况详查成果集成。委托生态环境部南京环境科学研究所开展农用地详查成果集成，分析评价农用地土壤环境质量，明确受污染农用地面积、分布及对农产品质量的影响，提出农用地土壤污染风险管控措施，为全市农用地分类管理奠定基础。二是重点行业企业用地调查顺利“收官”。进一步增补调查地块 68 个，累计完成 1 884 个地块基础信息采集与复核、风险筛查、空间信息整合。突出重点，确定采样调查地块 183 个，共布设土壤样点 921 个，地下水样点 543 个。采集流转各类样品 3 961 件，分析测试获取有效数据 154 088 个，组织入库土壤无机样品 2 895 件。开展调查成果集成，完成地块风险分级，确定了超标地块及优先管控名录，明确了重点行业、重点污染物与重点区域，初步分析了企业用地污染成因及污染趋势，为进一步健全和完善南通市土壤环境管理体系，推动土壤污染风险管控与治理修复提供了基础依据。

（二）加强土壤污染源头预防

强化涉重金属行业污染防控。南通市生态环境部门认真贯彻落实省生态环境厅《关于做好 2020 年重金属污染防控相关工作的通知》，在 2019 年已提前完成全市减排任务的基础上继续做好重金属污染防控。截至 2020 年年底，南通市纳入全口径清单的重金属企业共有 188 家，重点行业重点重金属污染物排放量已完成总量削减 12.72%，超额完成“到 2020 年较 2013 年下降 10%”的目标。2018 年，南通市生态环境部门印发了《关于开展重金属重点防控区专项整治工作的通知》（通环办〔2018〕22 号），南通市 8 个重金属重点防控区制定了整改方案并按照有序开展整改工作，截至 2020 年年底，所有防控区均已完成整治工作自主验收。

推进化肥农药减量增效工作。2018 年以来，南通市通过推进有机肥部分替代化肥行动、示范推广缓释肥料、水溶性肥料等高效新型肥料、促进施肥方式转变等措施，不断提高化肥利用率，减少化肥施用量，进一步建立完善科学施肥管理和技术体系。2018 年，全市化肥施用量（折纯）21.16 万 t，2019 年全市化肥施用量（折纯）20.66 万 t，2020 年化肥施用量 20.34 万 t，同比减少 0.32 万 t，较 2015 年下降 9.52%。2020 年全市农药使用 8 975 t，较 2019 年下降 1.55%，较 2015 年下降 9.60%，实现负增长。

加强土壤污染重点监管单位环境管理。根据《省生态环境厅关于加强土壤污染重点监管单位土壤环境管理工作的通知》（苏环办〔2019〕388 号），南通市更新了 2020 年土壤污染重点监管单位名录，公开重点监管单位 403 家，并印发了《关于加强土壤污染重点监管单位土壤环境管理工作的通知》，进一步强化重点监管单位的主体责任。2020 年，重点单位土壤环境管理工作逐步规范化，已有 122 家土壤污染重点监管单位将相关义务依法纳入排污许可证，398 家建立和落实了土壤污染隐患排查制度，398 家企业开展了土壤和地下水自行监测，403 家企业全部开展了地下储罐排查，其中 63 家企业完成了 179 个地下储罐的备案工作。根据《土壤污染防治行动计划》和《江苏省土壤污染防治工作方案》，南通市生态环境部门组织对辖区内重点监管单位和工业园区周边开展土壤和地下水环境监测，每 5 年完成一遍。南通市各地生态环境部门已制定 5 年监督性监测计划并有序开展实施。

（三）实施农用地分类管理

划定耕地土壤环境质量类别。南通市已完成耕地土壤类别划分工作，划定结果于 2019 年 12 月报省。根据《南通市耕地土壤环境质量类别划分技术报告》，南通市划定优先保护类耕地 666.83 万亩，占全市耕地总面积的 99.986%；安全利用类耕地 830 亩，占全市耕地总面积的 0.013%；严格管控类耕地 68 亩，占全市耕地总面积的 0.001%。实施受污染耕地安全利用和治理修复。根据《省政府办公厅关于切实抓好受污染耕地安全利用工作的通知》（苏政电发〔2019〕85 号），市农业农村局、生态环境局联合行文上报了《关于上报南通市污染耕地安全利用实施方案的报告》（通农发〔2020〕157 号）。对南通市安全利用类耕地中的 58 亩进行了种植结构调整，用于种植桑树。其余 772 亩安全利用类耕地的安全利用措施主要为种植结构调整、低累积品种替代、水分调控、叶面阻断、原位钝化等。

（四）加强建设用地准入管理

建立疑似污染地块名单。按照环境保护部公布的《污染地块土壤环境管理办法（试行）》及相关要求，南通市生态环境部门会同工业和信息化、自然资源和规划等部门，根据辖区内工业企业关停并转、破产、搬迁等情况以及土地出让、划拨等工作计划，结合日常环境监管中发现的问题线索等，建立本辖区疑似污染地块名单，并实施动态更新。2020 年，全市新增疑似污染地块共 71 个。建立污染地块名录。对纳入疑似污染地块名单的地块，生态环境部门督促土地使用权人等地块责任主体组织开展土壤环境初步调查。根据地块调查结果动态更新污染地块名录，同时向社会公开。加强污染地块再开发利用准入管理。严格落实《南通市城市总体规划（2011—2020 年）》要求，加强城市和工矿企业污染场地环境监管，禁止污染地块进行土地流转和开发利用。市自然资源和规划、生态环境等多部门组织部门审查会、规划办公会，强化控规调整管理，共同把关，严防疑似污染地块或污染地块进入用地程序。

（五）强化试点示范

全力推进土壤污染治理与修复技术应用试点。结合城市主城区重污染企业搬迁工作，在工业用地土壤污染治理修复领域积极探索，积累了一定的修复技术和项目管理经验，基础条件较好。2020 年，崇川区原南通第二印染厂地块、原南通精华制药原料药分厂地块、原南通万达锅炉（任港路北侧）地块土壤污染治理修复项目被纳入省级土壤污染治理与修复技术应用试点。推进土壤污染综合防治先行区建设。推进启东市土壤污染综合防治先行区建设，在土壤污染源头预防、风险管控、治理与修复、土壤环境监管能力建设等方面积极探索，先行先试。2019 年以来，共组织实施土壤污染治理修复类项目 1 个，固体废物基础设施项目 1 个，生活垃圾处置项目 1 个，关闭搬迁企业地块排查项目 67 个，合计 70 个重点项目。涉土生态环境损害赔偿取得明显成效。近年来，全市办理启东市金阳光固体废物处置有限公司等涉土生态环境损害赔偿案件 55 起，总金额 6 960.6 万元，实际处置、修复土壤达 16.9 万 m^2，对土壤环境损害者形成震慑，有效遏制了生态破坏行为。

（六）落实各方责任及公众参与

加强部门协调配合。市政府成立了南通市土壤污染防治工作协调小组，建立了市区自然资源管理联席会议、市区城市规划办公会、市区经营性用土地出让规划研究方案部门联审会议等工作制度，生态环境、自然资源和规划、农业农村等部门按照职责分工，强化信息共享和工作协调，协同做好土壤污染防治工作。加强环境信息公开。南通市始终坚持环境信息透明公开，维护公众环境权益，主动发布环境信息。根据国家和省“土十条”有关要求，南通市土壤污染重点监管单位名单、重点监管单位自行监测结果、治理修复工程效果评估报告主要内容、各县（市、区）土壤污染治理与修复效果评估主要结论等土壤污染防治信息，分别由管理部门和企业单位及时予以公开。加强宣传教育。南通市持续深入开展《土壤污染防治法》宣传贯彻工作，结合“六五”世界环境日、企业环保总监培训等，广泛开展法律进企业、进学校、进社区等形式多样的宣传活动。同时加强媒体宣传力度，通过广播、电视、报纸等传统媒体和微信、微博公众号等新媒体，大力宣传《土壤污染防治法》实施和保护土壤环境的重要意义，形成良好的社会共识。

第十二章　辐射环境

“十三五”期间，南通市辐射环境质量保持良好，水环境、环境空气、土壤环境中电离辐射环境质量未发生显著变化，各项指标均低于环境本底或在江苏省环境本底范围内。电磁辐射满足《电磁环境控制限值》（GB 8702—2014）公众曝露控制限值要求。辐射环境与“十二五”期间相比无显著变化。

第一节　电离辐射环境质量

“十三五”期间，南通市共设置辐射监测点 21 个，其中水体监测点 3 个（长江、重点饮用水水源地、海洋监测点各 1 个），陆地监测点 15 个，土壤监测点 1 个，环境中电磁辐射水平监测点 2 个，见图 3-12-1。监测项目为长江干流姚港断面水中总 α、总 β，重点饮用水水源地（狼山水厂）水中总 α、总 β，近岸海域海水

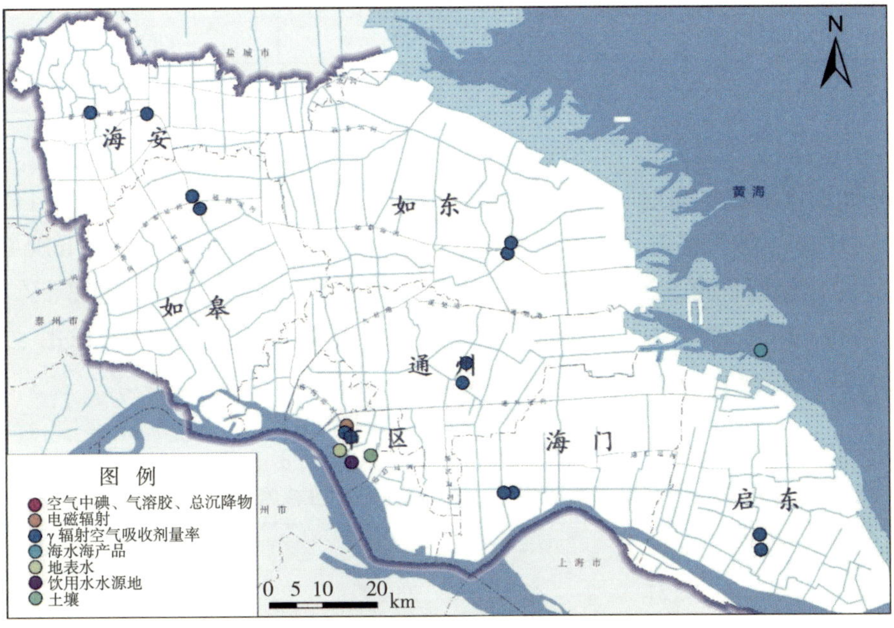

图 3-12-1　南通市辐射环境质量监测点位

中 U、Th、^{226}Ra、^{90}Sr、^{137}Cs；空气中瞬时 γ 辐射空气吸收剂量率、环境 γ 辐射空气吸收累积剂量率、气溶胶放射性核素含量；土壤中 ^{238}U、^{232}Th、^{226}Ra、^{40}K 和 ^{137}Cs。

一、水体

（一）长江南通段

在长江干流南通段姚港断面开展 1 次水中放射性核素浓度监测，对照 2020 年全省区间，2020 年长江干流南通段姚港断面水中总放射性水平在全省涨落范围内。与 2019 年相比，无明显变化。“十三五”期间长江干流南通段水体中总 α 呈显著下降趋势，总 β 波动下降，见表 3-12-1。

表 3-12-1 2016—2020 年长江干流南通段水体中放射性核素浓度监测结果 单位：mBq/L

年份	监测项目	
	总 α	总 β
2016	69	97
2017	65	94
2018	28	116
2019	28	75
2020	27	74
秩相关系数	-1.0	-0.7
2020 年全省	12.0 ～ 121	63 ～ 230

（二）重点饮用水水源

在重点饮用水水源地——狼山水厂取水口设置 1 个监测点，每年开展 1～2 次水中放射性核素浓度监测。2020 年总 α 与总 β 浓度分别为 22 mBq/L 和 76 mBq/L，与 2019 年相比保持稳定。2016—2020 年狼山饮用水水源地水中总 α、总 β 测值分别在 21～49 mBq/L 和 61～120 mBq/L，满足《生活饮用水卫生标准》（GB 5749—2006）中总 α（500 mBq/L）和总 β（1 000 mBq/L）的限值要求（表 3-12-2、图 3-12-2），与“十二五”期间测值相比放射性水平无明显变化。

表 3-12-2 2016—2020 年南通市饮用水水源地放射性核素浓度监测结果 单位：mBq/L

指标	2016 年	2017 年	2018 年	2019 年	2020 年	秩相关系数	标准值
总 α	49	21	47	23	22	-0.4	500
总 β	89	61	120	74	76	-0.1	1 000

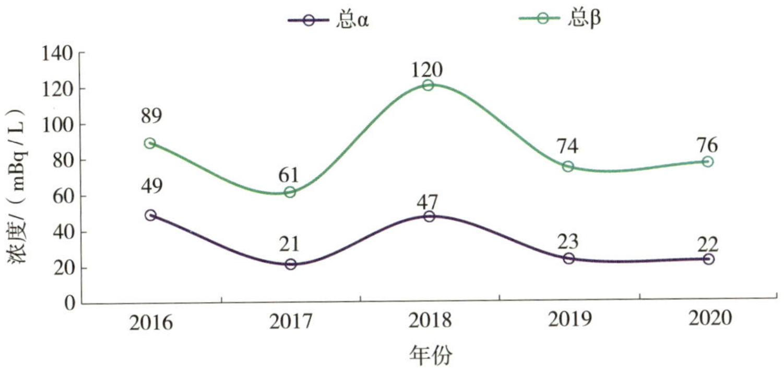

图 3-12-2　2016—2020 年南通市重点饮用水水源地总 α、总 β 年际变化

（三）近岸海域

在南通市近岸海域设置 1 个监测点，每年监测至少 1 次。2020 年南通市近岸海域海水除 ^{226}Ra 达到全省测值范围上限外，其余放射性核素浓度处于全省测值范围中间水平。同比于 2019 年，放射性核素 ^{137}Cs、Th 浓度有所下降，其余核素浓度均有小幅升高。

2016—2020 年，南通市近岸海域海水中天然放射性核素活度浓度基本在江苏省天然本底涨落范围内，人工放射性核素未见异常（表 3-12-3）。

表 3-12-3　2016—2020 年南通市近岸海域海水放射性核素浓度监测结果

年份	放射性核素活度浓度				
	^{90}Sr/（mBq/L）	^{137}Cs/（mBq/L）	^{226}Ra/（mBq/L）	Th/（μg/L）	U/（μg/L）
2016	1.2	1.1	9.3	0.15	2.4
2017	0.79	1.1	<2.0	<0.050	2.2
2018	1.0	0.59	9.4	0.11	2.8
2019	0.79	1.8	7.1	0.15	2.2
2020	1.1	0.65	10	0.069	3.0
2020 年全省测值范围	1.0 ～ 3.0	0.38 ～ 0.89	5.0 ～ 10	0.069 ～ 0.28	2.6 ～ 3.8
2020 年全国天然放射性水平调查结果	—	—	2.0 ～ 11.0	0.12 ～ 2.01	0.88 ～ 3.74
《海水水质标准》（GB 3097—1997）	4 000	700	—	—	—

2020 年，启东大洋港海产品（鲳鱼）放射性核素浓度均处于正常范围内，同比 2019 年 ^{40}K、^{137}Cs、^{210}Po 有所提高，其余核素浓度均无明显变化。

2016—2020 年，南通市近岸海域海产品中天然放射性核素活度浓度与人工放射性核素未见异常（表 3-12-4）。

表 3-12-4　2016—2020 年南通市启东大洋港（海产品）放射性核素浓度监测结果 单位：Bq/kg

年份	放射性核素活度浓度								
	^{40}K	^{137}Cs	^{90}Sr	^{210}Pb	^{210}Po	^{226}Ra	^{228}Ac	^{228}Ra	^{234}Th
2016	122	0.078	0.007	<1.8	—	<0.068	<0.29	—	<1.2
2017	67	0.044	0.003	<1.1	0.48	<0.041	<0.22	—	<0.61
2018	90	0.052	0.004	<1.4	5.9	0.037	0.19	—	<0.52
2019	76	0.054	<0.008	<0.30	0.59	<0.040	<0.11	<0.11	<0.22
2020	90	0.088	<0.008	<0.56	1.3	<0.041	—	<0.12	<0.36

二、空气

（一）γ 辐射空气吸收剂量率

“十三五”期间，每年开展 1 次瞬时 γ 辐射空气吸收剂量率监测工作，共布设监测点位 15 个；在南通市区虹桥子站布设 1 个点位，每季度开展 1 次累积 γ 辐射空气吸收剂量率监测工作（表 3-12-5）。

表 3-12-5　2016—2020 年环境瞬时 γ 辐射空气吸收剂量率监测结果 单位：nGy/h

序号	监测点位	2016 年	2017 年	2018 年	2019 年	2020 年
1	虹桥子站	83.9	88.0	76.4	93.6	96.9
2	南郊子站	61.9	54.9	62.3	64.5	68.2
3	朝晖花园	70.9	68.0	49.8	72.3	72.5
4	通州市环境监测站	59.6	61.7	55.7	73.0	72.5
5	通州武警中队	69.8	67.4	58.1	58.2	54.8
6	海门市环境监测站	73.9	78.7	83.9	79.9	86.5
7	海门蓓蕾幼儿园	60.1	55.2	72.2	76.2	72.2
8	启东市环境监测站	86.0	82.8	85.2	85.8	78.3
9	启东市南苑中学	94.7	85.1	79.7	107	109
10	如皋市环境监测站	86.2	69.7	53.3	55.5	56.7
11	如皋市大生机电	66.1	59.9	54.4	44.3	42.7
12	海安市环境监测站	53.7	81.8	55.8	62.8	56.6

续表

序号	监测点位	2016 年	2017 年	2018 年	2019 年	2020 年
13	海安市联荣大桥	64.9	46.8	50.1	36.1	38.9
14	如东县环境监测站	70.0	53.5	31.9	84.5	82.9
15	如东县市民广场	75.1	76.0	73.1	72.5	65.3
年均值		71.8	68.6	62.8	71.1	70.3
“十二五”年均值范围		56.1 ～ 78.7				
“十三五”年均值范围		62.8 ～ 71.8				

“十三五”期间，全市瞬时γ辐射空气吸收剂量率监测结果年均值范围为62.8～71.8 nGy/h，与“十二五”相比保持稳定。按累积法测得的环境γ辐射空气吸收剂量率评价，年均值范围为88.2～98.9 nGy/h，与江苏省天然水平相比无明显变化（表3-12-5、表3-12-6）。与2019年相比，2020年各监测点位瞬时γ辐射空气吸收剂量率无明显变化（图3-12-3）。

表 3-12-6　2016—2020 年环境γ辐射空气吸收累积剂量率监测结果 单位：nGy/h

指标	2016 年	2017 年	2018 年	2019 年	2020 年
累积剂量率	98.9	93.5	88.2	92.8	92.0
江苏省天然本底水平	62.3 ～ 101.8（原野）				

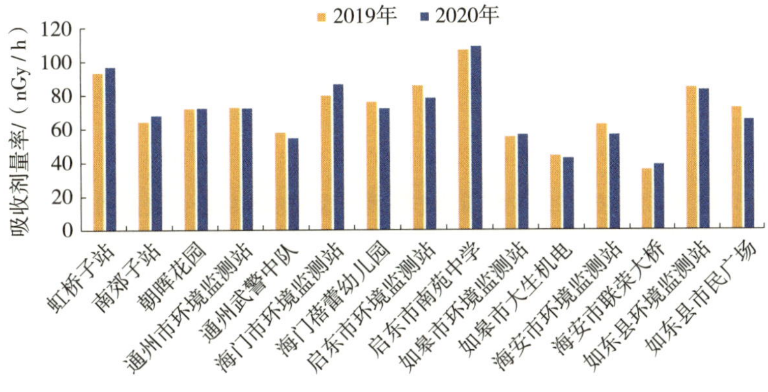

图 3-12-3　2019—2020 年瞬时γ辐射空气吸收剂量率监测结果

（二）气溶胶放射性核素含量

每年开展1～2次气溶胶放射性核素含量监测工作，测点设在南通市区虹桥子站。2016—2020年，气溶胶中^{232}Th、^{238}U、^{226}Ra、^{228}Ra、^{137}Cs、^{134}Cs、^{131}I、^{228}Ac均未检出，^{40}K、^{234}Th、^{228}Ra、^{7}Be、^{214}Bi的活度浓度均保持在环境正常水平（表3-12-7）。

表 3-12-7　2016—2020 年环境气溶胶放射性核素含量监测结果　单位：mBq/m^3

监测项目	2016 年	2017 年	2018 年	2019 年	2020 年
^{40}K	<0.079	<0.060	<0.112	0.907	<0.044～0.184
^{232}Th	<0.011 9	—	—	—	—
^{234}Th	—	<0.066 0	<0.133	0.501	<0.046～<0.073
^{238}U	<0.14	—	—	—	—
^{226}Ra	<0.009 99	<0.009 6	<0.011 6	<0.024 1	—
^{228}Ra	—	<0.010	<0.018 2	—	<0.009 3～0.013
^{7}Be	4.5	5.2	4.0	4.7	0.19～7.1
^{137}Cs	—	<0.005 8	<0.005 5	<0.005 3	<0.002 4～<0.002 6
^{134}Cs	<0.005	—	—	<0.005 9	<0.002 1～<0.002 4
^{131}I	—	<0.005 2	<0.005 0	<0.005 3	<0.002 3～<0.002 8
^{228}Ac	—	<0.028	<0.055	<0.110	—
^{214}Bi	—	—	—	—	<0.005 3～0.008 8

三、土壤

每年开展 1 次土壤放射性核素监测，测点设在南通市区南郊子站。2016—2020 年，南郊子站环境土壤中天然放射性核素 ^{238}U、^{232}Th、^{226}Ra 和 ^{40}K 含量的测值范围分别为<20～37 Bq/kg、38.0～43.0 Bq/kg、25.0～29.0 Bq/kg 和 506～551 Bq/kg，含量水平均在江苏省天然本底水平涨落范围内；人工放射性核素 ^{137}Cs 含量的测值范围分别为<0.46～1.0 Bq/kg，与“十二五”统计结果保持在同一水平（表 3-12-8）。

表 3-12-8　2016—2020 年南通市环境土壤放射性核素含量监测结果　单位：Bq/kg

年份	^{238}U	^{232}Th	^{226}Ra	^{40}K	^{137}Cs
2016	33.0	40.0	25.0	506	<0.78
2017	30.0	38.0	26.0	521	<0.72
2018	37.0	40.0	26.0	512	1.0
2019	32.0	43.0	28.0	526	<0.73
2020	<20	43.0	29.0	551	<0.46
2020 年全省	22～37	40～61	20～39	445～865	0.58～6.2
“十二五”统计结果	<19.9～36.7	39.1～49.4	27.9～34.8	500～664	<0.17～2.03
“十三五”统计结果	<20～37	38.0～43.0	25.0～29.0	506～551	<0.46～1.0
天然本底水平	14.1 ～ 62.1	17.9 ～ 67.9	13.1 ～ 89.6	302.6～876.2	—

第二节　电磁辐射监测

“十三五”期间，在南通市区环西文化广场和朝晖花园布设 2 个监测点位，每年进行 1 次电磁辐射监测工作，根据监测结果评价环境中电磁辐射水平。2020 年，环境空气电磁辐射监测结果相较于“十二五”末期有所降低。2016—2020 年，南通市电磁辐射环境质量监测结果符合《电磁环境控制限值》（GB 8702—2014）中公众曝露控制限值，功率密度低于 40 μW/cm^2，电场强度低于 12 V/m（表 3-12-9、图 3-12-4）。

表 3-12-9　2016—2020 年南通市环境空气电磁辐射监测结果

监测点位	单位	2016 年	2017 年	2018 年	2019 年	2020 年	GB 8702—2014 公众曝露控制限值
环西文化广场	功率密度 /（μW/cm^2）	0.43	0.42	0.47	0.56	0.55	40
朝晖花园	电场强度 /（V/m）	0.2	0.1	0.1	0.4	0.1	12

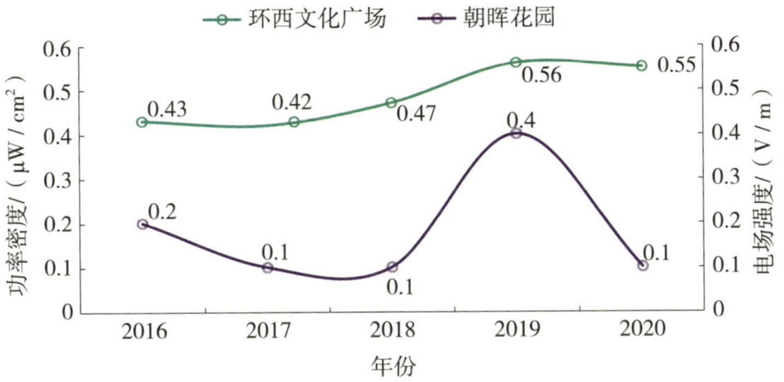

图 3-12-4　2016—2020 年南通市区电磁辐射水平年际变化

第三节　国控大气辐射环境自动监测

为落实《“十三五”生态环境保护规划》（国发〔2016〕65 号）、《生态环境监测网络建设方案》（国办发〔2015〕56 号）和《关于开展国控大气辐射环境自动监测站选址的通知》（环办核设函〔2017〕364 号）文件要求，在南通市建设国控大气辐射环境自动监测站，站点名称为南通崇川区站，编号 1110A08。主体为一体化站房结构，尺寸 3.1 m×2.4 m×2.4 m，配备有 NC-HPIC8000 高气压电离室，NC-MDS-1200 超大流量气溶胶采样器，NC-AIS-12 碘采样器，NC-AFRS 干湿沉降采集器，气象设备，以及数据采集和传输系统等。

自动监测站于 2020 年正式投入运行。2020 年，崇川区站测得的环境 γ 辐射空气吸收剂量率（未扣除宇宙射线响应值）保持在江苏省天然本底范围内，碘放射性核素活度浓度均未见异常升高（表 3-12-10、表 3-12-11）。

表 3-12-10　2020 年辐射环境自动监测站测得的 γ 辐射空气吸收剂量率（未扣除宇宙射线响应值）

<table>
<tr><th rowspan="3">月份</th><th rowspan="3">运行时间 / d</th><th rowspan="3">5 min 均值数据获取率 /%</th><th colspan="5">γ 辐射空气吸收剂量率 /（nGy/h）</th></tr>
<tr><th colspan="2">小时平均值</th><th colspan="3">日均值</th></tr>
<tr><th>最大值</th><th>最小值</th><th>日均值范围</th><th>平均值</th><th>标准差</th></tr>
<tr><td>1</td><td>31.0</td><td>92.2</td><td>104.8</td><td>79.3</td><td>80.95 ～ 88.87</td><td>84.5</td><td>2.3</td></tr>
<tr><td>2</td><td>29.0</td><td>100.0</td><td>120.3</td><td>80.0</td><td>80.83 ～ 91.89</td><td>83.6</td><td>2.4</td></tr>
<tr><td>3</td><td>31.0</td><td>100.0</td><td>102.6</td><td>79.4</td><td>81.67 ～ 86.65</td><td>83.4</td><td>1.3</td></tr>
<tr><td>4</td><td>30.0</td><td>100.0</td><td>119.8</td><td>78.6</td><td>80.92 ～ 93.14</td><td>82.7</td><td>2.3</td></tr>
<tr><td>5</td><td>31.0</td><td>100.0</td><td>110.2</td><td>78.2</td><td>80.87 ～ 89.55</td><td>83.6</td><td>2.2</td></tr>
<tr><td>6</td><td>30.0</td><td>100.0</td><td>132.6</td><td>79.9</td><td>81.00 ～ 93.92</td><td>84.1</td><td>3.0</td></tr>
<tr><td>7</td><td>31.0</td><td>99.7</td><td>120.2</td><td>79.3</td><td>80.36 ～ 92.10</td><td>84.3</td><td>3.2</td></tr>
<tr><td>8</td><td>31.0</td><td>100.0</td><td>105.9</td><td>78.9</td><td>80.37 ～ 88.52</td><td>82.5</td><td>2.2</td></tr>
<tr><td>9</td><td>30.0</td><td>100.0</td><td>106.6</td><td>78.5</td><td>80.65 ～ 97.65</td><td>82.7</td><td>3.2</td></tr>
<tr><td>10</td><td>31.0</td><td>100.0</td><td>116.8</td><td>77.3</td><td>80.64 ～ 90.74</td><td>82.0</td><td>2.0</td></tr>
<tr><td>11</td><td>30.0</td><td>99.9</td><td>104.8</td><td>77.6</td><td>80.99 ～ 89.38</td><td>82.9</td><td>2.3</td></tr>
<tr><td>12</td><td>31.0</td><td>100.0</td><td>117.2</td><td>79.4</td><td>80.70 ～ 90.99</td><td>82.5</td><td>1.9</td></tr>
<tr><td rowspan="2">2020 年</td><td rowspan="2">366.0</td><td rowspan="2">99.3</td><td rowspan="2">132.6</td><td rowspan="2">77.3</td><td>月均值范围</td><td>平均值</td><td>标准差</td></tr>
<tr><td>82.00 ～ 84.50</td><td>83.2</td><td>0.8</td></tr>
<tr><td colspan="4">江苏省天然本底水平（原野、道路）</td><td colspan="4">33.1 ～ 102.3</td></tr>
</table>

表 3-12-11　2020 年江苏省辐射环境自动监测站空气中碘放射性核素活度浓度　单位：mBq/m^3

采样开始时间	采样结束时间	^{131}I
3 月 11 日	3 月 12 日	<0.17
4 月 9 日	4 月 1 日	<0.24
7 月 6 日	7 月 7 日	<0.12
10 月 9 日	10 月 10 日	<0.24

第四节　小　结

一、南通市电离辐射总体状况稳定，保持在天然本底水平范围内

“十三五”期间，长江干流南通段水体水中总放射性水平未见异常，与“十二五”期间放射性水平测值相比无显著变化；重点饮用水水源地水中总 α、总 β 测值均满足《生活饮用水卫生标准》（GB 5749—2006）的限值要求；近岸海域海水和海产品放射性核素中浓度监测结果无明显异常。

南通市瞬时、累积 γ 辐射空气吸收剂量率无明显变化；市区气溶胶放射性核素中天然放射性核素活度浓度基本在江苏省天然本底涨落范围内，人工放射性核素活度浓度未见异常。

环境土壤中天然放射性核素含量水平均在江苏省天然本底水平涨落范围内，人工放射性核素测值范围为＜0.46～1.0 Bq/kg，与“十二五”期间相比均在同一水平。

二、南通市电磁辐射环境质量无显著变化，各项指标均低于相关标准限值要求

“十三五”期间，南通市环西文化广场电磁辐射环境质量平均值为 0.49 $\mu W/cm^2$，朝晖花园电场强度平均值为 0.2 V/m，远低于《电磁环境控制限值》（GB 8702—2014）中公众曝露控制要求。

三、国控大气辐射环境自动监测站投入使用，提升南通市辐射环境监测能力

南通市辐射环境自动站测得的环境 γ 辐射剂量率（未扣除宇宙射线响应值）和碘放射性核素活度浓度均未见异常。

专栏十八 基于车载监测法的Ⅱ型大城市射频公众曝露研究与示范应用

南通市作为我国典型的Ⅱ型大城市，其经济的快速发展带动了城市信息化进步，移动通信在经济发展、政府事务、企业管理和百姓生活等领域得到了广泛应用，先后入选国家第二批“三网融合”试点城市、国家智慧试点城市和中欧绿色智慧试点城市。然而与此同时，惠及民生的智慧城市建设与移动通信基站“邻避效应”矛盾突出，南通城区射频辐射公众曝露水平处于空白。南通市采用新型车载监测技术，对南通城区射频辐射公众曝露水平测试并进行系统应用示范，掌握了城区公众曝露水平及其分布特征，系统研究、改进了影响车载监测技术推广应用的限制因素，形成切实可行的新型监测技术有效示范。此外，还详细分析了射频辐射污染来源及移动通信基站电磁辐射空间分布特性。

一、主要技术原理

车载监测系统为江苏省核与辐射安全监督管理中心研制，由监测设备、GPS定位设备、中控设备、数据处理设备和电源设备等组成，集成地理信息系统（GIS）、MapInfo、GPS和百度联网地图等技术，能够连续测量电磁环境综合场强，记录行车轨迹，并进行频谱分析。车载监测仪器选用Narda公司生产的EMR300电磁辐射综合场强仪，具有各向同性响应的宽带辐射测量仪，频响范围为100 kHz～3 GHz、测试范围为0.2～800 V/m和SRM3000电磁辐射选频测量仪，选频范围为75 MHz～3 GHz，均通过计量检定并在有效期内。为保证监测的连续性和测试的准确性，运行车速不超过30 km/h，数据获取率为3次/s。车载监测法最终结果以每个网格单元实测数据平均值表示，比国标法网格中心一点监测值更具代表性和准确性。

二、主要监测结果

（一）区域总体公众曝露

调查共获取有效测试数据20 060个。统计表明，南通城区总体综合电场强度为0.89±0.44 V/m（平均值 ± 标准差），明显低于《电磁环境控制限值》（GB 8702—2014）中表1公众曝露控制限值（30～3 000 MHz对应的电场强度为12 V/m）。综合场强值主要分布情况：0.5～1.0 V/m占44.5%，其次为0.2～0.5 V/m占25.2%，1.0～1.5 V/m占19.2%，1.5～2.0 V/m占5.8%，2.5～3.0 V/m占2.2%，大于3.0 V/m或小于0.2 V/m占0.6%～1.8%。

利用MapInfo地理信息系统软件工具，以0.5 km×0.5 km网格尺度构建了南通城区电磁辐射公众曝露分布图（图 1）。图中用不同颜色表示每个网格对应的综合场强均值，方格颜色由绿变红，代表综合场强值变大。由图 2 可知，南通城区射频公众曝露电场强度具有明显的地理分布特征，即中心高外围低，主城区北高南低的特点，这主要与主城区域 RF 辐射污染源和基站建设较多有关。其中 1.0 V/m 以上网格数有 47 个，0.58 V/m 以上网格数有 208 个，中心区域最大值为 1.88 V/m。

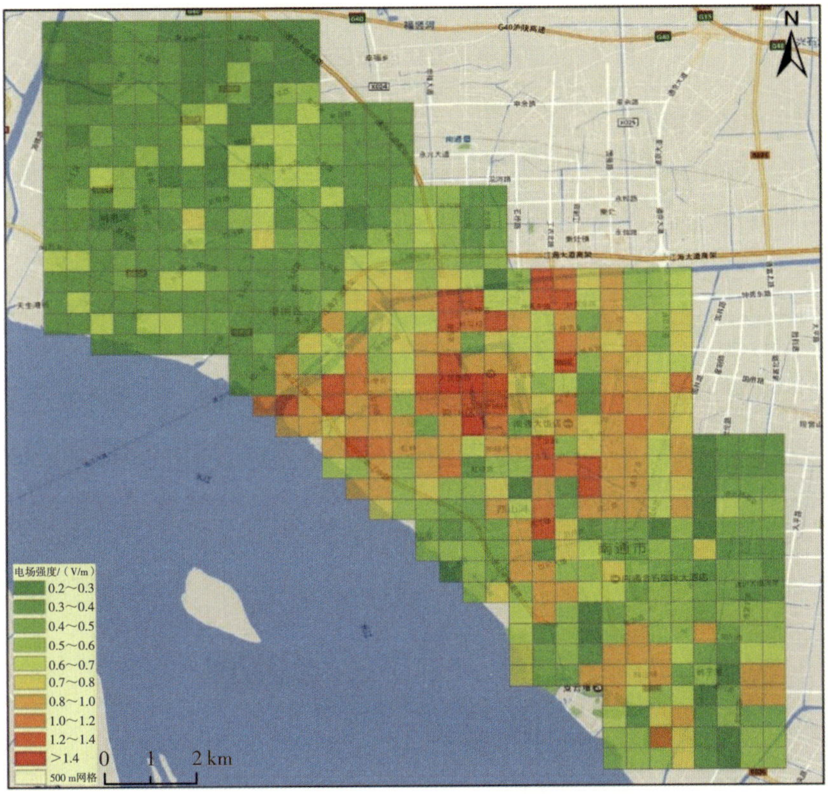

图 1　南通城区电磁辐射公众曝露分布

（二）网格尺度表征影响

网格尺度选择对车载监测法结果表征有一定影响，通过对 2 km × 2 km、1 km × 1 km 和 0.5 km × 0.5 km 3 种网格尺度结果进行比较，并经 Cochran 区域纯随机最佳采样网格数方法验证，1 km × 1 km 网格是以南通市为代表的我国 Ⅱ 型大城市区域射频公众曝露监测的最优网格尺度，而更小网格尺度则有助于分析特定重点区域（图 2）。

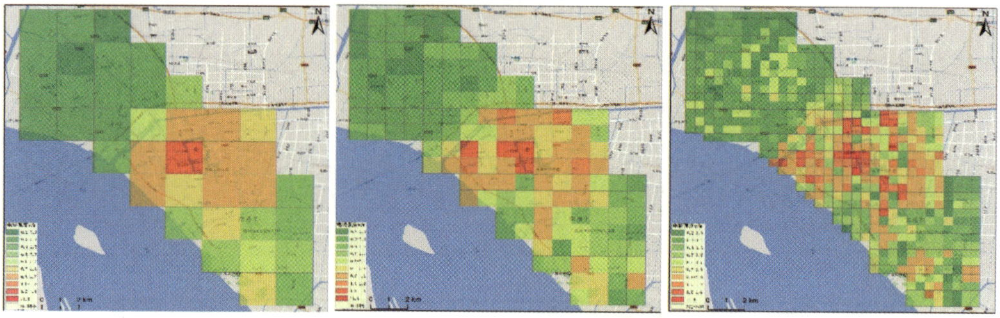

图 2　不同网格尺度南通城区电磁辐射分布

（三）来源分析

为进一步确定区域电磁辐射的主要贡献来源，选取综合场强最高值测点进行频谱测量分析（3.36 V/m 的测点）。频谱分析仪探头选用频率范围为 75 MHz～3 GHz，基本可以覆盖城区主要 RF 源信号。图 3 为最高场强值测点的频谱图及排名前 10～20 位的单频场强值表。从图 3 中可以看出，在频率为 871.00～959.00 MHz 和 1 839.82 MHz 时出现峰值，场强值在 1.03～758.3 V/m 范围，根据《中华人民共和国无线电频率划分规定》（2014），这些频率位于 GSM900、GSM1800 和 CDMA 的下行频率范围，即移动通信基站向外发射信号，由此可见移动通信基站是城区射频电磁辐射的重要污染源之一。

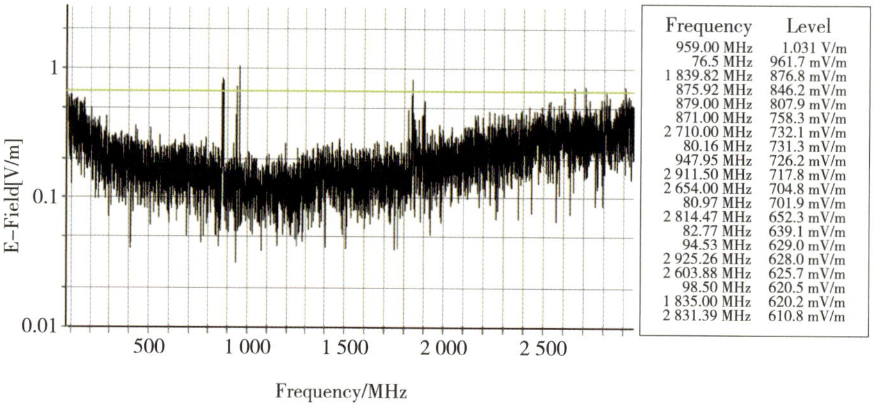

图 3　射频辐射频谱分布

（四）移动通信基站电磁辐射分布特征

全市 504 个典型基站现场实测结果表明，地面 50 m 范围内电磁辐射最大功率密度值为 0.045 W/m^2，远低于 0.4 W/m^2，符合 GB 8702—2014 中公众曝露控制限值。从地面水平分布变化来看，基站电磁辐射分布随距离增大呈现先增加后逐渐减小的趋势，就不同塔型而言，受天线架设高度、下倾角等的影响，基站电磁辐射功率密度值在地面水平方向分布特征也有所不同。

三、成果创新及获奖情况

项目突破了车载监测技术实际应用的“瓶颈”，填补了南通城区射频辐射公众曝露水平的空白，项目成果达到国内领先水平。2018 年获生态环境部科技成果登记，2019 年获江苏省环境保护科学技术奖三等奖。

第十三章　生态环境质量十年演变分析

第一节　环境空气质量十年演变规律

2010—2020年，南通市环境空气质量得到明显改善，空气中$PM_{2.5}$、PM_{10}及SO_2浓度呈下降趋势，但受到机动车保有量持续增长等因素影响，NO_2浓度下降幅度不明显。2013年以来，全市环境空气中$PM_{2.5}$污染情况逐年明显改善，但O_3污染日益突出，成为影响空气质量的主要因子之一，环境空气化学成分趋于复杂，区域性、累积性、多成因的复合型污染问题仍较为突出。传统的煤烟型污染、汽车尾气污染与二次污染叠加，大气复合型污染愈加明显。全市酸雨污染呈明显好转趋势，酸雨发生频率和降水酸度均显著改善。

一、南通市环境空气质量总体呈好转趋势，PM_{10}、SO_2浓度显著下降，NO_2浓度整体下降不明显

由于2013年后评价标准及方法的调整，SO_2、NO_2、PM_{10} 3项指标具有连续性数据；根据《环境空气质量标准》（GB 3095—2012）修改单的规定，“污染物浓度均为标准状态下的浓度”修改为“参比状态”，2015年以来的大气自动监测项目结果均按实况浓度评价。

Spearman秩相关系数分析表明，2010—2014年、2015—2020年，南通市环境空气中SO_2浓度均呈下降趋势，“十三五”期间下降趋势显著，2020年较2015年下降70.0%；NO_2浓度呈“十二五”期间上升、“十三五”期间下降的趋势，2020年较2015年略有下降，见图3-13-1；PM_{10}浓度自2013年9月“大气十条”颁布起逐年下降，2020年较2015年下降了54.5%。“十三五”期间，SO_2浓度水平明显低于“十二五”末，主要得益于主要污染物总量减排，蓝天保卫战成效显著。2015年以来，全市环境空气质量综合指数呈显著下降趋势，AQI达标率自2015年以来呈显著上升趋势。

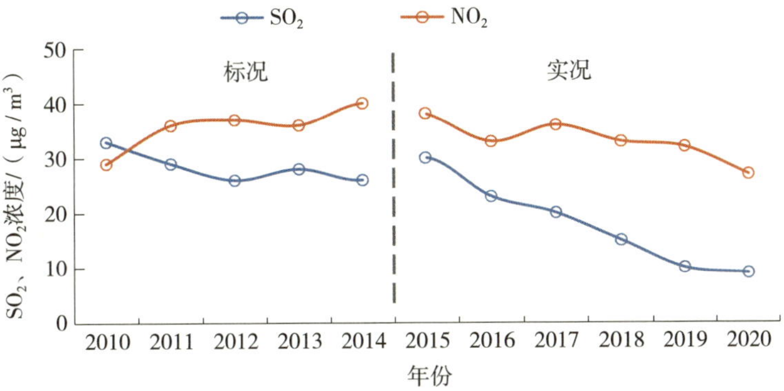

图 3-13-1　2010—2020 年南通市环境空气中 SO_2、NO_2 浓度变化

注：根据生态环境部 2018 年发布的《环境空气质量标准》（GB 3095—2012）修改单的规定，"污染物浓度均为标准状态下的浓度"修改为"参比状态"，本报告中涉及的 2015 年以来的大气自动监测项目结果均按实况浓度评价。下同。

二、环境空气复合型污染特征日益凸显，首要污染物为 $PM_{2.5}$、O_3 并重

空气质量新标准实施后，2013—2020 年，影响全市环境空气质量的首要污染物冬春季节主要为 $PM_{2.5}$，晚春至早秋则主要为 O_3，2020 年全市臭氧日最大 8 h 平均值第 90 百分位数浓度较 2013 年无显著变化，臭氧污染未得到有效控制，城市空气复合型污染的特征日益凸显。同时，全市机动车保有量（不含摩托车）快速增长，10 年间增加了 3.0 倍；工业快速发展，VOCs 控制技术起步较晚，导致空气中 O_3 生成的前驱物 NO_x 和 VOCs 浓度上升，进而导致 O_3 浓度升高，并助推大气污染物二次反应生成，加重复合型污染。

2015 年以来，$PM_{2.5}$ 改善成效呈显著下降趋势，但 2017 年以来改善幅度变缓。2020 年，南通市 $PM_{2.5}$ 浓度为 34 μg/m^3，已完成《南通市环境保护与生态建设"十三五"规划》提出的"$PM_{2.5}$ 年平均浓度达到 46 μg/m^3"的规划目标以及《南通市大气环境质量限期达标规划》提出的"$PM_{2.5}$ 年平均浓度达到 35 μg/m^3"的规划目标，成为全省率先达到环境空气质量二级标准的城市之一，较"十二五"末期（2015 年 58 μg/m^3）下降了 41.4%，较"十三五"开局之年（2016 年 46 μg/m^3）下降了 26.1%。2017 年以来，南通市 $PM_{2.5}$ 浓度改善幅度明显放缓，$PM_{2.5}$ 污染防治进入攻坚期，见图 3-13-2。

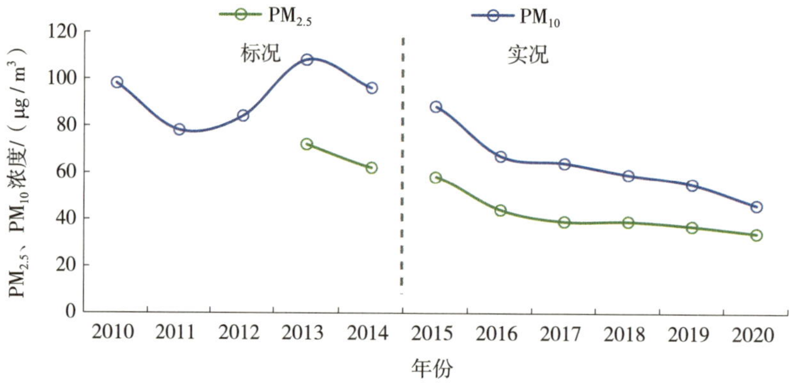

图 3-13-2　2010—2020 年南通市环境空气中 $PM_{2.5}$、PM_{10} 浓度变化

2015—2017 年，O_3 日最大 8 h 平均值第 90 百分位数浓度有不同程度的超标。2018 年，O_3-8 h-90% 为 146 μg/m^3，较 2017 年降低 15.1%。“十三五”时期，臭氧浓度整体呈波动下降趋势，虽然 2020 年南通市 O_3-8h-90% 为 148 μg/m^3，全省 13 个设区市中浓度最低，勉强达标，但较 2018 年有所反弹。从超标天数来看，2019 年空气质量超标的 70 天中，臭氧占首要污染物的有 34 天，占比近一半；2020 年南通市空气质量超标的 45 天中，臭氧占首要污染物的有 23 天；占比超一半，已成为影响南通市优良天数的首要污染物，见图 3-13-3、表 3-13-1。

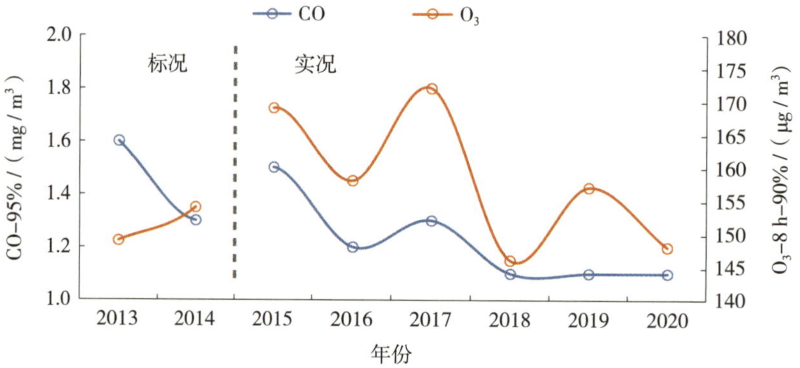

图 3-13-3　2013—2020 年南通市环境空气中 CO、O_3 浓度变化

表 3-13-1　2010—2020 年南通市环境空气质量统计

年份	SO_2/（μg/m³）	NO_2/（μg/m³）	PM_{10}/（μg/m³）	CO-95%/（mg/m³）	O_3-8 h-90%/（μg/m³）	$PM_{2.5}$/（μg/m³）	综合指数	AQI 达标率 /%
2010（标况）	33	29	98	—	—	—	—	—
2011（标况）	29	36	78	—	—	—	—	—
2012（标况）	26	37	84	—	—	—	—	—
2013（标况）	28	36	108	1.6	149	72	6.30	61.6
2014（标况）	26	40	96	1.3	154	62	6.05	70.8
2015（实况）	30	38	88	1.5	169	58	5.80	67.7
2016（实况）	23	33	67	1.2	158	44	4.87	74.6
2017（实况）	20	36	64	1.3	172	39	4.63	75.3
2018（实况）	15	33	59	1.1	146	39	4.57	83.6
2019（实况）	10	32	55	1.1	157	37	4.38	80.8
2020（实况）	9	27	46	1.1	148	34	3.66	87.7

三、空气优良天数比例呈逐年上升趋势

2013 年实施新《环境空气质量标准》以来，南通市先后实施了《南通市大气污染防治行动计划实施方案》《南通市打赢蓝天保卫战三年行动计划实施方案》《南通市大气环境质量限期达标规划》，环境空气质量稳步提升。根据 2015 以来实况浓度评价结果，全市优良天数比例呈显著上升趋势，2020 年南通市空气质量优良天数比例达到 87.7%，连续 3 年位居全省第一，较“十二五”末期（2015 年 67.7%）提高了 20 个百分点，较“十三五”开局之年（2016 年 74.6%）提高了 13.1 个百分点，见图 3-13-4。

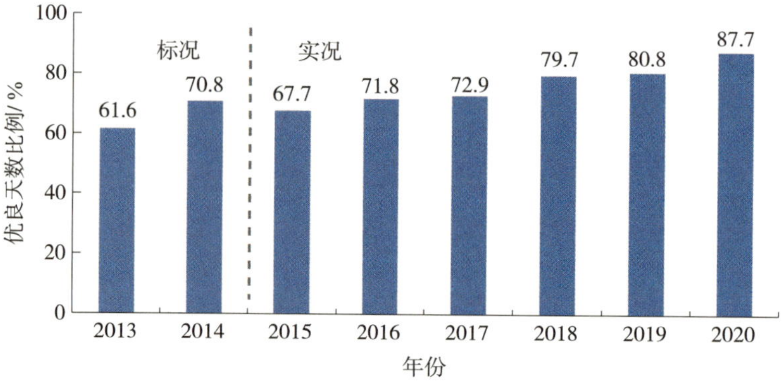

图 3-13-4　2013—2020 年南通市空气质量达到优良天数比例变化趋势

四、全市酸雨污染呈明显好转趋势，发生范围明显缩小

2010—2020 年，全市酸雨污染总体呈明显好转趋势，酸雨发生频率和降水酸度显著改善。其中，全市酸雨发生频率在 2.7%～41.2%，2020 年降至近 10 年来最低水平，呈显著下降趋势（r_s=−1.0）；酸雨 pH 年均值介于 4.83～6.21，呈显著好转趋势（r_s=0.982）。“十三五”期间，全市酸雨污染水平明显低于“十二五”期间，除 2016 年酸雨发生频率超过 10% 之外，其他年份均低于 10%，见图 3-13-5。2010—2020 年南通市酸雨发生频率对比见图 3-13-6。酸雨发生频率与 SO_2 逐年变化趋势表现出了很好的正相关性。

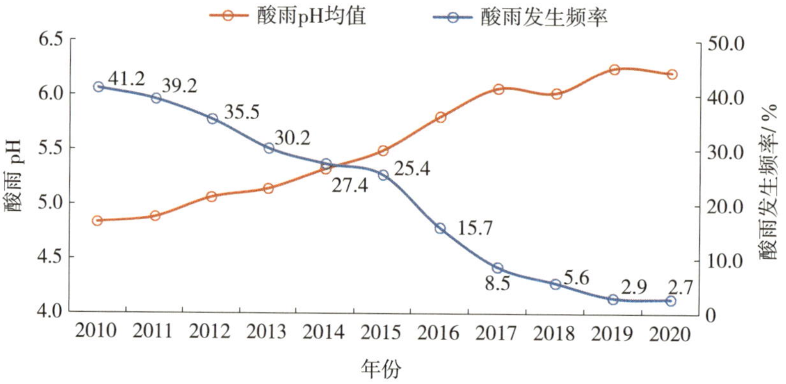

图 3-13-5　2010—2020 年南通市酸雨发生频率和酸雨 pH 变化

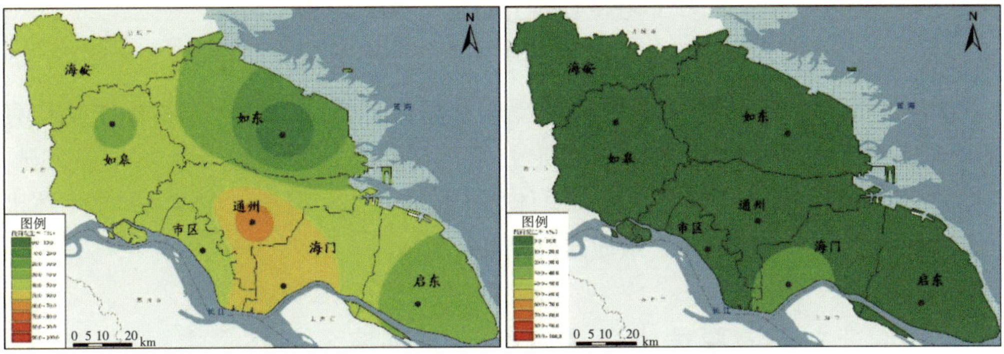

图 3-13-6　2010 年与 2020 年南通市酸雨发生频率及范围对比

五、降水中 SO_4^{2-} 当量浓度显著下降，NO_3^- 当量浓度趋于平稳，NO_3^-/SO_4^{2-} 当量浓度比值呈显著上升趋势

2010—2020 年，全市降水阴离子当量浓度组分中 30%～50% 为 SO_4^{2-} 和 NO_3^-。10 年间，SO_4^{2-} 当量浓度显著下降（r_s=−0.900），特别是 2012 年以后下降尤为明显；NO_3^- 当量浓度则呈平稳趋势（r_s=−0.105），除 2019 年略高外，其他均在 40 μg 当量 /L 左右，见图 3-13-7。

图 3-13-7　2010—2020 年南通降水 SO_4^{2-}、NO_3^- 当量浓度及 NO_3^-/SO_4^{2-} 当量浓度比值变化

2010 年以来，全市降水中 NO_3^-/SO_4^{2-} 当量浓度比值呈显著上升趋势（r_s=0.827），说明酸雨正由硫酸型为主向以硫酸与硝酸混合型过渡，由原先主导空气质量的煤烟型污染转向煤烟与机动车尾气的复合型污染。

第二节　水环境质量十年演变规律

2010—2020年，南通市地表水环境质量总体趋好，主要污染指标浓度均有不同程度的下降。长江干流水质稳定处于优良状态，入海河口水质改善明显。“十三五”末期，南通市地表水水质总体处于良好状态，但部分支流及跨界水体水质较差，汛期水质下滑严重，水质改善成果较脆弱。

一、全市河流总体水质由轻度污染改善至良好，主要污染指标浓度均有明显下降

2010—2020年，南通市河流市控以上断面水质优Ⅲ断面比例呈先下降后上升的趋势，2015年起下降幅度明显，后随着2015年4月“水十条”的颁布实施，水质逐步提升，尤其2019年起水质优Ⅲ类断面比例显著上升，2020年达到10年来最好水平；劣Ⅴ类断面比例呈现波动变化趋势，2019年起稳定为0，见图3-13-8。“十三五”以来，水质总体状况由轻度污染改善为良好，影响水质的主要污染物为氨氮、总磷和化学需氧量，但其浓度呈现不同程度的下降趋势（r_s分别为-1.0、-0.771和-0.812），见图3-13-9。

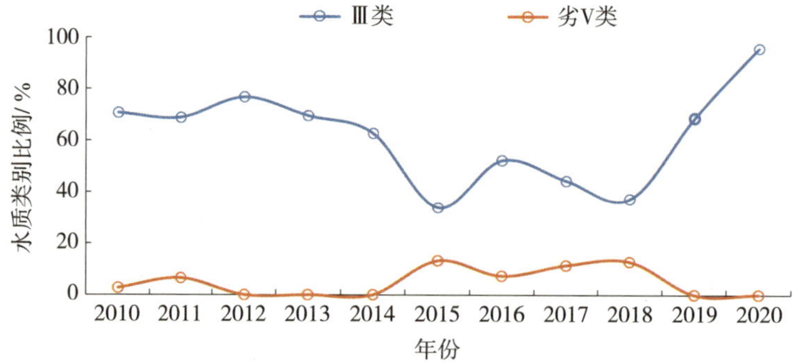

图3-13-8　2010—2020年南通市市控以上断面水质类别比例年际变化

二、饮用水水源地水质总体稳定，“十三五”期间总体提升

“十三五”期间，全市4个集中式饮用水水源地均以长江水作为水源，饮用水水源地水质达标率均为100%。2020年南通市长江狼山水源地、如皋市长江长青沙

七匡水源地、海门长江水源地均符合地表水Ⅱ类标准，水质为优；南通市长江洪港水源地符合地表水Ⅲ类标准，水质良好。相比“十二五”末，3个水源地水质由Ⅲ类提升为Ⅱ类，饮用水水源质量显著提升，见图3-13-10。

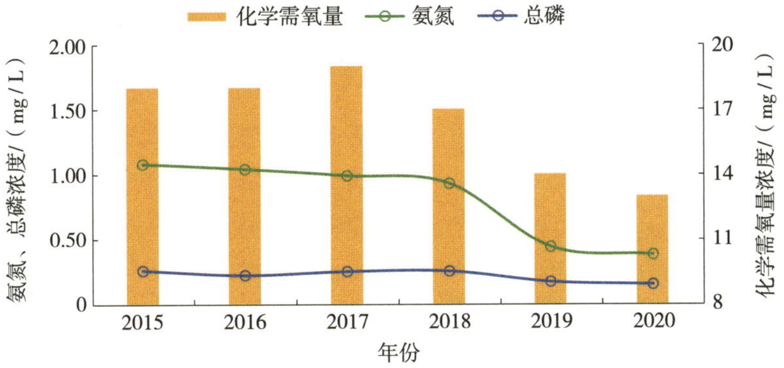

图3-13-9　2015—2020年南通市河流主要污染指标年均浓度变化

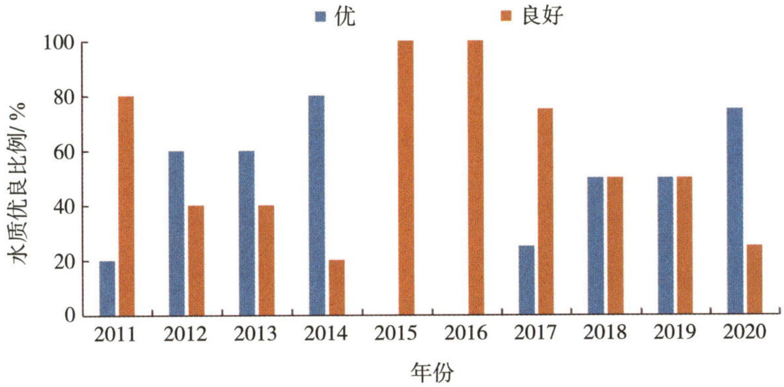

图3-13-10　2011—2020年南通市集中式饮用水水源地水质优良比例变化情况

第三节　声环境质量十年演变规律

2010—2020年，南通市声环境质量总体呈现3个方面的变化规律：一是城市区域声环境质量总体保持稳定，交通噪声和生活噪声为主要噪声源；二是城市功能区噪声达标率总体略有下降；三是城市道路交通声环境质量总体好转，平均等效声级及超标路段比例有所下降。

一、城市昼间区域声环境质量总体稳定

2010—2020 年，市区（含通州）昼间区域声环境质量总体保持稳定，声环境质量等级稳定保持在三级。全市声源构成总体变化不大，交通噪声和生活噪声仍是影响城市昼间区域声环境质量的主要因素，其占比在 10 年间呈下降趋势。见图 3-13-11、图 3-13-12。

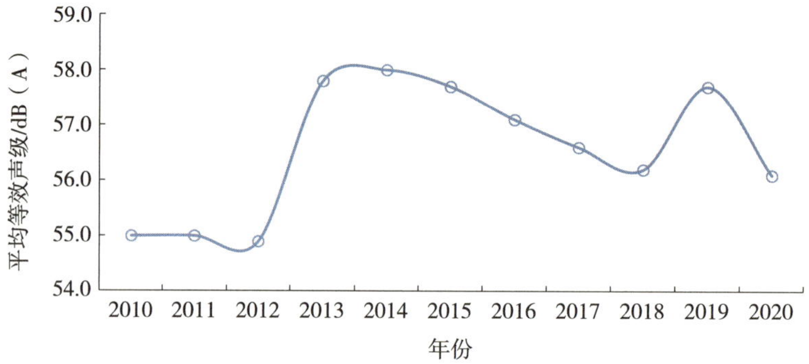

图 3-13-11　2010—2020 年市区（含通州）区域环境噪声昼间平均等效声级变化

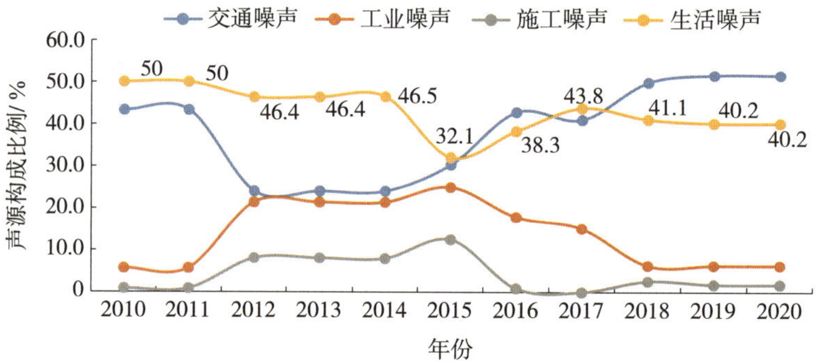

图 3-13-12　2010—2020 年市区（含通州）区域环境噪声昼间声源结构变化

二、“十三五”期间功能区噪声达标率较“十二五”末有所提升

2010—2020 年，市区（含通州）功能区噪声昼间总体达标率在 93.2%～100%，较“十二五”期间整体达标率略有下降，夜间总体达标率在 63.6%～84.2%，总体呈下降趋势。与“十二五”末相比，市区（含通州）功能区声环境质量测次达标率总体略有上升。昼夜间达标率分别上升 2.2 个百分点和 4.6 个百分点，见图 3-13-13。

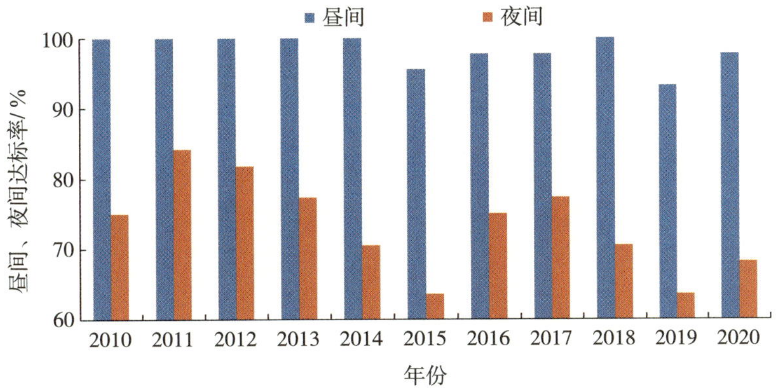

图 3-13-13　2010—2020 年市区（含通州）功能区噪声达标率变化

三、南通市道路交通声环境质量总体呈波动好转趋势，噪声强度等级稳定保持在一级（好），平均等效声级及超标路段比例总体呈下降趋势，但“十三五”初期有所反弹

2010—2020 年，南通市城市道路交通噪声平均等效声级值总体呈下降趋势，其中在“十二五”期间呈明显下降趋势，在“十三五”初期有所反弹，后继续下降。道路交通噪声强度长期稳定在一级以内，噪声超标路段比例总体有所下降，其中在“十二五”期间呈下降趋势，2015 年又显著上升，在“十三五”期间波动中略有上升，2020 年降至 10 年来最低，见图 3-13-14。

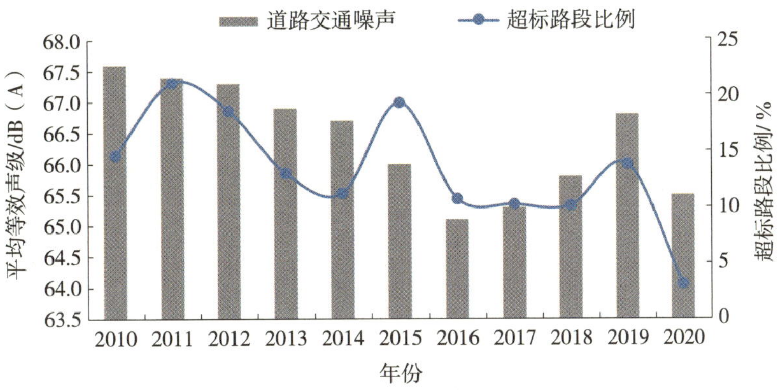

图 3-13-14　2010—2020 年南通市道路交通噪声平均等效声级及超标路段比例变化

第四节 生态环境十年演变规律

2010—2020 年，南通市生态环境 10 年变化结果显示，10 年间生态环境质量总体保持稳定；但受城市化进程加剧、产业结构不合理、人口密度较高等因素影响，评估生态环境质量的分指标中，生态系统格局、质量及服务功能均出现一定程度的下降，产品供给能力则呈现倍增。

一、生态系统分布及变化

南通市生态系统类型由林地、草地、水域湿地、建设用地、耕地生态系统组成，以耕地、水域湿地、建设用地为主要生态系统类型。2014—2020 年全市森林、草地和灌丛生态系统面积总体保持稳定，但城镇和农田生态系统面积变化较大，呈现典型的“此消彼长”变化特征：耕地面积减少了 50.49 km^2，建设用地面积增加了 56.97 km^2，水域湿地面积减少了 5.92 km^2，见图 3-13-15、表 3-13-2。

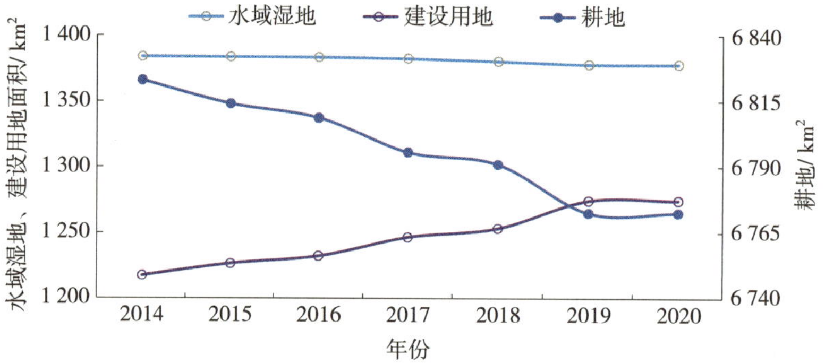

图 3-13-15 2014—2020 年生态系统水域湿地、建设用地、耕地面积变化

表 3-13-2 南通市 2014—2020 年生态系统面积 单位：km^2

土地类型	2014 年	2015 年	2016 年	2017 年	2018 年	2019 年	2020 年
林地	116.44	116.40	116.31	116.31	116.31	115.88	115.88
草地	26.77	26.84	26.83	26.73	26.63	26.71	26.71
水域湿地	1 383.83	1 383.48	1 383.26	1 382.26	1 380.22	1 377.91	1 377.91
建设用地	1 217.20	1 226.38	1 232.08	1 246.34	1 253.08	1 274.17	1 274.17
耕地	6 822.89	6 813.96	6 808.59	6 795.43	6 790.85	6 772.4	6 772.4
未利用地	0.08	0.08	0.07	0.07	0.07	0.07	0.07
总计	9 567.21	9 567.14	9 567.14	9 567.14	9 567.16	9 567.14	9 567.14

南通五山及沿江地区共有长江岸线 14 km，20 世纪八九十年代起环境问题即日益突出。2016 年年底以来，南通市落实“共抓大保护、不搞大开发”，大力推进五山地区生态修复保护实现从工业锈带到生态秀带的蝶变，修复长江岸线 5.5 km，新增森林面积约 6 km^2，建成军山绿野、龙爪岩滨江风光带等一批生态景观，见图 3-13-16。

图 3-13-16　2016 年、2019 年五山及滨江地区生态遥感影像对比

二、生态环境质量变化

2015 年 3 月《生态环境状况评价技术规范》（HJ 192—2015）实施，优化了生态环境状况和各分指数的评价指标和计算方法。总体来看，2010—2013 年（根据 2006 年规范评价）、2014—2020 年（根据 2015 年规范评价）全市生态环境状况指数分别在 65.4～66.2、65.1～66.2，生态环境状况总体保持稳定，并处于良好状态。2020 年生态环境状况指数较“十二五”末略有降低。其中，生物丰度指数在“十三五”期间保持稳定，较“十二五”期间有所下降；植被覆盖指数较“十二五”期间整体有所上升；土地胁迫指数较“十二五”期间下降显著；污染负荷指数呈逐年下降趋势，见图 3-13-17。“十三五”期间，生态环境状况指数中下降幅度最大的因子是污染负荷指数，其次是水网密度指数，主要是南通市工业企业污染排放量降低，同时建设用地扩张、工业化快速发展，使得全市的水网密度下降，生态用地逐渐被挤占，耕地、河流水域、林地等植被覆盖面积都有所减少。

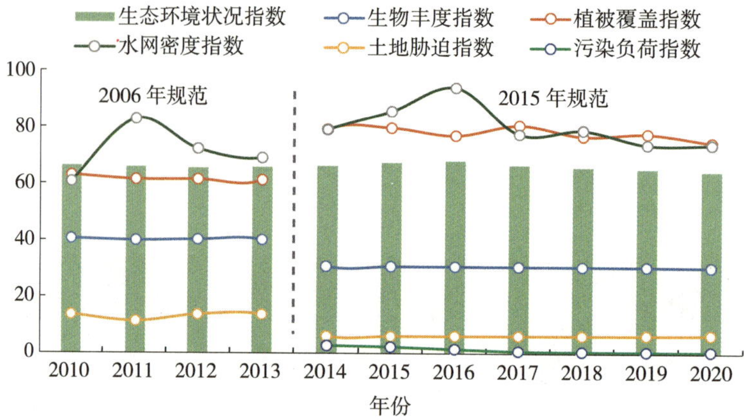

图 3-13-17 2010—2020 年南通市生态环境状况指数及分指数变化

第四篇

总结及对策建议

第一章　环境状况总结

“十三五”时期是南通生态环境保护史上极不平凡的五年。最具里程碑式意义的是，习近平总书记亲临南通视察，点赞南通“好通”、沧桑巨变、生活幸福，对南通发展寄予殷切期望，为我们指明了前进方向，注入了强劲动力。全市上下坚持以习近平生态文明思想为指引，认真贯彻落实中央、省、市生态环境保护要求，以生态文明建设为统领，以生态环境质量改善为核心，以“263”专项行动为抓手，瞄准改善环境质量靶心，全力打好污染防治攻坚战、持久战，高效高质推进生态环境保护工作，有力有序实施各项重点工程，全面完成“十三五”生态环境保护规划的既定目标，生态环境发生转折性变化。污染防治攻坚力度空前，环境质量改善显著，长江大保护全面推进，“化工围江”等专项治理取得重大进展，长江禁捕退捕要求率先落实，五山及沿江片区成为全国生态修复保护样板。环濠河片区环境整体提升。环保基础设施建设全面加强，生态环境治理能力大幅提升。获批狼山国家森林公园，建成国家生态园林城市、国家森林城市、全国水生态文明城市。环境质量显著改善，“263”整治成效明显，空气优良率保持全省第一，31 个省考以上断面及主要入江入海河流全部消除劣Ⅴ类水质，单位 GDP 能耗、水耗下降率等指标提前完成“十三五”目标。

一、产业结构调整成效显著，减排约束指标全面超额完成

“十三五”期间，南通积极顺应新一轮科技革命和产业变革潮流，加快推进制造业转型升级，以战略性新兴产业为重点的先进制造业保持良好发展势头，有效促进了南通工业经济增长方式的转变。2020 年，全市完成地区生产总值 10 036.3 亿元，增长 4.7%，增速分别高于全国、全省 2.4 个百分点和 1.0 个百分点。第一、第二、第三产业增加值之比为 4.6：47.5 ： 47.9，第三产业占比达 47.9%，首次超过了第二产业，三次产业结构实现“三二一”的标志性转变。二产占比较 2010 年和 2015 年分别降低了 7.8 个百分点和 3.4 个百分点；三产占比持续增大，较 2010 年和 2015 年分别增加了 10.8 个百分点和 4.3 个百分点。

以确保经济平稳健康增长为前提，在“转方式、调结构”的基础上，南通市不

断调整能源结构，从源头上控制污染物排放，深挖工程减排潜力，拓展污染物减排领域。2018 年至 2020 年 10 月，全市关闭化工企业 300 多家。2019 年完成退出化纤行业低端低效产能 1 400 t，纺织行业低端低效产能 420 万 m，铸造行业低端低效产能 5 万 t。2018 年 1 月正式出台《南通市人民政府关于划定市区高污染燃料禁燃区的通告》，扩大禁燃区范围。截至 2020 年年底，全市规模以上工业非电行业煤炭消费总量折算标准煤合计 705.9 万 t，较 2015 年同期减少 140.6 万 t。

二、环境空气质量明显好转，各项污染物浓度均大幅下降

2020 年，南通市 $PM_{2.5}$ 浓度 34 μg/m^3，为省内首批达到国家空气质量二级标准的城市之一；臭氧浓度 148 μg/m^3，全省最低；空气质量优良率为 87.7%，连续 3 年位居全省第一，比 2019 年提高 6.9 个百分点，比“十二五”末提高 20 个百分点。省攻坚办贺信称赞南通为全省环境空气质量改善和“蓝天保卫战”圆满收官作出突出贡献；省考以上断面水质优Ⅲ比例达 90.3%，同比增加 16.1 个百分点，达“十三五”以来最好水平，改善幅度全省第一。全年收获 321 个蓝天，与“十二五”末相比，优的天数从 55 天增加至 134 天，增幅达 151%；轻度污染天从 82 天减少到 37 天；中度污染天从 24 天减少到 6 天；重污染天从 12 天减少到 2 天。与“十二五”末相比，大气中各主要污染物浓度均大幅下降。各主要指标中，二氧化硫降幅最大，达到 70%；臭氧降幅相对最小，为 12.4%；二氧化氮、可吸入颗粒物、细颗粒物、一氧化碳降幅分别为 27.0%、47.7%、41.4% 和 21.4%。

全市酸雨污染大幅减轻，降水酸度减弱，酸雨发生频率下降。2020 年全市降水总量增加，但获得的酸雨样本较少，酸雨发生频率为 2.7%。与“十二五”末相比，全市酸雨发生频率降低了 22.7 个百分点。

三、主要水体环境质量稳中趋好，水质优良比例大幅上升

“十三五”期间，南通市委、市政府高度重视，各相关部门以水污染防治工作计划为蓝本，多方协作，狠抓长江大保护，持续推进流域治理、黑臭水体整治、城镇污水处理厂提标改造及重点行业整治，推动产业结构调整和绿色转型，全面实施河长制和断面长制，深化农业面源污染治理，水污染防治工作取得了积极成效，水环境质量改善取得了历史最好成绩。

全市地表水环境质量总体明显改善，国考、省考断面水质实现“双达标”，省考以上断面优Ⅲ比例大幅提升，全面消除劣Ⅴ类断面，入海河流水质有所提升。南通市河流沉积物状况总体处于平稳状态，略有好转。在全市水环境质量总体向好的

态势下，水环境改善成果仍然脆弱，个别断面水质未得到根本改善。2020 年，长江断面水质整体明显提升，境内 9 条主要内河中，通吕运河、通启运河、焦港、新通扬运河、九圩港、如海运河、如泰运河、栟茶运河水质较为稳定，总体属优良水平；通扬运河水质总体属“轻度污染”，主要污染指标为总磷、氨氮、生化需氧量。与“十二五”末相比，通吕运河、通启运河、如泰运河、栟茶运河等水质均有明显改善，其他河流水质有所改善。

四、南通市地下水受到不同程度的污染，水质改善不明显

2020 年，南通市地下水监测网国控、省控、市控测井监测结果表明，水质达到Ⅲ类的有 17 口，占 27.0%；属于Ⅳ类、Ⅴ类的分别为 35 口、11 口，分别占 55.6%、17.5%。与 2019 年相比，地下水水质总体有所改善，水质符合Ⅲ类比例增加 23.6 个百分点，Ⅴ类比例减少 8.7 个百分点。有 11 个点位（4 个省控、7 个市控）水质属于Ⅴ类，主要超标因子为总大肠菌群和氯化物。“十三五”期间，南通市省控地下水水质总体较差，因采用新的评价标准，达Ⅲ类测井比例有所下降，主要超标因子为总大肠菌群，2020 年达标比例有所回升。

五、近岸海域水质状况总体波动上升，主要超标项目仍为无机氮

2020 年，南通近岸海域国控水质监测点位年均水质优良面积比例为 62.7%，三类面积比例为 16.8%，四类面积比例为 13.8%，劣四类面积比例为 6.7%，主要超标项目仍为无机氮等。与 2019 年同比，优良面积比例下降 26.4 个百分点，劣四类面积比例上升 6.2 个百分点。

“十三五”期间，南通近岸海域水质状况总体呈波动上升趋势，2016—2020 年优良海水面积比例分别为 57.1%、63.2%、43.7%、89.1% 和 62.7%，平均优良海水面积比例为 63.2%。2020 年与“十二五”末相比，优良海水面积比例上升 34.5 个百分点。

六、生态环境状况较为稳定，存在小幅变化

“十三五”期间，南通市总体生态环境状况为良级，生态环境保持较为稳定的状态。生态指数小幅变化的主要原因是土地利用方面部分耕地变更为建设用地，水资源和降水量出现较大波动，工业企业排放量降低引起污染负荷指数的减小等。全市对生态红线区的整治管控还有待加强，应尽快按规定停止违建活动和拆除违章建筑；减少人类活动对水源地水质的影响；对完善黑臭水体整治长效机制防止出现黑

臭反弹现象也应尽早提出预防措施和应对措施。

七、声环境质量相对稳定，交通噪声是影响声环境达标率的主要因素

（一）各类功能区昼间、夜间声环境质量相对稳定，夜间达标率相对较低

2020年，南通市各类功能区声环境质量昼间达标率为94.6%，夜间达标率为83.2%。从不同功能区分析，各类功能区昼、夜间达标率无明显差异，总体稳定，1类区、4a类区的夜间达标率相对较低。“十三五”期间，昼间达标率保持在90%以上，夜间达标率基本在70%以上，表现出“昼间优于夜间”的特点。

（二）昼间区域声环境质量总体较好，声源结构无较大变化

2020年，全市昼间区域声环境质量总体较好，昼间平均等效声级为52.3 dB（A），处于二级（较好）水平。其中，启东声环境质量为一级（好），市区和海门为三级（一般），其他县（市）均为二级，处于较好水平。交通源和社会生活源仍是影响市区昼间声环境质量的主要声源。

（三）昼间道路交通噪声强度为一级，声环境质量较好，但仍有小比例路段存在超标现象

2020年，南通市昼间道路交通声环境质量较好，噪声强度为一级，平均等效声级值为65.3 dB（A）。“十三五”期间，南通市昼间道路交通环境质量均为好，超标路段比例下降至3.1%。

“十三五”期间，南通市声环境质量总体良好，区域声环境质量均能达标，但依然存在以下问题：功能区噪声存在一定的超标现象，尤以4类区最为显著；交通噪声虽然达标，但大多已接近标准值，主要交通干线局部路段夜间噪声超标现象突出。

八、土壤环境质量状况总体良好，局部地区出现重金属及有机污染

南通市土壤环境质量状况总体良好，95%以上各类型土壤在风险筛选值以下，局部地区出现重金属及有机污染。与“十二五”相比，土壤环境质量未发生明显变化。“十三五”期间，超风险筛选值的土壤均出现在耕地中，重金属污染、有机污染均存在，人为活动对土壤环境质量影响明显。土壤污染的成因非常复杂，除自然背景因素外，工业化、城市化及农业集约化程度不断提高，在高强度的土地利用形势下，由人为活动引起的土壤污染不容忽视。

九、农村环境质量总体尚可，污染控制仍需加强

近年来，南通市通过实施农村环境连片综合整治工作，使农村地区的环境面貌得到明显改观。2020 年，南通市农村环境空气质量总体良好，空气质量日平均达标率为 98.3%；实施区域供水后，农村居民均能使用以长江水为水源的饮用水，饮用水质量得到保障，饮用水水源达标率为 100%；农村地表水断面优Ⅲ比例为 90.9%，无劣Ⅴ类断面；村庄土壤环境质量较好，测点达标率为 93.3%。2020 年全市农村环境质量综合指数为 75.3，处于“良”水平，与 2019 年相比无明显变化。“十三五”期间，南通市农村环境质量状况指数呈显著上升趋势，生态状况指数呈显著下降趋势，农村环境质量综合指数呈波动上升趋势，上升趋势不显著。农村环境总体处于“良”水平，生态环境良好。

南通市农村环境质量现状总体良好，但个别农村地区的环境污染现象仍然存在，主要存在以下两方面的原因：一是农村自身污染，包括生活污染（生活污水和垃圾）、工业污染、农业污染、养殖污染等，当前农村污染处理设施尚未能覆盖全域，个别已建成的污染治理设施运行和管理尚有欠缺，农村污染未得到根本控制。二是受农村地理和交通等客观因素限制，难以有效进行环境监管。

十、辐射环境质量保持良好，仍保持较低水平

南通市电离辐射总体状况稳定，保持在天然本底水平范围内。“十三五”期间，长江干流南通段水体中总放射性水平未见异常，与“十二五”期间放射性水平测值相比无显著变化；重点饮用水水源地中总 α、总 β 测值均满足《生活饮用水卫生标准》（GB 5749—2006）的限值要求；近岸海域海水和海产品放射性核素浓度监测结果无明显异常。南通市瞬时、累积 γ 辐射空气吸收剂量率无明显变化；市区气溶胶放射性核素天然放射性核素活度浓度基本在江苏省天然本底涨落范围内，人工放射性核素活度浓度未见异常。环境土壤中天然放射性核素含量水平均在江苏省天然本底水平涨落范围内；人工放射性核素测值范围为＜0.46～1.0 Bq/kg，与“十二五”期间相比均在同一水平。南通市电磁辐射环境质量无显著变化，各项指标均低于相关标准限值要求。“十三五”期间，南通市环西文化广场电磁辐射环境质量平均值为 0.49 W/cm^2，朝晖花园电场强度平均值为 0.2 V/m，远低于《电磁环境控制限值》（GB 8702—2014）中公众曝露控制限值要求。国控大气辐射环境自动监测站的投入使用，提升了南通市辐射环境监测能力。南通市辐射环境自动站测得的环境 γ 辐射剂量率（未扣除宇宙射线响应值）和碘放射性核素活度浓度均未见异常。

第二章 “十三五”环境质量变化原因分析

近年来，南通积极践行习近平生态文明思想，全力推进污染防治攻坚，大力推进美丽南通建设，生态文明建设取得了显著成效。2020 年，南通市国民经济生产总值首次突破万亿元大关，在经济稳步回升、继续保持同比正增长的情况下，经过“百日攻坚”最后冲刺，南通市环境质量达“十三五”以来最优，顺利完成国家和省年度目标任务。

一、产业转型强力推进，绿色发展成效彰显

“十三五”期间，南通市加快形成绿色发展的空间格局和生产生活方式，经济效益、社会效益、环境效益互促共赢。

（一）绿色空间格局持续优化

科学统筹沿江沿海生产、生活、生态空间，编制实施“三线一单”管控方案，切实做到“空间管控一张蓝图”，全市林木覆盖率、自然湿地保护率分别提高至 24%、51%。按照“产业退、港口移、城市进、生态保”的总体思路，调优港口布局，调绿沿江岸线，整体规划沿江 3 000 多 km^2 前沿区域，退出 2 626 m 生产岸线及 1 980 亩陆域土地，调整为生态型、生活型岸线。在集装箱公司搬迁的基础上，推动狼山港务、江海港务全面实施拆除退出，困扰南通多年的老港区的“杂乱差”问题得到根本解决。着力健全陆海一体的绿色发展体系，加快打造沿海临港高端绿色产业基地，优江拓海的产业布局不断完善。

（二）能源利用水平稳步提升

“十三五”期间，随着全市主要能源生产企业技术装备的提档升级，能源利用结构和利用效率均有明显提升，规模以上工业非电行业煤炭消费总量较 2016 年减少 299.6 万 t，超额完成省下达目标任务，万元工业增加值能耗较“十二五”末下降 28.5%。大力发展非化石能源，非化石能源占一次能源消费比重达 12%。可再生能源发展不断提速，进一步加大风电、太阳能等新能源的利用，新能源发电快

速增长，2020 年年底，全市可再生能源发电装机累计规模占全市电力装机容量的 40.36%。节水工作持续推进，万元地区生产总值用水量降至 40.14 m^3/ 万元。

（三）产业转型升级加快推进

积极培育“3+3+N”产业，绿色制造体系进一步健全，2019 年，全市“3+3”产业完成产值 4 448 亿元，占规模工业比重达 54.4%。深入贯彻落实循环发展理念，主动引导、支持园区开展循环化改造工作，目前省级以上开发园区全部实施循环化改造。有效化解过剩产能和淘汰低端落后产能，截至目前全市已累计化解钢铁产能 166 万 t、水泥产能 120 万 t、船舶产能 115 万载重吨，淘汰钢丝绳落后产能 60 万 t、印染落后产能 1 亿米，引导退出化纤行业低端低效产能 1 400 t，圆满完成省淘汰落后产能各项任务。“化工围江”问题逐步破解。海安、海门、启东 3 个化工园区取消定位。协同推进化工产业安全环保整治提升、危险化学品综合治理、违法违规“小化工”百日专项整治，对全市化工企业开展全面“大体检”，精准制定“一企一策”“一园一策”，关闭退出化工生产企业 162 家，其中沿江 1 km 范围内 29 家，缩减园区面积 7.66 km^2。

（四）绿色循环低碳交通运输快速发展

“十三五”期间，南通市创建全国绿色循环低碳交通运输城市区域性试点。搭建交通运输能源与碳排放统计，监测管理平台和步行与自行车系统，建设城乡客运一体化和城市公交线网优化工程，推进天然气营运客货车、油电混合车、纯电动车在公共服务领域的应用。全市推广新能源车超过 5 万辆标准车，新建充电桩超过 1 万根；开展交通干线沿线环境综合整治、公路货运车辆超限超载治理、港口危险货物企业“四个一批”专项整治，完成 228 国道南通南段“畅安舒美”示范路创建；城市居民公共交通机动化出行分担率达到 16.4%，公众绿色出行率达到 69.25%。

二、污染攻坚力度空前，环境质量改善显著

“十三五”期间，全市坚决向环境污染宣战，突出精准治污、科学治污、依法治污，守住蓝天、碧水、净土。

（一）坚决打赢蓝天保卫战

紧盯大气治理薄弱环节，坚持“控煤、降尘、治企、管车、禁烧、联防”综合施策，扎实开展“散乱污”企业整治、“654”扬尘治理、“410”柴油货车治理等专项治气工程，完成燃煤机组超低排放改造和小锅炉淘汰任务，火电、热电企业全

部完成超低改造，淘汰燃煤小锅炉 3 000 余台。“南通蓝”是南通打赢蓝天保卫战的最好注脚。2020 年，全年实施 814 个大气污染防治项目，推进 $PM_{2.5}$ 和臭氧浓度“双控双减”，VOCs 治理全面提速。扬尘污染防治有力加强，建立“红黑榜”机制，综合运用信用、税收、行政处罚等手段，严控扬尘污染。开展柴油货车“410”专项行动，紧盯重型柴油货车、主要物流通道、重点用车企业、车用油品尿素 4 个领域，落实 10 项攻坚任务。加强机动车尾气检测机构监管，对 82 家检测机构进行全覆盖执法检查，立案查处 32 家，对 14 家实施停网整治。建立异常天气应急管控机制，落实强有力的应急管控举措，管控期间 $PM_{2.5}$ 浓度下降 10 μg/m^3，实现高峰削值。

（二）着力打好碧水保卫战

全面落实“河长制”“断面长制”“湾（滩）长制”，深入开展重点断面整治提升行动，围绕城市、农村两大战场，聚焦农业、工业、生活、服务业四大领域，发力攻坚，标本兼治，系统推进，“十三五”期间累计实施 1 000 余项水污染防治重点项目。强化饮用水水源地保护，开展整治“回头看”工作，确保问题不反弹。开展 2 723 家“散乱污”企业专项整治，大力推进工业园区整治，省级以上工业园区实现污水管网全覆盖；开展沿海工业园区水平衡专项检查，按照“查、测、溯、治”思路，深入推进排污口规范化建设，完成入江排口溯源监测 2 264 个，入海排口溯源监测 423 个。先后完成濠河及中心城区水环境治理、城镇污水处理管网“十个必接”工作。针对农村地区分散居住的特点，大力推广“无动力、低成本、免维护”的农村生活污水生态化处置模式，着力打通水污染防治的“最后一公里”。建成九圩港泵站、通吕运河水利枢纽工程、如皋焦港河泵站等重点活水畅流工程。2019 年省考断面优Ⅲ类比例提前实现“十三五”考核目标，主要入江入海河流全面消除劣Ⅴ类水体，2020 年省考断面优Ⅲ比例为 90.3%，同比改善幅度居全省第一。

（三）扎实推进净土保卫战

深入开展农用地、重点行业企业用地土壤污染状况调查，动态更新污染地块名录，稳步推进实施原精华制药分厂地块、原南通万达锅炉（任港路北侧）地块土壤污染治理修复。加快盘活主城区老工业用地，修复土方 9 万 m^3。加大固体废物污染防治力度，实现危险废物产生、贮存、转运、利用处置全过程有效监管，建成海门光大危险废物处置和如东危险废物刚性填埋场，累计处置能力是“十二五”末的 16.4 倍，基本实现产废、处废平衡。

三、生态功能稳步增强，人居环境持续提升

坚持“江河联治、水岸共治、全域防治”的治水思路，实施全市域活水畅流工程，2019 年建成全国水生态文明城市。补齐中心城区水质短板，探索形成“控源截污、智能管控、自然做功、生态修复”的治水模式，市区基本消除黑臭水体，实现长江水Ⅲ类进城、Ⅲ类出城，拓扑导流墙活水等创新做法获得生态环境部肯定。高标准打造美丽岸线，在全省率先编制沿江生态带发展规划，长江岸线生产、生活、生态空间布局由 48∶3.5∶48.5 优化至 39∶10∶51。

高水平推进沿江地区生态保护修复，全力打造滨江“城市客厅”。把推进五山及沿江地区保护修复作为落实长江经济带“共抓大保护、不搞大开发”的重要举措，腾出生态岸线 5.5 km，经过多年的生态修复，实现了从“临江”到“滨江”、从工业“锈带”到生态“秀带”的蝶变，五山地区滨江片区生态修复成为全国样板。

积极推进美丽宜居城市建设，全方位打造美丽街区、美丽社区、美丽庭院、美丽阳台，营造城市空间景观特色，让美丽南通建设更加可观可感。坚持“让森林走进城市、让城市拥抱森林”的理念，着力建设平原地区森林城市，成功举办 2019 中国森林旅游节，建成国家生态园林城市、国家森林城市。积极推进生态示范区创建，通州区获得省级生态文明建设示范区命名，28 个镇村获评省级生态文明建设示范镇村。

四、环境监管日益完善，制度改革全面深化

（一）监测监控能力大幅提升

“十三五”期间，全市投入 5 亿元用于监测监控建设，为精准治理、溯源分析提供有力的技术支撑。全市各类空气自动站数量是“十二五”末的 6.8 倍，大气自动监测网络基本形成。全市各类水质自动站数量是“十二五”末的 6.2 倍，覆盖国控、省控、入江、入海、生态补偿等主要断面。建成 11 个固定式机动车尾气遥感监控设施，对重点排污单位、排污许可证重点单位实施了自动监控，完成 1 300 多家企业的用电监控，完成 83 家重点企业视频监控，5 家企业工况监控，化工园区、省级以上工业园区基本建成自动监控平台。全市监测监控能力实现量与质的同步飞越。

（二）环境执法监管效果显著

切实推动解决一批群众反映强烈的突出环境问题，把信访投诉作为精准发现问

题线索的"金矿"，全面梳理排查重点环境信访事项，综合施策、集中攻坚，有效化解一批积案要案，环境信访总量、越级信访连续两年大幅下降。市委、市政府成立环保督察整改工作领导小组，严格实施问题销号管理，一体推进中央环保督察及"回头看"、省环保督察、长江经济带审计、长江经济带突出环境问题警示片等八大类突出环境问题整改完成率超98%，国家、省警示片问题实现清零。推进环境执法标准化体系建设，落实执法公示、全过程记录、法制审查三项制度，制定"生态环境执法十项禁令"。坚持执法四个"常态化"，围绕危险废物整治、涉气工业企业等组织开展交叉执法、专项执法，环境执法效能显著提升。

（三）生态文明制度体系不断深化改革

创新推进环境保护综合行政执法体制改革，实现一支队伍管执法。率先探索实施污染防治百分量化考核，通过攻坚考核机制，有效压实压紧基层环保责任，较好地打通污染防治攻坚"最后一公里"。积极开展生态环境损害赔偿试点，省内率先出台《生态环境损害赔偿制度改革试点实施方案》《生态环境损害赔偿磋商办法（试行）》等规范性文件，生态环境损害试点形成"南通模式"，案件数量、赔偿金额均居全国前列。建立企业环境信用评级修复制度，联动实施绿色信贷、差别水价、差别电价政策，参评企业数年均增长20%以上。被生态环境部列为生态环境政策法制基层联系点。深入推进水务一体化改革，市、县全部组建水务公司，落实供排水设施、污水管网的建设、运营和养护责任，有效破解"九龙治水"困局。深入实施党政领导干部资源环境责任审计，并在全省率先出具资源环境责任审计报告。

第三章　主要环境问题

“十三五”在南通生态环保历史上，是领导重视程度最高、污染治理力度最大、环境质量改善成效最好的五年。南通市始终坚持在发展中保护、在保护中发展，全市上下坚持以习近平生态文明思想为指引，认真贯彻落实中央、省、市生态环境保护要求，瞄准改善环境质量靶心，着力打好环境保护的攻坚战、持久战，取得显著成效。但对标先进城市，南通市产业结构仍处于全球价值链中低端，创新能力整体不强，龙头型、创新型企业总数不多，开发园区集聚度、支撑度、贡献度亟待提升，高质量追赶超越面临较大压力；城镇化率低于全省平均水平，基础设施建设仍有不少短板，中心城市集聚辐射作用不强；水、大气等环境治理还存在薄弱环节，生态环保基础还不够牢固；发展空间、能耗、环境容量等刚性约束越来越强，要素“瓶颈”制约比较突出；生态安全风险防控面临较大压力。

一、污染物排放总量和排放强度依然较大，但末端治理边际效应递减

全市产业结构和偏煤的能源结构尚未根本改变，末端治理的“边际效应”递减越来越明显，强力管控的“耐药性”明显增强，主要污染物排放强度高于全国平均水平，环境质量改善成果仍然脆弱。区域性、累积性、复合型污染问题仍较为突出。传统的烟煤型污染、汽车尾气污染与二次污染叠加，大气复合型污染愈加明显。区域河流主要污染物指标虽有明显改善，但汛期不能稳定达标。工业企业场地及其周边区域土壤污染类型多样，呈现新老污染物并存、无机有机复合污染的局面。同时，随着城镇污水处理厂提标升级、热电等行业超低排放改造完成、现有工业企业合规生产和达标排放等方面取得显著成效，结构减排、工程减排、管理减排空间将进一步收窄，污染减排难度进一步加大。

二、空气质量改善成果依然脆弱，臭氧污染形势严峻，与先进地区仍有差距

（一）空气质量改善成果十分脆弱，存在明显波动

“十三五”期间，空气质量改善的成果依然十分脆弱，整体改善趋势明显，但在一些年份仍然会因气象条件等因素而出现反复。2018 年与 2017 年 $PM_{2.5}$ 浓度同比出现了反弹，2019 年优良天数比例较 2018 年同比出现了下降。2020 年 1 月、12 月中旬，南通市空气质量出现过程性中重度污染，主要污染物为颗粒物。

（二）臭氧污染未得到有效控制，局部地区问题日益凸显

“十三五”期间，以臭氧为代表的大气光化学污染问题日益凸显。2019 年，空气质量超标的 70 天中，臭氧为首要污染物的有 34 天，占比近一半；尽管 2020 年南通市臭氧浓度全省最低，但臭氧全年超标天数 23 天，约占总超标天数的一半。春、夏、秋季均存在臭氧污染，尤以 8 月、9 月超标最为严重。夏季臭氧浓度存在很大的不确定性，受气象条件变化影响尤其明显，是优良天数比例持续改善的难点。臭氧和 $PM_{2.5}$ 污染治理“一体两面，同根同源”，南通市在相当长的时间里，需致力于持续降低 $PM_{2.5}$ 浓度，同时削减 VOCs 排放，尽快遏止臭氧浓度上升势头并推动其浓度下降。

（三）与国际标准、先进地区差距较大

尽管南通市空气质量水平处于省内领先地位，但与发达国家、国内先进地区及保护人体健康的需求相比仍存在较大差距。南通市 $PM_{2.5}$ 浓度刚刚达到空气质量二级标准，分别较上海、杭州高 7%、12.8%，为欧美当前水平的 1.4～2.3 倍，是世界卫生组织基于健康影响准则值的 3.4 倍。上述问题的发生与外源输送有一定关系，但最根本还是本地污染源排放总量仍然较大，本地能源结构、产业结构、交通运输结构有待进一步优化。

三、流域性水污染问题尚未得到根本解决，受农业面源污染、环境基础能力不足等因素的叠加影响，汛期水质出现明显下滑

（一）水环境治理方面取得一定的成效，但水环境质量改善成效并不稳固，水环境提升成果仍较为脆弱

受农业面源污染、环境基础能力不足等因素的叠加影响，汛期环境基础设施短

板逐渐暴露，水环境质量出现明显滑坡，部分断面水质出现劣Ⅴ类，多次触及预警限值。“保水质”仍处于压力叠加、负重前行的关键期，稍有松懈就有可能出现反复。部分断面达标成果还比较脆弱，5个国考断面尚未全部达到Ⅲ类，部分省考断面踩线达标，改善成果脆弱，例如，部分断面总磷指标接近Ⅲ类限值，存在降类风险。全市主干河道周边的环境问题在逐步解决，但面广量大的农村三级、四级河道和小微水体，受农田退水管控、畜禽污染防治、秸秆综合利用、农药化肥减控等措施不到位的影响，加之流动性差，污染物累积，长期不疏浚，逐渐演变成为“高浓度污水”，农业面源污染防治亟须进一步强化。

（二）部分入海断面虽实现消劣，但距离目标要求尚有差距

主要入海河流水质总体较差，汛期水质波动明显，主要受污水处理厂和沿线涉水企业污染排放，以及养殖尾水排放、清塘换水等排水影响。同时由于南通市地处长江、淮河水系下游，上游汇入客水的输入性污染给南通市入海断面水质带来了不小压力。根据省生态环境厅通报的水环境区域补偿结果，2014年10月至2020年6月，南通市2个入境生态补偿断面（新通扬运河姜堰一号桥断面、通扬运河崔母大桥断面，均为与泰州市交界断面）累计受偿5 658.31万元。上游地区需担负起保障来水水质的责任，对主要污染物浓度叠加幅度相对较大的重点区段，要开展进一步的溯源排查，精准施策，多措并举提升水质。

（三）长江干流水质整体稳定，长江姚港、启东港断面水质波动频繁，不能稳定达到考核目标

姚港断面总磷常年在Ⅱ类限值附近波动，启东港总磷、氨氮等指标部分时段超Ⅲ类限值。

（四）启东市头兴港应急水源地、海安市新通扬运河应急水源地等内河应急水源地水质有所波动

受本底值偏高及地理环境影响，启东市内河水域氯化物指标普遍偏高，头兴港应急水源地氯化物指标呈现偏高现象，2018—2020年补充项目氯化物均出现枯水期超标现象。

四、近岸海域水环境虽有改善，但受陆源影响水质长期稳定改善不易

2020年，南通近岸海域国控水质监测点位年均水质三类面积比例为16.8%，四

类面积比例为 13.8%，劣四类面积比例为 6.7%，主要超标项目仍为无机氮等。与 2019 年同比，优良面积比例下降 26.4 个百分点，劣四类面积比例上升 6.2 个百分点，主要分布在小洋口、通州湾和长江口北支邻近海域，主要超标指标为无机氮和活性磷酸盐。小洋口邻近海域向内陆凹陷相对封闭，且水动力弱、交换能力差，受北凌河、栟茶运河等河流污染物输入影响明显。实现全市海水水质稳定改善，首要目标是减少陆源氮磷等有机物的输入。

五、人为活动对土壤环境质量影响明显，土壤治理修复压力较大

南通市土壤环境质量状况总体良好，各类型土壤在风险筛选值以下的占比为 95% 以上，局部地区出现重金属及有机污染。与“十二五”相比，土壤环境质量未发生明显变化。“十三五”期间，超风险筛选值的土壤均出现在耕地中，重金属污染、有机污染均存在，与不同的污染来源有关，除自然背景因素外，工业化、城市化及农业集约化程度不断提高，在高强度的土地利用形式下，由人为活动引起的土壤污染不容忽视。

近年来，通过“调结构、促转型”，全市淘汰一大批化工、印染、冶炼、电镀等重污染行业企业，但工业遗留场地的土壤污染问题尚未得到彻底解决，偿还存量土壤污染治理欠账任务相当艰巨，新增工业污染地块的风险管控也面临着较大压力。耕地土壤污染成因分析工作滞后，技术支撑能力不足，精准断源水平不高。通过土壤污染状况详查工作仅能掌握部分地块的污染情况，尚有大量地块未启动系统的环境调查和风险管控，存在较大的环境风险隐患。同时，新的土壤环境污染问题和需求仍在不断涌现，而当前土壤污染治理修复手段较为单一，技术不够成熟，传统的修复技术难以适应复杂多变的污染状况，修复过程中的二次污染防治有待进一步强化，土壤环境治理修复压力较大。

六、生态环境风险隐患较为突出，风险防控压力依然较大

长江年均船舶流量超过 100 万艘次，危险化学品运输量大，环境安全隐患突出。企业危险废物主体责任落实有待加强，危险废物贮存场所管理不周密、危险废物包装不规范等违法行为时有发生，过去一些私自堆存、倾倒和填埋危险废物的历史遗留问题可能还没有被发现，存在一定的环境安全风险，废盐、飞灰等特殊种类危险废物处置利用能力不足，危险废物环境管理和风险防控压力依然较大。化工行业环境风险依然存在，随着新一轮化工整治，关停、破产化工企业遗留的化工原料、废料和危险废物，带来的环境安全隐患逐步显现，关闭退出化工企业遗留地块

风险管控工作仍需加强。

七、生态环境治理能力仍存在短板，区域间发展不平衡

危险废物处置利用能力结构性矛盾依然存在，区域发展不平衡，设施“吃不完”和“吃不饱”现象并存。污水收集处置水平仍有待提高，城市污水处理厂进水浓度偏低、生活污水管网空白区等问题仍然存在，污水处理设施重建设、轻管理，重主体工程、轻配套设施的现象时有发生，部分乡镇污水处理管网不配套，污水收集能力尚有明显缺口。农村污水治理能力依然不足，一些设施开开停停，有的甚至出现“晒太阳”现象，农村分散式生活污水处理刚刚起步，需要全面持续推进。监测监控能力尚显不足，重点断面、重点乡镇、重点区域自动监测尚未实现全覆盖，与实现“非接触式”执法的要求有差距，信息化平台集成水平不高，全要素的生态环境数据汇集还不够，部门之间的生态环境数据共享机制还不完善，对照“空天地一体化”监测体系的要求还有一定差距。基层生态环境监管力量不足，专业化水平有待提高。

八、区域整治成效明显，但部分特异性环境问题显现

近年来，南通市社会经济增长迅速，在发展过程中，也曾面临传统产业污染负荷大，污染物排放量高，沿江沿海环境风险严峻，环境质量改善压力较大等一系列突出环境问题。作为沿海地区主要的水产养殖业，南美白对虾产业一度对沿海水环境质量产生较大威胁，整治成效明显，下一步亟须加快转变水产养殖方式、持续改善养殖生态环境、提升产业发展质量、全力推进水产养殖业健康绿色发展，寻求与生态环境保护的平衡。作为南通的传统产业基地，开发区及通州南部地区钢丝绳产业周边区域重金属本底浓度有所降低，整治成效明显，但面临较大的修复压力。

“十三五”期间，区域内主要存在以下几个方面的特异性环境问题：南通市境内河网密布、江海交融，境内河道众多，受潮汐影响水系上、下游关系复杂，长江口北支咸潮上溯对区域内水生态环境产生较明显影响，沿海地区地下水局部出现盐碱化，启东备用水水源地氯化物本底值偏高。地处长三角臭氧高值区，同时受海上传输影响，臭氧有明显的东南方向传输通道，在不利气象条件下可能出现较大范围的臭氧污染。与此同时，“十四五”南通沿海高质量发展战略的实施，将使南通沿海区域对苏南乃至长江沿线重特大基础产业的吸引力进一步增强，沿海临港基础产业将加速集聚，临港产业布局将可能带来潜在的环境风险。

第四章 “十四五”生态环境保护形势

“十四五”时期，南通将进入充满挑战的重要战略机遇期，但机遇和挑战有新的发展变化，全市上下必须牢记嘱托、胸怀全局，增强机遇意识、风险意识，深刻认识错综复杂的国际环境带来的新矛盾、新挑战，深刻认识新发展阶段的新特征、新要求，深刻认识危与机并存、危中有机、危可转机，保持战略定力，树立底线思维，把握发展规律，在危机中育先机、于变局中开新局，坚决夺取“十四五”发展新胜利，为全面建设社会主义现代化开好局、起好步。

第一节 存在的机遇

一、生态文明建设战略定力更加牢固

生态环境是人类生存和发展的根基，在我国生态文明建设已融入经济社会发展的方方面面，生态环境工作所处的历史方位和时代特征发生了深刻变化。党的十八大以来，以习近平同志为核心的党中央高度重视生态文明建设，开展了一系列根本性、开创性、长远性工作，党的十九大报告提出生态文明建设是中华民族永续发展的千年大计，而十三届全国人大一次会议第三次全体会议表决通过了《中华人民共和国宪法修正案》，生态文明历史性地写入宪法，推动了我国生态环境保护发生历史性、转折性、全局性变化。“十四五”时期，我国将面临不同于以往的形势——新冠肺炎疫情持续蔓延严重冲击国际社会秩序、经济下行风险加大、转型升级阵痛持续显现、生态环境建设的制约“瓶颈”越发凸显。多重压力下，党中央将始终保持高度生态环境保护的战略定力，以强大的污染防治攻坚力度，以“咬紧牙关、爬坡过坎”的坚强意志，以“不动摇、不松劲、不开口子”的坚决行动，继续开拓以生态优先、绿色发展为导向的高质量发展新路径，这为“十四五”时期各项生态环境保护政策的制定及实施提供了根本的政治保障。

二、重大国家战略叠加释放绿色发展新动能

“十四五”期间国家长三角一体化、“一带一路”和长江经济带绿色发展三大国家战略在南通叠加并向纵深实施，为全市绿色转型发展，释放创新动能带来空前的历史机遇和广阔的进步前景。长三角是我国经济发展最活跃、开放程度最高、创新能力最强的区域之一，习近平总书记在扎实推进长三角一体化座谈会上强调，长三角地区要紧扣一体化和高质量两个关键词，积极践行绿色创新发展，夯实稳定自然生态基底，这必将成为其引领新时代经济高质量发展的重要引擎；绿色“一带一路”成为沿线国家城市的思想共识，2017 年我国发布的《关于推进绿色“一带一路”建设的指导意见》，进一步明确提出要将生态环保融入“一带一路”建设的各方面和全过程，这对区域进一步提升可持续发展水平提供了有力支撑；长江经济带发展将一以贯之坚持新发展理念，推进高质量发展，明确提出要将其建设成为我国生态优先绿色发展的主战场、畅通国内国际双循环主动脉、引领经济高质量发展主力军。南通市必须主动作为，抢抓政策机遇，积极探索生态优先、绿色发展的可持续开发模式，成为新时期生态保护与经济协调发展的排头兵。

三、高质量发展进入全面推进阶段

党的十九大明确指出“我国经济已由高速增长阶段转向高质量发展阶段”。2019 年年底的中央经济工作会议进一步强调，“推动高质量发展，是当前和今后一个时期确定发展思路、制定经济政策、实施宏观调控的根本要求”。而加强生态文明建设、推动绿色发展，是实现高质量发展的应有之义。当前，南通市高质量发展已进入全面推进阶段，通州湾新出海口的开工建设将全面带动南通沿海的高质量发展，开发区体制机制改革将激发更大活力，有效带动区域板块高质量发展；长江经济大发展战略的实施使南通沿海区域对苏南乃至长江沿线重特大基础产业的吸引力进一步增强，沿海临港基础产业将加速集聚；南通作为江北唯一城市纳入上海“1+8”都市圈，伴随区划调整的实施，南通城市框架实现了从濠河时代、滨江时代向江海时代的历史性跨越，城市发展格局将不断优化，发展空间更充足，努力满足人民日益增长的美好生活现实需求，更好地融入长三角高质量发展区域集群。

四、美丽南通建设成为重要发展战略

党的十九大报告将美丽中国建设作为建设社会主义现代化的重要目标。江苏省委十三届八次全会强调，要深化“强富美高”创新实践，高起点推进美丽江苏建

设，努力打造美丽中国的现实样板。南通市积极贯彻落实美丽江苏的新部署、新要求，将美丽南通建设作为全市发展的战略目标，强调要以夯实全域生态基底为根本，坚持“三生融合”，注重“三沿”联动，沿江打造高质量发展的绿色生态经济带，沿海打造令人向往的生态风光带、人海和谐的蓝色经济带，沿河重点突出“五横五纵”骨干河道，打造产业兴旺、亲水宜居的高品质城镇生态廊道，充分展现江海南通自然生态之美、城乡宜居之美、人文特色之美、文明和谐之美。这为“十四五”时期的生态环境保护工作提供了方向和指引，也为持续、根本改善生态环境质量奠定了坚实基础。

第二节　面临的挑战

一、结构问题尚未根本改变，资源环境承载能力不足

近年来，南通市大力推进产业转型升级，三产结构持续优化，然而，社会经济发展与资源环境承载能力不足的矛盾依然突出。产业深度化、生态化发展程度不足，开发园区集聚度、支撑度、贡献度亟待提升，全市以煤炭为主的能源消费结构尚未得到扭转，全市煤炭消耗量占一次能源比重高达70%以上。资源环境约束“瓶颈”进一步凸显，“十三五”末，全市单位GDP能耗与发达国家平均水平（0.2 t标准煤/万元）仍存在较大差距，单位国土面积二氧化硫、氮氧化物、化学需氧量和氨氮排放强度均高于全国平均水平。“十四五”时期，南通发展方式转变和产业结构调整的压力依然较大，如何在这新一轮产业发展中突出自身特色和优势，提高产业发展质量和效益，实现经济高质量发展，将是南通市面临的一项艰巨挑战。

二、环境治理边际效益递减，环境质量改善难度较大

通过打好污染防治攻坚战行动，南通市生态环境质量得到有效改善，大气、水环境质量比“十二五”末期有明显提升，但区域性、累积性、复合型污染问题仍较为突出。传统的烟煤型污染、汽车尾气污染与二次污染叠加，大气复合型污染愈加明显。区域河流及近岸海域主要污染物指标虽有明显改善，但汛期不能稳定达标。工业企业场地及其周边区域土壤污染类型多样，呈现新老污染物并存、无机有机复合污染的局面。同时，随着城镇污水处理厂提标升级、热电等行业超低排放改造完成、现有工业企业合规生产和达标排放等方面取得显著成效，结构减排、工程减排、管理减排空间将进一步收窄，污染减排难度进一步加大。

三、美好生态环境诉求强烈，全民共享共治体系尚未形成

“十三五”以来社会、公民、媒体对环境质量的关注度不断提升，对美好生态环境的企盼越来越强烈。但与之形成鲜明对比的是公众自觉履行环保责任的意识仍较为薄弱，部分企业决策者认为环保治理投资会增加企业生产成本，削弱发展竞争力，不能主动承担环保责任；社会公众自觉参与生态环境保护实践的氛围尚未形成，在消费、出行、生活等方面践行绿色化尚未真正成为人们的行为规范和准则。解决生态环境问题是一个综合性系统工程，在未来，南通市必须着力构建政府、企业、社会组织和公众共同参与的生态环境治理体系，营造社会广泛参与生态环境保护的浓厚氛围。

第五章　对策和建议

“十四五”期间，深入打好污染防治攻坚战进入“深水区”，南通市将紧紧围绕“减污降碳、源头治理”来谋划部署各项工作，推动污染防治攻坚战从“坚决打好”向“深入打好”转变、生态环境质量从“局部好转”向“根本好转”转变、生态环境治理从“打被动仗”向“打主动仗”转变。坚持源头治理和末端治理“两手抓”，同时更加注重源头治理。在提升污染物收集处理能力的同时，更加注重前端减少排放；在解决存量环境问题的同时，更加注重源头削减增量；在严格实施环境监管的同时，更加注重激励绿色发展。

第一节　深入推进“四大结构”调整，全面提升绿色发展水平

一、优化提升产业结构

实施严格产业准入，健全产业准入体系。严格落实国家、省、市重点行业许可准入条件，探索建立从项目审批源头落实高耗能、高耗水、高排放及低效率项目监管体制，从产业契合度、环境友好度、创新程度、经济密度4个维度严格准入门槛。强化规划环评约束，严格项目建设全过程监管挂钩。强化产业清单管理，形成接轨国际标准与技术前沿的“正面清单”和倒逼落后产能退出与升级的“负面清单”，建立绿色发展分类综合评价制度，制定差异化激励和约束政策措施。贯彻落实长江经济带发展负面清单，严格沿江化工产业准入。持续推动落后产能淘汰，促进产业绿色转型发展。

二、优化调整能源结构

严格控制能源和煤炭消费总量。强化能源消耗总量控制，把单位工业增加值能耗作为工业固定资产投资项目的能耗控制指标，从源头上遏制高耗能行业的过快增

长。严格控制煤炭消费新增量，重点削减非电行业煤炭消费总量。推进煤炭清洁高效利用和能源综合利用，实施煤炭消费减量替代。严控燃煤发电项目，除公用燃煤背压机组外不再新建燃煤发电、供热项目。提高清洁能源比例，加强全领域节能管理。

三、优化空间开发格局

建立健全国土空间规划体系。以资源环境综合承载能力和国土空间开发适宜性评价为前提，形成全市国土空间开发保护“一张图”，加快构建生态空间集约高效、生活空间宜居适度、生态空间山清水秀、可持续发展的高品质国土空间格局。完善生态保护红线、永久基本农田保护线和城镇开发边界的“三线”管控体系。构建“三线一单”空间管控体系。建立覆盖全市的“三线一单”生态环境分区管控体系，发布“三线一单”成果，指导产业优化布局。加强“三线一单”与空间规划的衔接应用，规范开发建设活动，将“三线一单”作为规划方案、建设项目环境合理性论证的基础依据。优化调整产业空间布局，严守基本农田保护，提升土地开发利用效率。

四、优化交通运输结构

深入推进交通供给侧改革。完善城市公共交通系统和换乘体系，倡导公交优先、绿色出行。加快公共服务领域和政府机关优先使用新能源汽车。优化调整货物运输方式。提高铁路运输比例，到 2025 年，铁路集装箱运输比重和集装箱铁水联运比重实现大幅提高，多式联运方式广泛应用，水运货运周转量占比接近 70%，铁水联运取得突破。促进货运铁路扩能，推动升级水路运输。

第二节　打造“碳达峰”先行区，提升应对气候变化能力

一、强化目标约束和峰值导向

全面落实国家、省下达的温室气体排放约束性目标，加强甲烷、氢氟碳化物等非二氧化碳类温室气体控制，将碳排放强度降低目标纳入全市高质量发展考核指标，实施碳排放总量和强度“双控”。结合社会经济发展实际，编制南通市“碳达

峰”行动方案，明确达峰时间、目标、路线图和落实方案，推进电力、钢铁、建材等重点行业二氧化碳率先达峰，鼓励其他行业尽早制定峰值目标及达峰路线图。

二、推进生产生活方式低碳转型

倡导生活方式绿色低碳变革。引导绿色消费，积极推行绿色出行，倡导低碳、环保出行，合理控制燃油机动车保有量，大力发展城市公共交通，推动公众主动减少机动车使用，提高公共交通出行比例。推动采取财政、税收、政府采购等措施，推广应用节能环保型和新能源机动车。倡导重点领域绿色低碳变革，深化低碳发展试点示范建设，积极创建国家低碳城市试点。

三、全面提升适应气候变化能力

持续强化水资源保障体系建设，增强和优化区域水资源配置能力。着力保护和提升耕地质量，发展粮食作物和经济作物绿色防控技术模式。构建适应气候变化能力强、抗逆性强的林业生态系统，建立健全农业、林业灾害预警预防和病虫害监测预警体系。增强森林碳汇能力，加强沿江、沿海、沿河等重点流域防护林体系建设，开展林业碳汇计量监测工作，形成全市森林资源管理“一张图”，全市林木覆盖率保持稳定。提高沿海地区和重大工程设施防护标准，提升海洋灾害预警能力、海岸带地区的灾害防范处置能力。提高人群适应气候变化能力，强化重大气候突变诱发疾病管理，建立极端天气敏感脆弱人群的疾病防控体系。建设极端气候事件预测预报和综合预警系统，加强气候灾害应急响应能力建设，完善应急救援保障体系。

四、夯实应对气候变化基础支撑

推进协同减排和融合管控。积极探索温室气体排放与污染防治监管体系的有效衔接，强化治理目标的一致性和治理体系的协同性。将碳排放重点企业纳入污染源日常监管，推进碳排放报告，监测、核查制度与排污许可制度融合，促进企事业单位污染物和温室气体排放相关数据的统一采集、相互补充、交叉校核。加强温室气体排放统计与核算，加快推行碳排放权交易。

第三节　坚持 $PM_{2.5}$ 和臭氧协同控制，持续改善大气环境质量

以增强人民群众蓝天幸福感为核心目标，以持续改善大气环境质量为导向，强化 $PM_{2.5}$ 和臭氧浓度“双控双减”，推动空气质量改善与应对气候变化、$PM_{2.5}$ 与臭氧污染治理、常规与非常规污染物治理“三个协同”，构建升级版大气治理体系。实施 VOCs 和 NO_x 协同减排，强化点源、移动源、城市面源污染综合治理，采取有效措施，保持和提升大气环境质量。

一、加大挥发性有机污染物治理

加大源头替代力度。推广实施《低挥发性有机化合物含量涂料产品技术要求》（GB/T 38597—2020），将全面使用符合国家要求的低 VOCs 含量原辅材料的企业纳入正面清单和政府绿色采购清单。在技术成熟领域全面推广低 VOCs 含量涂料；在技术尚未全部成熟领域，开展替代试点，逐步实现涂料低 VOCs 化。推进园区和集群 VOCs 整治，深化重点行业 VOCs 深度治理，加强 VOCs 无组织排放管理和污染防治。

二、强化工业污染治理

推进重点行业稳定达标和深度治理。推进燃煤电厂“超超低排放”。尚未完成超低排放改造的燃煤电厂、热电企业常态化执行秋冬季管控标准。引导企业对现有废气处理设施实施提标改造、使用低硫优质煤，降低大气污染物排放浓度，应急管控期间执行超洁净标准。鼓励开展燃气机组深度脱氮，强化燃煤电厂烟气脱硝氨逃逸防控。推进非电行业超低排放改造。坚持工艺减排、源头减排、过程控制、末端治理并重，持续推进钢铁行业全流程、全过程超低排放改造和评估监测工作，评估不合格的企业限期完成整改。推进重点工业污染源达标排放。持续实施锅炉整治，加强重点行业颗粒物无组织排放治理。

三、强化移动源污染防治

强化机动车污染防治，加快机动车机构升级。自 2021 年 1 月 1 日起，全市所有销售和注册登记（含外省市转入）的燃气车辆，应符合国家机动车排放标准 6b

阶段要求。2021年7月1日起，全面实施重型柴油车辆国6a排放标准。全面淘汰国三及以下排放标准的柴油环卫车。大力推进国三及以下排放标准的柴油货车淘汰更新，出台鼓励提前淘汰财政补助政策，2021年年底前，全面完成省下达的国三及以下排放标准的营运柴油货车淘汰任务。鼓励柴油车加装颗粒物捕集器（DPF）。推动老旧农业机械淘汰报废，推进排放不达标机械清洁化改造和淘汰。到2022年年底前，淘汰国一及以下汽油车。到2025年，中重型国四柴油车淘汰75%以上。加大船舶污染控制，加强非道路移动机械污染控制，实施扬尘精细化管控，加强区域协作和污染应对。

第四节　坚持“三水统筹”，持续提升水环境质量

坚持“三水统筹”，以水生态环境质量改善为核心，污染减排与生态扩容两手发力，统筹水资源利用、水生态保护和水环境治理，协同推进地表水与地下水、岸上和水里保护与治理，促进水环境管理从污染防治为主逐步向污染防治与生态保护并重转变。优化实施以控制断面和水功能区相结合为基础的地表水环境质量目标管理，加快推进水功能区与水环境控制单元区划体系和管控手段的有机融合，建立统一的水生态环境管理区划体系、监测体系和考核体系。深入推进“河长制”“断面长制”，压实压紧“河长制”工作责任链条，优化河长设置，以发现问题、处理问题为导向，切实提升水质改善成效。到2025年，巩固提升水环境质量，水生态系统功能逐步恢复，水资源、水生态、水环境统筹推进格局基本形成，全市省考以上断面优Ⅲ类比例确保在90%以上，力争达到100%。

一、加强饮用水水源及清水通道安全保障

优化集中式饮用水水源地和应急水源地的布局以及周边产业设置，强化流域区域、重要河流水系保护。加强应急水源地管理，规范设置水源地勘界立标及隔离防护。持续推进水源地风险隐患整治，加强水源地流动风险源监管和风险防范，强化部门和区域执法的联动，实现涉及水源地保护部门间监测数据的共享和信息的互联互通。

二、加强重点流域水污染防治

持续加强长江沿线污染防控。全面贯彻“共抓大保护、不搞大开发”方针，把

修复长江生态环境摆在压倒性位置。加快入江排污口整治，确保长江干流水质稳定达Ⅱ类，主要入江支流水质稳定达到或优于Ⅲ类。加强长江岸线保护修复，优化取水口上游岸线布局。强化长江沿岸沿江石化、化工、医药、危险化学品和石油类仓储等企业环境风险防控，加强港口、码头污染防治，规范沿江危险化学品码头的运行管理，严禁新增危险化学品码头。加强长江上下游协同治理力度，协同防治危险化学品运输船舶污染。系统推进区域水污染治理，全面组织实施区域治水工程。按照“系统化思维、片区化治理、精准化调度、长效化管护”的治水思路，全域推进区域治水工程建设。按照“以骨干河道为纲，内部河道为网，纲网联动、源水直达，大片独立、小片连通、统一调度、分级管理”的总体要求，科学划分治水片区，合理布设控导工程，构建有纲有网、纲网清晰、高低分开、引排有序的水系新格局，实现河网水系的互联互通和水体的有序流动，各级河道生态水位、生态流量得到有效保证，城乡水环境质量全面改善，国考、省考断面持续稳定达标。

三、持续推进水生态保护建设

完善水生态保护制度。开展河湖生态缓冲带划定，因地制宜地制定管控要求，对不符合主导功能定位的生产、生活活动进行清理。按照《江苏省生态河湖状况评价规范》要求，开展重点河湖健康评价，推动河湖健康评估的制度化管理。深化区域生态补偿机制，推动实施镇域水生态补偿，实现市控以上断面所在河道补偿全覆盖。建立常态化活水机制，2022年年底前实现全市域范围活水畅流。深入推进水生态修复工程。开展连片水系整治，加强河网水系连通工程，维持生态用水需求，保障河道生态流量、增强水体自净能力。合理利用岸线资源，逐步恢复增加生态岸线，建设生态隔离带。加大水生生物资源保护力度，推进长江干流两岸滨水绿地等生态缓冲带建设，逐步恢复提升长江沿线及重要支流汇水区等生态系统，确保珍稀鱼类、鸟类的栖息地。

四、提升水资源利用水平

严格执行水资源管理制度。以工业节水减排、城乡节水降损、农业节水增效为目标，强化用水指标刚性约束，建立节水评价机制，以水定产、以水定城、以水定需，加大用水总量和强度“双控”力度。强化需水管理，严格执行以区域取用水总量控制和定额管理为重点的水资源配置管理制度，严格取水许可、水资源有偿使用、水资源论证、入河排污口管理等制度。建立用水单位重点监控名录，推进合同节水管理，继续开展“水效领跑者”引领行动，加快节水技术进步和创新。完善再生水循环利用体系，推进节水型社会建设。宣传节水和洁水观念，普及节水知识和技能，推广国家成熟适用节水技术，普及节水器具，积极创建节水型社区、机关、学校、家庭等，丰富和完善公众节水宣传教育体系。

第五节　坚持江海联动，扎实保护海洋生态环境

一、全面改善海洋环境质量

严格控制污染物排海总量。陆海统筹保护海洋环境。推行入海污染物总量控制制度，重点加大对农业面源、直排海企业、城镇生活污水厂的治理力度，构建“流域—河口—近岸海域”系统保护的治理格局。强化工业废水收集、处理。加强工业园区污水处理设施建设，实施园区企业清污、雨污分流改造。优化污水处理工艺，完善配套管网。加强直排海企业污水排放监管，研究制定直排海企业管理办法，禁止一切排污单位向海域直接排放未经处理或处理后不达标的废水。综合整治入海河流和排污口，严格控制海上污染源。增强港口码头和船舶污染防治能力。统筹推进船舶、港口的污水垃圾处理处置设施建设，全面开展船舶防治油类污染、防垃圾污染、防污底系统等设施设备配置工作，完成所有港口船舶污染物接收转运及处置设施建设。到2025年，船舶污水集中上岸处理后达标排放率达到100%。

二、统筹推进海洋生态保护修复

积极推进“美丽海岸”建设。深化“湾（滩）长制”工作，推进陆、海、江、河系统治理，推动“湾（滩）长制”与“河长制”的有效衔接、深度融合。实施“美丽海岸”工程，因地制宜地开展海岸线整治修复行动，恢复沿海大陆自然岸线，将江海湿地等重要生态节点区域优化调整为生态自然岸线。加强海洋生物多样性保护。保护、修复沿海生态系统和海洋生物栖息环境，禁止在海洋保护区和水产种质资源保护区内非法捕捞。逐步构建多层级的生物多样性观测网络，全面夯实沿海生物多样性基础能力。加强珍稀、濒危水生野生生物物种调查和保护，开展海域、滩涂外来入侵物种调查，建立外来物种风险评价和管理机制，根据风险级别分类管理。逐步建立外来入侵物种监测系统和鉴定、预警制度。强化海洋保护区和海岛的保护与管理，开展海域整治修复工程。

三、合理利用与有效恢复海洋资源

采取有效措施控制捕捞强度，实施海洋渔业资源捕捞总量控制制度，创建水产健康养殖示范场，规范整治海水养殖，清理整治非法和不符合分区管控要求的海水养殖区域。加大生态健康养殖技术模式推广力度，积极推广绿色健康养殖技术，大力创建水产健康养殖示范场。科学规范海洋牧场建设，推进海洋牧场建设，根据实际情况制定海洋牧场建设标准等，推动海洋与渔业标准化各项工作持续高效的开展。建立海洋综合信息现代智能化管理平台，全面提升现代化海洋牧场的环境、生物、生产等各环节的监测能力，全面推进海洋牧场区域性智能化综合管理。“十四五”期间，推动南通市如东、启东海域开展现代化海洋牧场建设。

四、有力防范海洋生态环境风险

开展生态环境风险排查评估。针对赤潮（绿潮）高发，外来物种入侵等生态灾害问题和油气储运、危险化学品储运等突发事件开展海洋环境风险源排查，根据事故特点、事故处置应急预案，建立分级管控机制。开展海洋生态环境风险评估和区划工作，在海洋生态灾害高发海域、滨海旅游区等区域制定海洋生态环境污染事故应急方案，防止突发事故发生。定期对潜在环境风险源和海洋生态敏感区域进行检查，针对隐患采取切实有效的整改措施，管控海洋环境和生态风险。提升海洋环境事件监测预警和应急处置能力。加强海洋环境事件监测预警能力建设。推进沿海化工园区预警监控系统建设，逐步形成典型特征污染物监测预警能力。

第六节　加强管控和安全利用，保障土壤环境安全

严格落实农用地分类管理和建设用地准入管理制度，提升土壤环境监控监测能力。完善土壤污染责任体系和土壤环境风险管控体系，创新土壤污染风险管控与修复模式，保障全市土壤环境安全。开展危险废物等安全专项整治，健全完善危险废物、重点环保设施和项目等安全风险分级管控和隐患排查治理机制。强化土地综合整治生态保护和建设。加强农田生态系统的保育和修复，实施土地生态环境综合整治。将建设用地土壤环境管理纳入城市规划和供地管理，土地开发利用必须符合土壤环境质量要求。到 2025 年，建立形成覆盖危险废物产生、收集、贮存、转移、运输、利用和处置等全过程的监管体系，危险废物处置企业规划布局规范合理，违法违规处置危险废物的违法犯罪行为得到有效遏制。

一、严格农用地分类管理和安全利用

严格落实农用地分类管理。实施最严格的耕地保护制度，强化国土空间规划和用途管控。严格落实永久基本农田特殊保护的有关要求，依据《土壤污染防治法》列入严格管控类且无法恢复治理的耕地，按照永久基本农田核实整改要求，进行调整，并在县域范围内按规定补划。根据土地利用变更和土壤环境质量变化情况，定期更新耕地面积和分布情况。严控新增耕地土壤污染，加强受污染耕地安全利用。

二、强化建设用地环境风险防控

强化重点监管企业风险防控。加强重点行业土壤污染情况排查，动态更新完善土壤污染重点监管单位名录。推进重点监管单位建立完善土壤污染防治工作台账，将严格控制有毒有害物质排放、建立土壤污染隐患排查制度、制定并实施土壤和地下水环境自行监测方案等义务在排污许可证中载明。加强重点监管企业日常监管力度，定期对周边土壤和地下水环境进行监测，对发现土壤和地下水污染物存在扩散的地块，督促造成污染的企业及时采取风险管控措施。加强遗留地块调查和监管，强化土壤污染风险管控和修复，加强污染地块安全再利用监管。

三、加强未利用地土壤生态环境保护

强化重点区域环境保护。长江沿岸区域、生态保护区、永久基本农田区、饮用水水源地周边区域和城市人口密集区等环境敏感功能区，施行预防保护为主的土地空间管控策略，不得加重区域土壤环境污染风险。严格执行相关行业企业布局选址要求，禁止在居民区、学校、医疗和养老机构等周边新建有色金属冶炼、焦化等行业企业。加强未利用地环境管理。按照有序原则开发利用未利用地，制定针对不同用途的未利用地土壤环境管理措施并监督落实，防止造成土壤污染。

四、全面加强地下水生态环境保护

开展地下水环境状况调查评估。开展地下水型饮用水水源保护区及补给区地下水生态环境状况调查，识别可能存在的污染源，研判风险等级，建立地下水型饮用水水源补给区内优先管控污染源清单。开展污染源周边地下水环境状况调查评估，结合区域整体发展布局和规划，识别地下水环境风险与管控重点。保障地下水型饮用水水源安全。规范水源地环境管理，开展地下水型饮用水水源地综合整治，持续推进地下水型饮用水水源保护区划定和优化调整工作，完成地下水应急备用水源地工程建设及保护区划定，开展主城区、海门等一批已建成的地下应急备用水源地保护区划定及隐患问题整治工作，全面推进水源地达标建设。在饮用水水源保护区的边界设立明确的地理界标和明显的警示标志。加强对地下水型饮用水的执法监管，建立健全全市应急水源地保障机制，加强水源地日常维护，完善水量水质监测和共享体系，建立水源运行维护管理制度。加强地下水污染源头预防，推进地下水污染风险管控和修复。

第七节　强化自然生态保护，提高生态产品供给能力

一、加强生态安全体系构建

构建区域生态安全格局。合理规划生产空间、生活空间和生态空间，严格控制开发强度，立足南通江海兼具、水网密布的生态本底，坚持生产、生态、生活“三生”融合，注重沿江、沿海、沿河“三沿”联动，着力构建以沿江、沿海生态带和沿河生态廊道为骨架的生态空间格局。严格实施生态空间管控。落实《江苏省国家级生态保护红线规划》《江苏省生态空间管控区域规划》，按照生态功能不降低、面积不减少、性质不改变的要求，对全市生态空间保护区域实施分级分类差别化管控。建设自然生态修复试验区，推进生态安全缓冲区建设。

二、加强重要生态系统保护与修复

推进山水林田湖草系统保护与修复。统筹考虑自然地理单元的完整性、生态系统的关联性、自然生态要素的综合性，开展山水林田湖草多自然要素整体保护、系统修复、综合治理。严格落实《山水林田湖草生态保护修复工程指南》中有关自然保护地核心保护区、生态保护红线内其他区域及一般生态空间内保护修复行为的相关要求。加强沿江生态保护与修复。制定长江水域及陆域生物多样性恢复和保护方案，加强长江生态修复和旗舰物种保护，推进长江岸线整治与沿岸潮间带生态化改造，恢复长江自然岸线与水生生物群落。强化海岸带生态保护与修复。推进“蓝色海湾”整治，开展退围还海还滩、岸线岸滩修复、河口海湾生态修复等典型海洋生态系统的保护修复。加强沿海公益林建设，构建沿海防护林体系。

三、加大生物多样性保护力度

加强生物多样性保护监测体系建设。建立生态系统和物种资源监测标准体系，推进生物多样性监测工作的标准化和规范化。加强物种定位研究站、鸟类环志站点、野生动植物资源监测站点建设，构建全市生物多样性监测网络体系和监测信息共享机制。初步形成南通市生态多样性观测网络，系统开展南通市生态多样性调查，动态掌握生物多样性保护成果。建设生物多样性数据库，建立生物多样性评估体系和专家决策支持系统。推进南通市生物多样性实验室建设，开展生物多样性的形成、演变、保护和生物资源可持续利用的重大理论和关键技术研究。提升生物多样性建设水平，加强遗传多样性保护，有效防控外来物种入侵。

第八节　加快环境基础设施建设，营造宜居城乡环境

一、提升环境基础设施建设支撑能力

提升城乡污水综合治理水平。建设绿色智能、安全可靠的城镇污水收集处理设施，以“城镇污水处理提质增效精准攻坚 333 行动”为突破口，高标准推进“污水处理提质增效达标区”建设，加快完善城镇污水管网修复改造，填补老旧城区、城乡接合部以及广大农村地区污水收集管网空白区，实现城乡污水管网全覆盖，污水收集率显著提升。全面推进城镇污水处理提质增效，污水全处理全达标。加强工业园区污水集中处理。加快工业废水与生活污水分开收集、分质处理，组织对废水接入市政污水管网工业企业的排查评估，经评估认定不能接入城市污水处理厂的，要限期退出；可继续接入的，须经预处理达标后方可接入，企业应当依法取得排污许可和排水许可，出水在线监测数据应与城市污水处理厂实时共享。健全生活垃圾收运处置体系，提高工业固体废物处置利用水平，提升危险废物利用处置能力。

二、营造城镇宜居生活环境

加强城镇绿化建设与管理。优化绿地系统结构，扩大城市绿色空间，均衡城市公园绿地布局，打造高水平的“城市公园绿地 10 分钟服务圈”。大力推广垂直绿化、屋顶绿化、桥柱绿化等城市立体绿化，拓展绿化空间，提高绿视率。按照“精细化、专业化、规范化、科学化”管理要求，加大绿化养护管理，重点加强背街小巷绿地养护管理，保护中心城区稀缺绿化资源，加强居住区绿化监管，保证城市绿

地完整性和景观性。大力推进海绵城市建设。将海绵城市理念与城市开发建设有机融合，探索改善水环境、保护水生态、强化水安全、弘扬水文化的协同模式，综合采取“渗、滞、蓄、净、用、排”等措施，分类推进海绵型建筑住区、海绵型道路和广场、海绵型公园和绿地、海绵型水系水环境等建设，最大限度地减少城市开发建设对生态环境的影响，实现 70% 的降雨就地消纳和利用。强化噪声污染控制，加强交通噪声污染防治。

三、加快推动农村生态环境建设

加强农业面源污染治理。推进种植业面源污染防治，开展化肥、农药减量增效行动，加强限用农药的经营使用管理，开展农药经营使用违法行为的执法检查，普及测土配方施肥技术，探索种植业退水生态拦截，减少农田化肥（氮、磷）流失。严格秸秆禁烧、禁抛制度，强化环境监管执法，在夏、秋收季开展秸秆禁烧巡查，全面消除露天焚烧秸秆现象。加强秸秆综合利用，完善秸秆收储体系。实施畜禽养殖污染综合治理。按照“生态优先、源头管控、防治结合、生态循环”的原则，科学确定区域养殖总量，合理优化养殖布局，确保畜禽养殖产业发展符合区域环境功能定位和环境保护要求。全面推进畜禽养殖废弃物资源化利用，加快畜禽粪污集中处理中心建设。统筹水产养殖污染防治。科学划定水产养殖禁养区、限养区和养殖区，依法有序实施禁养区水产养殖退出工作，确保 2025 年年底前禁养区内的养殖行为全部消除。

第九节　严格管控区域环境风险，有效保障环境健康安全

完善环境风险差异化动态管控体系，开展饮用水水源地、重要生态功能区环境风险评估和重点企业环境风险隐患排查。推进危险废物全生命周期监管，加快提升集中安全处置利用能力。加强工业园区环境风险防控体系建设，加强长江沿岸工业园区水污染排放精准监管。提升突发环境事件风险防控和应急处置能力，健全预警应急响应机制，加强环境应急物资装备区域储备和统筹共享。

一、加强环境风险综合防控

强化环境风险源头管控，健全环境风险防控体系。严控环境风险项目，严格涉水、涉气环境风险源准入，调整不符合生态环境功能定位的产业布局、规模和结

构，推进沿江地带、清水通道等重点区域的高污染、高风险企业关停或搬迁。鼓励发展低环境风险的产业，引导逐步淘汰低产值、重污染、重大环境风险行业企业。鼓励企业减少环境风险物质的使用。建立建设项目准入的“环保负面清单”，加大低端低效产能企业关闭力度。

二、强化化工园区环境风险防控

进一步推动化工产业整治提升。持续推进化工园区、化工企业环保整治提升，防范化解关闭退出企业环境风险。整合提升现有工业集聚区，提升保留化工企业环境管理水平，加快城市建成区内化工、水泥等重污染企业和城镇人口密集区危险化学品生产企业搬迁改造。推动区外的化工企业向化工园区搬迁，从严管理园外化工企业。禁止园区外（除重点监测点化工企业外）一切新建、扩建化工项目，禁止限制类项目产能（搬迁改造升级项目除外）入园进区。健全园区环境风险防控工程，加强园区环境应急保障体系建设。

三、提高固体废物、危险废物风险防范水平

落实固体废物、危险废物源头控制。排查源头风险，持续开展固体废物普查、危险废物处置专项整治行动。大力推动建筑垃圾和工业固体废物循环利用，不断提高资源再生率和再利用水平，加强企业内部、园区企业间的物料闭路循环。严格控制产生危险废物的项目建设，禁止审批无法落实危险废物利用、处置途径的项目，从严审批危险废物产生量大、本地无配套利用处置能力且需市内统筹解决的项目。完善固体废物、危险废物监管体系。完善危险废物安全生产责任体系，强化考核推进，探索危险废物异地处置生态补偿机制。

四、加强重金属环境风险防控

推进涉重企业改造提升，开展涉重企业定期强制性清洁生产审核，实现节能减排、减污增效。实施全过程管理和多污染物协同控制，强化废水、废气治理和固体废物管理。依法取缔不符合产业政策、布局规划，审批手续不全，使用淘汰工艺及设备，污染物排放不达标且治理无望的“散乱污”企业，促进涉重产业结构持续优化。列入土壤环境重点监管企业名单的涉重企业每年要自行或委托有资质的环境检测机构，进行用地土壤和地下水环境监测并向社会公开。提高涉重园区规范化管理水平，强化入园项目环境管理，加强环境监测监控预警及应急体系建设等，开展已

关闭搬迁的涉重企业遗留地块排查及修复工作。制定区域重金属环境质量监测方案，开展重金属环境质量监测。

五、强化辐射环境安全管理

开展辐射监测与应急能力自评估，制订三年排查实施方案和年检计划，完善全市辐射环境质量监测，增强自动监控能力，加强电磁辐射安全监管，健全核与辐射事故应急体系，辐射事故安全处置率达100%。严格按照国家和江苏省辐射建设项目审批的相关规定，进一步规范辖区内辐射建设项目审批备案，做好辐射安全许可证的延续换发。全面排查整治辐射安全隐患，开展辐射环境安全专项检查活动，开展闲置废弃放射源调查，强化废旧金属熔炼行业监管。强化辐射安全监管执法能力建设，推进构建企业主体责任和环境监管责任良性互动的综合监管体系。

第十节　坚持依法依规精准监管，提升生态环境治理能力

一、提升生态环境执法监管能力

以“执法队伍专业化、执法行为标准化、执法管理制度化、执法流程信息化”为目标，推进执法标准化建设。继续推进“四个常态化”执法检查，深入推进“双随机、一公开”环境监管，将重点监管源规范化管理情况纳入污染源日常环境监管随机抽查内容，动态调整污染源信息库。完善差异化监管措施，开展分级分类监管。继续实施生态环境监督执法正面清单，落实“生态环境执法十项禁令”。强化测管协同，明确启动现场检查、动态调整退出机制。进一步强化“行政执法”三项制度，实施统一的生态环境行政处罚自由裁量基准。

二、提升生态环境监测监控能力

提升生态环境监测监控水平。加快构建陆海统筹，天地一体，省、市、县三级联网共享的生态环境监测监控网络，实现环境质量、重点污染源、移动源等监测全覆盖，强化生态保护管控区和自然保护区等重要生态空间的监控监管，推动各级各类监测数据系统互联共享，大气、水环境质量监测预警预报能力明显提升。健全生态环境监测监控质量管理。加强监测能力建设，加快形成与环境质量预测预报、执法监测和应急监测能力相匹配的支撑保障。

用活环境数据“一本账”。运用大数据、5G、云计算、边缘计算等信息技术，系统开展南通市生态环境信息网络新一代智能化基础设施建设，“十四五”末实现所有环境监测与监控基础设施5G网络全覆盖。加快建设大数据集成整合处理系统，实现对海量异构数据的标准化抽取、整合、清洗、入库，为数据的进一步创新应用奠定坚实基础。建立完善数据更新与交换共享机制，保障数据利用的可持续性。打造数据分析溯源体系，提升智能化发现能力。强化大数据分析研判，加强生态环境质量时空特征与变化趋势分析、环境污染溯源与风险分析、污染物迁移扩散规律分析等，实现对环境质量、污染源、生态质量监测监控数据的综合应用。深化污染智能溯源应用，发挥“互联网＋统一指挥＋综合执法”的作用，实现市—县联动、精准智能指挥调度，建设生态环境系统指挥调度中心，对外无缝接入市域治理现代化指挥中心。

专题篇

专题一　沿着总书记的足迹看南通“沧桑巨变”

“沧桑巨变，流连忘返”，是习近平总书记在2020年11月12日视察江苏南通五山地区滨江片区时发出的赞叹。这八个字的赞叹，凝结着总书记对南通近几年来贯彻长江大保护取得成效的肯定；蕴含着南通以壮士断腕的气度，下大力气进行滨江环境整治的付出和努力。

一、生态环境保护修复成效明显

南通市区南部濒临长江，狼山、军山、剑山、黄泥山、马鞍山五座小山临江而立，加上周边长江岸线腹地，统称为五山及沿江地区，沿江岸线约14 km，总面积约17 km^2。长江和五山，是南通的城市名片和地理标志，更是重要的生态腹地和城市发展的重要水源。

2016年以前，五山及沿江地区却是“滨江不见江，近水不亲水”。由于历史原因，以往南通沿江岸线港口产业单一、效能偏低，散货码头设施老旧，生产工艺落后，能耗和污染大，加上港区陆域空间狭窄，港城接合地带成为南通主城区“脏乱差”的集中区域。特别是公用码头以大宗散货为主，扬尘、污水、噪声等污染严重，附近居民不堪其扰，这段沿江“黄金岸线”成为不折不扣的“生态伤疤”。

“临江产业不搬，南通就难以发展。”南通市委、市政府果断决定，壮士断腕，打破僵局——狼山港整体搬迁，在下游选址新建现代化集装箱码头，203家“散乱污”企业关停并转，搬迁住房2 508处，拆除各类违建6.5万 m^2，腾挪修复岸线5.5 km。

注重典型引路，变“点上盆景”为“面上风景”。南通把五山地区生态修复保护作为重要切入点，明确提出还江于民、还岸于民、还景于民，打造高品质的公共活动空间，创造可复制、可推广的经验。主要措施：①高水平整体规划。按照“园中园、景中景、林中林”的思路，统筹推进城市、旅游等多规合一，在传统登狼山、访寺庙、揽江景的基础上，因地制宜地引入文旅商业项目。②分片区实施修复。依据总体规划和旅游策划，将五山地区分为七个片区，分片实施生态修复，划定道路、水系、林网及景点四条红线，构建从建到管无缝衔接的生态修复工作“闭环”。③多举措谋求平衡。将五山与滨江片区结合起来，通过适度配套开发建设等方式实现了资金的区域平衡、动态平衡，3 年多来累计投入资金 120 亿元，新增公园绿地面积约 600 hm^2，森林覆盖率超过 80%，2018 年获批国家森林城市，2019 年成功举办“中国森林旅游节”。继狼山国家森林公园获批成为南通首个国家级森林公园后，南通植物园、森林公园军山片区也相继建成开放。

坚持问题导向，举一反三推进沿江生态共保共治格局。守护一江清水，南通从破解问题入手，全面梳理沿江需要整治的重点领域、突出问题，清单化推进非法码头、化工园区、排污口等 26 项专项整治行动。奔着问题去、盯着问题改，以钉钉子精神和啃“硬骨头”的勇气推进 26 项专项整治行动，持续攻坚国家和省披露反馈问题以及“化工围江”、码头尘埃漫天、非法占用岸线等沉疴痼疾。建立一事一档、挂牌督办等工作机制，推动国家警示片、省警示片和省台账反映的所有个性问题，全部整改销号。彻底拆除 53 个沿江非法码头，异地新建现代化通海港区，2020 年集装箱吞吐量达 140.6 万标箱，增长 23.8%，创开港以来最高纪录，实现了产能扩张、搬大搬强。在全市开展化工企业评估诊断、分类整治，取消 2 家沿江园区化工产业定位，缩减化工园区规划面积 7.66 km^2，关停化工企业 458 家。实施沿江大规模增绿、高品质植绿、抢救性复绿，推进堤岸 100 m 范围内的线型林带向 1 000 m 范围内面状发展，打造沿江生态景观长廊，累计新建沿江生态林 2 万亩。经过多年的生态修复，这一地区森林覆盖率达 80% 以上，南通沿江 166 km 干流岸线生态环境面貌发生了根本变化（图 1、图 2）。

图 1　全国最大的硫黄码头退出前

图 2　全国最大的硫黄码头退出修复后（滨江花海）

强化市域协同，变“环境短板”为“特色样板”。聚焦沿江而不局限于沿江，以全市域为完整单元协同治理、统筹治理、集成治理。推进生态环境整体提升，环境空气质量连续 4 年为全省最优，中心城区水质全面提升到Ⅲ类。“不能走先污染后治理的老路。”保护长江的经验，也给南通沿海开发以启迪，沿海县（市）不约而同地为生态留白：如东湿地保有面积达 15.9 万 hm^2，是全国 5 个重点湿地保护区之一；启东全力贯通最美江景、最美海滨，力争到 2025 年完成 80 km 美丽江海岸线建设，实现“在江海堤岸跑马拉松”。

二、岸线资源整合持续深入

长江干流岸线利用资源整合是贯彻落实习近平总书记“共抓大保护”的一项重要举措，自 2018 年该工作开展以来，南通市始终坚持高位推动、部门联动、督查推动，成效显著。南通市岸线清理整治不断强化。全面提前完成 93 个长江干流岸线利用项目清理整治，共计退出岸线 1.97 km。规范水上临时过驳作业区经营行为，启动海门水上临时过驳作业区搬迁，将准入浮吊由 52 艘压减至 23 艘。积极推动沿江码头布局规划编制，开展主城区港口功能退出工作，为改善沿江生态环境、纾解港城矛盾、消除狼山饮用水水源地风险奠定基础。严控危险化学品码头数量，2017 年以来，全市沿江未新增危险化学品码头。长江岸线造林超额完成。加快推进长江南通段高质量植绿、大规模增绿、抢救性复绿。2020 年，全市长江沿岸造林绿化面积 3 425 亩，是省下达年度任务数的 17 倍。2019 年以来，全市新增长江沿岸绿化造林面积 6 380 余亩、森林抚育 7 000 余亩，两年间完成的造林绿化面积约是省下达总任务数的 2.5 倍，厚植沿江绿色生态屏障。岸线资源管控持续强化。开展南通港总体规划修编，推动优江拓海、江海联动，沿江 9 个港区整合为 3 个港区（如皋、南通、通海），沿海 3 个港区整合为 1 个港区（通州湾港区），沿江退出港口岸线 51.5 km。2020 年 5 月，《南通港总体规划（2018—2035 年）》通过部省联合审查。高标准打造美丽岸线，在全省率先编制沿江生态带发展规划《江苏省长江岸线保护利用规划（南通）》，统筹沿江经济发展与生态环境保护关系，科学布局生产、生活、生态岸线，努力实现长江岸线资源的高效、永续利用，长江岸线生产、生活、生态空间布局由 48：3.5：48.5 优化至 39：10：51（图 3、图 4）。

图 3　2016 年军山片区生态修复前

图 4　2019 年军山片区生态修复后

三、长江生态环境持续转好

南通城区外邻滔滔长江，内有千年濠河，中心城区水系丰富，水情复杂，更需精准剖析，突破“就河治河”的惯性思维，找准治水之本，谋实治污之策，坚持水岸兼顾、内外源统筹，实施系统整治。南通市落实中央和省关于系统治水的决策部署，以“地处长江下游，工作力争上游”的目标定位，以改善长江水生态环境质量为核心，突出问题导向，坚持“江河联治、水岸共治、全域防治”的治水思路，实施全市域活水畅流工程，2019年建成全国水生态文明城市。补齐中心城区水质短板，探索形成“控源截污、智能管控、自然做功、生态修复”的治水模式（图5），市区基本消除黑臭水体，无劣Ⅴ类断面，实现长江水Ⅲ类进城、Ⅲ类出城，拓扑导流墙活水等创新做法获得生态环境部肯定。

图5　五山地区生态修复全貌

5年来长江南通段干流水质提升显著。2016年干流水质符合Ⅱ类的比例仅为33.3%，2018年至今保持在100%。相关分析表明，主要污染物高锰酸盐指数浓度保持稳定，总磷和氨氮浓度均较“十二五”末明显下降。5年来长江9条入江支流水质持续改善。2020年，南通市主要入江支流水质总体处于良好状态，9条入江支流中8条水质符合Ⅲ类标准。

长江水生态系统健康状况良好。长江江豚是江豚的唯一淡水亚种，数量仅为大熊猫数量的六成左右。作为长江水生态系统的旗舰物种，长江江豚的种群状况是长江水生态系统健康状况的重要标志，对标示长江水生态系统的稳定性具有无可替代的作用。2013年，长江江豚被列为《世界自然保护联盟濒危物种红色名录》（IUCN）极危物种，最新的国家野生动物保护名录将长江江豚由二级保护野生动物升为一级，更加凸显长江江豚的稀有性、珍贵性、濒危性。2019年以来，南通环境监测中心联合环保志愿者、摄影爱好者对长江南通段长江江豚种群分布开展持续观测，累计观测到江豚30余次，单次最多有9头同时出现，自上游如皋段至下游海门段均观测到长江江豚的踪迹（图6）。

图6 “微笑天使”重现长江南通段

2021年3月1日，《中华人民共和国长江保护法》正式实施，南通全体上下不忘习近平总书记嘱托，坚持把修复长江生态环境摆在压倒性位置。作为万里长江奔流入海的最后一道生态屏障，南通有责任、有义务为长江永葆生机活力作出“跑好最后一棒”的贡献。以更严要求守好生态本底，巩固提升长江大保护成果，深入打好污染防治攻坚战，擦亮美丽南通生态底色。

专题二　江海平原生物多样性调查

生物多样性包括遗传、物种、生态系统三个层次的多样性，是维持自然生态系统稳定、保障粮食安全和社会—经济—自然复合生态系统安全、维系人类生存与发展的重要自然因素。近年来，我国高度重视生物多样性保护，江苏省生态保护工作历来走在全国前列，南通市纳入省首批生物多样性本底调查试点，于2019年率先完成全域调查，充分掌握了各地生物多样性本底现状，为后续的保护工作提供了依据。

南通市位于江苏省东南部，地处苏中，属北亚热带湿润季风气候区，海洋性气候明显。四季分明、光照充足、气候温和，雨量充沛，无霜期较长；除狼山、军山等五山（统称五山地区）为低丘群外，都是海拔五六米以下的平原，平均海拔4 m左右；南通滨江临海，是万里长江的入海口。因此，南通是南北气候交错区和海陆生态交错区，具有典型的南北植物过渡带特征，孕育着丰富的生物多样性资源，见图1。

图1　南通五山森林公园一角

一、物种多样性

2019年生物多样性本底调查结果显示，南通市域范围内共记录到物种数3 500种，其中，植物 1 119 种、脊椎动物 320 种、昆虫 1 128 种、水生生物 933 种。

各县（市、区）浮游植物种类数为 17～73 种，浮游动物物种数为 51～105 种，底栖动物物种数为 21～59 种。水生维管束植物种数为 19～84 种，陆生维管束植物物种数为 380～647 种；陆生昆虫物种数为 70～376 种。鱼类物种数为 44～80 种。两栖动物物种数为 2～7 种，爬行动物种数为 6～12 种。鸟类物种数在 83～165 种。哺乳动物物种数为 5～14 种，见表 1。

表 1　2018—2019 年南通市生物多样性本底调查物种数统计　　单位：种

生物类群	市区	海安	如皋	如东	通州	海门	启东
浮游植物	266	61	99	83	73	105	68
浮游动物	146	38	51	66	17	55	73
底栖动物	137	36	44	59	21	43	42
水生维管束植物	166	20	71	60	54	84	66
陆生维管束植物	1 897	489	559	579	582	544	528
陆生昆虫	461	114	164	70	376	176	202
鱼类	206	55	50	80	44	65	69
两栖动物	25	7	7	2	6	7	6
爬行动物	35	9	12	6	7	12	7
鸟类	364	128	108	83	160	109	165
哺乳动物	36	14	9	5	10	9	10

二、珍稀濒危保护及入侵物种

（一）物种红色名录

依据《中国物种红色名录》及 IUCN 物种名录，南通市各县（市、区）物种红色名录为 4～37 种，见表 2。

表 2　南通市各县（市、区）物种红色名录统计　　单位：种

地区	极危（CR）	濒危（EN）	易危（VU）	近危（NT）	合计
市区	13	14	18	14	59
海安	2	7	3	1	13
如皋	2	3	8	5	18
如东	5	13	4	1	23

续表

地区	极危（CR）	濒危（EN）	易危（VU）	近危（NT）	合计
通州	2	3	9	12	26
海门	3	7	9	7	26
启东	5	8	11	13	37

（二）保护物种名录

依据《国家重点保护野生动物名录》及《国家重点保护野生植物名录》（第一批、第二批），南通市各区域共分布有国家一级保护野生动植物 2～7 种，国家二级保护野生动植物 4～25 种，见表 3。

表 3 南通市国家重点保护野生动植物统计 单位：种

地区	一级	二级
市区	18	33
海安	2	7
如皋	4	14
如东	5	15
通州	7	25
海门	5	13
启东	5	25

（三）入侵物种名录

依据《中国外来入侵物种名单》（第 1～4 批），南通市各区域发现外来入侵动植 / 物 13～23 种，大部分入侵物种分布较为广泛，见表 4。

表 4 南通市外来入侵物种统计 单位：种

地区	入侵物种
市区	74
海安	13
如皋	18
如东	83
通州	14
海门	22
启东	20

三、生物多样性保护热点区域

（一）军山自然保护地

崇川区是南通市主城区，南部濒临长江，绵延而立着狼山、军山、剑山、黄泥山、马鞍山五座小山，是南通较早成陆的地区，见图2。

图2 军山东南麓一隅

得益于得天独厚的自然地理环境，五座小山虽然不高，但能在冬天为山后区域挡住阵阵寒风，一个个小山坳成了动植物天然的过冬庇护场所，构成小型湿地的自然野生生境：物种虽然很杂，但并不浓密，阳光能够充沛地照进来，冬无严寒、夏无酷暑，年平均温度在14.6～15.1℃，全年植物生长期约为310天。

特别是军山东南麓15.8 hm^2 的区域范围内，人为因素干扰较少。该区域曾为部队训练营地，作为军事禁区，在几十年里保持一种相对稳定的自然状态，基本未受到除草剂、农药等化学品的污染，许多野生生物得以生存和保留。加之周边其他地区的大量开发，野生物种出于求生本能，必定要寻找新的庇护所，便迁徙至基本没有干扰的军山。由此，鸟、昆虫等活跃的生物都在这里聚集，植物的种子随着鸟类迁移，也在这儿落地生根，见图3、图4。

2018—2019年，历时两年多的调查，初步厘清了军山东南麓有389种植物，最多的是食用植物，达207种，见图5、图6；数量位居第二的是药用植物，达160种；再次是景观植物114种，工业用植物27种，油脂植物17种。动物220多种，鸟类82种，昆虫117种，其中蛾类、蝶类各40多种，其他哺乳类（如刺猬、黄鼬）、两栖类（如青蛙、姬蛙、中华蟾蜍）、爬行类（如蜥蜴、蛇）、甲壳类（如蟛蜞、螃蟹）、鱼类（如鳅、鲤、鲫）等数十种，见图7、图8。

图 3　军山鸟类——凤头鹰

图 4　军山鸟类——游隼

图 5　军山植物——金荞麦

图 6　军山植物——野大豆

图 7　军山动物——黑斑侧褶蛙

图 8　军山动物——黑线姬鼠

在这样空间里，不但野生动植物种类繁多，不少优势植物也形成不同的群落，彼此相嵌共存，并与生活在其中的动物形成了紧密的依附关系。随着季节的变换，生物群落的面貌不断变化，让人们看到一个生机勃勃、不断发展变化的生态环境。

在地处亚热带植物区北缘的江海平原上，它是唯一的、不可多得的都市中的“野生生物基因库”，这片区域不仅是南通和中国东部江海平原地区的，更是全人类的一份珍贵的自然历史遗产。

（二）沿海滩涂-自然生态湿地构筑鸟类天堂

南通位于东亚—澳大利西亚迁徙路线中间地带，是黑脸琵鹭、勺嘴鹬等迁徙候鸟重要的中转停歇地，同时也是国家一级重点保护野生动物黑嘴鸥的重要繁殖地。

南通引以为傲的206 km的海岸线，正向世人显现越来越高的“颜值”。芦苇荡漾、鸥鹭起舞、步道蜿蜒，有一种海天一色视野绝佳的心旷神怡。

如东小洋口湿地是珍稀极危鸟类勺嘴鹬的观测胜地，每年来此栖息觅食的勺嘴鹬不少于100只，约占全球总数量的1/4。从2019年起，当地政府共治理了约6 000亩互花米草泛滥的开放滩涂，开辟出一片600余亩生态修复区，复种滩涂植被翅碱蓬、柽柳和芦苇，形成了“碱蓬红毯、柽柳绿林、花香鸟语”的湿地生态景观。2020年，在生态修复区观测到包括3万余只鸟，其中有勺嘴鹬等17种珍稀鸟类，见图9～图14。

图9　南通沿海滩涂鸟群

图10　沿海滩涂鸟类——勺嘴鹬

图 11 沿海滩涂鸟类——黑嘴鸥

图 12 沿海滩涂鸟类——东方白鹳 1

图 13 沿海滩涂鸟类——黑脸琵鹭

图 14 沿海滩涂鸟类——东方白鹳 2

如东沿海 104 万亩生态湿地滩涂已成为各类珍稀鸟类栖息的幸福港湾，它们将在此觅食休整，为下一段旅程储备力量。《如东县生物多样性本底调查项目技术报告》显示，在如东观察统计到的鸟类有 118 种，隶属 12 目 29 科 66 属。作为湿地生态最敏感的指示性物种，“超级小勺”——勺嘴鹬的连番光临，是如东沿海生态系统健康的有力见证。

（三）长江和沿海滩涂的哺乳动物

长江江豚是国家一级保护野生动物，于 2019 年 12 月首次在南通滨江公园被观测记录到，见图 15。到“十三五”末，长江南通段上至如皋、下至海门段均有发现长江江豚的踪迹，崇川区五山段为热点区域，最多有 9 头同时出现。

作为长江水生态系统的旗舰物种，长江江豚的种群状况是长江水生态系统健康状况的重要指示，对长江水生态系统的稳定性具有无可替代的作用。长江江豚种群的增多，说明鱼类等水生生物多样性有恢复趋势，是生态环境变好的最好证明。

国家一级保护野生动物麋鹿在南通沿海湿地多个地方都有发现，其分布区域最南端为启东圆陀角沿江湿地，见图16。

图15　长江江豚

图16　麋鹿

四、南通物种多样性保护工作成果

（1）强化规划引领，出台了《南通市生物多样性保护规划（2017—2030）》，不断加大全市生物多样性保护水平。在长三角一体化国家战略加快实施的背景下，南通还与上海积极联动谋划，与上海联手共筑长江口生态保护战略协同区。

（2）严格落实管控要求，将部分重要滨海湿地、河口生态系统等区域划定为国家生态保护红线，按禁止开发区域进行管理，为动植物繁衍生息创造良好条件。

（3）摸清了生态多样性现状。纳入省首批生物多样性本底调查试点并率先完成全域调查。

（4）强化了自然保护地监管。连续4年开展南通市“绿盾”自然保护地监督检查专项行动，不断加大对破坏生物多样性的各类违法违规问题的打击力度。截至2020年年底，9个问题点位的整改与销号工作已全部完成，整改完成率为100%。

（5）开展宣传教育活动。结合“国际生物多样性日”活动等，利用电视、报刊、网络等媒体，积极开展专题宣传活动，让广大群众感受南通生物多样性的保护成果，唤起全社会尊重自然、保护生物多样性的意识。

专题三　南通市臭氧污染成因及生成机制

环境大气中臭氧的污染主要受三方面因素影响：气象、前体物化学生成和传输。2018—2019 年，南通市开展了南通市 VOCs 来源解析工作，于 2019 年 4—6 月在国控点紫琅学院站点开展了 VOCs 连续在线监测，监测物种共计 106 种，获得了南通市臭氧高发期的高时空分辨率的前体物 VOCs 组分数据，基于获取的监测数据，结合常规污染物监测数据和气象数据，梳理 2019 年南通市一次臭氧典型污染过程，分析南通市臭氧生成机制。

一、污染过程演变

2019 年 5 月 9—12 日紫琅学院站点 O_3 浓度值分别为 206 μg/m^3、245 μg/m^3、227 μg/m^3 和 194 μg/m^3。为分析此污染过程，在前后各增加 1 天进行臭氧及各要素时间演变规律，如图 1 所示。

5 月 8 日臭氧未超标，最高小时浓度不超过 160 μg/m^3；5 月 9 日 6:00 臭氧小时浓度最低仅 14 μg/m^3，随着光化学反应开始其浓度迅速上升，12:00 已达到 200 μg/m^3，并持续 6 h（12:00—17:00）维持在 200 μg/m^3 以上，随后缓慢下降，至 23:00 仍高达 139 μg/m^3。10 日臭氧抬升初始时刻为 5:00，此时臭氧浓度为 30 μg/m^3，随后缓慢升高，至 9:00 涨幅开始剧增，同样在 12:00—17:00 均超过 200 μg/m^3，最高达 289 μg/m^3；傍晚开始逐渐下降，臭氧日变化特征显著；5 月 11 日臭氧上升速度快且高值持续时间长，13:00—20:00 小时浓度均超过 200 μg/m^3，直至 23:00 臭氧浓度才有明显下降（67 μg/m^3）。5 月 12 日凌晨 2:00—4:00 出现一个小高峰，臭氧小时浓度在 70～90 μg/m^3，明显受传输影响，12 日 11:00—17:00 连续 8 h 臭氧浓度在 160 μg/m^3 以上，最高达 217 μg/m^3，18:00 后臭氧浓度缓慢下降。13 日受大风降温影响，臭氧污染过程结束。

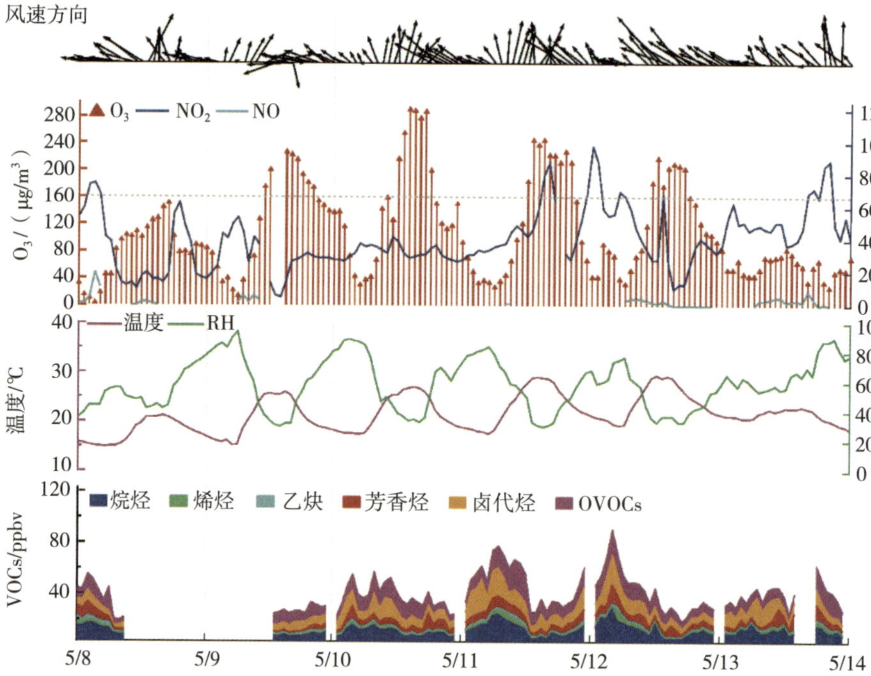

图 1　2019 年 5 月 9—12 日紫琅学院 O_3 及前体物以及气象要素时间序列

二、气象条件概况

从地面天气条件来看，5 月 8—12 日均是有利于臭氧生成的晴朗天气，但 5 月 8 日气温低（11～19℃），最高温度低于 20℃，且湿度大，RH 平均为 62%，因此总体不利于臭氧生成。5 月 9—12 日气温逐渐升高，且温差大（10～12℃），太阳辐射相对较强，且湿度降低，高温低湿促进臭氧生成，加之风速低，不利于扩散。因此 5 月 9—12 日臭氧超标。13 日多云转阴，风速增大，气温降低，南通局部地区有降雨，因此污染过程结束。

从天气形势上看，5 月 9—12 日南通市地面均受均压场控制，以多云为主，天气形势稳定，扩散条件不利。高空 500 hPa 副热带高压从 10 日起大幅西伸北抬，南通市气温不断小幅升高（图 2、图 3）。

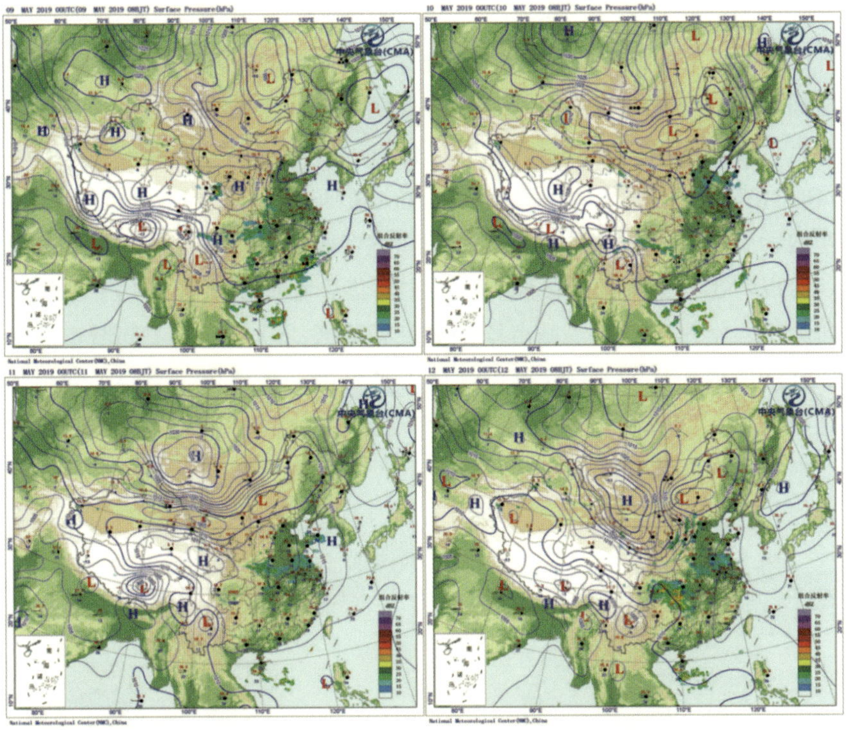

图 2　2019 年 5 月 9—12 日地面天气系统

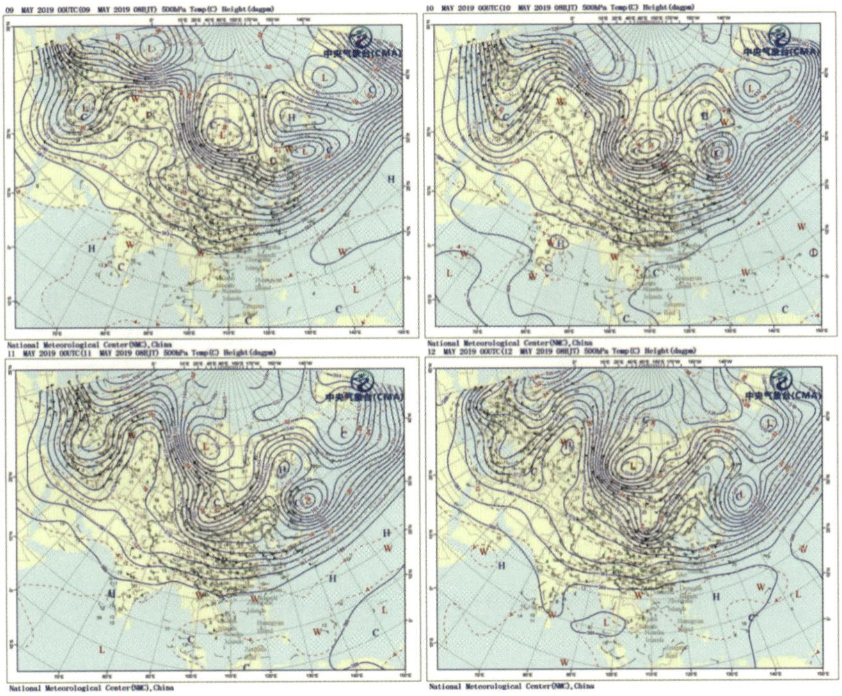

图 3　2019 年 5 月 9—12 日高空天气形势（500 hPa）

三、区域传输的影响

从南通市5月9—12日臭氧及前体物日变化特征来看，南通市臭氧以本地生成为主，但同时也存在传输，尤其是在5月9日、5月11日光化学反应结束后有较长拖尾，夜间浓度居高不下，12日凌晨出现次高峰等现象，均与区域传输影响有关。

图4展示了5月9—12日污染过程期间整个江苏省的臭氧日最大8 h滑动平均值分布。可以看出，9日江苏省臭氧污染主要集中在苏南地区，其中苏州以及南通西南方向无锡、常州、镇江等城市均是臭氧高值区；10日江苏南部城市臭氧污染形势加重，且已连成一片；11日江苏南部城市臭氧进一步恶化，无锡、常州和镇江臭氧浓度甚至在240 μg/m³以上，南京也高于220 μg/m³；12日南通、苏州污染有所缓解，污染中心向中部和北部地区转移。

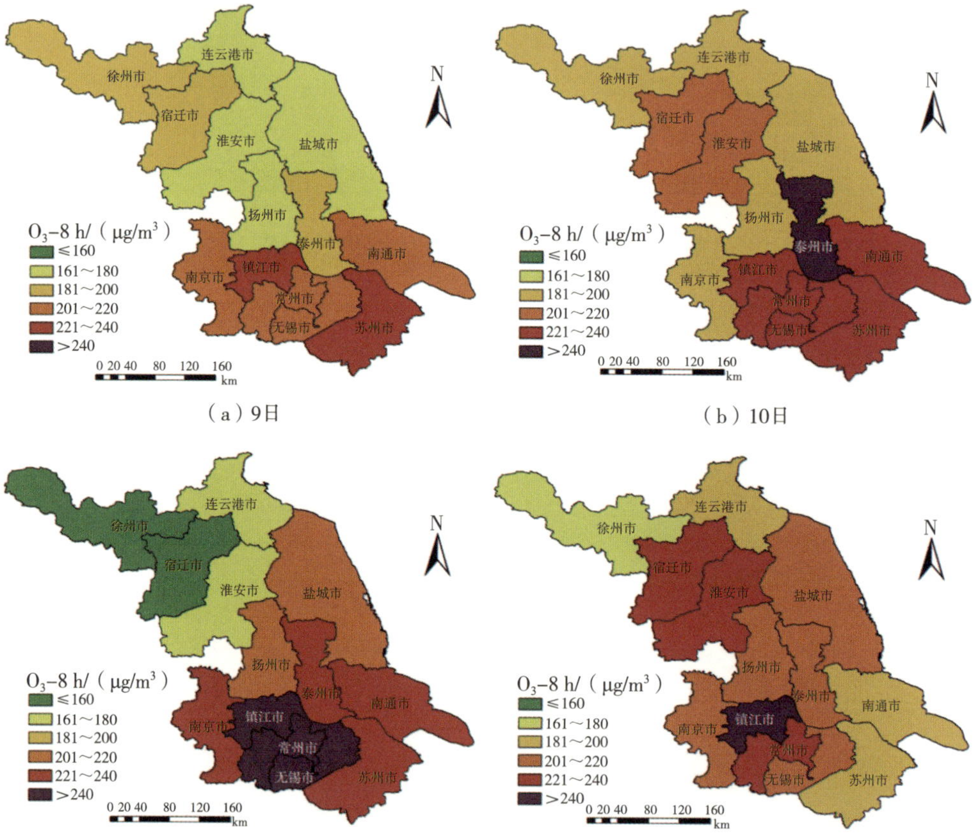

（a）9日 （b）10日
（c）11日 （d）12日

图4 2019年5月9—12日江苏省臭氧空间分布特征

图5、图6分别展示了5月9—12日污染过程期间南通、上海等局部地区臭氧污染分布情况以及污染过程中的气团来向。

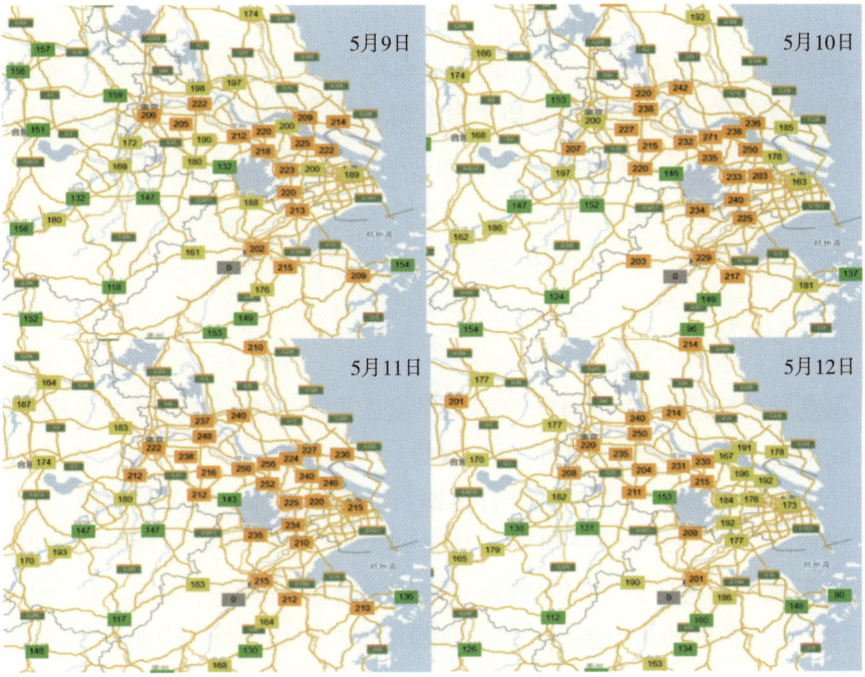

图 5　2019 年 5 月 9—12 日沿海地区臭氧空间分布特征

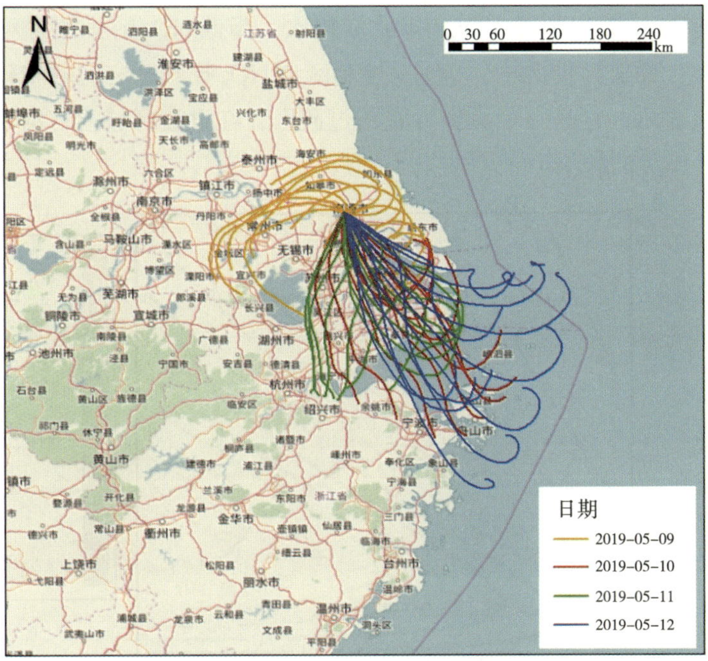

图 6　2019 年 5 月 9—12 日气团后向轨迹

可以看出，5 月 9 日江苏南部、上海和浙江北部均发生臭氧超标现象，9 日气团传输距离较短，始于常州、泰州等从南通北部进入南通，对南通有一定影响。

10—11 日长三角臭氧呈区域性污染，12 日南通、上海、苏州臭氧虽仍超标但污染程度相对减轻，而南京、常州、扬州、泰州等城市臭氧仍然在 200 μg/m^3 以上。10—12 日气团主要来自南通南部和东南方向，始于浙江北部、途经苏州、上海抵达南通。综合来看，此过程受江苏省内南部城市及上海等城市影响。

四、臭氧本地生成机制

（一）臭氧生成机制

利用基于观测的模型（OBM 模型）对南通重污染期间的臭氧生成机制进行模拟，判断南通市臭氧生成受何种前体物主导。

图 7 给出了 2019 年 5 月 9—12 日南通市臭氧与前体物的关系曲线，等值线表示臭氧生成潜势，横纵坐标分别表示 VOCs 和 NO_x 排放百分比（%），可以看出南通市臭氧生成与其前体物 VOCs 和 NO_x 排放呈典型的非线性关系。红色虚线为每一臭氧生成潜势曲线转折点连线，即臭氧等浓度曲线的脊线，脊线将等值线分为两个部分，在脊线上半部分，臭氧生成主要受 VOCs 控制，即与削减 NO_x 排放量相比，削减 VOCs 排放量可以更有效地降低臭氧浓度；在脊线下半部分，臭氧浓度主要受 NO_x 控制，即与削减 VOCs 排放量相比，降低 NO_x 的排放量可以更有效地降低臭氧浓度。而实际情况中，VOCs 控制区和 NO_x 控制区之间的转化不可简单地仅用一条脊线表示，它是一个真实存在的过渡区，在过渡区域内，臭氧生成同时受 VOCs 和 NO_x 排放的影响。

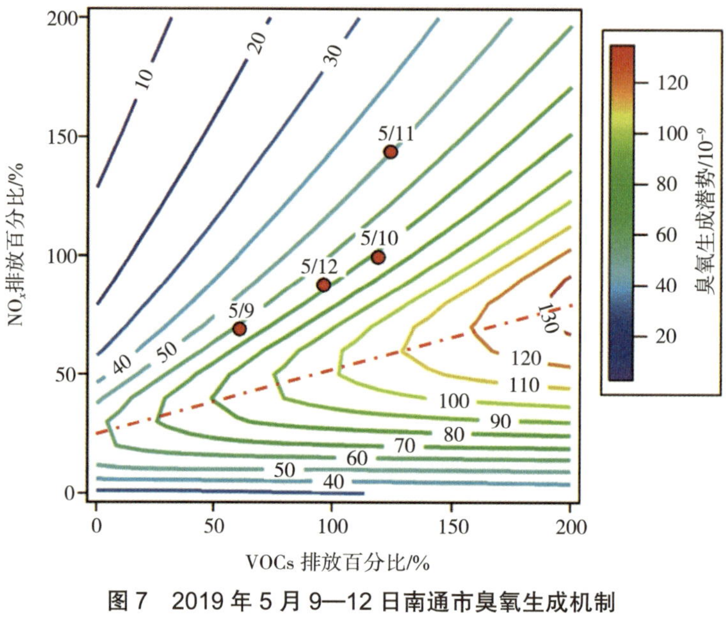

图 7　2019 年 5 月 9—12 日南通市臭氧生成机制

由图7可以看出，南通2019年5月9—12日臭氧生成均处于VOCs控制区，当降低NO_x排放时，臭氧生成潜势经历先升后降的过程，当NO_x排放降低至越过脊线时，臭氧生成潜势才会持续下降；而当削减VOCs时，臭氧生成潜势会持续下降。因此，短期来看，南通重污染期间的臭氧防控应重点考虑VOCs的削减。

（二）对臭氧生成有重要影响的VOCs组分

在此过程（2019年5月9—12日）臭氧污染过程中，前体物间/对-二甲苯、邻-二甲苯、甲苯以及乙烯和乙苯对臭氧生成贡献最大，尤其是间/对-二甲苯，其OFP值高达63.3 μg/m³，远高于其他物质，见图8。

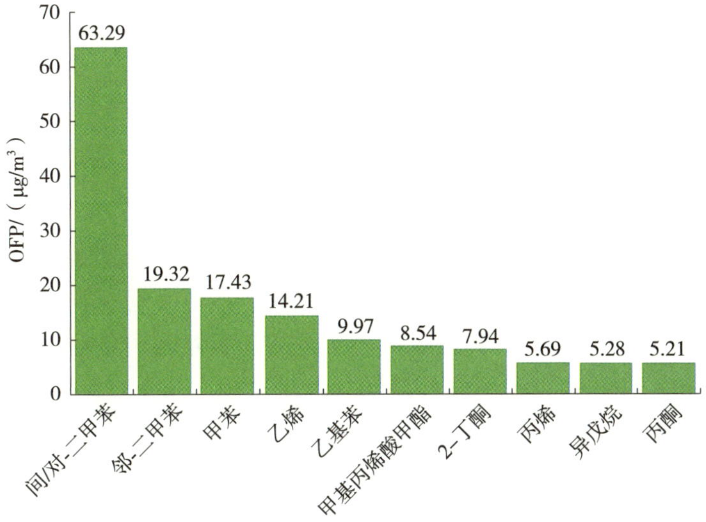

图8　2019年5月9—12日对臭氧生成有重要影响的关键组分

（三）污染期间VOCs来源解析

图9给出了5月9—12日臭氧重污染期间前体物VOCs的来源，可以看出工业排放和机动车尾气是污染期间VOCs最主要的来源。

综合来看，本次南通市臭氧污染过程以本地生成为主，但同时受到南通东南和偏南方向（如上海、苏州以及浙江北部等）城市影响。其中5月9—12日南通市地面均受均压场控制，天气形势稳定，扩散条件不利，高空副热带高压大幅西伸北抬，以晴朗和多云天气为主，气温不断小幅升高，温差大，辐射强等是本地污染过程发生的外因，以VOCs为主导的前体物排放是臭氧污染的内因，其中，间/对-二甲苯、邻-二甲苯、甲苯以及乙烯和乙苯是需要重点关注的组分。

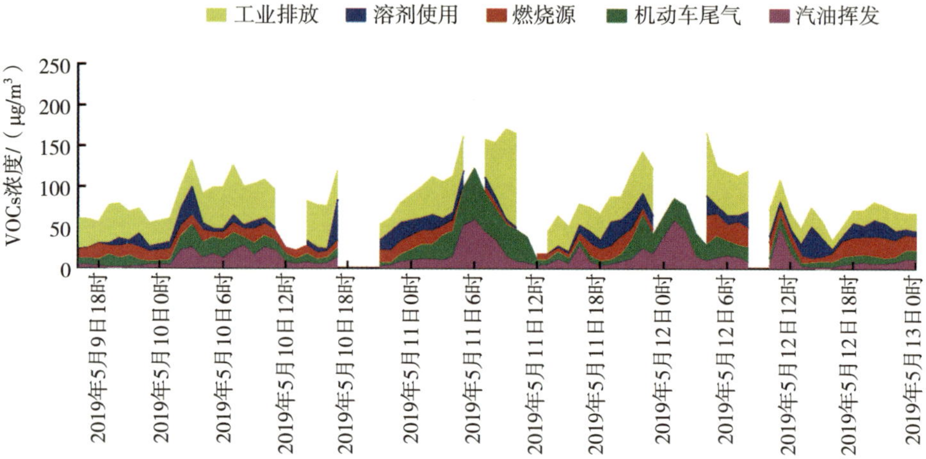

图 9　2019 年 5 月 9—12 日 VOCs 来源结构

五、小结

通过 2019 年 5 月的一次典型臭氧污染过程分析发现，南通市臭氧生成以本地前体物化学生成为主，但同时存在区域传输贡献。本地生成一般具备这样的共性特征：高压系统或均压场控制、地面温度相对较高、温差大、湿度低、风速小，有利于臭氧生成而不利于其扩散。且本地生成中前体物 VOCs 对臭氧生成发挥主导作用，削减 VOCs 有利于南通市臭氧浓度的降低。从区域输送角度来看，南通市偏南方向城市，如上海、苏州以及西南方向无锡、常州等均有可能对南通市臭氧产生一定传输影响。

附录　评价方法与标准

一、污染源评价方法与标准

重点污染源达标情况按照《污染源监测数据报告技术规定（暂行）》（总站源字〔2007〕148 号）要求进行评价。

（一）评价标准

（1）有地方或区域排放标准的，优先采用地方或区域排放标准。

（2）有行业排放标准的，采用行业排放标准，没有行业排放标准采用综合排放标准。

（二）评价方法

对污染源的一次监测中，任一排污口排放的任何一项污染物浓度超过排放标准限值，则该排污口本次监测为不达标；污染源任一排污口不达标，则该污染源本次监测为不达标。

（三）达标率

（1）单个污染源达标率：评价时段内监测达标次数占监测总次数的百分比，计算公式为

$$E = N_e / N_t \times 100\%$$

式中：E——单个污染源达标率；

N_e——评价时段内监测达标次数；

N_t——评价时段内监测总次数。

（2）地区污染源达标率：评价区域内所有污染源达标率的算术均值，计算公式为

$$D = \sum_{i=1}^{n} E_i / n$$

式中：D——评价区域的污染源达标率；

E_i——第 i 个污染源达标率；

n——评价区域内参与评价的污染源数量。

（四）超标倍数

监测浓度超过排放标准限值时，超标倍数计算公式为

$$Q = C / C_0 - 1$$

式中：Q——超标倍数；

C——监测浓度；

C_0——标准浓度限值。

平均超标倍数为评价范围内所有超标污染源超标倍数的算术均值，计算公式为

$$\overline{Q} = \sum_{i=1}^{n} Q_i / n$$

式中：$\overline{Q}$——平均超标倍数；

Q——单个污染源超标倍数；

n——参与评价的污染源数量。

二、环境空气评价方法与标准

（一）评价标准

环境空气质量常规项目执行《环境空气质量标准》（GB 3095—2012）中的二级标准，见表1。降尘根据《关于印发江苏省打赢蓝天保卫战三年行动计划实施方案》要求，2020年江苏沿江8市降尘量不得高于5 t/（km^2·月）。硫酸盐化速率月均值和年均值分别为0.5 mg SO_3/（100 cm^2- 碱片·日）、0.25mg SO_3/（100 cm^2- 碱片·日）。

表1　环境空气质量标准（GB 3095—2012）

污染物名称	取值时间	浓度限值		单位
		一级标准	二级标准	
二氧化硫	年平均	20	60	μg/m³
	日平均	50	150	
二氧化氮	年平均	40	40	
	日平均	80	80	
颗粒物（PM_{10}）	年平均	40	70	μg/m³
	日平均	50	150	
颗粒物（$PM_{2.5}$）	年平均	15	35	μg/m³
	日平均	35	75	

续表

污染物名称	取值时间	浓度限值		单位
		一级标准	二级标准	
一氧化碳	日平均	4	4	mg/m^3
臭氧	日最大 8 h 平均	100	160	$\mu g/m^3$
	1 h 平均	160	200	

（二）评价方法

1. 空气质量指数（AQI）

空气质量指数（AQI）是用于定量描述空气质量状况的量纲一指数，见表 2。

表 2　AQI 标准及相应空气质量指数级别

AQI	AQI 级别	AQI 类别及表示颜色	
0 ～ 50	一级	优	绿色
51 ～ 100	二级	良	黄色
101 ～ 150	三级	轻度污染	橙色
151 ～ 200	四级	中度污染	红色
201 ～ 300	五级	重度污染	紫色
＞300	六级	严重污染	褐红色

（1）空气质量分指数计算公式如下：

$$\mathrm{IAQI_p}=\frac{\mathrm{IAQI_{Hi}}-\mathrm{IAQI_{L0}}}{\mathrm{BP_{Hi}}-\mathrm{BP_{L0}}}\left(C_\mathrm{p}-\mathrm{BP_{L0}}\right)+\mathrm{IAQI_{L0}}$$

式中：$\mathrm{LAQI_p}$——污染物项目 P 的空气质量分指数；

C_p——污染物项目 P 的质量浓度值；

$\mathrm{BP_{Hi}}$——表中与 C_p 相近的污染物浓度限值的高位值；

$\mathrm{BP_{L0}}$——表中与 C_p 相近的污染物浓度限值的低位值；

$\mathrm{IAQI_{Hi}}$——表中与 $\mathrm{BP_{Hi}}$ 对应的空气质量分指数；

$\mathrm{IAQI_{L0}}$——表中与 $\mathrm{BP_{L0}}$ 对应的空气质量分指数。

（2）空气质量指数计算公式如下：

$$\mathrm{AQI}=\max\left\{\mathrm{IAQI_1},\ \mathrm{IAQI_2},\ \mathrm{IAQI_3},\cdots,\ \mathrm{IAQI}_n\right\}$$

式中：IAQI——空气质量分指数；

n——污染物项目。

当 AQI 值大于 50 时，IAQI 值最大的污染物为首要污染物。若 IAQI 值最大的污染物为两项或两项以上时，并列为首要污染物。IAQI 值大于 100 的污染物为超标污染物，见表 3。

表 3　空气质量分指数及对应的污染物项目浓度限值

空气质量分指数（IAQI）	污染物项目浓度限值					
	二氧化硫 24 h 平均 /（μg/m³）	二氧化氮 24 h 平均 /（μg/m³）	颗粒物（粒径≤10 μm）24 h 平均 /（μg/m³）	一氧化碳 24 h 平均 /（mg/m³）	臭氧 8 h 滑动平均 /（μg/m³）	细颗粒物（粒径≤2.5 μm）24 h 平均 /（μg/m³）
0	0	0	0	0	0	0
50	50	40	50	2	160	35
100	150	80	150	4	200	75
150	475	180	250	14	300	115
200	800	280	350	24	400	150
300	1 600	565	420	36	800	250
400	2 100	750	500	48	1 000	350
500	2 620	940	600	60	1 200	500

日报时间周期为 24 h，时段为当日零点前 24 h。日报的指标包括二氧化硫（SO_2）、二氧化氮（NO_2）、颗粒物（粒径小于等于 10 μm）、颗粒物（粒径小于等于 2.5 μm）、一氧化碳（CO）的 24 h 平均，以及臭氧（O_3）的日最大 8 h 滑动平均，共计 6 个指标，见表 4。

表 4　基本评价项目及评价时间

评价时段	评价项目及评价时间
小时评价	SO_2、NO_2、CO、O_3 的 1 h 平均
日评价	SO_2、NO_2、PM_{10}、$PM_{2.5}$、CO 的 24 h 平均，O_3 的日最大 8 h 平均
年评价	SO_2 年平均、SO_2 24 h 平均第 98 百分位数 NO_2 年平均、NO_2 24 h 平均第 98 百分位数 PM_{10} 年平均、PM_{10} 24 h 平均第 95 百分位数 $PM_{2.5}$ 年平均、$PM_{2.5}$ 24 h 平均第 95 百分位数 CO 24 h 平均第 95 百分位数 O_3 日最大 8 h 滑动平均值的第 90 百分位数

2. 空气质量综合指数

空气质量综合指数是指评价时段内，参与评价的各项污染物的单项质量指数之和，综合指数越大表明城市空气污染程度越重。具体计算方法如下：

（1）单项质量指数

指标 i 的单项质量指数（I_i）按下式计算：

$$I_i = \frac{C_i}{S_i}$$

式中：C_i——污染物 i 的评价浓度值；

S_i——指标 i 的标准值。

当 i 为 SO_2、NO_2、PM_{10} 及 $PM_{2.5}$ 时，S_i 为污染物 i 的年均浓度二级标准限值；当 i 为 O_3 时，S_i 为日最大 8 h 平均的二级标准限值；当 i 为 CO 时，S_i 为日均浓度二级标准限值。

（2）综合指数

综合指数计算方法按下式计算：

$$I_{\text{sum}} = \sum_{i=1}^{6} I_i$$

式中：I_{sum}——综合指数；

I_i——指标 i 的单项指数，i 包括全部 6 项指标，即 SO_2、NO_2、PM_{10}、$PM_{2.5}$、CO 和 O_3。

（3）首要污染物

最大指数对应的污染物为首要污染物，最大指数计算方法按下式计算：

$$I_{\max} = \max(I_i)$$

式中：$I_{\max}$——最大指数；

I_i——指标 i 的单项指数，i 包括全部 6 项指标，即 SO_2、NO_2、PM_{10}、$PM_{2.5}$、CO 和 O_3。

三、酸雨评价方法与标准

（一）评价标准

以降水 pH 等于 5.6 为划分酸雨的界限，pH 低于 5.6 的降水为酸雨。

（二）评价方法

酸雨评价采用 pH 平均值比较、酸雨频率及地区分布、降雨的化学组分变化等指标。变化趋势采用 Spearman 秩相关系数法进行趋势检验，评价酸雨的年际变化。

计算方法如下：

单点的 pH：$\mathrm{pH} = -\log\left[\mathrm{H}^+\right]$

pH 平均值计算：采用氢离子［H^+］量加权法计算：

$$\mathrm{pH}_{平均} = -\log\left[\mathrm{H}^+\right]_{平均}$$

其中：$\left[\mathrm{H}^+\right]_{平均} = \dfrac{\sum\left[\mathrm{H}^+\right]_i \cdot V_i}{\sum V_i}$

式中：$\mathrm{pH}_{平均}$——评价时段或范围内的 pH 平均值；

$[\mathrm{H}^+]_i$——第 i 次或第 i 个地区的氢离子浓度；

V_i——第 i 次或第 i 个地区的降水量。

降雨的化学组分计算：

$$离子当量浓度 = \frac{离子质量浓度[X]\times 1\,000}{相对原子量/化合价}$$

其中：$[X] = \dfrac{\sum\limits_{i=1}^{n}[X]_i \cdot V_i}{\sum\limits_{i=1}^{n} V_i}$

式中：$[X]_i$——第 i 次降水中某离子的浓度；

V_i——第 i 次降水的降水量；

n——降水样本数。

四、水环境评价方法与标准

（一）水质类别评价

采用单因子类别法，依据《地表水环境质量标准》（GB 3838—2002），用水质最差的单项污染物水质类别来表示水体综合水质类别，评价指标为《地表水环境质量标准》（GB 3838—2002）表 1（表 5）中除水温、总氮和粪大肠菌群以外的 21 项评价指标。水温、总氮、粪大肠菌群作为参考指标单独评价（河流总氮除外）。

表 5　地表水质量标准　　单位：mg/L

项目	Ⅱ类	Ⅲ类	Ⅳ类	Ⅴ类
水温 /℃	人为造成的环境水温变化应限制在：周平均最大温升≤1，周平均最大温降≤2			
pH（量纲一）	6 ～ 9			
溶解氧　≥	6	5	3	2

续表

项目		Ⅱ类	Ⅲ类	Ⅳ类	Ⅴ类
高锰酸盐指数	≤	4	6	10	15
生化需氧量	≤	3	4	6	10
氨氮	≤	0.5	1	1.5	2
石油类	≤	0.05	0.05	0.5	1.0
挥发酚	≤	0.002	0.005	0.01	0.1
汞	≤	0.000 05	0.000 1	0.001	0.001
铅	≤	0.01	0.05	0.05	0.1

（二）评价方法

地表水环境质量定性评价方法根据《关于印发〈地表水环境质量评价方法（试行）〉的通知》（环办〔2011〕22号）。

1. 断面水质评价

河流断面水质类别评价采用单因子评价法，即根据评价时段内该断面参评的指标中类别最高的一项来确定。描述断面的水质类别时，使用“符合”或“劣于”等词语。断面水质类别与水质定性评价分级的对应关系见表6。

表6 断面、河段水质定性评价

水质类别	水质状况	表征颜色	水质功能
Ⅰ～Ⅱ类水质	优	蓝色	饮用水水源一级保护区、珍稀水生生物栖息地、鱼虾类产卵场、仔稚幼鱼的索饵场等
Ⅲ类水质	良好	绿色	饮用水水源二级保护区、鱼虾类越冬场、洄游通道、水产养殖场、游泳区
Ⅳ类水质	轻度污染	黄色	一般工业用水和人体非接触的娱乐用水
Ⅴ类水质	中度污染	橙色	农业用水及一般景观用水
劣Ⅴ类水质	重度污染	红色	除调节局部气候外，几乎无使用功能

2. 河流、流域（水系）水质评价

河流、流域（水系）水质评价：当河流、流域（水系）的断面总数小于5时，计算河流、流域（水系）所有断面各评价指标浓度算术平均值，然后按照“断面水质评价方法”进行评价，并指出每个断面的水质类别和水质状况。

当河流、流域（水系）的断面总数在5个（含5个）以上时，采用断面水质类别比例法，即根据评价河流、流域（水系）中各水质类别的断面数占河流、流域（水系）所有评价断面总数的百分比来评价其水质状况。河流、流域（水系）的断面总数在5个（含5个）以上时不作平均水质类别的评价。

河流、流域（水系）水质类别比例与水质定性评价分级的对应关系见表7。

表7　河流、水系水质定性评价

水质类别比例	水质状况	代表颜色
Ⅰ～Ⅲ类水质比例≥90%	优	蓝色
75%<Ⅰ～Ⅲ类水质比例<90%	良好	绿色
Ⅰ～Ⅲ类水质比例<75%，且劣Ⅴ类比例<20%	轻度污染	黄色
Ⅰ～Ⅲ类水质比例<75%，且20%≤劣Ⅴ类比例<40%	中度污染	橙色
Ⅰ～Ⅲ类水质比例≤60%，且劣Ⅴ类比例≥40%	重度污染	红色

3. 主要污染指标的确定

（1）断面主要污染指标的确定方法

评价时段内，断面水质为“优”或“良好”时，不评价主要污染指标。

断面水质超过Ⅲ类标准时，先按照不同指标对应水质类别的优劣，选择水质类别最差的前三项作为主要污染指标。当不同指标对应的水质类别相同时计算超标倍数，按超标倍数大小排列，取超标倍数最大的前三项作为主要污染指标。当氰化物、铅、铬等重金属超标时，优先作为主要污染指标。

（2）河流、流域（水系）主要污染指标的确定方法

将水质超过Ⅲ类标准的指标按其断面超标率大小排列，一般取断面超标率最大的前三项为主要污染指标。对于断面数少于5个的河流、流域（水系），按“断面主要污染指标的确定方法”确定每个断面的主要污染指标。

4. 水质变化趋势分析

水质变化趋势定量分析采用Spearman秩相关系数法，秩相关系数（γ_s）计算方法如下：

$$\gamma_s = 1 - \left[6\sum_{i=1}^{N} d_i^2\right] \Big/ \left[N^3 - N\right]$$

式中：$d_i=X_i-Y_i$；

X_i——时间周期1到周期N按浓度值从小到大排列的序号；

Y_i——按时间顺序排列的序号；

N——时间周期数。

将秩相关系数（γ_s）的绝对值同Spearman秩相关系数的临界值（W_p）（N=5，显著水平为0.05时，W_p=0.9）进行比较。

当γ_s的绝对值大于W_p时，表明变化趋势有显著意义：如果γ_s为负值，则表明

在评价时段内有关统计量指标变化呈下降趋势或好转趋势；如果 γ_s 为正值，则表明在评价时段内有关统计量指标变化呈上升趋势或恶化趋势。当 γ_s 的绝对值小于或等于 W_p 时，表明变化趋势没有显著意义，说明在评价时段内水质变化稳定或平稳。

（三）城市水质指数及排名

1. 河流水质指数

河流水质指数计算采用《地表水环境质量标准》（GB 3838—2002）表 1 中除水温、粪大肠菌群和总氮以外的 21 项指标，包括 pH、溶解氧、高锰酸盐指数、生化需氧量、氨氮、石油类、挥发酚、汞、铅、总磷、化学需氧量、铜、锌、氟化物、硒、砷、镉、铬（六价）、氰化物、阴离子表面活性剂和硫化物。先计算出所有河流监测断面各单项指标浓度的算术平均值，计算出单项指标的水质指数，再综合计算出河流的水质指数（$\text{CWQI}_{河流}$）。低于检出限的项目，按照 1/2 检出限值参加计算各单项指标浓度的算术平均值。

（1）单项指标的水质指数

用各单项指标的浓度值除以该指标对应的地表水Ⅲ类标准限值，计算单项指标的水质指数，计算公式如下：

$$\text{CWQI}(i)=\frac{C(i)}{C_s(i)}$$

式中：$C(i)$——第 i 个水质指标的浓度值；

$C_s(i)$——第 i 个水质指标地表水Ⅲ类标准限值；

$\text{CWQI}(i)$——第 i 个水质指标的水质指数。

此外：

①溶解氧的计算方法如下：

$$\text{CWQI(DO)}=\frac{C_s(\text{DO})}{C(\text{DO})}$$

式中：C（DO）——溶解氧的浓度值；

C_s（DO）——溶解氧的地表水Ⅲ类标准限值；

CWQI（DO）——溶解氧的水质指数。

② pH 的计算方法如下：

当 pH≤7 时，计算公式为

$$\text{CWQI(pH)}=\frac{7.0-\text{pH}}{7.0-\text{pH}_{sd}}$$

当 pH＞7 时，计算公式为

$$CWQI(pH)=\frac{pH-7.0}{pH_{su}-7.0}$$

式中：pH_{sd}——GB 3838—2002 中 pH 的下限值；

pH_{su}——GB 3838—2002 中 pH 的上限值；

CWQI（pH）——pH 的水质指数。

（2）河流水质指数

根据各单项指标的 CWQI，取其加和值即为河流的 CWQI，计算公式如下：

$$CWQI_{河流}=\sum_{i=1}^{n}CWQI(i)$$

式中：$CWQI_{河流}$——河流水质指数；

CWQI（i）——第 i 个水质指标的水质指数；

n——水质指标个数。

2. 城市水质指数

仅有河流断面无湖库点位的情况下，取城市的河流水质指数为该城市的城市水质指数。即

$$CWQI_{城市}=CWQI_{河流}$$

3. 城市地表水环境质量状况排名

城市地表水环境质量状况排名基于城市水质指数，即 $CWQI_{城市}$。按照城市水质指数从小到大的顺序进行排名，排名越靠前说明城市地表水环境质量状况越好。

4. 城市地表水环境质量变化情况排名

城市地表水环境质量变化情况排名基于城市水质指数的变化程度（$\Delta CWQI_{城市}$）。$\Delta CWQI_{城市}$为负值，说明城市地表水环境质量变好；$\Delta CWQI_{城市}$为正值，说明城市地表水环境质量变差。按照 $\Delta CWQI_{城市}$从小到大的顺序排名，排名越靠前说明城市地表水环境质量改善程度越高。

$\Delta CWQI_{城市}$计算公式如下：

$$\Delta CWQI_{城市}=\frac{CWQI_{城市}-CWQI_{城市0}}{CWQI_{城市0}}\times100\%$$

式中：$\Delta CWQI_{城市}$——城市水质指数的变化程度；

$CWQI_{城市}$——城市水质指数；

$CWQI_{城市0}$——城市前一时段的水质指数。

五、地下水评价方法与标准

（一）评价标准

按《地下水质量标准》（GB/T 14848—2017）Ⅲ类标准评价，评价指标为监测计划中必测的23项：pH、氨氮、硝酸盐氮、亚硝酸盐氮、挥发酚、氰化物、砷、汞、铬（六价）、总硬度、铅、氟化物、镉、铁、锰、锌、铜、硒、阴离子表面活性剂、高锰酸盐指数、硫酸盐、氯化物、总大肠菌群，23项常规指标及限值见表8。

表8　地下水评价标准

序号	项目	标准值				
		Ⅰ	Ⅱ	Ⅲ	Ⅳ	Ⅴ
1	pH	6.5≤pH≤8.5			5.5≤pH<6.5，8.5<pH≤9.0	pH<5.5或pH>9.0
2	总硬度（以$CaCO_3$计）/（mg/L）	≤150	≤300	≤450	≤650	>650
3	硫酸盐/（mg/L）	≤50	≤150	≤250	≤350	>350
4	氯化物/（mg/L）	≤50	≤150	≤250	≤350	>350
5	铁/（mg/L）	≤0.1	≤0.2	≤0.3	≤2.0	>2.0
6	锰/（mg/L）	≤0.05	≤0.05	≤0.10	≤1.50	>1.50
7	铜/（mg/L）	≤0.01	≤0.05	≤1.00	≤1.50	>1.50
8	锌/（mg/L）	≤0.05	≤0.5	≤1.00	≤5.00	>5.00
9	挥发性酚类（以苯酚计）/（mg/L）	≤0.001	≤0.001	≤0.002	≤0.01	>0.01
10	阴离子表面活性剂/（mg/L）	不得检出	≤0.1	≤0.3	≤0.3	>0.3
11	高锰酸盐指数（COD_{Mn}，以O_2计）/（mg/L）	≤1.0	≤2.0	≤3.0	≤10.0	>10.0
12	氨氮（以N计）/（mg/L）	≤0.02	≤0.10	≤0.50	≤1.50	>1.50
13	总大肠菌群/（MPN/100 mL）	≤3.0	≤3.0	≤3.0	≤100	>100
14	亚硝酸盐（以N计）/（mg/L）	≤0.01	≤0.10	≤1.00	≤4.80	>4.80

续表

序号	项目	标准值				
		Ⅰ	Ⅱ	Ⅲ	Ⅳ	Ⅴ
15	硝酸盐（以N计）/（mg/L）	≤2.0	≤5.0	≤20.0	≤30.0	>30.0
16	氰化物 /（mg/L）	≤0.001	≤0.01	≤0.05	≤0.1	>0.1
17	氟化物 /（mg/L）	≤1.0	≤1.0	≤1.0	≤2.0	>2.0
18	汞 /（mg/L）	≤0.000 1	≤0.000 1	≤0.001	≤0.002	>0.002
19	砷 /（mg/L）	≤0.001	≤0.001	≤0.01	≤0.05	>0.05
20	硒 /（mg/L）	≤0.01	≤0.01	≤0.01	≤0.1	>0.1
21	镉 /（mg/L）	≤0.000 1	≤0.001	≤0.005	≤0.01	>0.01
22	铬（六价）/（mg/L）	≤0.005	≤0.01	≤0.05	≤0.10	>0.10
23	铅 /（mg/L）	≤0.005	≤0.005	≤0.01	≤0.10	>0.10

（二）评价方法

根据《地下水质量标准》（GB/T 14848—2017），采用单因子类别法，用水质最差的单项污染物水质类别表示综合水质类别。

六、海洋评价方法与标准

（一）评价标准

近岸海域水质按《海水水质标准》（GB 3097—1997）二类标准评价，见表 9；入海河口水质按《地表水环境质量标准》（GB 3838—2002）Ⅲ类标准评价；滩涂养殖场水质按《渔业水质标准》（GB 11607—89）标准评价，见表 10；滩涂沉积物质量按《海洋沉积物质量》（GB 18668—2002）第一类标准评价，见表 11。

表 9　海水水质标准　　单位：mg/L（pH 量纲一）

项目	pH	溶解氧	高锰酸盐指数	活性磷酸盐	非离子氨	无机氮	石油类	汞	铜	铅	镉
二类标准	7.8～8.5	5.0	3.0	0.030	0.020	0.30	0.05	0.000 2	0.010	0.005	0.005

表 10　渔业水质标准　　单位：mg/L（粪大肠菌群个 /L）

项目	铜	铅	锌	镉	砷	汞	铬	粪大肠菌群
标准值	0.01	0.05	0.1	0.005	0.05	0.000 5	0.1	5 000（贝类 500）

表 11　海洋沉积物质量　　单位：mg/kg（有机质 %）

项目	汞	镉	铅	铜	铬	砷	有机质	硫化物	石油类
一类标准	0.2	0.5	60	35	80	20	2	300	500

（二）评价方法

海洋环境质量评价包括海水水质评价、入海河口水质评价和海洋沉积物评价等。

1. 海水水质评价方法

（1）水质类别评价：采用单因子判别、达标面积评价两种评价方法，在评价时段内，某一监测点的海水水质类别根据一次监测值或多次监测的算术平均值评价，所有项目都达到《海水水质标准》某类标准限值时，其水质确定为某类水质。

（2）水质达标评价：为客观评价海水水质污染状况，统一采用《海水水质标准》（GB 3097—1997）二类标准值为达标评价标准。凡有一项不达标，则该监测点位水质不达标。功能区达标评价标准为该功能区类型适用的标准限值。

（3）水质状况定性评价：近岸海域、入海河口水污染程度定性评价采用五个等级描述，各污染等级与水质类别的对应关系见表 12。

表 12　海水、入海河口水污染等级与水质类别对应关系

水质类别		水质污染程度级别
一类海水	Ⅰ～Ⅱ类港河水	优
二类海水	Ⅲ类港河水	良
三类海水	Ⅳ类港河水	轻度污染
四类海水	Ⅴ类港河水	中度污染
劣四类海水	劣Ⅴ类港河水	重度污染

（4）主要污染物的确定：当评价点位、功能区或局部海域的海水水质超过二类标准时，根据各项目的超过二类标准的倍数确定主要污染物，超标项目较多时，最多列出超标倍数最大的 3 项为主要污染物。

2. 入海河口水质评价方法

入海河口水质评价方法与地表水相同。

3. 海洋沉积物评价方法

海洋沉积物评价采用单因子判别法。

七、声环境评价方法与标准

（一）评价标准

声环境质量按《声环境质量标准》（GB 3096—2008）和《环境噪声监测技术规范　城市声环境常规监测》（HJ 640—2012）中的规定进行评价，其标准见表 13～表 15。

表 13　城市区域环境噪声标准　　单位：dB（A）

类别		昼间	夜间
0 类		50	40
1 类		55	45
2 类		60	50
3 类		65	55
4 类	4a 类	70	55
	4b 类	70	60

注：4a 类标准适用于：①穿越城区的既有铁路干线；②对穿越城区的既有铁路干线进行改建、扩建的铁路建设项目。4b 类标准用于 2011 年 1 月 1 日起环境影响评价文件通过审批的新建铁路（含新开廊道的增建铁路）干线建设项目两侧区域。

表 14　城市区域声环境质量总体水平等级划分　　单位：dB（A）

质量等级	一级	二级	三级	四级	五级
昼间平均等效声级（$\bar{S}_d$）	≤50.0	50.1～55.0	55.1～60.0	60.1～65.0	＞65.0
夜间平均等效声级（$\bar{S}_n$）	≤40.0	40.1～45.0	45.1～50.0	50.1～55.0	＞55.0
评价等级	好	较好	一般	较差	差

表 15　道路交通噪声强度分级　　单位：dB（A）

等级	一级	二级	三级	四级	五级
昼间平均等效声级（$\bar{L}_d$）	≤68.0	68.1～70.0	70.1～72.0	72.1～74.0	＞74.0
夜间平均等效声级（$\bar{L}_n$）	≤58.0	58.1～60.0	60.1～62.0	62.1～64.0	＞64.0
评价等级	好	较好	一般	较差	差

（二）评价方法

1. 区域环境噪声

区域环境噪声采用网格测量法，主要评价指标为等效声级均值。

$$\bar{S}=\frac{1}{n}\sum_{i=1}^{n}L_i$$

式中：$\bar{S}$——城市区域昼间平均等效声级均值（$\bar{S}_d$）或夜间等效声级均值（$\bar{S}_n$），dB（A）；

L_i——第 i 个网格测得的等效声级，dB（A）；

n——有效网格总数。

2. 功能区噪声

功能区噪声定点监测的主要评价指标为昼间等效声级均值（L_d）、夜间等效声级均值（L_n）。

$$L_d=10\lg\left[\frac{1}{16}\sum_{i=1}^{16}10^{0.1L_i}\right]$$

$$L_n=10\lg\left[\frac{1}{8}\sum_{i=1}^{8}10^{0.1L_i}\right]$$

式中：L_d——昼间（6:00—22:00）等效声级，dB（A）；

L_n——夜间（22:00—6:00）等效声级，dB（A）；

L_i——昼间或夜间小时等效声级，dB（A）。

3. 道路交通噪声

道路交通噪声主要评价指标为等效声级，采用加权算术平均法，按以下公式计算：

$$\bar{L}=\frac{1}{l}\sum_{i=1}^{n}l_i\times L_i$$

式中：$\bar{L}$——道路交通噪声平均等效声级，dB（A）；

l——路段总长，m；

l_i——第 i 测点代表的路段长度，m；

L_i——第 i 测点测得的等效声级 Leq，dB（A）。

八、生物评价方法与标准

（一）水生生物状况评价

水生生物多样性采用 Shannon-Wiener 生物多样性指数进行评价，用物种丰富度和均匀度评价水体总体生物环境状况，见表 16。浮游动植物采用群落法和优势种法进行评价。

Shannon-Wiener 生物多样性多样性指数（H'）评价公式和分级标准如下：

$$H' = -\sum_{i=1}^{s}\left(\frac{n_i}{n}\right)\log_2\left(\frac{n_i}{n}\right)$$

式中：s——样品中的种类数；

n_i——样品中第 i 种生物的个体数；

n——样品中生物总个体数。

表 16　Shannon-Wiener 生物多样性多样性指数（H'）评价标准

指数范围	级别	状态	水体污染程度
$H'>3$	丰富	物种种类丰富，个体分布均匀	清洁
$2<H'\leqslant 3$	较丰富	物种丰富度较高，个体分布比较均匀	轻污染
$1<H'\leqslant 2$	一般	物种丰富度较低，个体分布比较均匀	中污染
$0<H'\leqslant 1$	贫乏	物种丰富度低，个体分布不均匀	重污染
$H'=0$	极贫乏	物种单一，多样性基本丧失	严重污染

（二）水质类别评价

采用《地表水环境质量标准》（GB 3838—2002）细菌学指标粪大肠菌群标准评价，见表 17。

表 17　细菌学监测指标粪大肠菌群评价标准　　单位：个/L

水质类别	Ⅰ类	Ⅱ类	Ⅲ类	Ⅳ类	Ⅴ类
粪大肠菌群数　≤	200	2 000	10 000	20 000	40 000

（三）多指标综合评价

通过生境、水质理化和水生生物指标加权求和，构建综合评估指数（WQI），以该指数表示各评估单元和水环境整体的质量状况。

$$\mathrm{WQI} = \sum_{i=1}^{n} x_i w_i$$

式中：WQI——水生态环境质量综合指数；

x_i——评价指标赋分值；

w_i——评价指标权重。

根据水生态环境综合评价指数（WQI）分值大小，将水生态环境质量状况等级分为五级，分别为非常健康、健康、轻度受损、中度受损和重度受损，表征颜色分别为蓝色、绿色、黄色、橙色和红色。水生态环境综合评价指数评价标准见表 18。

表 18　水生态环境质量综合评价指数评价标准

水生态环境质量状况	非常健康	健康	轻度受损	中度受损	重度受损
WQI	WQI≥4	4>WQI≥3	3>WQI≥2	2>WQI≥1	WQI<1
表征颜色	蓝色	绿色	黄色	橙色	红色

（四）水质急性毒性试验（发光细菌法）分级评价

饮用水水源地急性生物毒性测定采用《水质　急性毒性的测定　发光细菌法》（GB/T 15441—1995），利用发光细菌相对发光度与水样毒性组分总浓度呈显著负相关（$P \leqslant 0.05$）的原理，以生物毒性仪测定水样的相对发光度 L（%）来表示其急性毒性水平。水质急性毒性试验（发光细菌法）的分级标准见表 19。

表 19　水质急性毒性试验（发光细菌法）的分级标准

毒性级别	相对发光率（L）/%	等当的 $HgCl_2$ 溶液浓度（C）/（mg/L）	毒性级别
Ⅰ	$L>70$	$C_{Hg}<0.07$	低毒
Ⅱ	$50<L\leqslant70$	$0.07\leqslant C_{Hg}<0.09$	中毒
Ⅲ	$30<L\leqslant50$	$0.09\leqslant C_{Hg}<0.12$	重毒
Ⅳ	$0<L\leqslant30$	$0.12\leqslant C_{Hg}<0.16$	高毒
Ⅴ	$L=0$	$C_{Hg}\geqslant0.16$	剧毒

（五）环境空气生物状况评价

采用污染指数（IP）和微生物含量等级标准进行评价，见表 20、表 21。

表 20　空气生物环境质量评价分级

指数范围	评价状态
IP<1.2	清洁
1.2<IP<2.0	轻度污染
2.0<IP<3.0	中度污染
IP>3.0	重污染

表 21　空气微生物评价分级　　单位：CFU/m^3

级别	细菌	马丁霉菌	耐渗透压霉菌	微生物总数
清洁	<1 000	<500	<300	<3 000
较清洁	1 000～2 500	500～750	300～500	3 000～5 000
轻微污染	2 500～5 000	750～1 000	500～1 000	5 000～10 000
污染	5 000～10 000	1 000～2 500	1 000～2 000	10 000～15 000
中污染	10 000～20 000	2 500～6 000	2 000～5 000	15 000～30 000
严重污染	20 000～45 000	6 000～20 000	5 000～15 000	30 000～60 000
极严重污染	>45 000	>20 000	>15 000	>60 000

大气指示生物监测单项污染指数评价：

$$IP=C_m/C_o$$

式中：IP——污染指数；

C_m——监测点植物叶片某种污染物实测含量；

C_o——对照点同种植物叶片某种污染物实测含量。

（六）水产品残毒

参照《海洋生物质量标准》（GB 18421—2001）第二类标准。

（七）综合评价

综合评价见《流域水生态环境质量监测与评价技术指南》（中国环境出版集团，2018），见表 22。

表 22　水体营养程度评价分级

营养程度	藻类数量 /（个 /mL）	浮游植物湿重 /（mg/L）	浮游植物干重 /（mg/m^3）	叶绿素 a 含量 /（mg/m^3）
贫营养型	<300	<3	20～200	<4
中营养型	300～1 000	3～5	200～600	4～10
富营养型	>1 000	5～10	600～1 000	>10

九、生态评价方法与标准

依据《生态环境质量评价技术规范》（HJ/T 192—2015），采用生物丰度指数、植被覆盖指数、水网密度指数、土地胁迫指数、污染负荷指数 5 个分指数和 1 个环境限制指数，分析评价生态环境质量状况及其变化特征。

（一）分类体系

生态景观解译的目的是识别土地利用类型的空间分布，为生态环境状况评价提供精确的基础数据。全省生态景观解译依据中国环境监测总站制定的《生态环境质量评价技术规定》，采用中国环境监测总站制定的土地利用分类体系，将土地分为耕地、林地、草地、水域、城乡（居民、工矿）建设用地和未利用土地六大类。

（二）评价方法

生态环境状况评价利用一个综合指数（生态环境状况指数，EI）反映区域生态环境的整体状态，指标体系包括生物丰度指数、植被覆盖指数、水网密度指数、土地胁迫指数、污染负荷指数 5 个分指数和 1 个环境限制指数，5 个分指数分别反映被评价区域内生物的丰贫，植被覆盖的高低，水的丰富程度，遭受的胁迫强度，承载的污染物压力；环境限制指数是约束性指标，根据区域内出现的严重影响人居生产生活安全的生态破坏和环境污染事项对生态环境状况进行限制和调节，见表 23。

1. 生态环境状况指数

（1）评价权重

表 23　生态环境评价指标权重

指标	生物丰度指数	水网密度指数	植被覆盖指数	土地胁迫指数	污染负荷指数	环境限制指数
权重	0.35	0.15	0.25	0.15	0.10	约束性指标

（2）计算方法

生态环境状况指数（EI）=0.35× 生物丰度指数＋ 0.15× 水网密度指数 +0.25× 植被覆盖指数 +0.15×（100－土地胁迫指数）+0.10×（100－污染负荷指数）＋环境限制指数，生态环境状况指数分为五级，即优、良、一般、较差和差，见表 24。

表 24　生态环境质量分级

级别	优	良	一般	较差	差
指数	EI≥75	55≤EI＜75	35≤EI＜55	20≤EI＜35	EI＜20
状态	植被覆盖度高，生物多样性丰富，生态系统稳定	植被覆盖度较高，生物多样性较丰富，适合人类生活	植被覆盖度处于中等水平，生物多样性处于一般水平，较适合人类生活，但有不适合人类生活的制约性因子出现	植被覆盖较差，严重干旱少雨，物种较少，存在明显限制人类生活的因素	条件较恶劣，人类生活受限制

根据生态环境状况指数与基准值的变化情况，将生态环境质量变化幅度分为4级，即无明显变化、略有变化（好或差）、明显变化（好或差）、显著变化（好或差），见表25。

表25 生态环境状况变化度分级

级别	无明显变化	略有变化	明显变化	显著变化
变化值	|ΔEI|＜1	1≤|ΔEI|＜3	3≤|ΔEI|＜8	|ΔEI|≥8
描述	生态环境质量无明显变化	如果1≤|ΔEI|＜3，则生态环境质量略微变好；如果-1≥ΔEI＞-5，则生态环境状况略微变差	如果3≤|ΔEI|＜8，则生态环境状况明显变好；如果-3≥ΔEI＞-8，则生态环境状况类型发生改变，则生态环境质量明显变化	如果ΔEI≥8，则生态环境状况显著变好；如果ΔEI≤-8，则生态环境状况显著变差

如果生态环境状况指数呈现波动变化的特征，则表示该区域生态环境敏感，根据生态环境状况波动变化幅度，将生态环境变化状况分为稳定、波动、较大波动和剧烈波动，见表26。

表26 生态环境状况波动变化分级

级别	稳定	波动	较大波动	剧烈波动
变化值	|ΔEI|＜1	1≤|ΔEI|＜3	3≤|ΔEI|＜8	|ΔEI|≥8
描述	生态环境质量状况稳定	如果|ΔEI|≥1，并且ΔEI在3和-3之间波动变化，则生态环境状况呈现波动特征	如果|ΔEI|≥3，并且ΔEI在8和-8之间波动变化，则生态环境状况呈现较大波动特征	如果|ΔEI|≥8，并且ΔEI变化呈现正负波动特征，则生态环境状况剧烈波动

2. 生物丰度指数

生物丰度指数是评价区域内生物多样性的丰贫程度的指标。由森林、水域、草地等不同生态系统的等效面积占区域面积比重计算得到。对不同的生态系统构成赋予不同的权重来计算等效面积。指标中各参数值由遥感解译结果结合南通市植被类型分布图计算得到，见表27。

（1）评价权重

表 27　生境质量指数分权重

项目	林地			草地			水域湿地			耕地		建设用地			未利用地			
权重	0.35			0.21			0.28			0.11		0.04			0.01			
结构类型	有林地	灌木林地	疏林地和其他林地	高覆盖度草地	中覆盖度草地	低覆盖度草地	河流（渠）	湖泊（库）	滩涂湿地	水田	旱地	城镇建设用地	农村居民点	其他建设用地	沙地	盐碱地	裸土地	裸岩石砾
分权重	0.6	0.25	0.15	0.6	0.3	0.1	0.1	0.3	0.5	0.6	0.4	0.3	0.4	0.3	0.2	0.3	0.2	0.2

（2）计算方法

$$生物丰度指数 = (BI+HQ)/2$$

式中：BI——生物多样性指数；

HQ——生境质量指数。

当生物多样性指数没有动态更新数据时，生物丰度指数变化等于生境质量指数的变化。结合南通市实际情况，以生境质量指数的变化表示生物丰度指数变化。

生境质量指数 $=A_{bio}\times$（0.35× 林地 +0.21× 草地 +0.28× 水域湿地 +0.11× 耕地 +0.04× 建设用地 +0.01× 未利用地）/ 区域面积

式中：A_{bio}——生境质量指数的归一化系数，参考值为 511.264 213 106 7。

3. 植被覆盖指数

植被覆盖指数是用以评价区域植被覆盖程度的指数。采用 5—9 月 MODIS 卫星的 MOD13 的 NDVI 数据进行计算，其空间分辨率为 250 m。

计算方法：

$$植被覆盖指数 = NDVI_{区域均值} = A_{veg}\times\left(\frac{\sum_{i=1}^{n}P_i}{n}\right)$$

式中：P_i——5—9 月像元 NDVI 月最大值的均值；

n——区域像元数；

A_{veg}——植被覆盖指数的归一化系数，参考值为 0.012 116 512 4。

4. 水网密度指数

水网密度指数用来评价区域内水的丰富程度，利用区域内单位面积河流总长度、水域面积和水资源量表示。水在生态系统中具有重要作用，是生态系统物质流与能量流的重要载体，也是人类社会生活不可缺少的物质，是生态系统中的决定性因素之一。指标计算中，河流长度根据中国国家基础地理信息中心 1∶25 万基础数据计算，水域面积根据遥感数据计算，水资源量根据统计年鉴得到。

水网密度指数 =（A_{riv}× 河流长度 / 区域面积 +A_{lak}× 水域面积（湖泊、水库、河渠和近海）/ 区域面积 +A_{res}× 水资源量 / 区域面积）/3

式中：A_{riv}——河流长度的归一化系数，参考值为 84.370 408 398 1；

A_{lak}——水域面积的归一化系数，参考值为 591.790 864 200 5；

A_{res}——水资源量的归一化系数，参考值为 86.386 954 828 1。

当水网密度指数大于 100 时，取 100。

5. 土地胁迫指数

土地胁迫指数是评价区域内土地质量遭受胁迫的程度的指标，利用评价区域内单位面积上水土流失、土地开发等胁迫类型面积表示，见表 28。

（1）评价权重

表 28　土地胁迫指数分权重

土地退化类型	重度侵蚀	中度侵蚀	建设用地	其他土地胁迫
权重	0.4	0.2	0.2	0.2

（2）计算方法

土地胁迫指数＝ A_{ero}×（0.4× 重度侵蚀面积 +0.2× 中度侵蚀面积 +0.2× 建设用地面积 +0.2× 其他土地胁迫）/ 区域面积

式中：A_{ero}——土地胁迫指数的归一化系数，参考值为 236.043 567 794 8。

当土地胁迫指数大于 100 时，则取 100。

6. 污染负荷指数

污染负荷指数用来评价区域内所受纳的环境污染压力，利用评价区域单位面积所受纳的污染负荷表示，见表 29。

（1）评价权重

表 29　污染负荷指数分权重

土地退化类型	化学需氧量	氨氮	二氧化硫	烟（粉）尘	氮氧化物	固体废物	总氮等其他污染物
权重	0.2	0.2	0.2	0.1	0.2	0.1	待定

注：总氮等其他污染物的权重和归一化系数将根据污染物类型、特征和数据可获得性与其他污染负荷类型进行统一调整。

（2）计算方法

污染负荷指数 =0.2×A_{COD}×COD 排放量 / 区域年降水总量 +0.2×A_{NH_3}× 氨氮排放量 / 区域年降水总量 +0.2×A_{SO_2}×SO_2 排放量 / 区域面积 +0.1×A_{YFC}× 烟（粉）尘

排放量 / 区域面积 +0.2 × A_{NO_x} × 氮氧化物排放量 / 区域面积 +0.1 × A_{SOL} × 固体废物丢弃量 / 区域面积

式中：A_{COD}——COD 的归一化系数，参考值为 4.393 739 728 9；

A_{NH_3}——氨氮的归一化系数，参考值为 40.176 475 498 6；

A_{SO_2}——SO_2 的归一化系数，参考值为 0.064 866 028 7；

A_{YFC}——烟（粉）尘的归一化系数，参考值为 4.090 445 932 1；

A_{NO_x}——氮氧化物的归一化系数，参考值为 0.510 304 927 8；

A_{SOL}——固体废物的归一化系数，参考值为 0.0749894283。

7. 环境限制指数

环境限制指数是生态环境状况的约束性指标，指根据区域内出现的严重影响人居生产生活安全的生态破坏和环境污染事项，如重大生态破坏、环境污染和突发环境事件等，对生态环境状况类型进行限制和调节，见表 30。

表 30 环境限制指数约束内容

分类		判断依据	约束内容
突发环境事件	特大环境事件	按照《突发环境事件应急预案》，区域发生人为因素引发的特大、重大、较大或一般等级的突发环境事件，若评价区域发生一次以上突发环境事件，则以最严重等级为准	生态环境不能为"优"和"良"，且生态环境级别降 1 级
	重大环境事件		
	较大环境事件		生态环境级别降 1 级
	一般环境事件		
生态破坏环境污染	环境污染	存在生态环境主管部门通报的或国家媒体报道的环境污染或生态破坏事件（包括公开的环境质量报告中的超标区域）	存在生态环境部通报的环境污染或生态破坏事件，生态环境不能为"优"和"良"，且生态环境级别降 1 级；其他类型的环境污染或生态破坏事件，生态环境级别降 1 级
	生态破坏		
	生态环境违法案件	存在生态环境主管部门通报或挂牌督办的生态环境违法案件	生态环境级别降 1 级
	被纳入区域限批范围	被生态环境主管部门纳入区域限批的区域	生态环境级别降 1 级

十、土壤评价方法及标准

土壤环境质量评价执行《土壤环境监测技术规范》（HJ/T 166—2004）和《土壤环境质量 农用地土壤污染风险管控标准（试行）》（GB 15618—2018）等相关规定。土壤环境质量评价标准值见表 31、表 32。

表 31　农用地土壤污染风险筛选值　　单位：mg/kg

序号	污染物项目	风险筛选值			
		pH≤5.5	5.5≤pH≤6.5	6.5≤pH≤7.5	pH>5.5
1	镉	0.3	0.4	0.6	0.8
2	汞	0.5	0.5	0.6	1
3	砷	30	30	25	20
4	铅	80	100	140	240
5	铬	250	250	300	350
6	铜	50	50	100	100
7	镍	60	70	100	190
8	锌	200	200	250	300
9	六六六总量	0.10			
10	滴滴涕总量	0.10			
11	苯并［*a*］芘	0.55			

表 32　农用地土壤污染风险管制值　　单位：mg/kg

序号	污染物项目	风险管制值			
		pH≤.5	5.5<pH≤6.5	6.5<pH≤7.5	pH>7.5
1	镉	1.5	2.0	3.0	4.0
2	汞	2.0	2.5	4.0	6.0
3	砷	200	150	120	100
4	铅	300	500	700	1 000
5	铬	800	850	1 000	1 300

十一、农村环境质量评价方法

（一）综合评价

根据《农村环境质量综合评价技术规定（试行）》规定，农村环境质量评价采用综合指数法，对环境质量状况和生态环境状况分别进行评价，再将评价结果按权重进行叠加，得出综合评价指数。

$$RQI = C_{env} \cdot I_{env} + C_{eco} \cdot I_{eco}$$

式中：RQI——农村环境质量综合指数；

C_{env}——农村环境状况指标权重，按《农村环境质量综合评价技术规定（试行）》取值 0.60；

I_{env}——农村环境状况指标值；

C_{eco}——农村生态状况指标权重，按《农村环境质量综合评价技术规定（试行）》取值 0.40；

I_{eco}——农村生态状况指标值。

根据 RQI 计算结果，将农村环境质量综合状况分为五级，具体见表 33。

表 33　农村环境质量状况综合分级

级别	优	良	一般	较差	差
指数	RQI≥85	70≤RQI<85	50≤RQI<70	35≤RQI<50	RQI<35

根据农村环境质量综合状况指数与上年比较的变化，将环境质量变化幅度分为 4 级，具体见表 34。

表 34　农村环境综合状况变化分级

级别	无明显变化	略微变化	明显变化	显著变化
变化值	|ΔRQI|<3	3≤|ΔRQI|<7	7≤|ΔRQI|<12	|ΔRQI|≥12

（二）环境质量状况评价

农村环境状况评价通过对饮用水水源地水质指数、地表水水质指数、环境空气质量指数、土壤环境质量指数 4 项指标加权评价。农村环境状况指数（I_{env}）计算公式如下：

$$I_{env} = \sum_{i=1}^{n} A_i \cdot X_i (i = 1, 2, \cdots, n)$$

式中：I_{env}——农村环境状况指数；

A_i——空气质量指数、饮用水水源地水质指数、地表水水质指数、土壤环境质量指数；

X_i——各指数对应的权重，见表 35。

表 35　农村环境状况指数评价指标权重

指标	环境空气质量指数	饮用水水源地水质指数	地表水水质指数	土壤环境质量指数
权重	0.35	0.20	0.20	0.25

1. 环境空气质量指数

按照《环境空气质量标准》（GB 3095—2012）日平均值评价得出空气质量级别，根据所属级别确定环境空气质量指数。空气质量级别按照各测点AQI计算结果确定，AQI计算按照《环境空气质量指数（AQI）技术规定（试行）》（HJ 633—2012）中的推荐方法进行，见表36、表37。

表36 环境空气质量指数及级别

AQI级别	一级	二级	三级	四级	五级	六级
空气质量指数AQI	0～50	51～100	101～150	151～200	251～300	＞300

表37 环境空气质量与指数值对照

AQI级别	一级	二级	三级	四级	五级	六级
指数值	100	80	60	30	15	0

测定多个村庄时，取指数值均值参与农村环境状况指数计算。

2. 饮用水水源地水质指数

根据饮用水水源地水质类别确定饮用水水源地水质指数，见表38。

表38 饮用水水源地水质类别与指数值对照

水质类别	Ⅰ类	Ⅱ类	Ⅲ类	Ⅳ类	Ⅴ类	劣Ⅴ类
指数值	100	90	60	30	15	0

测定多个水源水时，取指数值均值参与农村环境状况指数计算。

3. 地表水水质指数

根据地表水水质类别确定地表水水质指数，见表39。

表39 地表水水质类别与指数值对照

水质类别	Ⅰ类	Ⅱ类	Ⅲ类	Ⅳ类	Ⅴ类	劣Ⅴ类
指数值	100	90	80	40	20	0

测定多个地表水时，取指数值均值参与农村环境状况指数计算。

4. 土壤环境质量指数

采用单向污染指数法评价土壤环境质量，在此基础上，采用最大指数法确定区域内土壤环境质量分级。

根据土壤环境质量分级来确定土壤环境质量指数，见表40。

表 40 土壤环境质量与指数值对照

土壤污染等级	Ⅰ级	Ⅱ级	Ⅲ级	Ⅳ级	Ⅴ级
最大污染指数	$PI_p \leqslant 1$	$1 < PI_p \leqslant 2$	$2 < PI_p \leqslant 3$	$3 < PI_p \leqslant 5$	$PI_p > 5$
指数值	100	80	60	40	20

测定多个村庄土壤环境时，取指数值均值参与农村环境状况指数计算。

（三）生态状况评价

采用农村生态状况指数进行评价，该指数由生物丰度指数、植被覆盖指数、水网密度指数、土地胁迫指数、人类干扰指数加权进行评价，具体各分指数参考《生态环境状况评价技术规范》（HJ 192—2015）和《国家重点生态功能区县域生态环境质量考核办法》中的评价方法确定，见表 41～表 43。

表 41 生态环境评价指标权重

指标	生物丰度指数	水网密度指数	植被覆盖指数	土地胁迫指数	人类干扰指数
权重	0.25	0.20	0.20	0.20	0.15

根据生态环境状况指数，将生态环境优劣度分为五级，即优、良、一般、较差和差。

表 42 生态环境质量分级

级别	优	良	一般	较差	差
指数	$I_{eco} \geqslant 75$	$55 \leqslant I_{eco} < 75$	$35 \leqslant I_{eco} < 55$	$20 \leqslant I_{eco} < 35$	$I_{eco} < 20$

根据生态环境状况指数与基准值的变化情况，将生态环境质量变化幅度分为 4 级，具体见表 43。

表 43 生态环境状况变化度分级

级别	无明显变化	略有变化	明显变化	显著变化
变化值	$\lvert \Delta I_{eco} \rvert < 1$	$1 \leqslant \lvert \Delta I_{eco} \rvert < 3$	$3 \leqslant \lvert \Delta I_{eco} \rvert < 8$	$\lvert \Delta I_{eco} \rvert \geqslant 8$